暖通空调工程优秀设计图集

中国建筑学会暖通空调分会　主编

中国建筑工业出版社

图书在版编目(CIP)数据

暖通空调工程优秀设计图集⑤/中国建筑学会暖通空调分会主编. —北京:中国建筑工业出版社,2015.12
ISBN 978-7-112-18609-9

Ⅰ.①暖… Ⅱ.①中… Ⅲ.①房屋建筑设备-采暖设备-建筑设计-中国-图集②房屋建筑设备-通风设备-建筑设计-中国-图集③房屋建筑设备-空气调节设备-建筑设计-中国-图集 Ⅳ.①TU83-64

中国版本图书馆 CIP 数据核字(2015)第 250532 号

本书是中国建筑学会暖通空调分会组织的"中国建筑学会暖通空调工程优秀设计奖"获奖作品集锦。书中包括了 82 项获奖作品,作品包括到全国各个地区的暖通空调设计精品工程,项目涉及办公楼、医院、体育馆、公交枢纽、实验楼、机场航站楼、生产厂房等公共建筑、工业建筑及住宅建筑,具有极大的代表性。本书随书光盘中附有大量优秀工程的设计图纸,为暖通空调设计提供了良好的参考资料。

责任编辑:张文胜 姚荣华
责任设计:张 虹
责任校对:张 颖 关 健

暖通空调工程优秀设计图集
⑤
中国建筑学会暖通空调分会 主编
*
中国建筑工业出版社出版、发行(北京西郊百万庄)
各地新华书店、建筑书店经销
北京科地亚盟排版公司制版
北京圣夫亚美印刷有限公司印刷
*
开本:880×1230毫米 1/16 印张:21¾ 字数:643 千字
2016 年 1 月第一版 2016 年 1 月第一次印刷
定价:**69.00** 元(含光盘)
ISBN 978-7-112-18609-9
(27809)

前　言

　　建设生态文明、推进新型城镇化节能绿色低碳发展、应对气候变化是当前和未来一个阶段建设领域内的发展目标和重点。在新的时期，我们要继续发挥行业的作用和功能，承担起建筑领域节能减排的重任，创造适宜的人工室内环境，满足人们工作、生活、生产的需求，同时加强暖通空调专业与其他相关专业的协作，在专业设计中充分体现设计创新、技术创新、理念创新的思路，使设计与创新有机的结合起来，共同推动我国建筑节能事业的发展，为我国可持续发展的低碳经济之路做出贡献。

　　"中国建筑学会建筑设计奖（暖通空调）"（原中国建筑学会暖通空调工程优秀设计奖）是继"梁思成建筑奖"、"优秀建筑结构奖"之后批准设立的又一项工程设计奖。该奖项是我国暖通空调设计领域的最高荣誉奖，每两年一届。自 2006 年该奖项设立以来，相继出版发行了《暖通空调工程优秀设计图集①-④》共 4 册，内容包括工程概况、设计参数、设计特点、空调冷热源设计及主要设备选型、区间通风系统设计、防排烟系统设计、系统智能控制等，对于暖通空调专业技术人员具有重要的指导作用和参考价值。

　　第五届"中国建筑学会建筑设计奖（暖通空调）"于 2014 年 4 月启动，在省地方学会、两委会理事委员和全国各设计单位的大力支持下共收到参赛项目 150 项，经秘书处初审，最终确定参赛项目 127 项，其中华北区 37 项、华东区 44 项、东北区 6 项、华南区 17 项、华中区 9 项、西北区 4 项、西南区 10 项。2014 年 8 月召开评审会，代表了地区性、专业性和权威性的 19 位分别从事设计、研究、教学的资深专家组成评审委员会。经过预评、初评、专业组提议、无记名投票表决和中国建筑学会审查等一系列严格程序后，评选出一等奖 29 项、二等奖 36 项、三等奖 57 项。同年 10 月在天津召开的第十九届全国暖通空调制冷学术年会上举行了颁奖仪式。

　　在学会秘书处和获奖设计人员的共同努力下，《暖通空调工程优秀设计图集⑤》的文稿于 2015 年 8 月完成并正式交中国建筑工业出版社出版，面向全国发行。希望本图集对广大暖通空调设计人员有所参考和帮助。但需注意的是，暖通空调工程设计是一项涉及面广、影响因素多的复杂技术工作，因此在参阅本图集时须具体情况具体分析。此外，鉴于本图集获奖工程项目的完成时间前后不一，其参考的相关标准规范均有不同程度的修订，亦应给予注意。

徐伟

2015 年 8 月

目　录

低碳能源研究所及神华技术创新基地
——101号科研楼空调设计^①

- 建设地点　　　北京市
- 设计时间　　　2009 年 11 月～2010 年 2 月
- 竣工日期　　　2012 年 10 月
- 设计单位　　　北京市建筑设计研究院有限公司
　　　　　　　　［100045］北京市西城区南礼士路 62 号
- 主要设计人　　刘沛　赵煜　张杰　李晓志　陆文轩
- 本文执笔人　　刘沛
- 获奖等级　　　一等奖

作者简介：

　　刘沛，高级工程师，2014 年毕业于天津大学供热、供燃气、通风与空调工程专业，硕士研究生学历，现在北京市建筑设计研究院有限公司工作。主要设计代表作品：中国园林博物馆、人民日报事业发展中心、深圳海上运动基地暨航海运动学校、中国科学技术馆、中关村环保科技示范园 J-03 科技厂房等。

一、工程概况

　　本工程是神华集团为中组部"千人计划"引进的海外科学家专门建设的研发实验室，具有国内领先地位。101 号科研楼位于北京低碳能源研究所用地的东南角，总建筑面积 23534.6m²，其中地上 21364m²，地下 2170.6m²。建筑地上 4 层，地下 1 层，建筑高度 24m，容积率 0.8。

　　建筑功能：地上：研发实验室，办公用房；地下：机电设备用房。

　　101 号科研楼整体布局为矩形，以中心的室外庭院分界，南部为低碳所的行政办公和科研办公部分，北部为标准研发实验室及研究室，两者以连廊（兼休息交流厅）连接，功能分区明确，使用十分便利。建筑层高均为 5m，内部净高 3m，满足各类研发实验室的使用需求。主机电用房位于地下一层，实验室通排风、制冷机组位于屋顶

建筑外观图

机房，符合实验室工艺需求。

二、工程设计特点

　　本项目以办公及研发实验室为主，较其他工

程相对特殊的是研发实验室。本工程实验室共 4 层每层设置 3 间实验室，共有风量为 1232m³/h 的台式通风柜 44 台，风量为 1520m³/h 的台式通风柜 48 台，风量为 4536m³/h 的步入式通风柜 16 台，风量为 400m³/h 的万向排风罩 96 台，总排

---

① 编者注：该工程设计主要图纸参见随书光盘。

风量累计238144m³/h。实验室通风设计的首要任务是保证实验室的安全运行，防止有害物质扩散，其次是在保证实验室安全运行的前提下选用合适的通风系统，达到节能的目的。

通常保证实验室通风安全性有以下措施：

（1）维持一定的通风柜的面风速，保证污染物的排放及污染物向房间扩散的抑制；

（2）维持实验室负压−10Pa，保证污染物不向其他实验区域及办公区域扩散。

本工程控制通风柜在无人员操作时0.3m/s面风速和有人员操作时0.5m/s面风速能达到对污染物很好的控制，并采用送风量与排风量的跟随控制方式，即根据设定的房间负压值计算出维持房间负压所需要的风量差。通过房间控制器计算出瞬时排风量，送风与排风始终维持计算所得出的风量差的方法保证房间负压。

选用何种通风形式对实验室冬夏季冷热负荷影响显著。下面就几种常用的实验室通风方式进行送排风量及负荷进行对比分析。

根据《实验室气流控制系统工程设计手册》中提供的"有使用者操作通风柜百分比与通风柜数量的关系图"（见图1）可以看出，在同一个通风系统下，连接的通风柜数量越多，其同时使用系数越低。

计算新风负荷时根据总通风柜数量（108台）选取"有使用者操作通风柜百分比"。"有使用者操作通风柜百分比"约占20%。假定剩余的80%的通风柜中有50%处于无人员操作但在使用中，剩余的30%的通风柜处于无人员使用状态。万向排气罩50%处于通风状态，50%处于关闭状态。由此可以计算出不同通风系统的最大风量以及冷热负荷（见表1）。

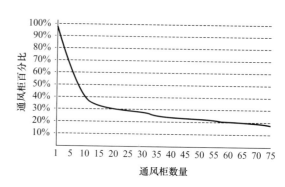

图1　有使用者操作通风柜百分比与通风柜数量的关系图

不同通风形式汇总表　　表1

通风系统形式	系统特点	总排风量（m³/h）	总补风量（m³/h）	新风冷负荷（kW）	新风热负荷（kW）
定风量通风系统	所有通风柜无论白天、夜间均在额定工况下进行通风，风量不能改变即全开时通风柜的面风速0.5m/s，总排风量为所有通风柜额定风量的叠加	238144	166700	1348	2202
双稳态通风系统	白天：无论有无人员操作，所有通风柜风机处于额定风量下运行，即通风柜的面风速为0.5m/s；夜间：万向排气罩50%开启，无人员操作使用时在小风量下运行，即通风柜的面风速为0.3m/s	238144（白天）136090（夜间）	166700（白天）109000（夜间）	1348	2202
变风量通风系统	白天：有人员操作的通风柜及无人员操作在使用中的通风柜均处于额定风量下运行，即通风柜的面风速为0.5m/s，但可以通过调节移位窗位置在保证面风速0.5m/s不变的情况下使通风柜风量变化，移位窗位置的调整与否跟实验室操作管理流程及实验种类有着密切关系。现按最不利情况即移位窗处在100%开启位置计算，未使用的通风柜均在最小风量下运行，即通风柜额定风量的20%；夜间：万向排气罩50%开启，所有通风柜在最小风量下运行	171000（白天）58200（夜间）	133500（白天）26200（夜间）	1080	1763
自适应控制通风系统	白天：有人员操作的通风柜处于额定风量下运行，即通风柜的面风速为0.5m/s，正在使用但无人员操作的通风柜除可以通过调节移位窗改变通风柜风量外还可以通过区域状态传感器调整通风柜的面风速由0.5m/s改变到0.3m/s，处于低风量下运行，未使用的通风柜在最小风量下运行，即通风柜额定风量的20%；夜间：万向排气罩50%开启，所有通风柜在最小风量下运行	139000（白天）58200（夜间）	101500（白天）26200（夜间）	820	1340

综上可以看出，在选取冷热源时，在较为不利的情况下选用自适应控制通风系统也可以比定风量系统及双稳态系统夏季减少能耗528kW，冬季减少能耗862kW，节能39%，比变风量通风系统夏季减少能耗260kW、冬季减少能耗423kW、节能24%。对于长时间运行的实验室，运行费用节省显著，最终选择自适应控制通风系统作为本工程实验室的通风系统，并在实验室排风经过干式化学过滤后与新风采用乙二醇热回收系统，进一步达到节能目的。

以上通过对全部实验室通风设备的分析用于确定冷热源，下面分析确定自适应控制通风系统各实验室最大通风量。每个实验室通风量按照每个实验室的通风柜数量按照图1选取"有使用者操作通风柜百分比"。1号实验室有使用者操作通风柜百分比为50%，30%处于无人员操作但在使用中的通风柜，剩余的20%处于无人员使用状态，万向排气罩处于开启状态。2号、3号实验室有使用者操作通风柜百分比为45%，30%处于无人员操作但在使用中的通风柜，剩余的25%处于无人员使用状态，万向排气罩处于开启状态，每间实验室的最大通风量见表2。

实验室最大的通风量　表2

实验室编号	设备名称	风量（m³/h）	有人员操作的通风柜数量（台）	无人员操作但使用的通风柜数量的通风柜（台）	未被使用的通风柜数量（台）	房间最大排风量（m³/h）
1号实验室	台式通风柜	1232	1	1	1	15330
	台式通风柜	1520	2	1	1	
	步入式通风柜	4536	1	1		
	万向排风罩	400	4		4	
2号、3号实验室	台式通风柜	1232	1	1	1	12610
	台式通风柜	1520	2	1	1	
	步入式通风柜	4536	1	1		
	万向排风罩	400	4	4	4	

综上：选用自适应控制通风系统相对其他三种通风系统可以减少冷水机组及热源（锅炉及换热站）装机容量，减少通风机及新风机组风量及管道尺寸，并增大行为节能的可操作性，在日常良好的实验室管理下可以进一步地有效节能。

三、设计参数及空调冷热负荷

1. 室内设计参数

室内设计参数如表3所示。

室内设计参数　表3

房间名称	夏季		冬季		最小新风量[m³/(h·人)]	排风量或新风小时换气次数	噪声限值NR
	温度（℃）	相对湿度（%）	温度（℃）	相对湿度（%）			
实验室	26	50	18	≥30		根据工艺	
研究办公室、行政办公等	26	50	20	≥30	30		35
领导办公	26	50	20	≥30	30		35
会议室	26	50	20	≥30	40		30
大堂、中庭、休息厅	26	60	18	≥30	10		45
数据机房	23±1	40~55	23±1	40~55		1次	60

2. 空调冷热负荷

夏季冷负荷3570kW，冬季热负荷2900kW（包含空调供暖及地板辐射供暖）。

四、空调冷热源及设备选择

冷源：采用3台板管蒸发式冷凝风冷螺杆冷水机组为本楼提供空调冷冻水（主要是考虑利用冷凝器上的水膜蒸发带走冷凝热，提高机组的效率），机组供/回水温度7℃/12℃。

热源：冬季热源由401号楼（动力中心）提供的95℃/70℃的高温热水经过设置在101号科研楼地下一层的热交换站内的换热设备换热后为本楼提供空调热水（60℃/50℃）、地板供暖热水（50℃/40℃），冬季热负荷2900kW。

AHU在过渡季和冬季通过调节新风比例，利用室外新风作为冷源为室内降温，尽量减少冷水机组的开启，最大限度地利用天然冷源。

五、空调系统形式

1. 主要空调供暖方式（见表4）

主要空调供暖方式　　　表4

房间类型	空调供暖方式
实验室	风机盘管＋数字变风量直流通风系统（乙烯乙二醇显热回收系统），实验室送风量根据通风柜的开启数量及状态不断变化，始终保持送排风量差恒定以保证实验室的负压要求，风机盘管负担围护结构冷热负荷以及作为冬季值班供暖使用
研究办公室、行政办公等	风机盘管＋全热回收型新风系统
领导办公	风机盘管＋全热回收型新风系统
会议室	风机盘管＋全热回收型新风系统
大堂、中庭、休息厅	定风量一次回风空调系统（排风机采用变频调速装置与新风电动阀联合控制，过渡季至少可70%新风比运行）；冬季地板辐射供暖提高室内舒适性同时作为值班供暖
数据机房	恒温恒湿空调系统

2. 加湿方式

一般空调房间加湿系统采用高压喷雾＋湿膜挡水板，数据中心采用电热式加湿。

3. 空气净化措施

空调处理机组设置静电除尘段，风机盘管设回风箱式纳米净化装置。

4. 空气热能回收系统

实验室新、排风设置乙二醇显热热回收系统，其他（办公、会议等）的新、排风设置转轮全热热回收系统。排风热回收装置的额定热回收效率不小于60%。

六、通风、防排烟及空调自控设计

1. 通风系统

（1）新鲜空气的采集和排风出路

新鲜空气由下沉窗井、侧墙、屋顶引入空气处理设备。消防排烟由屋顶排出；平时排风主要由屋顶、侧墙排出。新风采集口和排风口的位置设置满足规范要求。

（2）定风量全空气空调系统

全空气空调系统冬、夏季采用卫生要求允许的最小新风量，与回风混合后送入室内，回风一部分与新风混合，一部分排出室外。过渡季调节新风和排风量，满足至少70%新风。在冬、夏季最小新风（设计值）运行时新风量采用CO_2浓度控制进一步减少新风量。

（3）风机盘管加新风系统和直流式送排风系统

办公、会议等房间设风机盘管加新风系统；机房、库房等设直流式送排风系统。新风空调器或送风机将室外新鲜空气送入室内，排风机将室内污浊空气排向室外。

（4）直流式排风系统

卫生间、开水间设置直流式排风系统，将污浊空气排向室外。无外门外窗的分散的小库房、储藏间等房间预留排气扇电源供检修或通风时使用。

（5）建筑物内的风量平衡

大堂、中庭（高大空间）的空调机组当最小新风运行时只回风不排风，形成有效正压，避免室外冷、热气流侵入对室内温湿度造成影响。一般空调房间，回风量小于送风量，使房间形成正压，多余空气压入附近卫生间等负压房间，补偿卫生间等房间的排风量。

2. 自动监控要求

（1）自动监控原则

风机盘管采用风机就地手动控制、盘管水路动态平衡电动二通阀就地自动控制，公共区风机盘管分组群控。

冷水机组等机电一体化设备由机组自带自控设备，集中监控系统进行设备群控和主要运行状态的监测。热力、制冷机房内设备在机房控制室集中监控，但主要设备的监测纳入楼宇自动化管理系统总控制中心。

其余暖通空调动力系统采用集中自动监控，纳入楼宇自动化管理系统。

采用集中控制的设备和自控阀均要求就地手动和控制室自动控制，控制室能够监测手动/自动控制状态。

（2）实验室通风

通过调节安装在通风设备上的变风量控制器对各个排风设备的排风量进行控制。

实验室的送新风机组应迟于排风机5～10s启动，停止时要早于排风机5～10s。

实验室风压控制：除特别说明外，所有实验

室内压均要求为－10Pa，实验室内的新风支管上安装变风量控制阀，根据室内的风压变化情况自动调节新风量。

在每个单元实验室内设长期停用控制按钮，当此实验室长期或一段时间停止使用时，按下按钮会自动关小相对这个实验室的送风电动阀，减少或不再向这个实验室送风，达到节能的目的。

七、心得与体会

在2014年7月1日～2014年8月14日对实验室新风系统进行了实际运行数据的测试，测试内容包括各系统的风量、风机频率等数据，如图2～图5所示。

从以上数据可以看出，实验室采用自适应控制通风系统（数字变风量），在满足实验室通风的要求的同时，可以自动调节风机的频率进行节能运行。经过一个半月的测试，风机运行频率基本在25Hz左右，根据风机的功率与频率的三次方成正比，理论上风机耗功率降至1/8。由于实验室的使用是根据各实验课题的规模、实验进度以及实验人员数量等因素决定的，实验室同时使用频率变动较大。在测试期间，由于实验室未全部开展实验（仅40％左右的实验室开展实验工作），所以测试数据中的风机风量未达到或接近设计值，但从中也更能表明自适应控制通风系统可以在满足实验室通风需求的前提下，达到了变风量节能的目的。

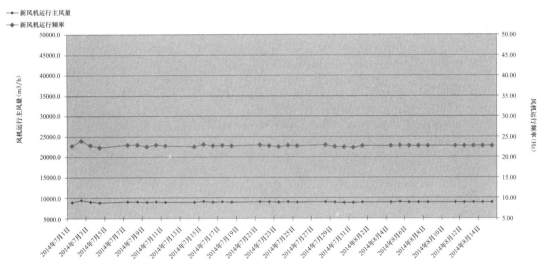

图2　101楼一层新风机运行频率与主风量曲线图

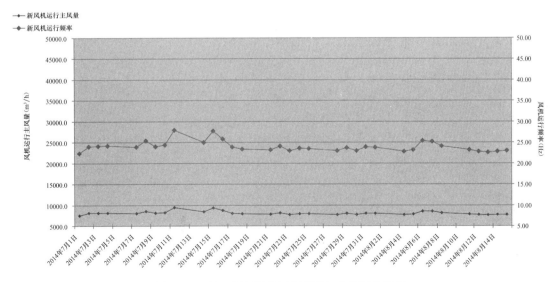

图3　101楼二层新风机运行频率与主风量曲线图

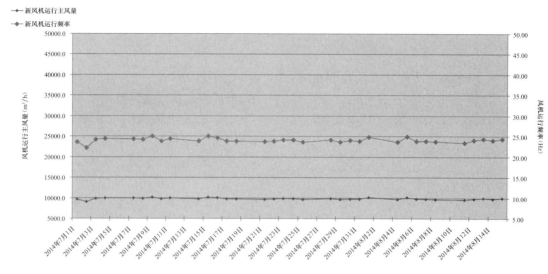

图 4　101 楼三层新风机运行频率与主风量曲线图

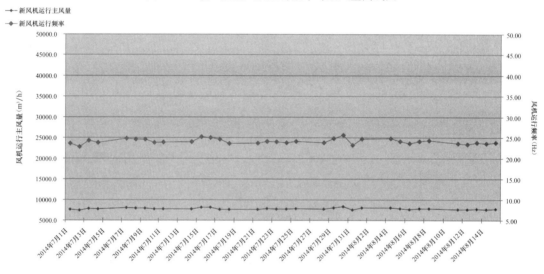

图 5　101 楼四层新风机运行频率与主风量曲线图

复兴门内危改区 4-2 号地项目的
空调设计①

- 建设地点　　　北京市
- 设计时间　　　2006 年 7 月～2012 年 12 月
- 竣工日期　　　2012 年 12 月
- 设计单位　　　北京市建筑设计研究院有限公司
　　　　　　　　[100045] 北京市西城区南礼士路 62 号
- 主要设计人　　徐宏庆　陈盛　李丹　林坤平　宣明
　　　　　　　　曾令文
- 本文执笔人　　徐宏庆
- 获奖等级　　　一等奖

作者简介:

徐宏庆，男，1963 年 8 月出生，教授级高级工程师，北京市建筑设计研究院有限公司设备总监。

一、工程概况

本工程地上建筑性质为办公，地下建筑性质为机房、车库、职工餐厅等配套用房。

建设用地面积 20000hm²，总建筑面积 149570m²，地上面积 88120m²，地下面积 61450m²，建筑高度 51.35m，地上层数 12 层，地下层数 5 层，容积率 4.41。

建筑外观图

1. 总体构思及设计理念

本案地处长安街西段，北向面对长安街，南向紧邻旧城的四合院和传统街区，为银行总部大楼建筑，设计构思源于对中国传统木构建筑精髓的深入解析，将现代办公设计的理念贯穿于建筑设计之中，建造一座具有浓郁中国特色的现代化银行办公楼。

以"城"与"院"的手法构建其城市形象，外在体量与长安街沿线建筑保持和谐均匀的城市肌理，内部空间以东西轴线上并列的中庭体现与北京传统四合院街区的尊重与和谐，整体架构体现了中国传统建筑文化的哲学与逻辑。

以"柱"和"间"的概念形成建筑的构造手法，其外立面以 8 根巨型束柱分隔成 7 个开间，这一手法也延伸到建筑的内部空间设计中，结合中庭及东西两个边庭，构成建筑的基本架构。

建筑设计吸纳中国传统建造哲理，以单元构件叠加形成独具中国韵味的整体造型。建筑以严谨的模数为基本单位，从内而外皆以 1500mm 及倍数为分隔模数，内外空间相互贯通交融，体现立体构成之美。

① 编者注：该工程设计主要图纸参见随书光盘。

2. 建筑设计及技术亮点

建筑平面呈长方形，以南北及东西轴线划分成 4 个使用单元，居中为中央大厅，为建筑最恢宏的空间，上部开口引入阳光，照亮整个大厅，大厅北侧面向长安街敞开，设置观景廊桥及休息平台，充分享受长安街独特的景观资源。

东西轴线上串联着东西门厅，与中央大厅形成三层院落空间，这条轴线与原有的察院胡同相重合，保留了原有的胡同空间肌理。

外立面采用竖向三段的构成，首层为镂空的基座造型，二层后退为平台，三～八层为包覆巨型柱的双层玻璃幕墙矩形体，九、十层为屋面层下的斗拱支撑，十一、十二层为内含使用空间的屋顶层，外面覆盖钢结构及吊挂玻璃百叶。在竖向上，三段之间呈现有节奏的进退变化。

外立面在水平方向则呈现均匀一致性，柱网和立面元素形成整齐的对位关系，从外立面看上去，柱子隐藏在双层玻璃幕墙后面，形成建筑的骨骼和框架。

外表皮的通透性使得内部的架构得到更充分的体现。

建筑采用了模数叠加的方式，由基本的构件单元推演出整体的建筑体量，以标准构件按照建造逻辑形成建筑的各个部位及造型，具有明确的秩序感和构成美感，同时适应远近观赏的建筑尺度感。

技术亮点——幕墙：外幕墙设计为单元式呼吸幕墙系统。部分幕墙设置平行开启功能，满足过渡季通风要求。双层幕墙之间设置智能遮阳百叶系统，通过智能终端，根据室外不同气候环境智能调节百叶形式。

3. 功能分区及空间设计

建筑首层为开放式对外联系空间，于东西南北设 4 个方向的对外出入口。本层的主要功能为共享中庭大堂、东西侧厅、展厅及会议空间等。二层以上为办公用房，其中三层东部为 IT 中心机房、六、七、八层东部为高管办公层，十一、十二层为数据交易中心，十三层（屋顶层）为电梯机房及屋顶花园，地下一层及夹层为职工食堂、餐厅、多功能厅、健身中心、班车及货车场等用房，地下二层为停车库，地下三层为停车库、设备用房，地下四层为六级人防物资库兼平时停车库。

标准层平面交通组织设计：以两组标准核心筒为枢纽，东西两端再辅助设计两组安全疏散梯，利用南北两条贯穿东西的内走廊，联系成为一个"H"形的平面交通体系。标准层南北靠外墙为小开间办公室，中央靠近东西侧庭为开敞办公区，楼层高度为 4m，室内净高 2.8m，每个标准核心筒内各设一部安全疏散楼梯及消防电梯，四组各 4 部共 16 部客用电梯，设一个领导或贵宾专用电梯，设男女卫生间、设备管井、空调机房等。标准层共设 4 个防火分区，每个防火分区均小于 2000m²。

二、室内空调、供暖、通风设计标准

室内设计参数如表 1 所示。

室内设计参数　　　　　　表 1

房间名称	夏季		冬季		新风量[m³/(h·人)]	噪声NC	排风量或换气次数(h⁻¹)
	温度(℃)	相对湿度(%)	温度(℃)	相对湿度(%)			
办公室	25	≤45	20	≥45	≥50	≤40	
会议室	25	≤50	20	≥45	≥40	≤40	
数据中心	23	40～55	23	40～55	≥40	≤40	
餐厅	25	≤60	20	≥35	≥30	≤45	
商业服务	25	≤55	20	≥35	≥30	≤50	
厅堂	26	≤55	18	≥35	≥20	≤50	
健身房	26	≤55	20	≥35	≥25	≤50	
报告厅	25	≤50	20	≥35	≥35	≤50	
走道			16～18				
公共卫生间			16～18				10
公共厨房	30～32		16				40～60
淋浴室			25				10
更衣室			25				5
地下汽车库							6
水泵、制冷机房	28		10～16				5～8
变配电室	40						按设备发热量计算
中水机房			10～16				15

三、空调冷热源及设备选择

1. 供暖

采用城市热力作为大厦供暖及生活热水热源。热力机房位于地下三层。供暖系统间接连接到城市热力管网系统。供暖热水通过热水交换器和二次热水循环水泵，经热水输配管网分配到各空调机组、带热水盘管的变风量末端装置、风机盘管及散热器等设备。供暖系统按末端供暖形式不同，划分为空调和供暖两个独立系统；各系统均采用闭式系统，其补水、定压、软化水装置等均设在热力机房内，由热力设计单位设计。

空调系统：办公室、会议室、报告厅、餐厅等主要功能房间采用空调热水供暖方式，其热水输配管网按末端装置的不同，划分为供空调机组、变风量末端及风机盘管的三个子输配系统。各子输配系统采用不同的管网平衡措施，并均为双管异程式，其中供空调机组的空调水系统为四管制。

供暖系统：地下室厨房、库房、机房、小卫生间等房间采用散热器热水供暖方式，其热水系统采用异程双管式，且每组散热器均设置恒温阀。散热器采用钢管柱型散热器形式，其标准散热量为 160W/片。

地下四层至地下二层部分需供暖的房间采用电蓄热型散热器供暖方式，其设备自带编程继电器，仅夜间低谷电价用电。冬季，房间的通风系统夜间不运行，白天连续运行时间不超过 1h，以防止电蓄热型散热器不供热时室温过低。

中庭、边庭、门厅采用设置局部加热电缆地面辐射供暖方式，配有带地温传感器的温控器，以辅助大堂全空气空调系统，同时首层门厅的大门入口处设置电热空气幕。加热电缆地面辐射供暖系统的电气设计应符合国家现行标准的有关规定。

考虑到大厦的使用情况，按规范要求在建筑物热力机房内设置热量计量装置。

2. 供冷

制冷机房位于地下三层，包括蓄冷装置、离心式双蒸发器制冷机组、变频离心式冷水机组、乙二醇溶液泵、一二次冷冻水泵、冷却水泵、热交换器等设备。蓄冷系统采用制冷机组上游布置方式，各设备的匹配关系见蓄冷系统图（参见随书光盘）。夏季空调最大冷负荷为 12000kW，冷负荷指标为 80W/m²。

蓄冷装置采用钢盘管式蓄冷设备。钢盘管放置在预制的蓄冷槽内：蓄冰工况时，盘管入口载冷剂温度为 −8℃；融冰工况时，蓄冷槽出口冷水温度为 1.1℃。蓄冷装置的总蓄冷容量为

12000TH。蓄冷槽采用现场制作开式槽，其保温等应符合现行国家规范要求。

选用 2 台双蒸发器制冷机组作为制冷主机，空调工况时，单台制冷量为 3870kW。该制冷机组蓄冰工况时，载冷剂的进/出口温度为 −5℃/−8℃；空调工况时，冷冻水的进/出口温度为 11℃/5℃。另外，设置一台变频离心式冷水机组作为基载机组，其制冷量为 2110kW。基载机组的冷冻水进/出口温度为 12℃/6℃。

蓄冷系统采用闭式系统，其载冷剂为浓度 30％的乙二醇水溶液。系统的定压及补液装置等均设在机房内。考虑到系统的平衡，盘管采用同程布置方式。

释冷系统采用外融冰方式，其系统为开式，融冰温度为 1.1℃。空气泵等蓄冷设备的配套设备应由产品供应商提供。

冷冻水系统与释冷系统采用间接连接方式。空调时，大厦的冷冻水回水经双蒸发器制冷机组预冷后，再通过板式热交换器与冰蓄冷装置产生的 1.1℃冷水交换，为大厦提供低温及常温冷冻水。低温冷冻水的供/回水温度为 2.2℃/13.2℃，供各空调机组、新风机组使用；常温冷冻水的供/回水温度为 6℃/13℃，供风机盘管使用。

空调水系统的输配管网根据末端空气处理装置及建筑物全年空调不同工况的需求，划分为供风机盘管和空调机组两个子输配系统，并分别采用二管制和四管制方式。风机盘管子系统的冬夏季电动切换阀门设置在制冷机房内。

冷冻水系统采用闭式、二次泵变流量系统，其系统的定压方式为隔膜式气压罐定压。定压、补水装置均设在冷冻机房内。

空调冷却水系统采用冷却塔、冷却水泵、制冷机组一一对应方式。冷却塔采用开式横流塔，设置于屋顶层，其总装机容量为 2750m³/h。冷却水系统的水处理采用电子水处理器及加药装置混合方式。冬季运行的冷却塔及室外冷却水管道均采取电伴热防冻措施，其电气设计应符合国家现行标准的有关规定。

考虑到大厦的使用情况及蓄冷系统要求，建筑物设置相应的能量计量装置及管理系统。

四、空调系统形式

空调系统根据各空调区域性质的不同，按下

列原则划分：办公室、会议室、展厅等主要功能房间采用低温送风空调系统；文印室等采用风机盘管加新风空调系统；档案库房、交易大厅数据机房采用多联机空调；消防安防控制室和领导办公室设多联机空调作为备用。

低温送风空调系统按负担区域划分为不同的子系统，其组合式变风量空调机组分别安装在各层空调机房内；各机组根据设计标准要求配置相应的空气处理段：混合段、过滤段、加热段、表冷段、加湿段、风机段等，同时按服务区域要求过滤段配置电子空气净化装置。加湿方式采用电热蒸汽加湿形式。空调机组应满足低温送风空调系统的技术要求。

低温送风空调系统的变风量末端装置选择按房间性质的不同，分别采用带风机驱动的串联、并联型末端装置及单风道型末端装置。办公室、接待、会议室等内区部分采用单风道型，其周边区部分采用带热水盘管的并联型，餐厅、电梯厅等采用串联型。变风量末端装置应满足低温送风空调系统的技术要求。

与并联风机型末端装置及单风道型末端装置相配的空调送风口均采用高诱导比的低温送风口，与串联风机型末端装置相配的空调送风口则采用常温送风口。中庭的空调送风口采用直送型低温风口。低温送风口除符合防火规范设计要求外，并满足相关产品技术标准要求。

五、工程设计特点

节能设计特点如下：

1. 冷热源和空调供暖水系统

制冷机性能系数满足《公共建筑节能设计标准》要求。

空调冷水系统和热水系统的冷水泵和热水泵分别设置；空调和供暖水系统并联环路各支路的计算压力损失差小于15%。

风机盘管加新风系统的空调水系统采用静态平衡阀，用于系统初调节，其风机盘管机组设电动二通阀控制。

变风量空调系统的空调系统采用动态平衡阀，其空调机组设动态平衡电动调节阀。

空调冷冻水采用大温差系统，低温冷冻水的供/回水温度为 2.2℃/13.2℃，供各空调机组、

新风机组使用；常温冷冻水的供/回水温度为 6℃/13℃，供风机盘管使用；其二次泵采用变频调速水泵。

空调末端设备、冷热源设备等均设有自控调节装置。

冷却水系统根据冷却水温度控制冷却塔风机启停。

2. 冰蓄冷技术

采用冰蓄冷技术，强化电力需求侧的管理，为业主节省了运行费用，并提高了经济效益。冰蓄冷系统在设计中的优势：可减小装机容量；提供低温冷源水，使冷冻水大温差运行，减小循环泵流量；实现空调机组低温送风。

3. 空调通风系统

空调系统采用低温送风空调系统，降低系统输配能耗。办公区低温送风空调机组的表冷器后出风温度为 5.5℃。

高大空间采用分层空调的气流组织形式，提高通风效率，减少供冷量和送风量。

空调系统过渡季采用全新风方式运行或自然通风方式，节省空调能耗。

办公室部分的新风系统采用室内 CO_2 浓度传感器控制新风量，节省新风能耗。

地下停车库的通风系统风机根据 CO 浓度进行启停控制，节省风机能耗。

4. 可变风量的低温送风空调

与常温送风全空气系统相比，可变风量的低温送风空调系统减小了装机容量和全年耗电量。

六、空调冷热负荷

空调系统热负荷：8900kW；其供/回水温度：60℃/50℃；

供暖系统热负荷：300kW；其供/回水温度85℃/60℃；

生活热水热负荷：1600kW；供水温度：60℃；

总热负荷：10800kW。供暖空调热负荷指标为 $60W/m^2$。

七、通风、防排烟及空调自控设计

1. 通风

（1）根据建筑要求大厦新风采用集中采集方

式。三层及以上的办公室部分为屋顶集中采集，一、二层和地下室部分为地下一层集中采集；同时，采集的新风量能满足系统全新风运行的要求。

（2）办公室部分的新风采用变风量系统形式，每层最小新风支管装设由室内 CO_2 浓度传感器控制的单风道型末端装置。与新风相对应的排风也采用变风量系统形式，每层排风支管装设电动调节阀，其排风机设置在屋顶层。

（3）卫生间、汽车库、设备用房等房间均按要求设置机械通风系统。卫生间等排风屋顶排放；厨房排风经油烟净化装置处理后，屋顶排放，处理后空气符合《饮食业油烟排放标准》GB 18483—2001 的规定；其他排风口均高于地面 2m 以上。

（4）发电机房采用独立的送、排风系统，其风机采用防爆型风机。

（5）空调机房按规范要求进行吸声、隔声处理，各空调通风系统均设置消声器。变风量末端装置的下游管道采用镀锌钢板内消声复合风管，并符合规范要求。

2. 防排烟

（1）防烟楼梯间、消防电梯前室及合用前室的防烟设施按消防规范要求进行设计；机械加压送风系统的送风机屋顶放置，其送风口根据部位的不同采用不同形式。

（2）长度超过 20m 的内走道、面积超过 50m² 且经常有人停留的地下无窗房间均设有机械排烟系统；同时，各机械排烟系统按规范要求设置相应的消防补风系统。

（3）地下汽车库排烟系统：一台排烟风机负担一个防烟分区时，防烟分区内的排烟口则采用常开型百叶风口，并在排烟总风道上设常闭型排烟阀。

（4）机械排烟系统在按规范要求的部位处设置排烟防火阀，其排烟口等按规范要求设置。

（5）中庭排烟按规范要求采用机械排烟方式，其设计按排烟要求进行。

3. 空调自控设计

（1）房间风机盘管采用风机就地手动控制、盘管水路二通阀就地自动控制；公共区风机盘管采用分组群控。

（2）冷水机组、变频控制的水泵、变制冷剂流量多联分体式空调系统等机电一体化设备由机组所带自控设备控制，集中监控系统进行设备群控和主要运行状态的监测。

（3）热力站、制冷机房内设备在机房控制室集中监控，但主要设备的监测纳入楼宇自动化管理系统总控制中心。

（4）其余暖通空调动力系统采用集中自动监控，纳入楼宇自动化管理系统。

八、心得与体会

调试及运行阶段解决的问题：

（1）冷站水力平衡问题：冷冻水分集水器各支路水力平衡失调，通过调整风机盘管水系统的静态平衡阀，保证水力平衡。解决措施：采用冷站内安装的仪器仪表校核和调试完成。

（2）部分低温送风空调区域出现风口结露现象：由于风机盘管＋新风系统与低温送风系统所服务区域相邻，在风机盘管服务区域室温较高且湿度较高时，造成低温送风系统送风被周边湿热空气影响，出现结露。解决措施：通过相邻空调区域运行时段管理和提前预冷等途径解决。

（3）冰蓄冷冷源优化运行：通过优化蓄冰装置和冷机运行模式，合理切换各种工况，全天保证大楼供冷温度和供冷量，并尽可能降低运行费。解决措施：通过每年的运行工况数据分析和总结，设定并自动切换各运行工况。

昆明长水国际机场航站楼暖通空调设计①

- 建设地点　　昆明市
- 设计时间　　2007 年 05 月～2010 年 05 月
- 竣工日期　　2011 年 12 月
- 设计单位　　北京市建筑设计研究院有限公司
　　　　　　　[100045] 北京市西城区南礼士路 62 号
- 主要设计人　韩维平　谷现良　黄季宜　穆阳　赵迪
　　　　　　　金巍　孙敏生　夏令操　方勇　李大玮
　　　　　　　牛满坡　石立军
- 本文执笔人　韩维平
- 获奖等级　　一等奖

作者简介：

韩维平，1964 年 9 月生，教授级高级工程师，注册设备工程师，北京市建筑设计研究院有限公司副总工程师，第四设计院设备所所长，1986 年毕业于北京建筑工程学院。代表作品有：深圳福田体育公园、新疆体育中心体育馆、首都国际机场 1 号航站楼改造工程、首都国际机场 3 号航站楼、昆明长水国际机场航站楼等。

一、工程概况

昆明长水国际机场是国家"十一五"期间唯一批准新建的大型枢纽机场，机场定位为"大型枢纽机场和辐射东南亚、南亚，连接欧亚的门户机场"，是实施中国面向东南亚、南亚国际大通道战略的重要组成部分。本期工程飞行区建设东西两条平行跑道，西跑道 4000m 长、东跑道 4500m 长，跑道间距为 1950m。昆明长水国际机场航站楼及停车楼工程按照 2020 年旅客吞吐量 3800 万人次目标进行设计。建成后的昆明新机场，成为继北京、上海、广州后的国内第四大机场，单体航站楼规模全国最大。结合空侧跑道滑行道布局，航站楼采用尽端的集中式构型，设置在 2 条跑道的中央南侧。航站楼共有近机位 68 个，可满足 A380 等 F 类大机型的飞机停靠。航站楼总建筑面积 54.8 万 m²，总高度 72.9m。航站楼在平面构型上可分成前端主楼中心区和 5 条候机指廊。

昆明长水国际机场航站楼的造型，充分体现了多彩云南的地域特色，翘曲的双坡屋顶表现了云南当地民族传统建筑的神韵，构成了航站楼最

显著的建筑特色。屋面将航站楼各个主要建筑空间有机整合在一起，使航站楼从南至北沿中指廊中轴形成了一条连续贯通的曲线屋脊，呈现了更加恢宏的建筑形象和完整、连续的天际线。航站楼主体部分的支撑结构采用了不同于常规的钢结构"彩带"，7 条钢结构彩带沿南北方向有序展开，不仅将航站楼离港层主要功能区予以划分，也以卓越的科技力量将现代美学与地域文化特色完美统一，成为整个建筑立面和内部空间的标志，给旅客以全新的空间体验。

作为国内第一个绿色机场工程试点，按照国际民航局"节约型、环保型、科技型、人性化的现代机场示范工程"的要求，昆明长水国际机场航站楼工程针对机场建设所处的特定气候和地域特点，强调对建筑对自然能源的利用和云南地方特色的体现。主要做法体现在以下几个方面：空陆侧错层设置，因地制宜的竖向剖面设计，大幅降低土方工程量；航站楼中心区采用了减震隔震设计，保证结构安全的同时，降低结构造价；航站楼大量采用自然通风、自然采光设计，提高室内环境质量的同时节约运行成本。经评审，昆明新机场航站楼及能源中心工程获得三星级绿色建筑设计标识证书。

---

① 编者注：该工程设计主要图纸参见随书光盘。

建筑外观图

二、工程设计特点

1. 设计指导思想

落实"将昆明新机场建成节约型、环保型、科技型和人性化的现代国际机场"的精神，根据中国民用航空总局《关于开展建设绿色新机场研究工作的要求》（民航函〔2007〕909号）的要求，按照《建设绿色昆明新机场航站区工程绿色设计子项任务书》，以技术先进、经济合理、环保可持续发展为设计理念，做到技术合理先进，有利于提高旅客环境舒适度，有利于环保节能。结合昆明当地气候条件，最大限度采用天然能源和可再生能源，为旅客和工作人员营造舒适的热环境要求和健康的室内空气质量，为各种设备工艺用房提供其正常运行所需的空气环境。

2. 采用动态模拟方法辅助暖通设计

昆明长水国际机场航站楼外部造型及室内空间结构均比较复杂，其大面积建筑挑檐形成的遮阳效果以及室内高大空间的分层负荷计算是本次空调负荷计算的难点，使用传统的负荷计算方法（如冷负荷系数法）很难获得较准确的计算结果，动态模拟计算方法是解决上述计算难点的最佳途径。主要有以下方面：

（1）通过 K 值对累计负荷的影响，完成玻璃幕墙传热系数的优化分析。

（2）模拟分析各系统不同新风比运行时间，进一步确定采用新风比调节方式。

（3）确定系统运行策略。

3. 内区冷源采用热回收风冷热泵机组

由于航站楼存在大量的通信机房等内区冷负荷，设置内部冷源满足全天24h供冷需求，本设计回收制冷运行时产生的冷凝热，将这部分热能用作生活热水热源。

4. 采用变风量系统

航站楼内到达迎客大厅、出发候机大厅，值机大厅、行李提取大厅、远机位出发到达厅、联检大厅、VIP/CIP、商业餐饮等旅客公共区域均采用全空气系统。上述区域空调送风量≥10000m³/h且负担单独空调区域时，采用单区域一次回风变风量空调系统；上述区域一个空调系统负担多个空调区域，且各空调区域温度需要分别控制时采用带变风量末端的多区域一次回风变风量空调系统。

5. 通过自然通风模拟以优化设计

昆明气候分区属于温和地区，全年日平均干球温度均低于25℃，大部分时间介于15～20℃之间，湿球温度均低于20℃。利用昆明优越自然条件，实现自然通风，节省空调运行费用，对航站楼节能降耗意义重大。针对此专题，北京市建筑设计研究院与清华大学合作开展了航站楼自然通风可行性分析和全楼模拟计算分析，并最终确定了自然通风技术策略。

航站楼主要自然通风进风口设置南侧中心区的东西两侧幕墙处，以及东、西前翼直指廊靠近中心区的南侧幕墙10.40m以下区域。自然通风区域内可开启面积与立面幕墙总面积之比为8%～15%。自然通风的出风口利用屋面可开启的天窗实现，同时也兼顾了自然采光的需要，可开启屋面自然通风窗有效通风面积约为600m²。自然通风区域为航站楼前中心区值机大厅、迎候大厅、行李提取大厅、前指廊候机厅等区域。

本项目自然通风季节为三个季度（两个过渡季和夏季），计为270d，自然通风计算全年不保证200h，这时的临界负荷为4450kW。三个季度的能耗为逐时能耗的总和，即1731.2万kWh；其中最大负荷前200h总能耗为93.4万kWh。

自然通风区域在过渡季和夏季若采用机械通风，也能基本维持室内的舒适度，但要消耗风机的输送能耗。自然通风区域空调系统的风机装机总容量约1614kW，假设风机在50%风量、75%风量、100%风量的运行时间百分比分别为20%，

60%，20%，则可粗略估算出三季度机械通风的电耗约为420万kWh。

则在上述三个季度利用自然通风节约总能耗为1637.8万kWh，根据以往工程经验，电制冷系统综合COP约为2.5，则可节约电能655.1万kWh。

三、设计参数及空调冷热负荷

1. 室外设计参数（见表1）

室外设计参数　　　　表1

设计用室外气象参数	单位	数值
采暖室外计算温度	℃	3.0
冬季通风室外计算温度	℃	8.0
夏季通风室外计算温度	℃	23.0
夏季通风室外计算相对湿度	%	64
冬季空气调节室外计算温度	℃	1.0
冬季空气调节室外计算相对湿度	%	68
夏季空气调节室外计算干球温度	℃	25.8
夏季空气调节室外计算湿球温度	℃	19.9

2. 室内设计参数（见表2）

室内设计参数　　　　表2

房间功能	夏季室内设计温度（℃）	夏季室内相对湿度（%）	冬季室内设计温度（℃）	冬季室内相对湿度（%）	人均新风量[m³/(h·人)]	噪声标准[dB(A)]
值机大厅	26	≤55	20	—	30	50
到港大厅	26	≤55	20	—	30	50
安检大厅	26	≤55	20	—	30	50
边检大厅	26	≤55	20	—	25	50
行李提取厅	26	≤55	20	—	25	50
候机室	26	≤55	20	—	30	45
高舱位休息室	26	≤55	20	—	50	45
VIP休息室	24	≤55	22	—	60	45
到达通廊	26	≤55	20	—	30	50
中转区	26	≤55	20	—	30	50
公共区域	26	≤55	20	—	30	50
钟点客房	24	≤55	22	—	50	40
办公	26	≤55	20	—	30	45
餐厅	26	≤55	20	—	25	50
商业	26	≤55	20	—	30	50
机坪设施	26	≤55	18	—	30	45

3. 冷热负荷计算

本工程采用动态模拟分析软件DeST，完成了航站楼的围护结构冷热负荷计算，与室内发热指标结合，为空调设备选型提供相对准确的数据基础。计算结果如表3所示。

冷热负荷　　　　表3

空调冷指标			
空调建筑面积	308115m²	空调冷指标	53.2W/m²（总建筑面积）
空调冷负荷	29200kW		95W/m²（空调建筑面积）
空调设计冷量	29200kW	空调热指标	26.8W/m²（总建筑面积）
空调设计热量	14680kW		48W/m²（空调建筑面积）

四、空调冷热源及设备选择

航站楼冷源由能源中心和楼内设置的冷水机组共同供给：能源中心冷水系统运行期间（4～10月）由能源中心供给，冬季能源中心停止供冷期间由楼内冷水机组供给。航站楼内按区域设有三个二级泵房和换热机房，冷冻水DN700和一次热水DN350干管由直埋方式敷设至航站楼，经航站楼内地下管廊连至各区域二级泵和换热机房。

主冷热源由楼外能源中心集中供给，空调冷水供/回水温度为7℃/14℃，一次热水供/回水温度为110℃/70℃。空调冷水为复式泵系统，一级泵设在能源中心，二级泵设在航站楼内。一次热水经热交换站内板式热交换器换出二次空调热水，其供/回水温度为50℃/40℃；大温差（7℃）空调水系统及二级泵变频运行，有利于减少输送能耗。

楼内冷源采用风冷热回收热泵机组，系统为冷源侧定流量的一次泵变流量系统，机组侧定流量运行，负荷侧变流量运行，水系统采用大温差（7℃）运行，供/回水温度为7℃/14℃。全楼按区域分为3个系统，A1、A2系统各设置3台热回收机组，其单台制冷量为582kW，C系统设置2台热回收机组，其单台制冷量为300kW，冷媒采用R134a；因楼内存在常年稳定的冷负荷，该系统设置空调冷凝热回收系统，作生活热水热源，提高能源利用率。

五、空调系统形式

1. 全空气空调系统

航站楼内到达迎客大厅、出发候机大厅、值机大厅、行李提取大厅、远机位出发到达厅、联检大厅、VIP/CIP、商业餐饮等旅客公共区域均采用全全气系统。

上述区域空调送风量＜10000m³/h 且负担同一单独区域时，采用一次回风定风量空调系统；上述区域空调送风量≥10000m³/h 且负担单独空调区域时，采用单区域一次回风变风量空调系统；上述区域一个空调系统负担多个空调区域，各空调区域温度需要分别控制时采用带变风量末端的多区域一次回风变风量空调系统。

多区域变风量空调系统主要用于航站楼 VIP/CIP区域，采用单风道型变风量空调系统，各系统按房间负荷特征分别设置。内区房间的系统采用单冷型单风道系统，全年送冷；外区房间的系统采用冷热型单风道系统，按季节转换送冷或送热。变风量末端装置，根据负荷变化调节改变风量，保证室内温度要求。

全空气空调系统按最小新风比和全新风两种模式运行，所有全空气处理系统均对应设置排风机，全新风运行时排风机开启。

2. 风机盘管加新风系统

航站楼内区航空公司和驻场单位内区办公、钟点客房等房间采用风机盘管加新风系统。内区办公风机盘管为单冷型，由全年供冷系统供给，钟点客房采用四管制风机盘管，由全年供冷系统供冷，冬季由空调两管制系统供热。

内区商业零售区域除采用全空气空调系统外，另设置全年供冷风机盘管系统，负担部分设备负荷。

内区办公区域和钟点客房均设排风系统维持室内正压在设计范围内，排风量为新风量的85%，保证室内新风量的有效送入。

3. 精密空调（CCU）系统

通信机房和不间断电源间等按设备要求设置冷冻水型恒温恒湿空调机组。机房设架空地板，采用地板送风。机组冷源由航站楼全年供冷系统提供，按设备对室内环境要求，对空气进行冷却及再热、加湿处理，实现恒温恒湿控制。

4. 首层机坪办公服务用房的通风系统

根据昆明的气候特点，首层机坪办公服务用房不设空调仅考虑设置通风设施，通风量按满足人员所需新风量确定。采用新风机组送新风，新风冬季进行加热处理，夏季对新风进行冷却处理。

5. 航站楼大空间的气流组织设计

在机场航站楼内，大部分公共区域是开放式大空间，结合建筑形式，在不同区域采用适合的气流组织形式，主要有以下几种形式：

（1）下送侧回：到达大厅、提取大厅

到达大厅内侧的幕墙布置侧送风口，外侧的地面布置下送风口，在内侧的幕墙布置回风口；行李提取大厅结合行李提取转盘布置下送风口，侧幕墙布置回风口。

（2）侧送下回：值机大厅

值机岛布置侧送喷口，地面布置回风口。

（3）侧送侧回：出发大厅等高大空间区域

内布置若干个竖向"机电单元"，在其四周布置风口，向四周射流；另外结合舱体房间，利用侧幕墙布置送风口及侧回风口。

为了验证昆明新机场航站楼的气流组织效果，本工程采用CFD模拟技术对室内环境进行预测。

六、通风、防排烟及空调自控设计

1. 自然通风

通过对航站楼外部环境噪声和空气质量影响因素的分析，结合航站楼外部构造和内部空间分布，确定前中心区包括行李提取厅、迎客大厅、值机大厅等空间采用自然通风。室外热环境参数优于室内时，航站楼采取自然通风和机械通风两种方式的结合来满足室内热舒适及空气品质要求。自然通风区域内不能满足要求的区域采用机械送风补充。通过分析研究确定开窗的位置和面积，确保自然通风的效果。进风口：航站楼中央大厅的B1层、一层及二层东西两侧立面、二层前指廊南侧立面；出风口：顶部天窗。

2. 机械通风

航站楼内卫生间、吸烟室、厨房、变配电室、行李处理机房、热交换机房、给水机房、污水泵房、气体灭火防护区、储瓶间、地下货运通道、行李通廊、服务通廊等区域设置机械通风系统，通风量按换气次数进行计算确定，系统设置均为常规做法，本文略。

3. 防排烟系统

航站楼防排烟系统设计分为按现行消防设计规范设计和消防性能化设计两部分。根据消防性能化的原则和指导思想进行设计，对于现行规范不完全适用的场所和空间进行消防性能化设计分析。按现行规范设计均为常规设计，本文略。以下介绍本工程的消防性能化设计相关内容。

消防性能化报告针对该航站楼的可燃物分布特点，运用"舱"、"燃料岛"、"独立防火单元"等设计概念进行防火分隔或防火保护设计，并规定了各区域的烟气控制策略。

楼内防排烟系统的设计除配合消防策略进行以外，也有针对特殊区域进行防排烟计算的，主要有以下几种系统：

（1）自然排烟系统：主要用于公共开放大空间，大空间屋顶和侧墙设自然排烟窗。

（2）防火舱机械排烟系统：适用于商业、高舱位休息室等服务性用房。

（3）独立防火单元机械排烟系统：适用于办公用房。

（4）行李区域机械排烟系统：按不同的区域划分 2～6 个防烟分区不等，排烟量根据计算确定，根据区域特点采取自然补风或者机械补风。

（5）货运及装卸区域排烟系统：排烟系统与排风系统合用，分为 5 个防烟分区，每个防烟分区排烟量为 167760m³/h。

（6）地下货运通廊、行李管廊和服务管廊机械排烟系统：地下南北向货运车道、服务和行李通廊内不超过 60m 间距设置一处排烟口，火灾时同时启动相邻 3 处排烟口，3 处排烟口总排烟量按区域进行计算得到。

（7）安全疏散通道加压送风系统：前中心区 −14.00 标高和前端东西指廊地下二层 −10.00 标高设有安全疏散走道，安全疏散通道设置机械送风系统，维持与疏散楼梯合用前室相同的压力值 25～30Pa。

4. 空调自控设计

（1）空调两管制冷冻水系统

根据系统负荷变化自动控制冷水机组运行台数和一级循环水泵运行台数（冷热源供应中心）；根据水系统末端供回水压差控制二级循环水泵转速，根据水泵实际运行流量控制水泵运行台数；

根据冷冻水流量和供回水温度的测量值，计算总冷负荷。

（2）空调二管制热水系统

热水循环泵与对应电动水阀之间的电气联锁；根据热交换器二次热水的供水温度（50℃）控制一次热媒回水管路电动调节阀开度；根据空调总热负荷控制换热器使用台数和循环水泵运行台数；根据水系统末端供回水压差控制循环水泵转速，根据水泵实际运行流量控制水泵运行台数；根据空调热水流量和供回水温度的测量值，计算总热负荷。

（3）热回收机组和全年供冷系统

机组与相关的电动水阀、循环水泵等的电气连锁控制；根据系统总负荷量控制机组及对应空调循环水泵运行台数；供回水压差控制空调冷热水供回水总管之间旁通阀开度；除机组所带自动监控装置外，最终结合全年供冷水系统和设备特性确定机组和冷热侧循环水泵的最佳控制方案。

（4）全空气处理机组季节转换和新风运行工况（见表4）

全空气处理机组季节转换　　表4

工况特征	季节分类	盘管阀门的转换
冷热源供应中心供冷	夏季	中控室人工远距离断电关闭空气处理机组热水阀，开启冷水阀
冷热源供应中心供热	冬季	中控室人工远距离断电关闭空气处理机组冷水阀，开启热水阀
冷热源供应中心不供冷热	过渡季	中控室人工远距离关闭空气处理机组冷水阀和热水阀

（5）新风比的控制见表5

新风比控制　　表5

季节	工况转换点	新风阀控制
夏季	室外温度＞24℃	最小新风比
夏季	室外温度≤24℃	100%新风
过渡季	室内温度≤18℃	最小新风比
过渡季	室内温度≥24℃	100%新风
冬季	热水阀调节至全关时室内温度≥24℃	100%新风
冬季	热水阀调节至全开时室内温度≤18℃	最小新风比

（6）全空气空调系统室内温度控制（见表6）

室内温度控制　　　　　　表6

全空气空调系统	室内温度控制
定风量系统	根据回风温度与设定温度的偏差值确定送风温度的设定值，调节水路电动阀开度控制送风温度（送风温度设定值与回风温度的关系通过运行调试确定）
单区变风量系统	根据送风温度设定值控制水路电动阀开度；根据室内温度调节送风机转速改变送风量，全新风工况运行时排风机转速同比调节
多区变风量系统	根据送风温度设定值控制水路电动阀开度；房间温度控制器控制变风量末端装置调节送风量，全新风工况运行时回风机转速同比调节

（7）变风量系统的最小新风量控制

单独区域全空气变风量空调系统主回风管道设 CO_2 传感器，当按最小新风比模式运行时，送风量随室内负荷变化减小时，室内 CO_2 浓度检测值高于 0.10%（1000ppm），新风阀全开、回风阀关闭，同时开启排风机，系统按 100% 新风模式运行，稀释室内空气，直至室内 CO_2 浓度检测值降为 0.08%（800ppm），恢复系统正常运行模式。回风 CO_2 浓度超过设定值时优先运行 100% 新风模式稀释室内空气。

多区域全空气变风量空调系统用于 VIP 区域，采用加大新风量，保证系统最小新风量工况按 50% 风量运行时，满足新风量要求。

七、心得与体会

1. 围护结构的性能优化

航站楼使用时间长，室内外温差传热引起的冷负荷很小，主要的空调负荷是太阳辐射热和室内照明、设备等发热形成的冷负荷。室内发热量较高且大部分时间段大于外围护结构的热损失。航站楼的玻璃幕墙热工性能不仅需要考虑保温隔热还需要考虑在全年大多数情况下通过玻璃幕墙将室内发热散出的要求，通过模拟计算，有以下结论：

（1）随着 K 值增大，全年累计冷负荷减小，累计热负荷增加，热负荷增加量略大于冷负荷减少量，全年累计总负荷随 K 值增大略有增加，但趋势不明显，K 值从 2.5W/（m^2·℃）增大到 5.0W/（m^2·℃），其对应全年累计总负荷只增加 2.0%，玻璃幕墙的传热系数对全年累计冷负荷的

影响不显著。

（2）选择航站楼幕墙玻璃类型时重点考虑遮阳系数、透射光、反射光性能以及旅客视觉要求，航站楼玻璃幕墙的遮阳系数控制在 0.55 以内，阳光透射率 60%，阳光外反射率 12%。

（3）幕墙玻璃幕墙系统框架复合，无严格的隔热要求，可采用非断桥隔热型材，幕墙系统整体传热系数 K 值确定为 3.0~3.5W/（m^2·℃）。

2. 公共区域的自然室温分析

自然室温是指房间在室外气象、室内发热、邻室传热、室内外空气交换的共同作用下，在没有冷热源投入情况下的室内自然温度，直接反映房间在没有冷热源投入时的冷热状况。通过模拟分析，可知：

（1）冬季自然室温：大部分候机室及到达通廊室温低于 18℃ 的时间均超过 720h（一个月），这是新风带入的冷量导致的。如果空调系统没有热源，则室内发热需要承担围护结构的热损失及新风热负荷，大部分房间的室内发热都不能满足此加热要求，尤其是那些紧邻幕墙的区域。因此应为航站楼的空调系统提供热源。

（2）夏季自然室温：在高发热（全年发热均为设计值）的情况下，只有核心区的两个候机室室温高于 27℃ 的时间超过 2000h（3 个月）；而在低发热的情况下，则所有房间室温超过 27℃ 的时间均不超过 900h，约合 38d。由于航站楼的室内发热不可能全年维持在最高值，因此冷冻机实际运行时间一般不会超过 3 个月，在全年的大部分时间内，可实现全新风供冷。

3. 新风的控制策略

对航站楼各空调系统进行全年模拟分析，统计各空调系统全年供冷、供热和通风的运行时间，确定采用何种变新风比调节方式。系统分为最小新风比、可调新风比和全新风三种工况进行分析。计算结果如下：

（1）各大厅及候机区空调系统全新风运行时间均超过 70%。

（2）到达通廊空调系统全新风运行时间比大厅及候机区时间略短，但也超过 50%。

（3）各系统在调节新风比、最小新风比的运行时间均较短，大部分空调系统调节新风比运行时间在 20% 左右。

（4）航站楼内值机大厅、迎客大厅、安检大

厅等、各区域候机室以及到达通廊的空调系统，采用区域变风量系统，各系统单独加设排风机形式；取消调节新风比运行工况，采用两档调节方式，在只有全新风和最小新风比两种工况下，结合送风量的调节，调整系统的新风供应量，保证室内温度基本满足要求。

4. 冷凝热的回收

（1）全年供冷和生活热水热负荷特性决定冷与热的需求同时存在。

（2）冷凝热排放特点：排放集中且数量相对较大排放量稳定，受室外温度等因素影响小，负荷特性稳定。

（3）航站楼内区空调冷负荷和生活热水加热量比较接近，且冷凝热量能够满足生活热水系统所需要的加热量。

（4）本工程冷凝废热具有利用价值，采用热回收技术，利用热回收机组回收空调冷凝热，冬夏均能同时提供冷水热水，实现能量的综合利用。

北京侨福芳草地暖通空调设计①

- 建设地点　　北京市
- 设计时间　　2003 年 3 月～2006 年 6 月
- 竣工日期　　2012 年 5 月
- 设计单位　　北京市建筑设计研究院有限公司
　　　　　　　[100045] 北京市西城区南礼士路 62 号
- 主要设计人　夏令操　张娴　王威　黄季宜
- 本文执笔人　王威　黄季宜
- 获奖等级　　一等奖

作者简介:
　　王威,生于 1969 年 10 月,高级工程师,室总工程师。1992 年毕业于北京建筑工程学院供热通风与空气调节专业,大学本科。工作单位:北京市建筑设计研究院有限公司。主要设计作品:北京市高级人民法院审判业务用房、全国工商联办公楼、呼和浩特大唐国际喜来登大酒店、青龙湖郊野休闲社区、重庆地产大厦、中渝国际都会。

一、工程概况

北京侨福芳草地位于朝阳区,东临东大桥路,北侧为芳草地北巷,是一个集商场、办公、酒店为一体的综合商务楼。占地面积为 30900m²,容积率 3.88,总建筑面积 200000m²,建筑高度为 87m。建筑由 2 高 2 矮 4 个相对独立的大楼组成,坐落在一个 10m 深的下沉花园上。A、B 栋三～十二层为甲级写字楼,十三～十七层为酒店客房,十八层为酒店接待大堂。C、D 栋三层及以上为甲级写字楼。二层至下沉二层为商业、餐饮。地下三层为人防/停车库,地下二层、地下一层为停车库、酒店后勤区及机电用房。

建筑底层部分相互连通,上部由一个巨大的、能自由呼吸的环境保护罩包覆,能够自动应对不断变化的天气、温度、太阳角度、湿度和风向。环保罩是一个高度超过 80m 的结构,立面采用单层玻璃,屋顶采用 ETFE 半透明膜。为了满足里面建筑的高度要求,环保罩形状为三角形,屋顶沿西面和北面倾斜,成为北京一个新的地标型建筑。

每栋建筑都巧妙地与室外花园平台贯通起来,从而可以提供灵动的工作空间。通过这些开放的空间使整个建筑实现自然通风,在过渡季节省了大量能耗。下沉区域两层以及地上一层、二层为综合商业中心(含超市、品牌店、电影院、餐饮等),商场由自然采光的中庭环绕,底层的公共广场既美化了环境,又提供了休憩空间。商场为旅客创造了独特的购物体验,其中最引人注目的是一座跨度达 225m 的步行桥,对角穿越建筑,人们可以更加便捷地行走在 4 个建筑之间,尽享便利。建筑三～十二层为商务办公区,办公空间可以从沿街的朝向或中庭获得充裕的自然光,50%以上的办公室可以直通空中花园、景观桥或露台,美丽的室外空间提供了有别于传统办公空间的惬意环境,也为工作者提供了更轻松、适于交流的工作空间。高塔 A、B 栋十三～十八层为个性化精品酒店,客人通过观光电梯从专用入口大堂直接到达。多数豪华客房都拥有自己宽大的户外阳台、个性化泳池、按摩浴缸等设施。玻璃和钢结构搭建的空中大厅位于整栋大楼的最高点,客人将城市美景尽揽眼中。

先进的技术完美地融入这座独特的综合体建筑中。环保罩幕墙形成了建筑的外幕墙,与单体幕墙之间距离 3m,从而形成外呼吸式双层幕墙系统。通过外幕墙开启部分的控制,宽通道双层幕墙有效组织气流,春秋季长达 6 个月的时间内可实现自然通风效果,夏季可以带走过多的太阳得热,冬季则提供附加的保温层。办公区采用了高

① 编者注:该工程设计主要图纸参见随书光盘。

效的空调系统，地板送风结合冷辐射吊顶系统。基于建筑在环保节能中的设计，本项目获得LEED铂金级认证。

建筑外观图

二、工程设计特点

本项目打破了传统意义上的建筑设计的概念，它不是一个普通的商业活动场所、普通的办公楼以及旅行者驻留的酒店的设计，它的设计目标是一个可持续生态环境的设计，这种建筑设计观点就是将建筑与自然整体考虑，保证了建筑环境不会对人类和其周围环境产生破坏。

环保罩是这个项目的点睛之笔，它将四栋建筑完全覆盖，在建筑之间形成了一个可控制的环境，进而引入复合通风概念。办公楼部分采用了复合通风系统，复合通风系统包括三个独立运行模式：自然通风、机械通风、空调送风。

在过渡季节，当室外空气品质良好并且温度适宜（温度小于20℃）的情况下，楼宇自控设定为自然通风模式。室外空气从环保罩底部自然通风口进入环保罩内部，经过办公楼外窗进入办公室，通过办公室与走道隔墙上部百页进入走道，最后经过核心筒内的自然排风竖井排出室外。

在过渡季节，当室外空气品质较差或者自然通风无法满足室内舒适度要求时，楼宇自控设定为机械通风模式。新风由屋顶经过位于核心筒的自然通风竖井进入空调机房，经空气处理机组过滤后，送入办公室。

当自然通风和机械通风均无法满足室内舒适度要求时，楼宇自控设定为空调送风模式。办公室外窗关闭，空调送风系统根据室外空气焓值，变新风比运行，室外新风与室内回风混合，经制冷/制热处理后送入办公室。

为了达到顶级办公楼的标准，办公室采用了地板送风空调系统，并配合冷吊顶系统，从而提供更优良的热舒适度。特别是地板送风系统引入了一个灵活空间系统的概念，它给业主及施工、维护单位带来了多方面的益处，包括灵活的平面设计、舒适的环境、优秀的空气品质、减少改动的费用、操作简易、独立控制等。

由于本项目的4栋建筑被包裹在环保罩内，处于一个可控的微气候环境中，一般的空调负荷计算软件无法准确计算建筑物的空调冷热负荷。因此本项目采用建筑动态模拟分析软件，对楼内各区的围护结构冷热负荷进行了计算分析。在围护结构冷热负荷计算结果基础上，结合室内人员、灯光、设备等内扰负荷，完成各功能房间的空调冷热负荷计算。

环保罩内的微气候环境对其内部4栋建筑的空调冷热负荷、中庭的室内热环境有直接影响。本项目采用CFD分析软件，对环保罩内的温度分布及气流组织进行了详细分析。

北京春秋季节室外温度适宜，通过开启环保罩底部自然进风口及上部自然排风口，利用热压作用实现自然通风，可以改善中庭、购物层开放式走道及空中花园的热舒适性，同时可减少办公楼层的空调运行时间。当室外温度为20℃时，在没有空调制冷的情况下，环保罩内中庭底部、中部及顶部温度分别约为21℃，23.5℃及25℃。

夏季强烈的太阳辐射和较高的室外温度将导致环保罩内部空间的热舒适性变差，为了减少内部空间的热量聚集，环保罩上部所有自然通风口全部打开，排除内部热空气。当室外温度为35℃时，环保罩内中庭底部、中部及顶部温度分别约为36.7℃，37.7℃及40.5℃。环保罩内中庭及购物层开放式走道需要增加辅助空调系统。对于环保罩内的4栋建筑而言，环保罩与内部建筑外幕墙构成了双幕墙结构，在夏季可以减小内部建筑的太阳辐射得热，降低内部房间的空调冷负荷。

冬季室外温度较低时，环保罩上部及底部自然通风口全部关闭，此时环保罩成为一个温室，显著提高了内部建筑围护结构四周的空气温度，减小了内部房间的供暖负荷。当室外温度为-10℃时，环保罩内中庭底部及顶部温度分别约为0℃及7℃。

为了预测项目建成后的全年运行能耗，设计

建立了设计建筑的全年能耗模拟分析模型,并与《美国非住宅建筑节能标准》(ASHRAE90.1-2004 standard)的基准建筑模型(无环保罩)进行了比较。模拟分析结果显示,设计建筑年耗电量为 68kWh/m²,比基准建筑(101kWh/m²)下降 32.3%,这部分节约的电量主要得益于空调制冷能耗、照明能耗以及风机能耗的下降。设计建筑供暖能耗为 20.5kWh/m²,比基准建筑(42.9kWh/m²)下降 52.1%。空调制冷能耗、供暖能耗下降的主要原因是由于环保罩提供的可控微气候环境,在建筑外围护结构与室外之间形成了一个缓冲地带,有效降低了建筑围护结构的冷热负荷,同时自然通风、机械通风系统的应用减少了空调系统的运行时间。

三、设计参数及空调冷热负荷

室外设计参数如表 1 所示。

室外设计参数	表 1
冬季室外供暖计算温度	−9℃
冬季室外通风计算温度	−5℃
夏季室外通风计算温度	30℃
冬季室外空调计算温度	−12℃
冬季室外空调计算相对湿度	45%
夏季室外空调计算干球温度	33.2℃
夏季室外空调计算湿球温度	26.4℃

室内设计参数如表 2 所示。

室内设计参数					表 2
区域	夏季温度(℃)	夏季相对湿度(%)	冬季温度(℃)	冬季相对湿度(%)	每人新风量[m³/(h·人)]
办公室	25	50	20	≥40	30
零售商店	25	55	20	—	20
酒店客房	25	55	22	≥30	50
酒店大堂	25	60	18	≥30	20
展览厅	25	55	18	≥40	20
餐厅	25	60	20	—	30

总空调冷负荷为 18437kW,空调冷指标为 92W/m²(总建筑面积),128W/m²(空调建筑面积)。

空调热负荷 13584kW,空调热指标为 68W/m²(总建筑面积),94W/m²(空调建筑面积)。

四、空调冷热源及设备选择

本项目为中央空调系统,采用电制冷加市政热力的冷热源方式。制冷机房位于地下三层,设置 4 台 1100RT 和 2 台 550 RT 的离心式冷水机组。制冷剂采用 134a,并设置制冷剂回收系统。空调冷水采用大温差,供/回水温度为 6℃/12℃。冬季热源来自市政热力管网,空调热水经热交换器制取,供/回水温度为 60℃/50℃。

五、空调系统形式

1. 空调水系统

(1)空调冷水系统为二级泵系统,一级泵为定流量水泵,二级泵为变流量水泵。6 台一级水泵与冷水机组一一对应,设一台备用循环泵。两组二级冷水泵各由 4 台并联的变流量水泵组成(包括 1 台备用)。空调冷水与空调热水系统分开设置,采用四管制系统,送至各层的空气处理机组及风机盘管。

(2)6 台鼓风式逆流冷却塔设置于地下三层。每组冷却塔风机均为双速,通过冷却水温度,控制冷却塔风机高速或低速运行,或者关闭部分冷却塔风机。过渡季节,通过冷却水总供回水管之间的旁通调节阀调节旁通水量,控制水温,冷却水进/出水温度为 32℃/37℃。

(3)空调热水采用二级泵系统,一级泵为定流量水泵,二级泵为变流量水泵。一级泵设置 4 台(包括一台备用),二级泵设置 3 台泵(包括一台备用泵)。

(4)冷辐射吊顶水系统:冷辐射吊顶水系统,一次侧冷水温度 6℃/12℃,通过板式热交换器,二次侧冷水温度 16℃/19℃,为办公冷吊顶系统服务。冷辐射吊顶冷水循环系统采用定流量水泵,供回水总管之间设置压差旁通阀。通过办公室内温度及相对湿度,控制冷吊顶系统动态平衡电动两通阀的开关。

2. 办公空调系统

(1)办公室采用地板送风空调系统和冷辐射吊顶系统。空气处理机组通过架空地板下的静压箱把空调风送至每个地板送风末端(内置风机),再由地板送风末端送出冷/热风。办公室外区设置带热水盘管的地板送风机（无回风口），内区为无盘管地板送风机（带回风口）。夏季空气处理机组送风温度为16℃，内区地板送风机将空调送风与室内回风混合后送出，送风温度为16～20℃，外区地板送风机送风温度与机组送风温度相同。冬季空气处理机组送风温度为20℃，内区地板送风机送风温度与机组送风温度相同，外区带加热盘管地板送风机送风温度为31.8℃。

（2）办公室冷辐射吊顶供冷量按73W/m²设计。冷辐射吊顶设动态平衡电动二通阀，并与幕墙通风窗联锁，通风窗开启时，冷水电动二通阀立刻关闭，防止冷辐射吊顶出现凝露。

3. 零售商店、餐厅、酒店客房空调系统

零售商店、餐厅空调系统采用四管制风机盘管加新风系统。

酒店客房采用吊顶式四管制风机盘管加新风系统。酒店大堂采用一次回风全空气系统。

4. 中庭、空中花园空调系统

为了保证冬夏季节环保罩内中庭的基本热舒适性，中庭下沉二层设置了12台立柱式风机盘管提供冷热空调。单台风机盘管供冷量为40kW，供热量12.5～50kW，单位面积供冷量为70W/m²，单位面积供热量为21.7～87W/m²。夏季可维持室内温度26～30℃，冬季可维持室内温度10～15℃。

办公室空中花园利用办公室余气（新风量减去室内维持微正压所需渗风量后剩下的风量），在冬夏季起到改善花园环境的作用。办公层空中花园局部位置设置了电动水雾风机，夏季利用蒸发冷却方式，降低环境温度，提高热舒适性。

六、通风、防排烟及空调自控设计

1. 通风系统

地下停车库采用补风机组和喷射式风机送风，排风通过排风机送往制冷机房，再经冷却塔机房排至室外。所有排至冷却塔机房的排风采用活性炭过滤器，吸收排气中CO，NOx及SO₂，以减少车库排风对冷却水水质的影响。停车库机械通风系统根据CO及NOx感应器（5分钟CO及NOx设计最大限值分别为11500μg/m³及1800μg/m³）确定系统的启停。

变配电室、发电机房、电梯机房及其他机电设备房内采用机械通风系统。

地下湿类、干类废物储存室及隔油池间设有独立排风系统。排风经过粗效及活性炭过滤器再排至室外。

卫生间、茶水间设有集中排气系统。补风由空调区送入，保持负压，以防止异味漏出。

2. 防排烟系统

防烟楼梯、合用前室及消防前室均采用机械防烟系统，楼梯间的余压40～50Pa，合用前室的余压25～30Pa，当发生火灾时，自动报警系统发出信号启动加压风机，当压力感应器的风压大于设定值时，将调节电动旁通阀使楼梯及合用前室压力维持要求值。

长度超过20m及无自然排烟的走廊，面积大于100m²办公室、零售商店及餐厅，街面层电梯大堂等均采用机械排烟。排烟口设在顶棚或靠近顶棚的墙上，排烟口距本防烟分区最远点小于30m。排烟量按照规范设计，负担一个防烟分区排烟或净空高度大于6m的不划防烟分区的房间时，其排烟量不少于60m³/h，负担两个或两个以上防烟分区排烟时，则按最大防烟分区面积每平方米不少于120m³/h计算。中庭体积小于17000m³时，其排烟量按其体积的6h⁻¹换气计算。当中庭体积大于17000m³时，其排烟量按其体积的4h⁻¹换气计算，且不少于102000m³/h。

地下停车库排烟量按6/h⁻¹换气量。新风补风量不小于排烟量的50%，地下停车库最大的防烟分区大约为2000m²。

3. 空调自控

空调、供暖及通风系统采用楼宇自动控制管理系统作为系统整体控制及监测，范围涵盖制冷机组、一次及二次冷冻水泵、冷吊顶系统、地板送风系统、冷却塔、空调及新风机组、通风机、各种阀门、风机盘管、防排烟系统及自然通风等。

系统控制方式采用直接数字式控制（DDC）系统，由中央电脑及终端设备和各子站组成，在空调控制中心显示及自动记录各空调、供暖及通风设备的运行状态及参数数值。

空调冷热源和空调水系统经楼宇自控及DDC系统对各类参数进行监测及控制；控制冷水机组与相关的电动水阀、冷却水泵、空调冷水泵、冷却塔风机等的电气联锁；采用自动化组件测量冷冻水供、回水温度及回水流量，送至控制系统的计算机，再根据实际冷负荷的变化，进行负荷分析决定制冷机组开启台数，以达到最佳节能状态。

空调及通风系统经楼宇自控及 DDC 系统对下列参数进行监测及控制：

(1) 室内外温度及相对湿度；

(2) 室外风速计数值；

(3) 变风量风机频率状态及控制；

(4) 各空调机房之空调机组总耗电量；

(5) 中央制冷机及冷却塔总耗电量；

(6) 中央供暖水系统总耗电量；

(7) 服务地库停车场及环形车道各风机机组耗电量；

(8) 空调机组及处理新风机组耗电量；

(9) 空气品质感应器参数数值；

(10) 电动开关阀及电动调节阀状态及控制；

(11) 冷热水盘管出风温度；

(12) 加热器进出口的热媒温度和压力；

(13) 空气过滤器进出口静压差的超限报警；

(14) 新风处理机组的出风温度；

(15) 单速、双速及变速风机，加湿器等设备运行控制状态和故障报警；

(16) 定风量气箱状态及变风量气量状态和风量。

室外环境测量系统能透过风速传感器、温度传感器、湿度传感器、空气质量传感器及空气透视率传感器判断室外气候情况。室外空气品质感应器、风速测量器及温度感应器设置于室外及室内不同位置，探测不同区域的室外状态，再经自控系统判定中央环境控制模式。空气品质感应器设于北面及南面下沉一层环保罩下并监视自然通风模式时的空气品质。

空气温度感应器设置于北面及西面下沉一层环保罩下，用作自然通风模式使用。而各办公楼内自然通风井道顶部设置一组空气温度感应器及相对湿度感应器用作机械通风模式使用。同时，自然通风井道顶部及环保罩外顶尖部位设置风速传感器用作自然通风模式使用。正是通过完善的楼宇自动控制系统，才能为整栋建筑的节能交出完美的答卷。

七、心得与体会

目前侨福芳草地已经成为汇聚顶级办公、优雅购物、精品酒店与艺术中心的北京新地标，项目运行至今已经 2 年多，目前运行状况良好。备受关注的地板送风系统充分体现了灵活办公系统的优越性，但是地板送风必然要求架空地板的严密性，才能保证办公室有足够的送风量，这就对架空地板的材料和施工工艺有了非常高的要求，而且架空地板内还敷设了弱电等管线，同样必须对架空地板内的线路做全面的梳理，才能保证地板送风的顺畅。在风沙较大的北京，地板送风机以及架空地板内需要物业定期做清理和打扫，才能让室内有更好的空气质量。

环保罩的设计使得环保罩内的空间不会受到风雨的影响，进而更适合社交活动，这些区域的微气候条件可以通过环保罩设计进行改变。在环保罩底部的自然进风口及上部的自然排风口在不同季节以及不同的室外温度条件下，进行自动开启和关闭，完成在自然通风、机械通风、空调送风的运行模式下，各个位置的自然进排风阀的自动切换，电动控制的阀门和设备非常多，自动控制复杂而且要求很高，因此产品质量必须能与建筑相匹配，能够完美地完成一系列的控制指令。

对于如此复杂的建筑，同样对物业管理团队提出了更高的要求。作为这座时尚的生态建筑的物业管理人员，必须具备一定的专业知识，并且需要对整栋建筑的机电系统有足够的了解，才能驾驭着这栋节能建筑把它发挥到极致。

昆明新机场冷热源供应中心空调设计①

- 建设地点　　昆明市
- 设计时间　　2009 年 10～12 月
- 竣工日期　　2011 年 12 月
- 设计单位　　中国中元国际工程有限公司
　　　　　　　[100089] 北京市西三环北路 5 号
- 主要设计人　李著萱　刘广清　韩维平　陈涛　黄颐
　　　　　　　薛贵生　黄季宜　朱璇
- 本文执笔人　陈涛
- 获奖等级　　一等奖

作者简介：

李著萱，1960 年 6 月，教授级高级工程师，1983 年毕业于湖南大学暖通空调专业，大学本科，现工作于中国中元国际工程有限公司。

代表工程：北京新东安市场、浙江义乌中学医院、北京首都机场扩建工程能源中心、深圳宝安国际机场能源中心工程。

一、工程概况

　　昆明新机场建设用地位于昆明市官渡区大板桥镇浑水塘火车站附近，距昆明市直线距离 24.5km。冷热源供应中心位于航站区内航站楼的南侧。

　　冷热源供应中心总用地面积 9271m²，建筑面积 3648.5m²，为单层厂房局部 2、3 层建筑，建筑高度 15.15m。

　　昆明新机场冷热源供应中心由锅炉房、变配电间和制冷站三部分组成，总建筑面积 3648.2m²，占地面积 2760m²。根据当地气候特点，结合各个房间的功能，平面形式设计为“一”字形，即从南到北为锅炉房—配电间—制冷站，使各功能房之间互相联系，并通过合理的平面布置和外立面的处理，所有房间均设有对外通风、采光窗，充分利用自然通风和采光，达到降低能耗的目的。

1. 供冷系统

（1）供冷面积：39.89 万 m²；

（2）冷负荷：28.22MW；

（3）装机规模：冷水机组 2000RT×3 台，水蓄冷装置总容积为 126000m³，最大蓄冷量为 99640kWh；

（4）管网规模：960m。

2. 供热系统

（1）供热面积：39.89 万 m²；

（2）热负荷：168.98MW；

（3）装机规模：2 台 7.0MW＋1 台 4.2MW 燃气热水锅炉；

（4）管网规模：860m。

二、工程设计特点

　　锅炉终期总装机容量 18.2MW；冷水机组终

建筑外观图

---

①　编者注：该工程设计主要图纸参见随书光盘。

期总装机能力 8700RT，水蓄冷装置总容积为 126000m²，全年蓄冷量为 1188×10⁴ kWh。

创新点：

（1）利用当地峰谷电价政策，采用水蓄冷技术，节约运行费用，平衡电网高峰低谷负荷。

（2）采用 10kV 高压离心机组，采用高压启动，降低变压器能耗，减少低压变压器设置数量，提高离心机组综合能效。

（3）采用智能控制系统配合电制冷＋水蓄冷的合理运行，降低能源中心冷量生产的能耗成本，提高系统长期运行的经济性。

（4）利用昆明的气候特征和航站楼负荷特点，采用了充分利用昆明湿球温度低的气候特点，首次采用冷却侧（△t＝7℃）和冷冻水侧（△t＝8℃）双侧大温差系统设计，降低输送系统能耗。

（5）采用放冷泵变频技术、输配系统大温差降低输送能耗。

（6）首次采用蓄冷水罐作为定压系统（发明专利 201110420181），摒弃了传统的蓄冷罐和制冷系统隔绝的定压方式（实用新型专利 201120526553），减少了换热器侧水泵、换热器、减少了工程投资的 8%，并减少了制冷及输配能耗的 10%。

（7）首次利用多重保护的技术措施（实用新型专利 201120525463），使蓄冷水罐还承担了系统的膨胀泄压、放气等安全功能；首次通过管道

阀门用控制装置（实用新型专利 201120526461），减少了电动阀门的带电能耗。

（8）全自动燃气锅炉配有先进燃烧器和自控装置保证最佳燃烧工况，提高锅炉热效率，降低燃料消耗。

（9）燃气锅炉微正压燃烧，不需要引风机，节约运行费用。

（10）燃气锅炉采用烟气回收技术，提高锅炉综合效率。

（11）在锅炉房内设置热工检测仪表，通过提高运行操作和自动化水平，降低运行成本。

三、设计参数及空调冷热负荷

根据北京市建筑设计研究院提供的航站楼设计计算全年冷负荷为：最大负荷为 25.82MW，最小负荷为 457kW；航站楼冷冻水供/回水温度为 6.5℃/13.5℃。考虑管网 0.5℃ 温升后，本工程制冷站提供航站楼 6℃/14℃ 的空调冷水。

冷机配置：离心式电制冷机制冷量 7.034MW（2000RT），共采用 3 台（表 1）。电制冷机采用环保型冷媒工质。蓄冷系统里有蓄冷泵、放冷泵、2 个 6300m³ 蓄冷罐以及控制系统（表 2），冷水机组终期总装机能力 8700RT，蓄冷系统装置的蓄冷体积为 126000m³，蓄冷量为 99640kWh。

冷水机组配置表　　　　　　　　　　　　　　　　　　　　　　　　表 1

名称	制冷量	蒸发器			冷凝器			COP	功率	备注
		温度	流量	压差	温度	流量	压差			
单位	kW	℃	m³/h	kPa	℃	m³/h	kPa		kW	直供（3 台）
离心电制冷机	7071	6/14	760	31.9	27/34	1004	26.6	6.181	1144	

制冷系统其他主要设备配置表　表 2

序号	名称	规格	单位	数量	备注
1	一次冷冻水泵	$L=810m^3/h$, $H=24m$, $N=75kW/380V$	台	4	1 台备用
2	一次冷却水泵	$L=1100m^3/h$, $H=25m$, $N=110kW/380V$	台	4	1 台备用
3	蓄冷水罐	直径：19m，水位高 22.5m	台	2	
4	放冷水泵	$L=720m^3/h$, $H=17m$, $N=45kW/380V$	台	3	变频

四、空调冷热源及设备选择

制冷站冷水机组终期总装机能力 8700RT，离心机组＋水蓄冷装置联合供冷。采用 10kV 高压离心机组高压启动，减少了变压器设置数量，降低变压器损耗，提高了制冷系统的综合能效。

直接利用蓄冷罐定压，利用厂区绝对高度有利条件和航站楼的高度条件，取消其他机场水蓄冷系统的换热装置，减少制冷换热损失 6% 以上，年节约用电 3.893 万 kWh。根据水蓄冷系统放冷特点，采用放冷泵变频设置，增加制冷系统放冷可调性，保证冷机在制冷高效区运行，节约运行费用。

水蓄冷空调系统的设备选型及流程设计是以航站楼系统和站前商业区的设计日的逐时负荷分布为依据的。本项目峰值冷负荷约为 23.6MW，采用逐时系数法对负荷进行计算，峰值负荷应该出现在设计日的 16：00 左右。本项目各时段负荷如图 1 所示。

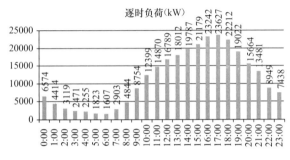

图 1　航站楼设计日逐时冷负荷分布

其尖峰负荷出现在设计日的 16：00。根据负荷分布图可以看出，本项目在白天负荷较高，在夜间电力低谷时段负荷较低，采用水蓄冷方案会有比较好的经济效益。为了最大限度地节省投资和运行费用，本工程采用在夜间主机蓄冷的运行方式。

1. 制冷系统原理图（图 2）

2. 蓄冷设备选型

蓄冷罐：按照充分利用现有主机，削减高峰负荷的原则来设计，蓄冷罐的体积约为 12600m³，需要 2 台主机并联蓄冷 7h，蓄冷量为 99640kWh，考虑蓄冷水罐 5% 的冷损失，蓄冷量为 94660kWh。蓄冷罐采用分层式蓄冷技术，内部设计有上下布水器。通过供水、回水管道的比例积分控制阀提供稳定的水温。

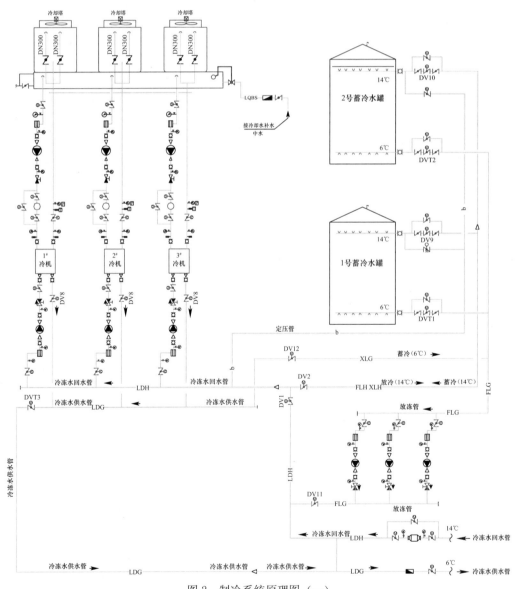

图 2　制冷系统原理图（一）

蓄冷空调系统工况转换表

序号	工况	运行模式	1#2#3#水冷机组	1#2#蓄冷罐	冷却水泵	冷冻(蓄冷)水泵	放冷水泵	DV1	DV2	DV6	DV7	DV8	DVT1	DV9	DVT2	DV10	DV11	DV12	DVT3
1	工况1	制冷机组单供冷	工作	不工作	工作	工作	不工作	开	关	对应开关	对应开关	对应开关	关	关	关	关	关	关	调节
2	工况2	2#3#制冷机组单蓄冷	2#3#工作	工作	工作	工作	不工作	关	开	关	开	开	调节	对应开关	调节	对应开关	关	关	关
3	工况3	蓄冷罐单放冷	不工作	工作	不工作	不工作	工作	关	开	关	关	关	调节	对应开关	调节	对应开关	开	关	关
4	工况4	2#3#机组蓄冷供冷	2#3#工作	工作	工作	工作	不工作	开	关	开	开	关	调节	对应开关	调节	对应开关	关	开	调节
5	工况5	蓄冷罐放冷、1#2#3#冷机供冷	工作	工作	工作	工作	工作	开	开	开	开	开	调节	对应开关	调节	对应开关	开	关	调节

图2　制冷系统原理图（二）

蓄冷量：最大蓄冷量为99640kWh。

冷站供航站楼空调系统侧供/回水温：6℃/14℃。

蓄冷侧供/回水温：6℃/14℃。

蓄冷温度：蓄冷罐的最低蓄冷温度设计为6℃。

蓄冷温差：最大蓄冷温差$\Delta T=14-6=8℃$。

五、空调系统形式

1. 空调冷水循环水系统

航站楼冷水供应系统采用二次泵系统，本冷源仅设置一次水输配系统，二次泵设置在用户（航站楼）侧，为直供系统。电制冷机设计供/回水温度均为6℃/14℃。一次泵与冷水机组一一对应。

2. 冷冻水补水定压系统

冷冻水补水定压系统采用蓄冷水罐补水定压，蓄冷水罐水位相对高度为23m（绝对高度为2119.45m）。在冷冻水回水总管上设置全自动射频水处理过滤器进行过滤，过滤器为防腐防垢反冲洗型，通过压差设定实现自动排污、自动反冲洗。当电制冷机、水泵检修时，需放空设备内部残留水，因此设备周围均设置了排水沟，排水沟中的水集中排放。

3. 制冷系统

本工程采用高效的离心电制冷＋水蓄冷方式为航站楼提供冷源，不仅响应了云南省发改委的鼓励优惠政策，并能够满足安全、高效、环保、节能的要求，同时还能降低运行费用，为减轻夏季用电高峰的峰值压力和降低昆明（南方）电厂及电网的建设费用起到了积极的作用。

项目热平衡计算如下：

设计日（100%负荷）时的运行策略：根据设计日的热负荷平衡表，在夜间的电力低谷时段（23：00～7：00）使用2台主机并联蓄冷4.6h，单台机组蓄冷3h，把蓄冷罐蓄满。同时为满足建

筑用冷需求，运行不蓄冷主机向外输出冷量；设计日白天，把蓄冷罐内冷量优先分配到高峰时段，其余时段根据建筑负荷需求，采用单独运行主机，或采用蓄冷罐释冷与运行主机同步的运行策略。按此设计运行，蓄冷罐进/出口水温为6℃/14℃，有效水容积为6300m²×2，最大蓄冷量为47330kWh×2。

100%冷负荷平衡图如图3所示。

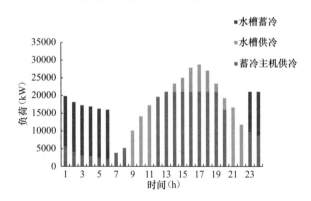

图3　100%冷负荷平衡图

75%冷负荷时的运行策略：根据75%冷负荷平衡表，这种负荷状态下，由于全天的总负荷有所减少，所以可以减少白天的冷机开机时间。在夜间的电力低谷时段（23：00～7：00）使用2台主机并联蓄冷4.6h，单台机组蓄冷3h，把蓄冷罐蓄满，同时为满足建筑用冷需求，运行不蓄冷主机向外输出冷量；在白天，把蓄冷罐内冷量分配到全部电力高峰时段和部分电力平峰时段，其余时段根据建筑负荷需求，采用单独运行主机，或采用蓄冷罐释冷与运行主机同步的运行策略。

75%冷负荷平衡图如图4所示。

50%冷负荷时的运行策略：根据50%冷负荷平衡表，这种负荷状态下，由于全天的总负荷有所减少，所以可以减少白天的冷机开机时间。在夜间的电力低谷时段（23：00～7：00）使用2台主机并联蓄冷4.6h，单台机组蓄冷3h，把蓄冷罐蓄满，同时为满足建筑用冷需求，运行不蓄冷主

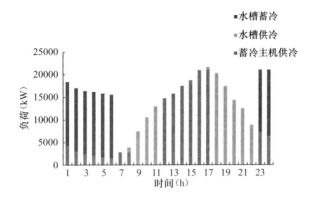

图4 75%冷负荷平衡图

机向外输出冷量；在白天，把蓄冷罐内冷量分配到全部电力高峰时段和部分电力平峰时段，其余时段根据建筑负荷需求，采用单独运行主机，或采用蓄冷罐释冷与运行主机同步的运行策略。

50%冷负荷平衡图如图5所示。

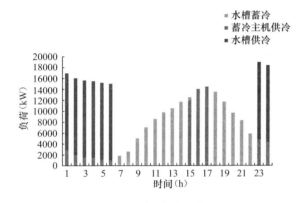

图5 50%冷负荷平衡图

25%冷负荷时的运行策略：根据25%冷负荷平衡表，这种负荷状态下，由于全天的总负荷有所减少，所以可以减少白天的冷机开机时间。在夜间的电力低谷时段（23：00～7：00）使用2台主机并联蓄冷5h，不用把蓄冷罐蓄满，同时为满足建筑用冷需求，运行一台2000RT主机向外输出冷量；其他时段所有负荷均由蓄冷罐提供。

25%冷负荷平衡图如图6所示。

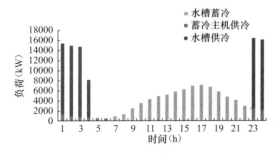

图6 25%冷负荷平衡图

本系统运行模式主要分为五种工况：冷机独立供冷、冷罐独立供冷、冷机＋冷罐同时供冷、冷机蓄冷＋其他冷机供冷工况。

六、供热工艺设计

冷热源供应中心采用燃气锅炉房为航站楼的供暖以及站前商业广场的供暖和生活提供一次热负荷，航站楼的生活热水负荷由其内区冷水机组利用热回收的方式供给，锅炉房热源需考虑事故状态下航站楼生活热水负荷的备用，以及为站前商业广场提供热负荷预留。

航站楼供热面积为298900m²，总供暖热负荷为13.5MW；备用的生活热水热负荷为3.5MW；预留站前商业面积为100000m²，总热负荷为3.8MW。

锅炉房设置在冷热源供应中心的西侧，布置有锅炉间、水泵间、水处理间和煤气调压计量间。锅炉选用高效的燃气锅炉，采用解析的除氧方式并配有高效的水泵系统。

冷热源供应中心采用燃气锅炉房为航站楼的供暖以及站前商业广场的供暖和生活提供一次热负荷，航站楼的生活热水负荷由其内区冷水机组利用热回收的方式供给，锅炉房热源需考虑事故状态下航站楼生活热水负荷的备用，以及为站前商业广场提供热负荷预留。制热系统流程如图7所示。

锅炉房设置在冷热源供应中心的西侧，布置有锅炉间、水泵间、水处理间和煤气调压计量间。锅炉选用高效的燃气锅炉，采用解析的除氧方式并配有高效的水泵系统。

1. 主要技术经济指标（见表3）

2. 锅炉设备选型

安装2台7MW和1台4.2MW的高效燃气热水锅炉，锅炉房总安装容量为18.2MW。燃料为天然气。主要设备表如表4所示。

3. 运行调节

根据航站楼负荷分布分析，其供暖锅炉运行调节方法如下：

（1）当室外温度15≥t_w≥14℃时，运行一台4.2MW热水锅炉；

（2）当室外温度14＞t_w≥11℃时，运行一台7.0MW热水锅炉；

（3）当室外温度11＞t_w≥4℃时，运行一台

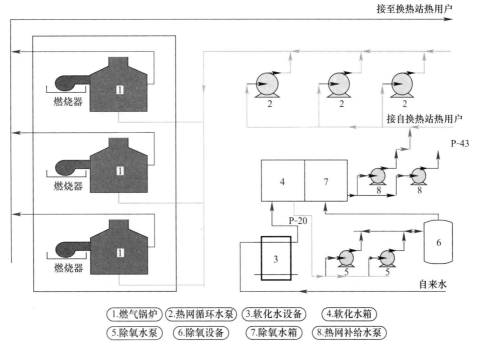

图 7　制热系统流程图

1.燃气锅炉　2.热网循环水泵　3.软化水设备　4.软化水箱
5.除氧水泵　6.除氧设备　7.除氧水箱　8.热网补给水泵

7.0MW 和一台 4.2MW 热水锅炉；

供热主要技术经济表　　表3

序号	项目名称	单位	数据	备注
1	锅炉容量×台数		7.0MW×2 4.2MW×1	
2	锅炉安装总容量	MW（t/h）	18.2 26	
3	供暖建筑面积	m²	398900	
4	总热负荷	MW	17	
5	满负荷小时最 大耗气量	Nm³/h	2198.06	天然气

锅炉主要设备表　　表4

编号	设备名称	参数	单位	数量	备注
1	全自动 燃气热 水锅炉	WNS7-1.0/115/70-Q 供 热量 7.0MW $N=2kW$	台	2	
2	全自动 燃气热 水锅炉	WNS4.2-1.0/115/70-Q 供热量 4.2MW $N=$ 11kW	台	1	

（4）当室外温度 $4℃>t_w$ 时，运行两台 7.0MW 热水锅炉。

锅炉房炉型选择在各种情况下均可满足航站楼不同阶段热负荷的要求。

4. 热网循环及水处理系统

（1）热网循环系统

锅炉房的一次热水采用间接供应的方式，在航站楼内设置换热站以进行热量的交换。一次热网供/回水温度为 110℃/70℃。

其循环流程为：锅炉循环泵—锅炉—电动三通阀—热表—板式换热器—除污器—锅炉循环泵。

航站楼一次网循环水泵选用 3 台立式管道循环泵，二用一备，均采用变频调节的方式，在运行时根据热负荷分布的特点分别投入，以达到节能的目的，同时设 2 台补给水泵，一用一备变频补水。

预留的站前商业一次网循环水泵选用两台立式管道循环泵，和两台补给水泵，均一用一备变频控制。

（2）水处理系统

供水水源为市政自来水，在中水水质满足《工业锅炉水质》GB 1576—2001 的情况下，可优先选择中水作为补水水源。

处理后的软化水进入锅炉组合除氧水箱，锅炉补水再经除氧后进入锅炉，本工程选用解析除氧器。

（3）烟气系统

每台全自动燃气锅炉设一个独立的钢制烟囱，烟囱高度 18m。

7.0MW 额定容量下锅炉的天然气消耗量为 845.41Nm³/h。按烟气流速为 $v=10m/s$ 计算，则烟囱的直径 $d=0.8m$。

4.2MW 额定容量下锅炉的天然气消耗量为 507.24Nm³/h。按烟气流速为 $v = 10m/s$ 计算，则烟囱的直径 $d = 0.6m$。

七、心得与体会

2010 年 7 月，中国建筑科学研究院对昆明新机场冷热源供应中心工程进行了绿色建筑施工图审核和预评估，并于 2012 年 5 月 8 日能源中心工程和航站楼一起获得住建部的"三星级绿色建筑设计标识证书"（见图 8）。航站楼和能源中心建筑节能率 50%；非传统水源利用率 51%（其中能源中心冷却水和锅炉补水 100% 用非传统水源）；可再循环建筑材料用量比 13.58%。

昆明新机场冷热源供应中心工程制冷站根据工程地势特点首次采用蓄冷水罐作为定压系统（发明专利 201110420181），摒弃了传统的蓄冷罐和制冷系统隔绝的定压方式（实用新型专利 201120526553），减少了换热器侧水泵、换热器、减少了工程投资的 8%，并减少了制冷及输配能耗的 10%。

昆明新机场冷热源供应中心工程完成后，通过对项目进行技术创新归纳总结，进行了管道用阀门的控制装置、水蓄冷装置、膨胀管道用安全装置三项实用新型专利证书申请，并与 2012 年 7 月 25 日分别获得专利证书（证书号第 2320403

号、证书号第 2325645 号、证书号第 2314904 号）。2013 年 11 月 13 日申请获得水蓄冷装置及其安全控制方法，并获得发明专利证书，证书号第 1304732 号。

图 8　绿色建筑设计标识证书

冷热源供应中心充分利用可再生资源，采用太阳能热水，太阳能路灯及太阳能光导技术；采用机场中水进行站区内冲厕、绿化浇洒及冷却循环水补水，减少地下水资源使用；供应中心院区路面设计雨水收集系统，雨水收集后排入机场雨水管道，实现水资源再利用（见图 9）。

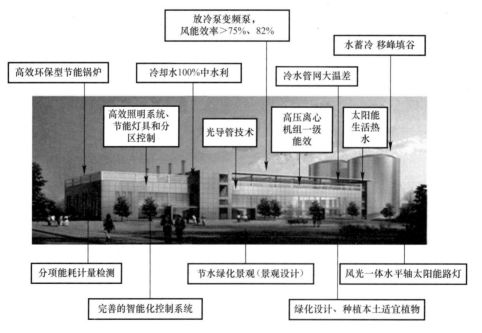

图 9　能源中心绿色技术图示

冷热源供应中心采用动态建设理念，为新机场预留冷热负荷发展空间，实现装配能力的可持续发展。

冷热源供应中心建设中始终贯穿绿色、节能、可持续发展的思想，在建筑全寿命周期内，秉持节水、节地、节材、节能的理念，统筹设计、施工及系统运营管理三个方面，搭建低碳，低耗的能源供应中心。

冷热源供应中心通过多种节能措施年节电153.36 万 kWh，折合标准煤 188.48t；节气量5.54 万 m^3，折合标准煤 28.33t；共计节约折合标准煤 216.82t。

黑龙江省医院住院处翻扩建医疗用房洁净手术部和中心供应室、ICU、CCU、血库工程空调设计①

- 建设地点　　哈尔滨市香坊区中山路 82 号
- 设计时间　　2010 年 8～10 月
- 竣工日期　　2011 年 12 月
- 设计单位　　中国建筑科学研究院建筑环境与节能研究院
  　　　　　　[100013] 北京市北三环东路 30 号
- 主要设计人　牛维乐　梁磊　崔磊　孙宁　张益昭
- 本文执笔人　牛维乐
- 获奖等级　　一等奖

作者简介：

牛维乐，1973 年 8 月生，教授级高级工程师，2002 年毕业于中国建筑科学研究院供热、供燃气、通风与空调工程专业，硕士研究生。现在中国建筑科学研究院建筑环境与节能研究院工作。主要代表作品：中国疾病预防控制中心一期工程、北京市疾病预防控制中心、国家兽医微生物中心、国家蛋白质中心、军事医学科学院军事兽医研究所 ABSL-3 实验室及动物房等。

一、工程概况

本项目为黑龙江省医院住院处翻扩建医疗用房洁净手术部和中心供应室、ICU、CCU、血库工程，建设地点在黑龙江省哈尔滨市。本项目的设计区域包括五层的洁净手术部、六层的 ICU 和 CCU 病房、地下二层的中心供应室、二层的血库，总建筑面积为 12300m²。洁净手术部包括 13 间手术室（2 间 I 级手术室，11 间 III 级手术室）及其辅助区，其中包含 2 间正负压切换的手术室。手术室吊顶净高为 3.0m，其余房间的吊顶净高为 2.8m。洁净手术部面积为 3300m²。ICU 和 CCU 病房是病人康复的区域，ICU 和 CCU 病房内的病人生命体征都较弱，因此保持其内环境的无尘、无菌、舒适是非常重的，这也是 ICU 和 CCU 病房空调设计的主要目标。ICU 和 CCU 病房面积为 3300m²。中心供应室是医院感染控制的重要环节，医院病房、手术室、各科室所需的无菌器械、无菌药品、无菌服装等所有无菌物品均要通过中心供应室来供应，尤其是需要循环使用的无菌器械和无菌衣服。中心供应室包括清洗区、打包区、无菌存放区。中心供应室面积为 2000m²。血库是医院的采血、血液检验、储存血液、供应血液的

功能单元。血库面积为 400m²。设备层位于五层和六层之间，主要布置五层洁净手术部和六层

建筑外观图

---

① 编者注：该工程设计主要图纸参见随书光盘。

ICU、CCU 病房的空调机组、制氧站等辅助用房。本部分面积为 3300m²。

二、工程设计特点

1. 正负压切换手术室设计

正负压切换手术室在作感染手术室或者气味比较大的手术时需要保持负压状态，在做正常手术时需要保持正压状态，为了实现上述两种工作状态的切换，洁净手术室的排风机设置两态排风，当负压状态时排风量大，当正压状态时排风量小。正负压切换手术室附属的缓冲和污洗需要和正负压切换手术室共用一套空调系统，防止污染通过缓冲和污洗向外传递。

2. Ⅰ级洁净手术室设计

Ⅰ级洁净手术室的手术区维持百级洁净度，周边区为千级洁净度，是本区域要求最严格的区域，并且需要在距地面 0.8m 高的手术区断面需要维持 0.25～0.30m/s 的截面风速，因此，需要通过计算送风面的送风风速，本设计按照出风面送风速度 0.45m/s 设计。由于Ⅰ级洁净手术室的新风比为 12%，因此把其空调系统设计成二次回风空调系统，二次回风比为 43%。

3. 正负压转换病房设计

正负压转换病房的病人为传染病人时需要维持负压状态，并且需要做成全新风直流式空调系统；正负压转换病房的病人为正常病人时需要维持正压状态，并且需要做成一次回风空调系统；由于两个状态的空调冷热量相差大，因此为两个状态各自设计了一台组合式空调机组和排风机。

4. 夏季再热采用热水加热

本项目的空调系统均为全空气系统，一次回风空调系统占大多数，一次回风空调系统的电再热量是空调能耗损失的一个重要来源。由于本项目的冬季热源为 1 台蒸汽—热水板式换热机组，并且医院全年供应蒸汽，因此本项目把蒸汽—热水板式换热机组设计成两态：冬季供应 50～60℃ 的加热热水，夏季供应 25～35℃ 的再热热水，夏季利用热水再热代替电再热，减小电再热的损耗。本项目采用热水再热代替电再热可以节省 335kW 的电加热设计功率，整个制冷季可以节省 335×10×30×3＝301500 度电能消耗。空调冷负荷与再热负荷如表 1 所示。

负荷计算表　　　　　　　　表 1

区域名	夏季	
	冷负荷（kW）	热水再热负荷（kW）
洁净手术部	510	130
中心供应室	260	70
ICU、CCU	380	120
血库	45	15
合计	1195	335

5. 二次蒸汽加湿器的使用

二次蒸汽加湿器又称蒸汽转蒸汽加湿器或间接蒸汽发生器，是一种完全无化学添加剂的洁净蒸汽加湿方式（见图 1）。其基本工作原理是利用锅炉蒸汽作为热源，借助于热交换器加热水箱中的洁净水而产生纯净无污染的蒸汽而进行加湿，特别适用于对空气品质要求高的洁净手术部；ICU、CCU 病房；中心供应室；血库等洁净空间的空调加湿。锅炉房提供的蒸汽往往会含有化学添加剂，会造成加湿空间的污染、刺激病人、医生、护士和其他工作人员的眼睛和皮肤，引起呼吸系统疾病。

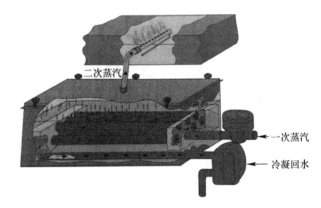

图 1　蒸汽转蒸汽加湿器原理示意图

6. 冬季防冻设计

手术部外圈的清洁走廊和设备层设置暖气，暖气的设计按照保证这两部分的夜间最低温度不低于 5℃。本项目转入冬季运行模式后，所有新风机组、组合式空调器的表冷器均采用压缩空气排空，保证表冷器中不存水。当室外温度低于 5℃ 时，泄干风冷冷水机组蒸发器和室外冷冻水管路中的水。冬季运行换热机组不能停机。所有新风机组、组合式空调器的加热盘管前设置一个温度测点，不论是停机还是开机状态，当所测温度达到 2℃ 时，必须使电动二通调节阀处于全开状态。所有新风机组、组合式空调器的新风引入管上的电动密闭阀关闭时必须实现完全关闭、不漏风，满足阀体两端的压差为1125Pa时，阀体的漏风量小于144m³/h。当冬季室外温度过低时，值班人员需要对手术区的温度进行时时监测，当清洁走廊温度低于5℃时，值班人员在手术部停止使用时也要保持所有辅助房间的空调系统处于运行状态。

7. 节能环保设计

新风比低于30%的空调系统、总风量大于15000m³/h的辅助房间空调系统设计成二次回风空调系统，节省电再热量。夏季空调利用热水加热代替电再热。组合式空调器的供、回水之间安装电动二通阀，根据实验室温度调整表冷器的水流量。风冷冷热水机组采用多级调节；在过渡季节采用新风承担部分房间的冷负荷；夏季采用汽水换热机组制备的热水作为再热热源。风冷冷水机组采用R134a环保冷媒。

三、设计参数及空调冷热负荷

1. 室内设计参数

本项目的室内设计参数如表2所示。

室内设计参数 表2

房间名称	室内温度（℃）		室内相对湿度（%）		新风量（m³/h）	噪声[dB（A）]	洁净度级别（级）
	夏季	冬季	夏季	冬季			
Ⅰ级手术室	22～25	22～25	50～60	40～50	60	≤52	Ⅰ
Ⅲ级手术室	22～25	22～25	50～60	40～50	60	≤50	Ⅲ
Ⅲ级辅助用房	23～27	21～23	50～60	30～40	40	≤55	Ⅲ
Ⅳ级辅助用房	23～27	21～23	50～60	30～40	40	≤55	Ⅳ
ICU病房	22～26	18～22	50～70	30～50	40	≤55	Ⅲ/Ⅳ
清洗区	22～26	18～22	50～70	30～50	40	≤60	Ⅳ
打包区	22～26	18～22	50～70	30～50	40	≤60	Ⅲ
无菌区	22～26	18～22	50～70	30～50	40	≤60	Ⅲ
辅助房间	22～26	18～22	50～70	30～50	40	≤60	Ⅲ/Ⅳ
血库	22～26	18～22	50～70	30～50	40	≤60	Ⅲ

2. 空调冷热负荷

本项目的夏季总冷负荷为1195kW，热水再热量为335kW；冬季热负荷为1142kW，加湿负荷为624kW；过渡季冷负荷为717kW。洁净手术部单位面积冷负荷指标为155W/m²，热负荷指标为176W/m²；中心供应室单位面积冷负荷指标为130W/m²，热负荷指标为105W/m²；ICU、CCU病房单位面积冷负荷指标为115W/m²，热负荷指标为97W/m²；血库单位面积冷负荷指标为113W/m²，热负荷指标为80W/m²（见表3）。

负荷计算表 表3

区域名称	夏季冷负荷指标（W/m²）	冬季热负荷指标（W/m²）	过渡季冷负荷指标（W/m²）
洁净手术部	155	176	93
中心供应室	130	105	78
ICU、CCU	115	97	69
血库	113	80	68

四、空调冷热源及设备选择

洁净手术部的夏季冷源为大楼设置在地下三层的制冷站制备的冷冻水，冷冻水温度为7℃/12℃。洁净手术部的过渡季冷源为设置在裙房屋顶的风冷冷水机组，此台风冷冷水机组为洁净手术部、中心供应室、ICU及CCU、血库提供过渡季所需的7℃/12℃的冷冻水。夏季大楼冷源启动时，风冷冷水机组不开启，过渡季大楼冷源停止运行时，风冷水机组开启，为洁净手术、中心供应室、ICU及CCU、血库提供冷冻水。洁净手术部的冬季热源、夏季和过渡季空调再热热源为设置在地下三层换热站的汽水换热机组，换热机组的一次热媒为0.4MPa的蒸汽，冬季二次热媒为60～50℃的热水，夏季和过渡季二次热媒为25～35℃的热水。洁净手术部的冬季加湿采用二次蒸汽发生器，二次蒸汽发生的热源为大楼提供的蒸汽，蒸汽压力为0.2MPa，二次蒸汽加湿器的供水为纯水，纯水由大楼制水设备提供。二次蒸汽加湿器具有自动控制加湿量、自动控制水位、自动排污的功能。5.洁净手术部，中心供应室，ICU、CCU，血库的负荷及总负荷见表4

冷、热、湿负荷汇总　　　　表 4

区域名称	夏季		冬季		过渡季
	冷负荷(kW)	热水再热负荷(kW)	热负荷(kW)	湿负荷(kg/h)	冷负荷(kW)
洁净手术部	510	130	580	290	306
中心供应室	260	70	210	140	156
ICU、CCU	380	120	320	170	228
血库	45	15	32	24	27
合计	1195	335	1142	624	717

五、空调系统形式

由于本次设计区域的特殊性，空调分区主要考虑以下内容：

1. 医疗工艺要求

Ⅰ级手术室属于特别重要的区域，手术病人为开颅、开胸、眼科等重大手术，需要单独设计空调区域；正负压切换的手术室的手术或者手术过程存在影响室外环境的特点，因此需要单独设计空调区域；其他手术室依据手术室的用途和相对位置进行空调分区（两间或者三间手术室设置一个空调系统）；辅助用房根据环境特性指标进行分区（清洁走廊及其附属房间不能和洁净走廊

及其附属房间设置一个空调系统）。

2. 病人的情况

传染病人的手术和康复容易造成某些疾病的传播，因此这类手术室和病房需要单独设计空调系统，并且均需要负压的环境。由于传染病人在手术室中的时间较短，负压手术的空调系统可以回风；传染病人在 ICU 和 CCU 病房内的恢复时间较长，负压的 ICU 和 CCU 病房通常会设计成全新风直流式空调系统。

3. 环境特性

中心供应室的清洗区会涉及大量的水清洗工作，因此散湿量大，空调系统的主要任务是除湿，需要单独设置空调系统。中心供应室的打包区属于高压消毒之前的准备区域，这里的器械或者物品带菌量较大；并且此区域和无菌区之间设置的高压锅散热量很大，中心供应室的打包区需要单独设置空调系统，空调系统的主要功能是降温和除菌。中心供应室的无菌区属于高压消毒之后的区域，灭菌后的打包器械或者物品在这里存放，这里的器械或者物品带菌量小，需要单独设置空调系统。

4. 手术室空调分区（见表 5）

手术室空调分区　　　　表 5

系统编号	型号	服务区域	送风量(m³/h)	新风量(m³/h)	回风量(m³/h)	一次回风风量(m³/h)	二次回风风量(m³/h)
JKO-01	TAC1215	OR13	11120	1320	9800	5000	4800
JKO-02	TAC1215	OR12	11120	1320	9800	5000	4800
JKO-03	TAC0609	OR1	2780	1020	1760	—	—
JKO-04	TAC0609	OR2	2460	970	1490	—	—
JKO-05	TAC0909	OR3、4	4550	1760	2790	—	—
JKO-06	TAC0612	OR5、6	3940	1760	2180	—	—
JKO-07	TAC0612	OR7、8	4010	1760	2250	—	—
JKO-08	TAC0915	OR9、10、11	6850	2640	4210	—	—
JKO-09	TAC1518	更衣、办公区	17480	5900	11580	6000	5580
JKO-10	TAC1221	洁净走廊南侧辅助用房	15890	5400	10490	7000	3490
JKO-11	TAC1218	洁净走廊北侧辅助用房	12720	2980	9740	6000	3740
JKO-12	TAC0915	清洁走廊	8230	2560	5670	—	—
XFO-01	TAC1218	JKO-3、JKO-4、JKO-5、JKO-6、JKO-7、JKO-10	12670	12670	—	—	—
XFO-02	TAC1221	JKO-1、JKO-2、JKO-8、JKO-9、JKO-11、JKO-12	16220	16220	—	—	—

5. ICU、CCU 病房空调分区（见表 6）

ICU、CCU 病房空调分区　　　　表 6

系统	机组编号	服务范围	备注	总风量 （m³/h）	新风量 （m³/h）	一次风量 （m³/h）	二次风量 （m³/h）
JKI－1	AHU-I-01	ICUA	一次回风	16930	2605	14325	—
JKI－2	AHU-I-02	ICUB	一次回风	15692	2414	13278	—
JKI－2a	AHU-I-02a	ICUB 隔离病房	一次回风	699	161	538	—
JKI－2a	AHU-I-02b	ICUB 隔离病房	全新风	699	699	0	—
JKI－3	AHU-I-03	CCU	一次回风	9668	1487	8180	—
JKI－3a	AHU-I-03a	CCU 隔离病房	一次回风	1731	264	1467	—
JKI－3a	AHU-I-03b	CCU 隔离病房	全新风	1731	1731	0	—
JKI－3F	AHU-I-03c	CCU 办公辅房	一次回风	5337	1043	4294	—
JKI－4	AHU-I-04	百级病房	二次回风	14940	500	5200	9240
JKI－5	AHU-I-05	办公辅房西（西）	一次回风	6916	1833	5083	—
JKI－6	AHU-I-06	办公辅房西（东）	一次回风	7095	1419	5676	—

6. 血库空调分区（见表 7）

血库空调分区　　　　表 7

系统	机组编号	服务范围	备注	总风量 （m³/h）	新风量 （m³/h）	一次风量 （m³/h）	二次风量 （m³/h）
JKX－01	AHU-I-01	血库	一次回风	7150	2150	5000	—

7. 中心供应室空调分区（见表 8）

中心供应室空调分区　　　　表 8

系统	机组编号	服务范围	备注	总风量 （m³/h）	新风量 （m³/h）	一次风量 （m³/h）	二次风量 （m³/h）
JKZ-01	AHU-Z-01	更衣区	一次回风	6100	2300	3800	—
JKZ-02	AHU-Z-02	清洗区	一次回风	6750	1750	5000	—
JKZ-03	AHU-Z-03	打包区	二次回风	16000	4850	4000	7150
JKZ-04	AHU-Z-04	无菌存放区	二次回风	15000	4300	40000	6700

六、通风、防排烟及空调自控设计

1. 通风系统设计

每间手术室均设置排风量大于或等于 200m³/h；淋浴间、麻醉准备、麻醉药品准备、腔镜消毒、污洗快速消毒等房间设置排风，排风量比送风量小 2h⁻¹；ICU 隔离病房设置全排风，排风量比送风量大 2h⁻¹；中心供应室的更衣区、清洗区、打包区、无菌存放区均设置排风，排风量占送风量的 30%。

2. 防排烟系统设计

本项目超过 40m 的疏散走廊及净化区内的疏散走廊均设置机械排烟系统。排烟量按照最大走廊面积乘以 60m³/（m²·h）计算，净化区属于封闭无外窗房间，同时设置机械补风系统，补风量为排烟量的 50%。设置机械排烟系统的走廊或房间设置常闭排烟口，起火时开启相应区域的排烟口，同时联锁排烟风机开启进行排烟，如果设置补风系统，同时联锁补风口和补风机开启。当排烟温度超过 280℃ 时，设在排烟风机前的排烟防火阀自动关闭，联锁排烟风机关闭。

3. 空调自控设计

所有的组合式空调机组空调水路和加湿蒸汽管道均设置电动二通阀，可以根据房间的温湿度传感器的测量值和设定值的偏差调节水量和蒸汽量，达到节能的目的。夏季室内相对湿度不高时，冷水管上的电动二通阀采用温度优先的控制策略，温度探头放置在回风管内；当夏季室内相对湿度超出范围，冷水管上的二通阀采用湿度优先的控制策略。过渡季冷水管上的电动二通阀根据室外新风的温度和室内温度调整供冷量的大小。组合式空调器的送排风机联锁，开机时先开送风机，后开排风机；停机时顺序相反。每个系统一台送风高效过滤器配有压差报警装置。消防：发生火灾时，70℃防火阀关闭，与之相关的空调系统、排风系统随之关闭（新风电动阀亦关闭）。过滤器设压差报警：每个手术室内送风天花的高效过滤器设置压差计；辅助房间的空调系统中的一个典型房间的送风高效过滤器设置压差计。粗效过滤器：当其压差 ΔP_1 大于 100Pa 时报警；中效过滤器：当其压差 ΔP_2 大于 160Pa 时报警；高效过滤器：当其压差 ΔP_3 大于 300Pa 时报警。

七、心得与体会

本项目空调系统设计要考虑项目所在地的气象环境和建筑的工艺要求，要能体现以人为本的绿色建筑宗旨。本项目在医院洁净单元（洁净手术部、ICU 和 CCU 病房、中心供应室、血库）的空调分区、负压洁净区域的设计、夏季再热技术的优化、寒冷地区空调水系统防冻问题等方面具有很大的推广价值，对于提高医院洁净单元的空调设计具有很大的指导意义。

本项目的设备层层高为 2.7m，梁底到地面高度为 2.0m，空间高度有限，加之本项目的洁净手术部、ICU 和 CCU 病房的空调机组数量多（25 台），设备层布置了大量的风管和水管，致使设备层内的空间很拥挤，设备检修空间狭小。建议今后在医院的整体设计时，适当加高设备层的高度，梁底到地面的高度大于或等于 3.0m 为宜。要充分认识到实验楼的设计复杂性。实验楼的房间功能种类多，设计要求又都不一样，通常还会有净化实验室，需要根据不同的使用要求，设计不同的空调系统，保证不同的功能单元达到各自的室内环境要求。要充分认识理化实验室的通风负荷，理化实验室的通风橱排风量很大，并且数量多，在进行理化实验室设计时，首先要确定通风橱的型号和排风量，其次要和使用方确认好通风橱的同时使用率，通风橱同时运行数量关系到实验楼的负荷计算、设备选型。要充分认识到实验楼的管道设计的复杂性，实验楼的管道种类多，要做好管道的综合布置，避免造成各类管道的交叉。

淄博光大水务能源开发有限公司高分子科技园污水源热泵工程①

- 建设地点　　山东省淄博市
- 设计时间　　2009 年 10～12 月
- 竣工日期　　2010 年 10 月
- 设计单位　　中国建筑科学研究院建筑环境与节能研
　　　　　　　究院
　　　　　　　[100013] 北京市北三环东路 30 号
- 主要设计人　杨灵艳　朱清宇　路宾
- 本文执笔人　杨灵艳
- 获奖等级　　一等奖

作者简介：

　　杨灵艳，女，1981 年 11 月，副研究员，2009 年毕业于哈尔滨工业大学供热、供燃气、通风及空调工程专业，博士，现在中国建筑科学院建筑环境与节能研究院工作。

　　主要代表设计作品：淄博光大水务能源开发有限公司高分子科技园污水源热泵工程、河南工业大学行政楼土壤源热泵工程、亦庄开发区 ABC 地块项目地源热泵空调设计工程。

一、工程概况

　　淄博光大水务能源开发有限公司主要从事于新能源与可再生能源的科研开发和市场化应用。本工程位于山东省淄博市张店高新开发区光大水务有限公司厂区中，利用处理后污水作为低温热源，建设污水源热泵能源站。污水源热泵能源站的建设分为两期进行，一期供能面积为 12.5 万 m²，供能半径为 500m，二期供能面积为 29 万 m²，供能半径为2000m。

　　本次设计污水源热泵能源站为一期提供冷热源，同时在机房布置上，为二期做预留。一期所供全部为新建建筑，类型既有公建也有住宅。

二、相关参数及空调冷热负荷

1. 负荷侧用户要求

　　一期所供为新建建筑，为采用污水源热泵作为冷热源，一期建筑末端采用风机盘管以及地板辐射供暖，并在设计中适当降低了温度，冬季风

机盘管设计温度为 46℃/39℃，地板供暖采用高低分区后，以板式换热器相隔，设计温度为45℃/37℃。夏季风机盘管供冷设计温度为 5℃/12℃。冬、夏季均采用了 7℃的温差，降低了水流量，从而降低水泵的耗功，提高系统能效比。总设计冷负荷为 6400kW，热负荷为 5400kW，二期预估负荷为冷负荷 9300kW，热负荷 8000kW。污水源热泵能源站设计以此为据。

2. 污水源特性

　　该项目污水处理厂污水来源的 90％以上为高新区内的工业企业，生活污水所占比例较小。由于各个企业工艺处理过程的需要，污水的排水温度高于生活污水的排水温度，且微生物含量低于普通生活污水。污水经过污水处理厂处理工艺后，排水水质经检测已经达到国家 A 级排放标准，但是否能作为热泵的低温热源，还需要对水温、水量和水质进行全面的分析。

　　（1）水温

　　污水排水温度是影响污水源热泵应用效果的重要因素，为了全面评估污水是否能满足污水源热泵冬季供暖和夏季供冷的需要，对污水处理厂

---

　　①　编者注：该工程设计主要图纸参见随书光盘。

在供暖期和供冷期内的污水排水温度需进行全面监测，污水的日均排水温度在供暖季（11月15日至次年3月15日）在17～21℃之间，在制冷季（6月20日至9月30日）在23～26.7℃之间。由此可以看出，污水水温非常适合应用污水源热泵系统，是非常理想的热泵低温热源。夏季污水作为冷却水，效果优于冷却塔的冷却工况。

（2）水量

污水的水量是决定污水源热泵系统能否稳定地满足用户需要的重要因素。因此，须对供暖和供冷季节的污水排水量进行监测。本项目所在污水处理厂的日累积排水量在供暖季最低处理量为122863m³/d；最高处理量为217500m³/d；整个供暖季日均处理量为169042m³/d，日均小时处理量为7043m³/h。在制冷季最低处理量为165945m³/d；最高处理量为279429m³/d；整个制冷季日均处理量为211547m³/d，日均小时处理量为8814m³/h。完全满足污水源热泵能源站一期供冷污水需求量1650m³/h，供暖污水需求量1470m³/h的要求。

（3）水质

污水厂排水的水质虽然已经达到国家A级排放标准，具体在污水源热泵系统中应用，还应行更详细的分析化验，看化验结果是否满足《城市污水再生利用工业用水水质》GB/T 19923—2005中的相关要求。化验结果如表1所示。污水排水中，硫酸盐、氯离子、硬度都很高，因此，要在污水源热泵能源站的方案论证及设计过程中，充分考虑水质条件产生的制约因素。

污水水质状况调查表　　　表1

项目	数值	项目	数值
pH	7.45	碳酸氢根（mg/L）	385.03
浊度 NTU	10.11	总磷（mg/L）	3.05
色度倍	22.21	总油（mg/L）	0.19
BOD（mg/L）	3.86	总硬度（mg/L）	793.71
COD（mg/L）	59.46	总碱度（mg/L）	315.91
硫酸盐（mg/L）	719.53	氯化物（mg/L）	482.09
氨氮（mg/L）	22.8	溶解性总固体（mg/L）	2253.35
电导率（ms/m）	234.29		

三、工程设计特点

本项目的设计特点：

（1）项目初期严谨的论证，明确安全性、节能性和经济性三方面综合考虑的设计原则。

（2）确保热泵系统的高效化，对负荷侧提出低温化供暖参数。

（3）全面收集污水源侧资料，确保低温热源来源的稳定可靠。

（4）对项目污水源热泵能源站的污水取用方式、热泵机组匹配、系统形式、用户侧连接方式以及外网形式等进行了有针对性的设计：

1）本设计根据污水源热泵能源站1h的污水需求量，建设一个1700m³的地下污水蓄水池。既可以用来调节污水流量瞬时峰谷，以维持一个基准流量，也可以兼作污水沉淀池。

2）污水源热泵能源站根据本项目一期负荷特点配置热泵机组，选用两台离心热泵机组，承担总负荷的80%，每台承担40%，另外配置一台螺杆式热泵机组，承担负荷的20%。这样可以根据末端负荷变化，调整机组机型及台数，在满足用户需要的同时，使系统具有更灵活的调控性能，以保证系统的节能性和高效性。

3）采用间接式热泵系统，可以采用普通材质机组，耐腐蚀材质的壳管换热器，造价降低，具有较好的经济性，且保障了机组运行的安全性。

4）采用直供外网，针对一期进行设计，设计准确性好，距离负荷中心近，敷设简单，具有较好的经济性；水泵选择配置也仅考虑一期需求不做放大预留，节能性好；且直供外网运行不受二期影响，安全性也较好。

5）采用间接式用户侧供水，虽然增加了换热环节，但将管网与用户划分开，补水定压系统互相独立，调试和管理更加便利，使能源站与用户侧的职责划分明晰。

四、能源站系统具体设计方案

从用户侧需求和污水低温热源的条件出发，综合考虑系统安全性、经济性和节能性后，对本项目污水源热泵能源站的污水取用方式、热泵机组匹配、系统形式、用户侧连接方式以及外网形式等进行有针对性的设计。

1. 污水取用方式

对于污水取用，本设计根据污水源热泵能源站1h的污水需求量，建设一个1700m³的地下污水蓄水池，既可以用来调节污水流量瞬时峰谷，以维持一个基准流量；也可以兼作污水沉淀池。污水引水渠顶板与地面标高相同，水渠底板标高－2.50m，采用新建引水渠设闸板阀的形式将污水引致蓄水池，这样可以避免采用价格昂贵的防腐金属材料制作引水管道。当蓄水池的水面低于排水渠中水面高度时，在势差的作用下，污水自动流入蓄水池。当蓄水池蓄满，水面与引水渠中同高时，没有势差的作用，污水不再进入蓄水池，仍然按照原来的流径排出污水厂区，这样也省去了溢流管的设置。过渡季时，通过关断引水渠上的闸阀，对蓄水池进行清淤。蓄水池设计同时考虑到顶板保温要求以及排气功能。

2. 热泵机组匹配

由于末端为新建住宅建筑加办公建筑，负荷需求逐步增加，办公楼部分为风机盘管供冷、供暖，住宅建筑为地板辐射采暖只有供暖需求无供冷需求。污水源热泵能源站根据本项目一期负荷特点配置热泵机组，选用两台离心热泵机组，承担总负荷的80%，每台承担40%，另外配置一台螺杆式热泵机组，承担负荷的20%。这样可以根据末端负荷变化，调整运行机组机型及台数，在满足用户需要的同时，使系统具有更灵活的调控性能，以保证系统的节能性和高效性。

针对系统形式、用户侧连接方式以及外网形式，在设计过程中提出了以下两种设计方案。

方案一：采用直接式热泵系统、预留枝状外网加直接式用户侧供水。其原理图如图1所示。

方案二：采用间接式热泵系统、直供外网加间接式用户侧供水。其原理图如图2所示。

将方案一和方案二进行优缺点对比分析后，结果如表2所示。

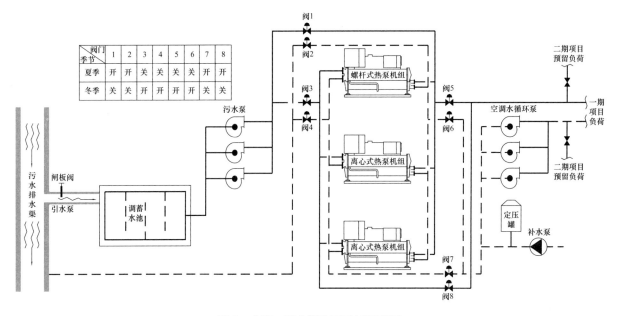

图1　方案一污水源热泵系统原理图

通过以上的优缺点对比分析后，本项目一期在甲方提出的必须保证系统运行的安全性、发挥节能性、兼顾经济性的指导原则下，确定按照方案二进行设计，主要设备参数表如表3所示。

3. 污水源热泵能源站的经济性及节能环保性分析

污水源热泵能源站一期项目中，年累积供冷量为3584MWh，年累积供暖量为5107.2MWh。项目初投资概算为2890万元，以20年为期计算项目现金流量分析，各类税费标准均按当地现行政策执行，供暖供冷费用也依照当地现行标准则

经项目投资财务现金流量概算后，得到项目的投资回收期为7年。如地方政府对可再生能源项目用电给予价格优惠，则投资回收期可进一步缩短，使项目具有更好的经济性。

与传统的锅炉供暖和冷水机组方案相比，污水源热泵每年可节省标准煤约208t，提高一次能源利用率24%。污水源热泵不仅能源利用效率高，同时也带来了巨大的环保效益。一期污水源热泵系统建成后，每年可以减少当地供暖燃煤890余t，每年减少向大气排放二氧化碳（CO_2）2263t、二氧化硫（SO_2）15.14t，氮化物6.14t，

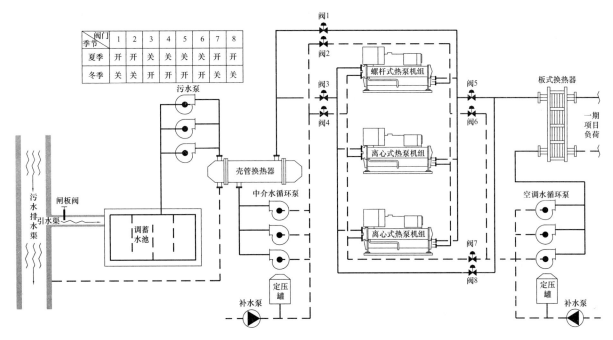

阀门季节	1	2	3	4	5	6	7	8
夏季	开	开	关	关	关	关	开	开
冬季	关	关	开	开	开	开	关	关

图 2　方案二污水源热泵系统原理图

两种方案对比分析表　　表 2

	优点	缺点
方案一	1. 采用直接式系统，污水直接进入热泵机组进行换热，无中间换热环节热损失。 2. 预留枝状外网，可以避免二期建设阶段重复开挖施工。 3. 采用直接式连接方式，不增加换热环节，系统供能效率高	1. 要求采用耐腐蚀材质机组，造价较高。 2. 由于预留负荷存在变化的风险，在外网设计计算中，可能导致外网能力估计不准确，造成外网及相应水泵容量过大。 3. 直接式连接，使外网和用户成为一个系统，压力以及补水的变化相互影响，要考虑末端建筑的不同压力需求，对系统安全性有所降低，同时不利于能源站与用户侧管理权责的划分
方案二	1. 采用普通材质机组，耐腐蚀材质的壳管换热器，造价较方案一降低，具有较好的经济性，且保障了机组运行的安全性。 2. 直供式外网针对一期进行设计，设计准确性好，距离负荷中心近，敷设简单，具有较好的经济性；水泵选择配置也仅考虑一期需求不做放大预留，节能性好；且直供外网运行不受二期影响，安全行也较好。 3. 间接式连接方式，增加了换热环节，将管网与用户划分开，补水定压系统互相独立，调试和管理更加便利，使能源站与用户侧的职责划分明晰	1. 采用间接式系统，由于要增加换热器造成了 2℃ 的温差，损失约 3.8MW 的低位热能。 2. 直供式外网不为二期做预留，未来建设需要重新设计敷设外网。 3. 采用间接式连接方式，由于换热环节增加带来 2MW 热损失，同时由于增加换热器，使热泵机组制冷温度降低 2℃，制热温度升高 2℃，热泵机组的 COP 下降

粉尘 12.82t。由于室外不设置冷却塔，每年可以节约相当数量的淡水资源，而且由于不设冷却塔和风冷式室外机组，可以大大降低噪声污染。由此可见污水源热泵系统节能环保效益十分显著。

主要设备参数表　　表 3

续表

序号	设备名称	主要技术参数	单位	数量	备注
1	离心式热泵机组	制冷量 2570kW，制热量 2700kW	台	2	—
2	螺杆式热泵机组	制冷量 1270kW，制热量 1440kW	台	1	—
3	空调水循环泵	流量 290m³/h，扬程 294kPa（30mH₂O）	台	4	三用一备
4	中介水循环泵	流量 460m³/h，扬程 196kPa（20mH₂O）	台	4	三用一备
5	壳管换热器	换热量 2700kW，换热温差 2℃	台	3	采用耐腐蚀材质
6	污水泵	流量 551m³/h，扬程 15mH₂O	台	4	三用一备

五、设计体会

污水源热泵能源站，作为一个区域的能源中心，为周围的建筑物供冷、供暖，设计过程中要从低温热源、系统配置、外网布置、用户需求各方面全面考虑其特点，注意与小型污水源热泵系统设计的不同之处，从安全性、节能性和经济性三方面综合考虑。

1. 安全性

大型污水源热泵站作为一个区域的能源中心，对其安全性的要求较高，在能源站规划设计之初，就要从各个方面进行考虑。

首先从污水源热泵系统形式上考虑，污水源热泵形式分为直接式和间接式两种。污水源热泵能源站设计中采用大型热泵机组，不同于小型热泵机组，小型热泵机组采用四通换向阀转换制冷剂流程来实现制冷和制热功能的变换，而污水源热泵站则是采用水路的切换来实现制冷制热功能转换的。因此，如果采用直接式污水源热泵系统，就必须使蒸发器和冷凝器均采用耐腐蚀的材质，而且为了避免污水中的污垢沉积，换热器水侧还应尽量光滑，减少设置肋片等强化换热措施。这样就使得换热系数大大降低，从而致使热泵机组的 COP 下降。间接式污水源热泵系统，由于增加了换热器，会增加能量损失，同时增加水泵耗功，增加机房占地面积。对于大型污水源热泵站来说，系统形式的选择要在了解两种形式的优缺点后，根据具体情况，选择有利于保障系统安全的形式。

其次从外网规划和布置上考虑，小型的污水源热泵系统只是服务于单一的末端建筑或单一用户，系统机房一般布置在建筑或用户附近，与负荷中心较近，外网较简单，多采用直接式供给用户系统。而污水源热泵能源站规模较大，末端用户类型较多，负荷中心也比较分散。因此，在外网规划时应考虑降低输送能耗，使外网便捷地连接负荷中心，且从安全性考虑，减少末端用户调节对外网的影响，避免用户间的相互影响，末端采用间接式连接，可以提高污水源热泵能源站外网的安全性，同时便于管理，明确职责划分。

污水量保证也是污水源热泵系统设计中一个重要的安全条件，对于小型污水源热泵系统尤其是采用居民生活污水的系统而言，污水量的波动较大，因此设计前必须对污水流量与温度随时间的变化规律进行调研和预测，对应系统最大污水需求时段的实测流量应大于需求量的 25%。而对基于污水处理厂的大型污水源热泵能源站来说，污水来源于各类不同性质的建筑，水量稳定，逐时变化不大，有利于系统安全性保障。因此，可以根据实际负荷需要和污水量变化确定污水安全流量富裕系数，一般小于小型污水源热泵系统。

2. 经济性

与小型污水源热泵系统不同，大型污水源热泵能源站服务面积较大，且未来拓展性较强，末端用户可根据不同需要分阶段建设。因此，污水源热泵能源站要在设计之初做好分期建设规划。即厂房可以分期建设，机组分批安装，可以趋于模块化处理。调蓄水池也要做好预留场地，以及预留渠道。这样可以在满足用户需要的同时，降低单次建设的投入资金，同时也使能源中心更好地满足分期建设用户的用能需求。

与此对应的，外网建设也是分期进行的，根据不同能源中心相对位置关系，确定外网布置形式，充分考虑外网的可扩展性，做好预留。

小型的污水源热泵系统，出于保证系统安全性考虑，选用的调蓄水池要充分考虑到水量变化处于低谷时，满足用户需求。因此，一般调蓄水池容量要满足低谷几个小时的水量需要。而大型污水源热泵站，污水量大，水量供给富裕较大，变化不明显，因此，可选用调蓄水池只需满足短暂时间内的流量变化，有污水处理厂长期污水流量监测数据的，可不设调蓄水池。降低土建费用，使系统具有更好的经济性。

3. 节能性

由于热泵机组的出水温度与机组的耗功和效率有直接关系，大型污水源热泵能源站设计中考虑到系统的高效性，供暖时应在满足用户需要的前提下，尽量降低机组的出水温度。供冷时则应适当提高出水温度。因此，需要在末端用户系统设计中尽量采用适宜的末端装置，如地板辐射供暖、风机盘管等。

大型污水源热泵站所需污水量巨大。因此，降低污水输送能耗具有更重要的节能意义，热泵站房就近建于污水处理厂周围，或者建于污水处理厂中，较为理想。为了进一步提高系统能效，污水源热泵站应根据末端负荷需要，通过调整机组配置，在保证安全性的前提下，实现变频运行等手段来实现系统节能，使系统具有更宽的负荷适应范围，具有更便捷的可调节性能。

通过本项目，将以上几点在具体设计工作中较好的展现，在实现污水源热泵能源站功能的同时，保证了安全性、体现了经济性发挥了节能性。这一设计思想设计原则的提炼及其在设计过程中的体现是本项目设计的亮点。

中新天津生态城公屋展示中心"零能耗"建筑①

- 建设地点　　天津市
- 设计时间　　2010 年 7～10 月
- 竣工日期　　2012 年 6 月
- 设计单位　　天津市建筑设计院
　　　　　　　[300074] 天津市气象台路 95 号
- 主要设计人　宋晨　王砚　伍小亭　吴永乐　秦小娜
- 本文执笔人　宋晨
- 获奖等级　　一等奖

作者简介：

宋晨，1984 年 1 月生，天津市建筑设计院绿色建筑机电技术研发中心副主任工程师，2006 年毕业于河南科技大学建筑环境与设备工程专业，本科学历，主持了生态城公屋展示中心"零能耗"建筑，南开大学 1 号集中能源站等数十项工程设计及咨询工作。

一、工程概况

生态城公屋展示中心是天津市第一座零能耗建筑，于 2012 年 6 月竣工投入使用，本项目目标为"一零四金"，即达到建筑场地内年度运行零能耗和国内外四项绿色建筑评价标准最高奖项的要求，包括中国国家绿建三星、美国 LEED 白金奖、新加坡 GREENMARK 白金奖、中新天津生态城白金奖。

本工程总建筑面积 3467m²，建筑基地面积 1843m²，建筑密度 22.78%，容积率 37%，绿地率 42.6%。地上 2 层，地下 1 层，建筑总高度 15m。建筑功能：一部分为公屋展示、销售；另一部分为房管局办公和档案储存。本工程的设计目标为零能耗的绿色公共建筑。通过被动式设计使建筑物耗能达到合理的极限，通过主动式设计提高设备能源使用效率，利用太阳能和地热能等可再生能源满足建筑能耗需求，打造现场零能耗的可持续型示范建筑。

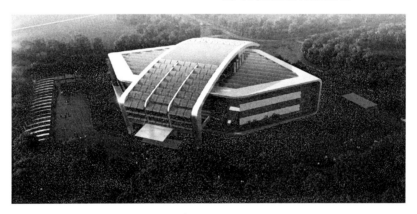

建筑外观图

二、工程设计特点

1. 实现"零能耗"的技术路线

（1）通过被动技术减少冷、热负荷和供热、

供冷量，主要体现在：

1）合理确定室内设计标准；

2）改善围护结构热工性能；

3）强化自然通风，减少供冷时间。

（2）通过主动技术提高 HAVC 系统能效，主

---

① 编者注：该工程设计主要图纸参见随书光盘。

要体现在：

1）采用温湿度独立控制的空调系统；

2）采用变风量，变水量控制，减少空调系统能耗；

3）采用高温冷水热泵机组，提高机组 COP，较常规地源热泵机组制冷 COP 可由 5.0 提高至 7.0 左右，降低能耗约 40% 左右，风机盘管风机采用直流无刷型，减少风机能耗。

（3）利用可再生能源，减少一次化石类能源消耗

2. 实现"零能耗"目标的主要模拟分析项目

（1）采用 CFD 模拟手段，指导坑道风设计——强化自然通风，减少新风能耗

1）缩短入口大厅空调制冷时间 20%；

2）减少入口大厅空调制冷能耗越 30%。

（2）采用能耗模拟软件，指导建筑围护结构热工性能参数的确定，相对比二步节能，降低围护结构传热系数约 75%。

（3）通过针对项目的分析，确定溶液调湿机组新风机组表冷盘管设置位置。经过对工程实例的计算与分析，确定了溶液调湿新风机组表冷盘管的设置位置为前置。针对本工程而言，采用表冷盘管前置型的溶液调湿新风机组综合 COP 可提高 19%，节约电量 1.38MWh/a。主要由于：

1）采用相对高 COP 系统制备的冷水（16℃/21℃）负担部分新风负荷。

2）充分利用了高温冷水（16℃/21℃）的冷凝除湿能力，减少了相对低 COP 的溶液调湿机组的压缩机做工。

即本结论成立的前提是表冷盘管的冷源是高效的（相对溶液调湿新风机组）。因此，在温湿度分控系统中，应采用高效的高温冷源负担显热负荷，而表冷盘管前置实际是提高高温冷源承担冷负荷的权重。

三、设计参数及空调冷热负荷

1. 设计参数

（1）室外气象参数（见表 1）

室外气象参数　　表 1

夏季		冬季	
空调室外计算干球温度	31.4℃	空调室外计算干球温度	−10℃
空调室外计算湿球温度	26.4℃	空调室外计算相对湿度	62%
通风室外计算温度	28℃	供暖室外计算温度	−8℃
室外平均风速	4.4m/s	通风室外计算温度	−4℃
大气压力	100.47kPa	室外平均风速	6m/s
—	—	大气压力	102.66kPa
—	—	主导风向	NE
—	—	最大冻土深度	59cm

（2）室内设计参数（见表 2）

室内设计参数　　表 2

房间名称	室内温度（℃）		相对湿度（%）		新风量 [m³/(h·人)]	换气次数（h⁻¹）	允许噪声标准（dB）	人员密度
	夏季	冬季	夏季	冬季				
办公室	26	20	60	30	30	—	45	6m²/人或按照座位数量
会议室	26	20	60	30	30	—	40	按照房间座位数量
银行	26	20	60	30	30	—	45	6m²/人
接待洽谈	26	20	60	30	30	—	40	按照房间座位数量
贵宾厅	26	20	60	30	30	—	40	
物业管理	26	20	60	30	30	—	45	
档案库	26	20	45	30	1.1次换气	1	40	
档案制作	26	20	60	30	30	—	40	按照房间座位数量
多媒体	26	20	60	30	30	—	45	6m²/人
公屋展示大厅	26	20	65	30	20	—	45	30 人
大厅	27	18	65	30	20	—	45	10 人
热水间	27	18	—	—		5	—	0
卫生间	27	18	—	—		10	—	0

续表

房间名称	室内温度（℃）		相对湿度（%）		新风量 [m³/(h·人)]	换气次数 (h⁻¹)	允许噪声标准（dB）	人员密度
	夏季	冬季	夏季	冬季				
走廊	27	18	—	—	—	—	—	50m²/人
制冷机房	—	≮5	—	—	—	4	—	0
空调机房	—	≮5	—	—	—	—	—	0
消防泵房	—	≮5	—	—	—	3	—	0
弱电机房兼消防控制室	26	20	60	30	—	3	—	2人/间
计算机房	26	20	60	30	—	3	—	1人/间
逆流变	30	15	—	—	—	5	—	0
电池间	28	15	—	—	—	5	—	0

2. 空调冷热负荷

（1）空调计算总冷负荷为193kW，建筑面积冷指标为55W/m²；高温冷水地源热泵机组负担冷负荷175kW；VRF负担冷负荷18kW。

（2）空调计算总热负荷为173.5kW，建筑面积热指标为49.6W/m²。高温冷水地源热泵机组负担热负荷168kW；VRF负担热负荷5.5kW。

四、空调冷热源及设备选择

1. 空调冷热源

本工程采用的空调冷、热源形式：地源热泵耦合太阳能光热系统＋溶液调湿系统＋VRF。

（1）高温冷水地源热泵机组夏季为建筑提供16℃/21℃的冷水作为建筑冷源，冬季为建筑提供42℃/37℃的热水作为建筑热源。

（2）供冷及供热初/末期系统可实现跨机组供冷、热，即：关闭制冷、制热主机，用户侧水直接进入土壤换热器。

（3）供热季，太阳能光热系统通过间接换热方式提升系统地源侧进入机组水温，提高机组COP；供冷季，可以实现利用系统排热加热生活热水系统。

（4）同时可以在系统跨机组运行的同时开启与太阳能热水系统的耦合，实现节能最大化。

（5）溶液调湿新风机组在为建筑提供新风的同时，夏季消除系统湿负荷，冬季作为新风机组为建筑提供新风。

（6）对于部分需24h供冷、供热的电气房间及室内要求无"水隐患"的档案库采用VRF机组全年为其供冷、供热。

2. 设备选型

（1）本工程选用双机头高温冷水地源热泵机组1台，机组制冷量为175kW，制热量为168kW。

（2）空调水系统温度：

1）供冷工况——用户侧：16℃/21℃；地源侧：35℃/30℃。

2）供热工况——用户侧：42℃/37℃；地源侧：5℃/8℃。

（3）用户侧与地源侧共用隔膜式定压补水装置一套，实现空调水系统及地源侧水系统的定压与补水，装置设在制冷机房内，系统定压压力为0.18MPa，用户侧可能出现的最大工作压力为0.36MPa。

（4）土壤源系统：

1）根据正式土壤取、放热测试报告，土壤换热器夏季平均放热能力为64W/m，冬季平均取热能力为29.1W/m。

2）设计采用双U形垂直式换热系统，室外共钻孔46口、矩形布置、孔深120m、钻孔直径φ200mm、间距5m。

五、空调系统形式

1. 交易大厅、大厅、公屋交易大厅

（1）采用单区变风量全空气空调系统，送风机变频；

（2）空气处理设备为组合式空气处理机。

2. 小开敞房间

（1）采用干式风机盘管加新风系统，风机盘管为直流无刷型，风机盘管暗装于吊顶内，送风经散流器/线形风口顶送或条形风口侧送，回风由吊顶回风口、回风箱至风机盘管。

（2）新风机组集中设置。新风经溶液调湿新风机组处理后，经集中新风竖井及各层水平新风管道独立送入室内。

（3）各新风管道分支均安装定风量调节器，与室内 CO_2 传感器联动以保证新风量的实时按需分配。

3. 部分电气特殊房间及室内要求无"水隐患"的档案库：

（1）采用 VRF 室内机。

（2）VRF 室外机设置于屋顶。

六、通风及空调自控设计

1. 自然通风系统

（1）有外窗房间

采用开窗方式实现自然通风的目的。

（2）共享大厅：

共享大厅因无开窗自然通风的条件，在设计中采用了自然通风装置，具体做法为：在过渡季通过设置于建筑室外的采风口及设置于建筑室内的地垄墙层，将室外自然风引入室内，通过屋顶天窗的电动开启，将室内负荷排出室外。在室外温度为18℃时，基本可保证室内较舒适的环境。

此设施的设置不仅可以在过渡季提高共享大厅的舒适度，在供冷季室外温度较低时，可以关闭大厅空气调节系统开启该通风设置，在保证室内舒适的前提下，减少空调系统能耗，实际起到了延长过渡季时间的作用。

2. 空调冷、热源系统自动控制要求

（1）空调制冷与供热系统采用群控方式实现系统自动运行与调节。

（2）系统部分负荷工况下的调节：系统采用一次泵变流量系统，机组蒸发器、冷凝器支持变流量工况运行，机组压缩机变频运行，当系统采用质调节时，开启分集水器连通管道上的电动调节阀，根据压差传感器调节阀门开启度。

（3）地源热泵主机：地源热泵主机应具有根据根据负荷需求自动加载、卸载压缩机功能，并同时实现压缩机变频运行。

（4）冷、热水循环泵系统：恒定水系统最不利环路资用压差，辅之以供回水温差控制，实现对循环水泵的变频控制。在保证压差设定值的前提下，水泵额定效率≮70％，水泵变频器的选取，应保证变工况运行时，水泵的效率大于60％，以保证水泵长期工作在高效状态点，以实现节能的目的。

（5）地源热泵耦合太阳能系统：

1）此部分控制应由楼宇集中控制实现。

2）控制应能完成以下要求：

① 自动控制太阳能光热系统的投入、退出；

② 太阳能光热系统的投入应在对容积式换热器内水温度、系统负荷监测、预测后通过计算实施，计算约束条件为：至少应能保供热季系统回水温度维持10℃以上并连续运行1h以上，若不能保证以上条件，则关闭太阳能光热系统接入，容积式换热器继续蓄热，直到满足条件，再接入太阳能光热系统；

③ 在完成以上计算决定太阳能光热系统投入的前提下，同时联动水泵变频控制器，实现水泵变频，以保证系统"大温差、小流量"运行；

④ 在太阳能光热系统投入后，应根据混水后的温度传感器调节电动二通阀的开启度。

天津市文化中心集中能源站①

- 建设地点　　天津市
- 设计时间　　2011 年 5 月
- 竣工日期　　2011 年 11 月
- 设计单位　　天津市建筑设计院
　　　　　　　[300074] 天津市气象台路 95 号
- 主要设计人　王砚　伍小亭　宋晨　芦岩　吴永乐
- 本文执笔　　王砚
- 获奖等级　　一等奖

作者简介:

王砚，1970 年 2 月生，正高级工程师，天津市建筑设计院绿色建筑机电技术研发中心执行技术总监，1992 年毕业于天津大学供热通风与空调工程专业。主要代表性工程有：广州大学城区域供冷站第三冷冻站、天津市文化中心集中能源站、于家堡金融区区域供冷站、天津大学新校区区域能源工程等。

一、工程概况

文化中心位于天津市河西区，用地面积 90hm²，总建筑面积约 100 万 m²，包括博物馆、美术馆、图书馆、大剧院、阳光乐园等文化类建筑，银河购物中心、地铁配套等商业建筑，地下交通枢纽、公交场站、管控中心等公用建筑。其总体城市设计特点以"绿色、生态、人文"为主题，规划密度高、容积率高、建筑高度低、特别重视第五立面。

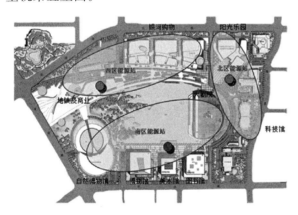

项目位置图

文化中心区域能源系统针对不同的业态特征及管理权属，共建设西、南、北三处集中能源站，能源站房均结合地下空间设置。主体技术方案采用带有冷、热调峰复合以冰蓄冷技术的三工况水/地源热泵系统，系统总冷负荷 85875kW，总热负荷 52116kW，总蓄冰量 63580RTh。

二、工程设计特点

区域供冷、供热系统在我国近几年开始发展起来，但是由于设计、运行、管理等原因出现了系统运行能效不理想的现象。天津市文化中心集中能源站项目采用水-地源热泵系统与冰蓄冷技术耦合，并复合以冷却塔调峰冷源、市政热网调峰热源的多元化复合能源形式的技术方案，用于 100 万 m² 超大规模公共建筑组团的区域供冷、供热，达到最大限度的利用可再生能源、减小污染物排放、降低建筑运行能耗、促进低碳生态城市建设。通过天津市科学技术信息研究所的查新结果：针对区域能源站建设规模；区域能源站技术实施方案；通过动态分布式负荷预测模型实现地源热泵＋冰蓄冷区域供冷系统优化运行控制策略；区域能源站系统季节运行平均能效四个查新点，国内外均未见与该项目上述技术要点相同的超大规模建筑群可再生能源利用与综合蓄能技术研究的文献报道。

因此，天津文化中心集中能源站设计是在一系列研究的基础上完成的，整个过程以设计带动

---

① 编者注：该工程设计主要图纸参见随书光盘。

研究，以科研完善设计、指导运行。主要包括：

（1）方案形成。通过一系列的研究与分析，形成技术路线：依据建筑规划与景观生态要求、能源与资源条件及利用代价，经多方案技术经济比选，确定地源热泵系统；经实际取、放热量测算及动态负荷分析，确定辅助以冰蓄冷技术的三工况地源热泵；经土壤的热平衡分析及系统安全性考虑，确定带有冷热调峰的复合式三工况地源热泵系统。

（2）负荷计算分析。能源站所负担的建筑功能、业态特征、使用规律各不相同，通过动态分析的方法模拟研究各单体建筑的冷、热负荷，利用单体错峰特性合理配置机组容量。

（3）地源侧供热、供冷能力及土壤热平衡研究。根据测试井数据计算土壤取、放热能力，根据计算负荷进行土壤热平衡分析，计算三个能源站的季节排热量与季节取热量的不平衡率，得出必须设置辅助热源与排热设备的结论，以保证地源热泵系统长期可靠与高效运行。

（4）融冰规律的分析研究。通过冷负荷的动态模拟，分析在100%、75%、50%、25%四种不同负荷率下，冷负荷逐时需求与冷机及蓄冰装置释冷能力的匹配，制定融冰策略。

（5）调峰冷源的研究。通过对可行的冷却塔、景观湖水、浅层地下水三种非土壤渠道排热方式进行政策性、技术性、经济性、运行可靠性、对环境影响性多因素分析，确定冷却塔作为辅助排热渠道，同时采取下沉式安装方式，以期将冷却塔的设置对景观的影响降至最低。

（6）调峰热源的研究。通过对深层地热及市政热网作为调峰热源的可行性、技术优势、投资与运行费用的详细分析，以运行安全、可靠、稳定作为重要判定标准，综合考虑经济因素，在实现计量收费的基础上，确定城市热网为调峰热源形式。

（7）运行策略的研究。采用负荷预测的前馈控制方式，实现节能运行。系统冰蓄冷系统采用融冰优先控制原则，根据负荷规律，匹配融冰供冷与主机供冷，确保夜间蓄冰的充分利用，节约运行费用；土壤源热泵系统根据土壤温度监测，通过土壤及土壤换热器回水温度变化，自动控制各区域土壤换热器开启次序，均衡土壤换热器负荷、开启冷却塔，并可根据土壤热平衡情况，调

节冷却塔开启时间，以确保地源热泵系统长期、稳定、可靠运行；作为调峰热源的市政热网，充分利用其供热能力，减少地源热泵机组的开启时间，节约运行费用、利于地温恢复。

三、主体技术方案

文化中心区域能源系统技术方案采用带有冷、热调峰复合以冰蓄冷技术的三工况水-地源热泵系统，西区能源站为浅层地下水地源热泵，南、北区能源站为土壤垂直埋管地源热泵系统。其中：

1. 冷调峰，即调峰（辅助）冷源

通过本项目具有的浅层地热能资源供热、供冷能力与季节（年）热平衡研究表明，在采用冰蓄冷技术的前提下，两种形式的浅层地能资源仍既不能满足系统的排热需求，也不能实现地源侧季节（年）热平衡，其排热差值分别为：南北区能源站13.2%、西区能源站76.2%。因此，必须设置调峰冷源以弥补地源侧吸热能力的不足及实现其季节（年）热平衡。

可用于本项目空调制冷系统的非土壤渠道排热方式有冷却塔、景观湖水、浅层地下水三种形式，但比较起来采用冷却塔作为本项目的调峰冷源，技术可靠、经济性好。为保证文化中心整体景观效果，将冷却塔设置对景观的不利影响降至最低，本项目冷却塔的安装方式采用下沉式安装，即在景观规划允许的区域设置深度大于6m的基坑，将冷却塔安装于基坑内，基坑尺寸应满足下沉式安装的通风要求，基坑顶部采用隔栅封盖（见图1）。经计算，西区冷却塔容量5400t，南区冷却塔容量1440t，北区冷却塔容量1060t。

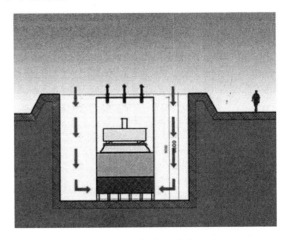

图1 冷却塔的安装

2. 热调峰，即调峰（辅助）热源

通过本项目具有的浅层地热能资源的供热、供冷能力与季节（年）热平衡研究表明，两种形式的浅层地能资源的放热能力均不能满足系统的取热需求，差值分别为：南、北区能源站25.4%，西区能源站28.9%。因此，必须设置调峰热源以弥补因地源侧放热能力不足导致的系统供热能力不足。

本项目可行的调峰热源形式包括城市热网和深层地热，以运行安全、可靠、稳定作为重要判定标准，综合考虑经济因素，如能够实现按照计量收取热费，城市热网是较理想的调峰热源形式。本项目调峰热源比例为29%，具体参数如表1所示。

调峰热负荷　　　　　　　　　　　　表1

	总热负荷（kW）	热网热负荷（kW）	热网供热占总热负荷比例
西区能源站	25028	9820	39.2%
南区能源站	18028	3480	19.3%
北区能源站	8880	1800	20.3%
合计	52116	15100	29%

3. 冰蓄冷

本项目采用的冰蓄冷方案为：分量蓄冷、静态制冰、盘管冰槽蓄冰、串联布置，主机上游、外融冰系统。此方案是基于冰蓄冷技术区域供冷系统的普遍形式，其技术要点为：

（1）分量蓄冷——显著提高系统经济性、减轻项目供电压力、节约机房建筑面积；

（2）静态制冰——技术成熟、制冷设备投资低、设备可以竞争性采购，为冰蓄冷系统的主流制冰方式；

（3）串联布置，主机上游——系统能效比高、系统整体投资较低、用户适应性好、易于控制调节；

（4）外融冰——实现更高的供冷品质、降低管网及用户换热器投资与输配能耗、非100%负荷日能实现"移峰运行"，降低运行费，而非100%负荷日在占供冷季的90%以上；

（5）盘管冰槽蓄冰——蓄冷量大、释冷性能好、技术成熟。

系统能实现的功能为：设计工况主机优先，运行工况融冰优先的运行策略；三工况主机低谷电时段蓄冰与基载主机供冷；非低谷电时段，主机与蓄冰装置联合供冷、蓄冰装置单独供冷、主机单独供三种运行策略。三个能源站总蓄冰量为63580RTh，以西区能源站为例，逐时负荷与融冰供冷匹配如图2所示。

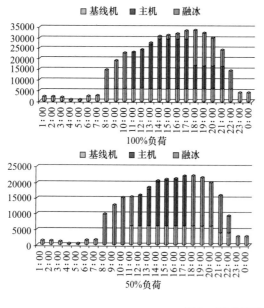
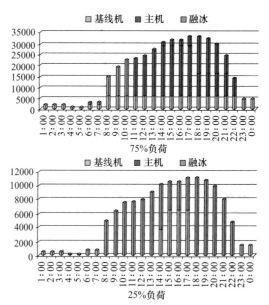

图2　逐时负荷与融冰供冷匹配

4. 地源热泵

本项目采用两种地源热泵系统，西区能源站为浅层地下水地源热泵系统，在生态岛布置32眼浅层地下水井，250m深16眼、410m深16眼。浅井设计为一采一灌，以灌定采，确保采灌平衡。浅层地下水井以250m和410m"成对"布置，"对井"间距＞100m，"对井"内两眼井间距＞50m。250m深浅井水温18.5℃，单井采灌量

30m³/h；410m 深浅井水温 27.5℃，单井采灌量 40m³/h，项目总采灌量不大于 560m³/h。为便于管理，浅井至机房的管道采用"章鱼式"布置，即每眼井单独出管至机房内汇合，利于针对每眼井的实际情况进行回灌量分配，同时在机房内通过阀门切换可以实现每眼井采水、回灌、回扬三种工况的转换。

南区、北区能源站为土壤垂直埋管形式地源热泵系统，采用双 U 形垂直式埋管换热器，全部敷设于景观湖底，钻孔数 3789 眼、孔深 120m、孔间距 4.8m、钻孔直径为 Φ200mm。土壤换热器夏季平均放热能力为 70W/m孔深，冬季平均取热能力为 40W/m孔深。室外换热系统水平集管采用单管区域集中＋检查井式系统，埋管换热器及其与阀门井之间的水平集管均为 PE100 高密度聚乙烯管，同程布置，阀门井至机房的管道采用"黑夹克"直埋保温管异程布置。

5. 管网及参数

由能源站为各单体提供冷、热源的二次管网采用枝状管网布置方式，敷设于室外覆土层，管道为直埋保温管，无补偿敷设。能源站间管网通过连通管连接，可实现三个站的联网运行。系统供冷参数：3℃/12℃，供热参数：47℃/38℃。

6. 系统流程示意

（1）土壤埋管地源热泵系统流程（见图 3）
（2）浅层地下水地源热泵系统流程（见图 4）

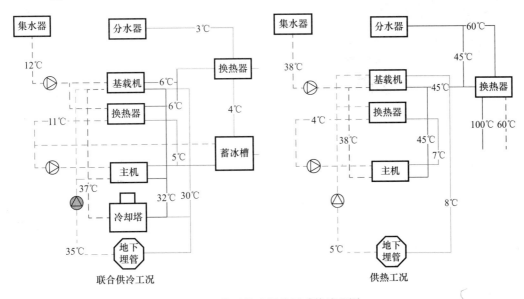

图 3　土壤埋管地源热泵系统流程图

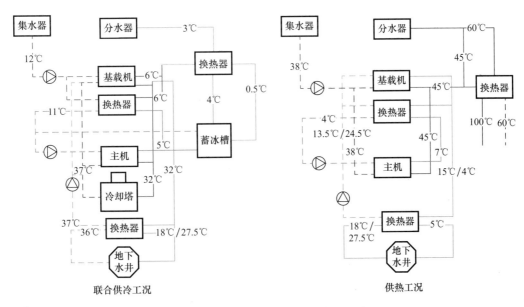

图 4　浅层地下水地源热泵系统流程图

四、项目收益

1. 城市景观价值

文化中能源方案的采用，彻底消灭了烟囱。同时由于大规模地源热泵以及冰蓄冷技术的采用，消灭了第五立面上的冷却塔，而作为调峰冷源保留的冷却塔容量仅为常规方案的 25%，且采用下沉式安装（见图 5），彻底解决了建筑师的后顾之忧，提升了城市景观价值。

图 5　下沉式冷却塔

2. 环境价值

由于大规模可再生能源的应用，充分节约了能源与资源；地源热泵的采用使向大气排放的空调废热负荷减少 80%，冷却塔装机容量减少了 75%（相对常规电制冷方式），降低了城市热岛效应，节约了大量的水资源，提升了环境价值！

3. 节能减排价值

蓄冰技术的应用降低了夏季城市电网的负担，实现了城市电力的削峰填谷，减少社会电力设施投资，提高电网年负荷率与发电效率，实现社会节能；外融冰冰蓄冷的采用提供了低温供水条件，采用 9℃ 的大温差供水，降低运行能耗；采用基于气候补偿与负荷预测的节能控制，降低运行能耗 15%～20%。由于利用了浅层地热能和实现了空调排热的跨季节蓄存，显著降低了供冷供热的化石能源消耗和污染物的排放，实现了"绿色"供能；能源站所采用的能源形式与传统的能源形式相比，每年可节约标准煤 8873t，减少 CO_2 排放 23249t、减少 SO_2 排放 213t、减少 NO_x 排放 81t，节水率为 55.43%，节能率为 36.02%。

五、运行现状

文化中心能源站于 2011 年 6 月开始建设，2011 年 11 月投入使用，运行数据显示：实测夏季综合能效比 3.18，一次能源效率 1.11；冬季热泵系统供热平均能效 3.21，一次能源效率 1.12，地下温度场情况稳定，供冷、供热效果满足设计要求，实现设计预期。

天友绿色设计中心空调设计①

- 建设地点　　天津市
- 设计时间　　2012 年 1 月
- 竣工时间　　2013 年 11 月
- 设计单位　　天津市天友建筑设计股份有限公司
  　　　　　　[300384] 天津市华苑新技术产业园区开
  　　　　　　华道 17 号
- 主要设计人　何青　刘冰　李淳　董喜超　王玉婷
- 本文执笔人　何青
- 获奖等级　　一等奖

作者简介：

何青，1962 年 6 月生，暖通总工、高级工程师，1984 毕业于天津工业大学采暖通风专业，大专学历。工作单位：天津市天友建筑设计股份有限公司。主要空调设计代表作品：中国人民保险公司天津分公司营业楼项目中央空调工程设计、上海家乐福浦东超市中央空调工程设计、世纪联华超市天津中山路店中央空调工程设计、衡水交警指挥中心冰蓄冷水蓄热中央空调工程设计、天津市瀚金佰海鲜大酒楼中央空调工程设计等。

一、工程概况

天友绿色设计中心位于天津市华苑新技术产业园区开华道 17 号，建筑面积 5700m²，为 5 层（局部 6 层）建筑，办公人数 300 人，该项目是由原生产 LED 的电子厂房改造为自用的绿建办公建筑。该绿建项目已荣获 2012 年"绿色建筑低能耗建筑示范楼工程"，被评为"国家绿色设计标识（三星级）"，列为"十二五国家科技支援计划课题"；荣获 2012 年第九届精瑞科学技术奖项的"绿色建筑奖"，还荣获了 2014 年清华大学建筑节能研究中心颁发的"公共建筑节能最佳实践案例"证书和 2014 年第五届中国建筑学会暖通空调设计优秀设计一等奖。该建筑采用被动式建筑节能优先，主动式暖通空调节能主导，以及被动式与主动式节能技术相结合的设计理念。整个办公楼能耗为 47.5kWh/(m²·a)（以全年每天 24h 为基准的运行能耗），如以全年工作日每天工作 10h 为基准，且不含网络机房时，其运行能耗仅为 35kWh/m²，建筑物的运行费用为 30.1 元/(m²·a)（同国家电网缴费单一致）。天津市现行公共建筑供热费标准为 40 元/(m²·a)，而该建筑的供暖费仅为 7 元/(m²·a)，比市政供热费用降低 5 倍多，处于国内建筑超低能耗领先水平。能够取得如表 1 所示的优异成果，与对该项目的创新设计、周密的施工管理与创新的运行策略是密不可分的。

建筑外观图

天友绿建楼 24h 运行能耗与空调系统运行能耗及运行费用（实测）　表 1

项目	全建筑物能耗和运行费用		空调系统能耗和运行费用	
	单位面积能耗 [kWh/(m²·a)]	单位面积电费 [元/(m²·a)]	单位面积能耗 [kWh/(m²·a)]	单位面积电费 [元/(m²·a)]
夏季	15.89	10.4	5.93	4.2
冬季	24.65	14.5	13.22	7.0

① 编者注：该工程设计主要图纸参见随书光盘。

续表

项目	全建筑物能耗和运行费用		空调系统能耗和运行费用	
	单位面积能耗 [kWh/(m²·a)]	单位面积电费 [元/(m²·a)]	单位面积能耗 [kWh/(m²·a)]	单位面积电费 [元/(m²·a)]
过渡季	6.96	5.2	0.42	0.03
全年合计	47.5	30.1	19.57	11.23

注：此表能耗值为 2013 年冬季和 2014 年夏季的数值。另外，该项目坐落地施行峰谷电价。

图 1　地板辐射供冷现场施工实景

二、工程设计特点

创新和发展之一：被动式建筑节能优先

该项目将这一理念运用在既有建筑的绿建改造实践并取得了很好的实用效果，将全楼冷负荷降至 51W/m²，热负荷降至 40W/m²。从而杜绝了大马拉小车的现象出现。

创新和发展之二：地板辐射供冷

敢于突破惯有框框，设计了当前争论最大的地板辐射供冷，而且经运行实践得以成功，实现了创记录的低能耗效果（见表 1 和图 1）。每当夏初和夏末干热时期（约占全夏季的 2/3 以上），可以在不结露的前提下实现地板辐射供冷降低室温而无需除湿。而当盛夏高温高湿时期则开制冷机和新风机既供冷又除湿。

创新和发展之三："免费供冷"（自然冷源）设计

该项目利用地源热泵，开创了不开制冷机就能使室内有较舒适温湿度的"免费供冷"（见图 2）的先河。即在夏初和夏末室内显热大潜热小时，只需利用地埋管内的低温水直接进入地板辐射供冷末端供冷降温而无需除湿就能取得较高的人体舒适度，通过实际运行观察，利用自然冷源供冷工况可使用约 70d，从而减少了开启热泵主机的耗电量。两个夏季年运行实践证明，14～20℃水温的自然冷源均可用于地板辐射供冷，设计时是由板换提供二次水，经改造后可将地源侧水直供地板辐射来供冷，不但提高了换冷效率，且还能减少了二极泵的使用。

创新和发展之四：用传统的非高效空调设备的组合实现超低能耗

本项目采用了常规能效的主机和末端（常规

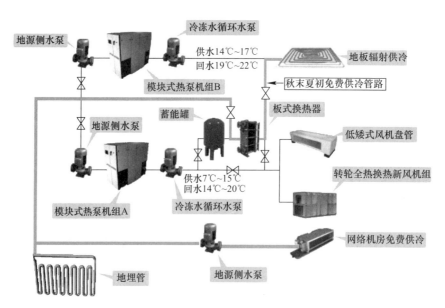

图 2　"免费供冷"的热泵机房系统图

涡旋热泵机组＋地板辐射供冷（供热）＋转轮热回收新风），而未采用高能效主机和高效空调末端（如磁悬浮和变频主机、变频空调末端和溶液式新风机组等高投资设备）。注重利用整个空调设备合理匹配运行提升系统的综合能效，而非追求单一设备的高能效。

创新和发展之五：空调水管无焊接

为防止管道的腐蚀或结垢，空调室内管材为纳米β-PPR管，机房内镀锌钢管以沟槽连接方式替代传统水煤气管焊接，实现了空调管道无焊接连接，消除了所有管道腐蚀和结垢的隐患，提高了主机、换热机组和空调末端的换热量，使空调系统运行更加节能，同时也减少了自动反冲洗过滤器的排水量（空调系统的补水大部分用于过滤器反冲洗的排水）。

创新和发展之六：17 种运行工况自控调节的设计

为达到多种运行工况的自控调节，经精心设计，并确定设备选型为高、低温热泵机组、地埋管换热器、水蓄能罐、地板辐射供冷（供热）模块、各种风机盘管、热回收新风机组和 azbil 自控系统、多种监测仪表以及多达 50 多个电动阀和600 多个传感器。可远程调控多种工况的各种空调末端设备，如图 3 和图 4 所示。17 种运行工况的远程自控调节，是以四种基本工况（A、B 热泵机组直供工况、蓄能工况、放能工况和放能＋直供工况）为基础演变而成，如图 5 所示。

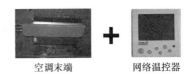

空调末端　　　　　　网络温控器

末端远程调控

新风机组远程启停

图 3　远程调控的空调末端及网络温控器

创新和发展之七：精细化计量设计

可精细到分专业、分类别、分层计量，也可按年、季、月、日、时统计，为进一步分析节能潜力和用能平衡等创造了条件。该项目共设电表 52 块（其中空调用 26 块）、能量表 36 块、水表 5 块。

电表按每层的照明、插座、空调末端分类设表；空调是以不同主机、各类水泵和附属设备进行能耗计量，能量表按工况设置，如主机直供、蓄能、放能、免费冷和不同末端进行计量。通过上述能量和热量的计量，不但可对主机 COP、能源机房 COP（主机＋水泵）、系统 COP（主机＋水泵＋空调末端）进行精细化统计，还可对地埋管系统的冷热平衡进行量化分析。

创新和发展之八：空调无形化、无吹风感设计

（1）空调无形化设计

地板辐射供冷、供热＋低矮风盘（窗台下布置），使房间内看不到空调末端和风管、风口以及

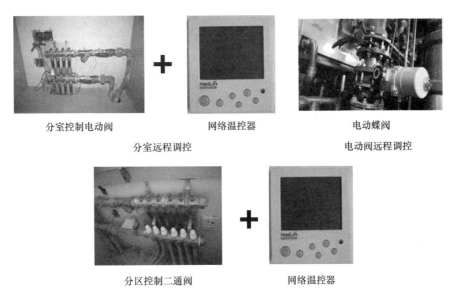

分室控制电动阀　　　　网络温控器　　　　　　电动蝶阀

分室远程调控　　　　　　　　　　　　电动阀远程调控

分区控制二通阀　　　　网络温控器

图 4　分区、分室远程调控的空调设末端及自控部件

水管，为工作人员创建一种室内整洁、干净、美观的环境，如图6所示。

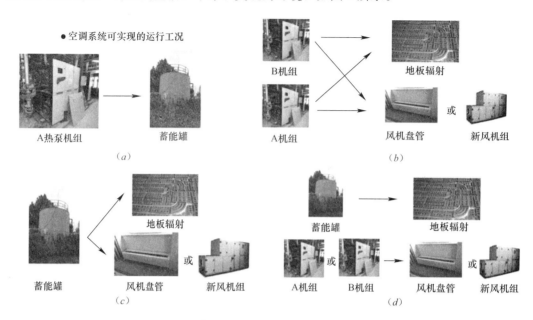

●空调系统可实现的运行工况

（a）

（b）

（c）

（d）

图5　由四种工况演变为17种运行工况示意图

（a）蓄能工况；（b）放能工况；（c）直供工况；（d）放能＋直供工况

图6　室内看不见风盘、风管、水管、风口之实景

（2）空调无吹风感设计

地板辐射为主的供冷（供热）设计，使本工程全年使用地板辐射末端达到240d（其中供热171d、供冷69d），约占空调季节80％的时间，地板辐射为无动力末端，开启时无吹风感，只有20％的时间（48d）开启低矮风机盘管供冷或新风机除湿（主机直供工况），由于风机盘管以低速运转，并距工位较远，因此运行时也无吹风感，创造出舒适环保的办公环境。

创新和发展之九：慢速吊扇的独特设计

为增加对流换热，节省空调运行能耗，达到既节能又舒适的目的，特意在房间上空设置了慢速吊扇。本绿建楼内设有67台吊扇，遍布于2～5层各房间，功率为65W/台。表2为慢速吊扇结合其他设备的运行时段。

慢速吊扇运行时段　　　　　　　表2

吊扇节能作用	缩短热泵主机开启时间		可适当提高供冷时段的室内温度
吊扇运行方式	开窗自然通风＋吊扇	开窗自然通风＋地板辐射供冷＋吊扇	开热泵机组制冷＋吊扇
使用时段	5月中～6月中9月中～10月初	6月下～7月初8月中～9月初	7月中～8月初

通过三个春末初夏、全夏季和夏末秋初各时段慢速吊扇的合理使用，达到了所预期的设计节能运行要求，同时在实践中还发现吊扇能够满足人员对体感温度的不同需求，且能有效提高室内温度（约1～2℃），解决了个性化需求下的节能运行时段。

三、设计参数及空调冷热负荷

1. 室外设计参数（见表3）

室外设计参数			表3
供暖室外计算温度	−9℃	夏季空气调节室外计算温度	33.4℃
冬季通风室外计算温度	−4℃	夏季空气调节室外计算湿球温度	26.9℃
冬季室外平均风速	3.1m/s	夏季通风室外计算温度	29℃
冬季空气调节室外计算温度	−11℃	夏季室外平均风速	2.6m/s
冬季室外计算相对湿度（最冷月月平均）	53%		

2. 室内设计参数（见表4）

室内设计参数					表4
房间名称	夏季温湿度		冬季温湿度		室内CO_2浓度
	℃	%	℃	%	PPM
开放式办公区	26±1	62±5	21±1	40±5	<1000
普通办公室	26±1	62±5	21±1	40±5	<1000
总经理办公室	26±1	62±5	21±1	40±5	<1000
会议室	26±1	63±5	20±1	42±5	<1000
餐厅	26±1	63±5	20±1	42±5	<1000
卫生间	28±1	63±5	18±1	42±5	<1000

3. 冷热负荷值（见表5）

冷热负荷设计值					表5
总冷热负荷（kW）		冷指标（W/m²）		热指标（W/m²）	
冷负荷	热负荷	按建筑面积	按空调面积	按建筑面积	按空调面积
295	230	51	61.7	40	48.7

四、空调冷热源及设备选择

1. 冷热源方式选择

采用地源热泵＋水蓄能（冷、热）的能源方式，利用峰谷电价夜间低价电时蓄能，白天峰值及平价电时（工作时段）放能。设计为夏蓄冷和冬蓄热的能源利用方式，而实际运行时蓄能罐主要以冬季蓄热为主，而夏季则以地源侧低温水"免费供冷"方式为主，以低温除湿主机直供为辅的运行方式。室外竖埋双U形地埋管换热器59个，深100m，间距4.5m。

2. 设备选择

（1）热泵机组

采用模块式涡旋压缩热泵机组，分为高温机组（A机组）和低温机组（B机组），高低温热泵机组性能参数列于表6。A机组有3个模块，B机组有2个模块，每个模块有2台压缩机，共10台

高低温热泵机组性能参数							表6
参数 设备	制冷量（kW）	制热量（kW）	地源侧进出水温（℃）		空调侧进出水温（℃）		冷媒	性能系数夏/冬
			夏季	冬季	夏季	冬季		
A机组	70×6=420	71×6=426	30/25	8/5	7/12	40/45	R134a	≥5.0/3.9
B机组	86×4=344	72×4=288			14/19	32/37		≥6.1/4.3

压缩机。每台压缩机分别内置对应的蒸发器和冷凝器（共10套），在其水管路上再分别设电动二通阀，可实现压缩机与对应的蒸发器和冷凝器联动启停，真正实现根据空调负荷变化来自动改变压缩机台数和改变供水流量，以提高空调系统运行的综合能效。

（2）热泵机组配用水泵

A、B机组共设6台水泵（地源侧和空调侧各3台，2用1备），均以压缩机的开启台数做梯级变频控制。

（3）蓄放能系统

蓄放能系统由蓄能罐、板式换热器和水泵、主机组成，蓄能罐为60m³立式圆形保温罐体，置于室外。不锈钢材质的板式换热器的换热量为130kW，分别对冬季蓄能罐的热水或夏季地源侧冷水的一次水换至空调用的二次水，提供给空调末端进行供热或供冷。蓄放能共设3台水泵（其中1台互为备用）。

（4）其他设备

地源侧采用带有三级过滤的全滤式综合水处

理仪，地板辐射侧和风机盘管侧水系统采用水动式三级过滤器（以色列产品），确保系统运行水中无杂质流动而堵塞换热设备。

三种水系统设有不同的定压方式，其中地板辐射系统为膨胀水箱，风机盘管系统为（定压、补水、排气）三功能一体机，而地源侧定压为带减压阀的补水组件。

五、空调系统形式

空调系统形式以地板辐射供冷供热为主，各种风机盘管末端辅助，并配以表冷式转轮热回收新风机组（除湿）的空调方式。冬季以地板辐射供暖为主导，并对一层门厅等局部地区予以辅助供热。夏季由地源侧的"免费冷源"提供地板辐射供冷末端来消除室内显热，而以热回收新风机组和风机盘管等末端的混合使用降温除湿。

夏初、夏末则采用每层的低速吊扇与开窗通风及"免费供冷"联合运行方式，以减少夏季热泵主机开启时长，从而节省运行费用。

六、通风、防排烟及空调自控设计

1. 通风与防排烟设计

各层均为开敞式办公，且南北设有能够满足自然排烟面积的可开启外窗。空调风管道在出机房和出管井处设有 70℃ 的防火阀。

2. 自控设计

选用 azbil 集团能源管理 EDS 服务器和大屏展示 EDB 系统，对整个空调系统的运行和能耗进行严格监测控制。自控和检测系统主要设备和功能见表 7，能源管理构成及自控监测设备和元件如图 7、图 8 所示。

自控和监测系统主要设备和功能　　　　　　　　　　表 7

控制器名称	监测控制功能
BEMS 能源管理	能源数据的收集与存储、能源数据和关联数据的逻辑运算及可视化、能源数据分项和分类管理、历史数据的长期管理和存储、大屏展示
BEMS 控制	采用 DDC 控制器、总计量及控制点多达 2000 个
冷热源机房群控	主机与两侧水泵联动控制、蓄放能实行联动控制、17 种空调运行模式实施远程和定时控制（50 个电动蝶阀可自动切换）、水泵变频与压缩机开台数联动控制，实现蓄、放能；主机直供、"免费供冷"工况与地板辐射、风机盘管末端间的自控切换
新风机组控制	根据室内湿度、CO_2 浓度和送风温度以及室内外空气焓差，控制转轮式热回收新风机组的风量和水阀的开启度
网络温控器	所有风机盘管温控器、南侧及小房间的地板供暖温控器，均可在电脑屏幕上显示，并可远传，并可定时或就地启停
VAV 系统控制	VAV 可变风量系统总风量法风机变频控制及送风温度负荷再调节控制
室内电动蝶阀	设于每层地板辐射末端的供回水支管上的电动蝶阀共 10 个，可根据室内温度高低及变化，启闭每层供回水电动阀，实现间歇供冷、供热
室外气象站	可采集室外温度、湿度、太阳辐射强度、风向、风速、大气压力、CO_2 浓度等数值并远传至自控系统
室内参数传感器	可显示和远传各层室内温度、湿度和 CO_2 浓度等数值
地面温度传感器	远传各层地表面温度
地埋管测温电缆	可收集 100m 深及各深度段的土壤温度，每 500mm 设有一个测温点，共 100 个测温点（埋设两根测温电缆）
蓄能罐测温电缆	可掌握蓄能罐温度场的变化；沿蓄能罐高度每 200mm 设一个测温点，共 30 个测温点
智能阀的应用	具有流量、温度、压力、冷热量等计量计测功能
数据的储存、统计和分析	可控可测冷热源机房设备的开停时间（日程控制）；各水系统供回水温度；冷热量值；室外气象参数；室内空气参数；室内地板表面温度；各层照明、插座、空调末端的耗电量；还可以做到冷热源机房各设备的耗电量等参数，并能均适时记录和显示。也可将建筑物的能耗值按照自行设定的组合方式形成日报、月报、年报，也可形成柱状图、饼图或曲线图。可计算逐时系统的 COP 值

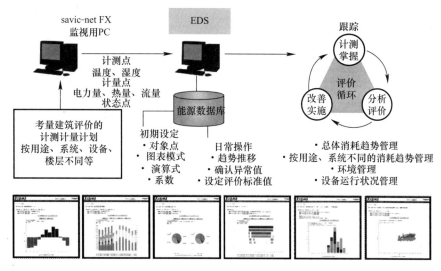

图 7　能源管理系统的构成

室外气象站(U.S美国)
(检测室外空气的温度、湿度、大气压力、风速、风向、太阳辐射强度、CO_2浓度)

远大生命手机
(检测空气温度、CO_2浓度、粉尘深度、PM2.5和PM10)

地埋管土壤测温电缆
检测100m深土壤温度梯度的变化
(间隔500mm设测温点)

蓄能罐测温电缆
蓄能罐竖向各层水的温度
(间隔200mm设测温点)
检测罐的蓄、放能力

温度传感器

检测各类水管道的温度

地板温度传感器

(检测地板表面温度)

室内传感器(西门子)

(检测室内空气温度、湿度、CO_2浓度)

温度传感器

检测送、回风管道的温度

湿度传感器

检测送、回风管道的湿度

压差传感器

检测各类供、回水管道的压差值

图 8　自控监控设备和元件图

七、设计体会

（1）并非必须采用昂贵的高能效主机和高能效的末端才是降低运行能耗的唯一选择，本绿建工程实践证明，采用常规空调主机、新风机和末端，并未采用昂贵的光伏、光热或磁悬浮主机、溶液除湿等设备，而是通过被动式建筑技术和主动式空调节能技术的有效调节，就达到了具有超低能耗的运行效果，同时也体会到了高能效≠低能耗，应将投资转移至的增加自控、选择高质量管材和过滤器等各种相关设备上，用以提升空调系统的系统整体能效，而不一定必须只提升单个设备能效的设计思维，另外还需通过创立完整的空调运行策略，并加以实施，才能使空调能耗大幅度降低。

（2）该工程设计与实践证明，地板辐射供冷完全可用于办公建筑，而且通过地板辐射供冷、供热空调末端的应用，确实可以在超低能耗下来营造出高舒适度的工作环境（无形、无风、无声的室内环境）。

（3）地源热泵＋地板辐射供冷＋特设吊扇的设计，可实现夏季"免费供冷"，以缩短主机开启时间，进而大幅度降低夏季的运行能耗和费用，本项目夏季空调运行费用仅为 3.5 元/m^2。

（4）地板辐射供冷、供热空调末端虽有营造高舒适度工作环境的特点，但也具有温控大滞后的特性，故应在设计上考虑可间歇供暖的措施（如网路温控器及远传控制的电动阀），以控制好室内温度。

国阳新能冷凝热利用集中供热
工程热泵站[①]

作者简介:

苏保青,1948年8月,副教授;一九七五年毕业于太原工学院供热与通风专业,大学本科学历。主要设计作品:武安顶峰电厂热泵站工程、盾安节能鹤壁同力电厂热泵站工程、太原炬能霍州国电热泵站工程、泰安众泰电厂热泵站工程等。

- **建设地点**　　山西省阳泉市
- **设计时间**　　2009 年 01～06 月
- **竣工日期**　　2010 年 12 月
- **设计单位**　　太原理工大学建筑设计研究院
　　　　　　　　[300024] 太原市迎泽西大街 79 号
- **主要设计人**　苏保青　郝存忠　路文渊　梁则智　孙鹏
- **本文执笔人**　苏保青
- **获奖等级**　　一等奖

一、工程概况

本工程为国阳新能冷凝热利用集中供热工程热泵站工程;工程地点:山西省阳泉市。

国阳新能第三热电厂现有的两台 35MW 和一台 60MW 供热发电机组,冷凝热全部排空。为了充分利用电厂热能,回收利用冷凝热进行集中供热;该工程设计 8 台 30MW 溴化锂吸收式高温水源热泵和 4 台 13MW 离心式高温水源热泵,回收冷凝热 135MW,实现总供热面积 720 万 m²。一期工程为 6 台 30MW 溴化锂吸收式高温热泵,回收冷凝热 72MW。

热泵站建筑为三类建筑,建筑物耐火等级为二级,火灾危险性等级为戊类。建筑耐久年限为 50 年,屋面防水等级为三级,抗震设防烈度为 7 度。属框架结构,占地面积 1370.16m²,建筑面积 3652m²,建筑总高 19.95m,2 层(局部 4 层)。

建筑外观图

二、工程设计特点

1. 热电厂冷凝热的特点

热电厂经汽机作功后的蒸汽(排汽)经过冷却(放热)成为凝结水,再经回热后进入锅炉,锅炉产生的蒸汽再送往汽机中做功。热媒在循环过程中,释放出大量的冷凝热。冷凝热有以下主要特点:

(1)品位低。排汽压力低,水冷机组:4～8kPa;空冷机组:15kPa。冷凝温度低,水冷机组:29～41.5℃;空冷机组:54℃。

(2)量大、集中。平均发电耗热约占总输入的

① 编者注:该工程设计主要图纸参见随书光盘。

35.9%左右。纯凝汽工况时，排入大气的冷凝热占50%以上，约为发电耗热的1.5倍以上；供热工况时，排入大气的冷凝热约为发电耗热的0.7～1.3倍。

2. 设计特点

（1）设计思路有创新与发展。将电厂的低品位冷凝热（水冷温度：33～41.5℃；空冷温度：54℃）回收利用，变废为宝。火力发电厂冷凝热通过凉水塔或空冷岛排入大气，形成巨大的冷端损失，是火力发电厂能源使用效率低下的主要原因，不仅造成能量和水（或电）的浪费，同时也严重地（热）污染了大气。冷凝热排空是我国乃至世界普遍存在的问题，电厂冷凝热品位低，使用热泵提高其热量品位就可以进行有效利用，尤其是大型高温水源热泵，使得大规模的回收发电机组冷凝热成为可能。

（2）解决了大型热泵机组在余热回收应用中的设计技术难题，将热泵机组成功地与电厂的热力系统及集中供热系统相结合，实现安全可靠运行。一般热泵机组制出的热水为40～50℃，这个温度对于集中供热显然太低，集中供热要求热泵机组出口水温尽量提高，同时要求水源热泵制热能效比COP经济合理。冷凝热量大、集中，在电厂及附近一般难找到足够稳定的热用户，须结合集中供热系统进行供热。利用高温水源热泵吸收在汽机排汽中的冷凝热，将集中供热50～60℃的回水加热到80～90℃，再用换热器将水温提高到热网供水温度110～120℃，实现对城市集中供热。

（3）技术先进，节能效果显著。本项目利用高温水源热泵对电厂冷却水制冷，回收冷凝热，冷却水无需在冷却塔冷却，可减少能耗、水耗及其他运行费用，技术达到了世界先进水平。

3. 回收冷凝热的效益分析

（1）节能节水分析

阳泉地区供暖期151d；冷凝热回收135MW（其中一期72MW）；日节水3500t。节能176×10^4GJ（其中一期93.9×10^4GJ），节标准煤（按锅炉平均运行效率60%估算）10万t（其中一期5.3万t）；节水52.85万t。

（2）环境效益分析

每年少排灰渣6.6万t，少排烟尘238t，少排二氧化硫3002t，少排氮氧化物1422t，少排二氧化碳25.4万t。

（3）经济效益分析

年节能1761264GJ（其中一期939340GJ），

每GJ按27元计算，毛收入4755万元（其中一期2536万元）；年节水52.85万t，每吨按5元计算，收益264万元。

（4）能效分析

1）2×35MW供热发电机组：锅炉效率89%，管道热损失1%，汽机损失1%，发电机损失1%，发电35MW。

① 纯凝汽工况

进汽138t/h，排汽101.7t/h，电厂效率31.2%，冷端损失54.8%。凝气工况下如图1、图2所示。

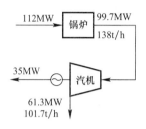

图1　纯凝汽工况

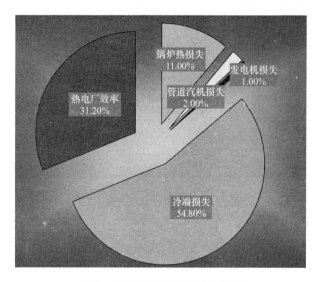

图2　纯凝汽工况下效率分析图

② 供热工况1

进汽164t/h，抽汽40t/h，排汽79.3t/h，电厂效率49.0%，冷端损失37.0%，如图3、图4所示。回收冷凝热电厂效率可以达到85%，如图5所示。

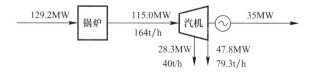

图3　供热工况

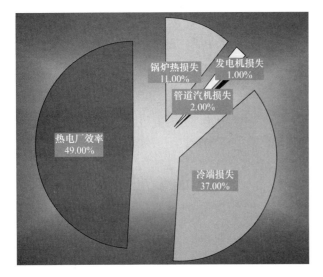

图 4   供热工况下效率分析图

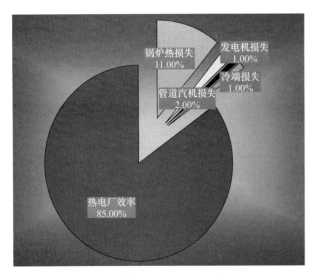

图 5   电厂热回收供热工况下效率分析图

③ 供热工况 2

进汽 190t/h，抽汽 80t/h，排汽 57t/h，电厂效率 62.4%，冷端损失 23.6%，图 6、图 7 所示。回收冷凝热电厂效率可以达到 85%，如图 5 所示。

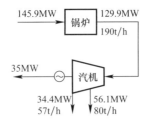

图 6   电厂供热工况 2

2）60MW 供热发电机组

锅炉效率 89%，管道热损失 1%，汽机损失

1%，发电机损失 1%，发电 60MW。

① 纯凝汽工况

进汽 245t/h，排汽 184t/h，电厂效率仅为 30.1%，冷端损失 55.9%。

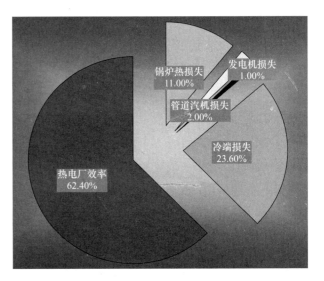

图 7   电厂热回收供热工况 2 效率分析图

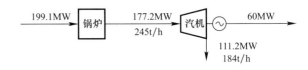

图 8   纯凝汽工况

② 供热工况 1

进汽 330t/h，抽汽 150t/h，排汽 103.9t/h，电厂效率 62.1%，冷端损失 23.9%，回收冷凝热电厂效率可以达到 85%，如图 9 所示。

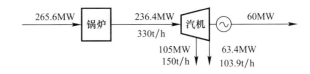

图 9   供热工况 1

③ 供热工况 2

进汽 341.5t/h，抽汽 170t/h，排汽 93.3t/h，电厂效率 65.2%，冷端损失 20.8%，回收冷凝热电厂效率可以达到 85%，如图 10 所示。

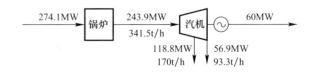

图 10   供热工况 2

3）热效率比较

本工程小热电机组与 600MW 大型火电机组指标参数比较如表 1 所示。

		机组指标参数比较		表 1
机组	工况	进汽 （t/h）	抽汽 （t/h）	热效率 （%）
	纯凝汽	138	0	31.1
35MW	供热 1	164	40	49.0（85）
	供热 2	190	80	62.4（85）
	纯凝汽	245	0	30.1
60MW	供热 1	330	150	62.1（85）
	供热 2	341.5	170	65.2（85）
600MW	纯凝汽			40

注：括号内的数字为回收冷凝热的值。

从表 2 可以看出，小火电厂效率低，而供热时小热电厂效率并不低，特别是回收利用冷凝热后极大提高了小热电效率，远高于大火电（600MW 及以上）。因此，回收利用冷凝热，是节约能源的根本途径。

国阳新能冷凝热利用集中供热工程的设计开创了大型高温水源热泵大规模回收发电厂冷凝热的先河，成功地将热泵机组与电厂的热力系统及集中供热系统相结合，实现安全可靠运行。国阳新能冷凝热集中供热工程热泵站工程自 2010 年 3 月运行以来，已平稳运行超过 4 个供暖季，节能减排效果显著。

三、集中供热系统及主要设备

1. 集中供热系统

由于电厂冷凝热量大、集中，在电厂及附近一般难找到足够稳定的热用户，国阳新能利用大型高温水源热泵回收电厂冷凝热，结合集中供热系统进行供热，通过热力管网将热能供给热用户。

利用高温水源热泵吸收在汽机排汽中的冷凝热，将集中供热 50～60℃ 的回水加热到 80～90℃，再用换热器将水温提高到热网供水温度 110～120℃，实现对城市集中供热。

国阳新能三电厂一期工程，利用 2×35MW 供热发电机组冷凝热及抽汽供热，回收冷凝热 72MW，集中供热系统如图 11 所示（已于 2010 年 3 月投入运行）。

国阳新能三电厂供热系统最终规模，利用（2×35＋1×60）MW 供热发电机组冷凝热及抽汽供热，回收冷凝热 135MW，集中供热系统如图 12 所示。

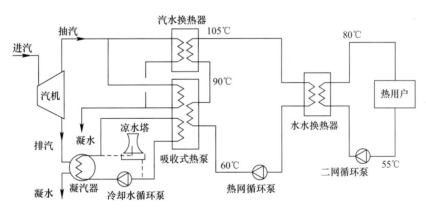

图 11　一期工程集中供热系统

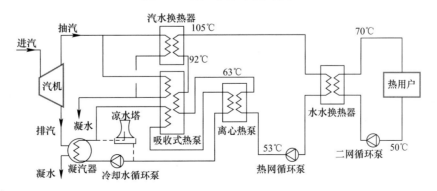

图 12　最终集中供热系统

2. 主要设备

（1）主机：国阳新能三电厂冷凝热利用集中供热工程热泵站工程，共设 12 台热泵机组：吸收式热泵机组 8 台，每台制热量 30MW；离心式热泵机组 4 台，每台制热量 13MW。其中，一期工程为 6 台吸收式热泵机组。

（2）辅机：热泵站管道系统有热水、冷却水、蒸汽与凝结水管道系统。热水系统设除污器 2 台，加压水泵 8 用 1 备共 9 台（其中，一期工程为 7 台）；冷却水系统设电子除垢仪 2 台，加压水泵 8 用 1 备共 9 台（其中，一期工程为 7 台）；蒸汽与凝结水系统设加湿减温器 1 台，凝结水罐 1 台，凝结水泵 2 台。

四、设计体会

阳煤集团国阳新能冷凝热利用集中供热工程当时使用了世界上单机容量最大、热水出水温度最高的溴化锂吸收式热泵，为大规模利用电厂冷凝热集中供热提供了示范。于 2009 年完成的国阳新能冷凝热利用集中供热工程热泵站的设计，开创了大型高温水源热泵大规模回收发电厂冷凝热的先河，成功地将热泵机组与电厂的热力系统及集中供热系统相结合，实现安全可靠运行；同时，在实际运行中，节能减排效果显著。

利用冷凝热集中供热，电厂是直接受益者，可以提高电厂的热负荷利用率，降低煤耗，节约用水，提升电厂运行的经济性，同时可以获得较好的收益。

近年来，在该工程的示范作用下，利用高温水源热泵回收电厂冷凝热集中供热的项目中，三北地区的应用正在广泛推广之中。

积极推广适合中国国情特点灵活的分布式能源结构体系，实现小热电的热、电、冷联产联供，利用大型高温水源热泵回收冷凝热，冬季供热夏季供冷，进行充分的能源梯级利用，实现我国 2020 年单位 GDP 减排 40％～45％的目标。

利用冷凝热集中供热，提高了能源利用率，不仅是一项节能环保工程，对企业也有显著的经济效益，可谓利国利民利企。

沈阳桃仙国际机场航站区扩建项目 T3 航站楼暖通设计①

- 建设地点　　　沈阳市
- 设计时间　　　2011 年 03 月～10 月
- 工程竣工日期　2013 年 8 月
- 设计单位　　　中国建筑东北设计研究院
　　　　　　　　［110006］沈阳市和平区光荣街 65 号
- 主要设计人　　金丽娜　吴光林　刘贵军　孙时亮
　　　　　　　　李春刚　周慧鑫　刘嫣然　张鹏
- 本文执笔人　　刘贵军
- 获奖等级　　　一等奖

作者简介：
　　刘贵军，1971 年 1 月生，高级工程师，副总工程师，1994 年毕业于沈阳建筑大学暖通专业，大学本科，就职于中国建筑东北设计研究院有限公司。主要设计代表作品有沈阳桃仙机场 T3 航站楼、锦州国际酒店、福州博物馆、沈阳国际金融中心、沈阳盛京金融广场等。

一、工程概况

　　本工程位于辽宁省沈阳市，总建筑面积 248322.90m²，地上总建筑面积 209771.92m²，地下总建筑面积 38550.98m²。建筑层数：地上 2 层（局部设夹层），地下 1 层（局部为地下 2 层），建筑高度：35.958m（结构上弦杆件中心）。

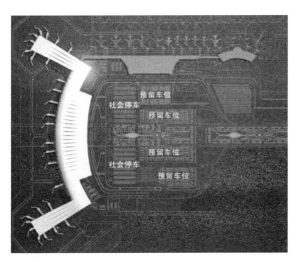

总平面图

　　主要功能：地下二层为穿越航站楼的城市地铁和下穿汽车通道。地下一层平面为设备层（-7.00/-7.50m），主要布置设备机房（换热站、空调机房、电信机房、变电所、水泵房、消防水池等）、管道和通往地铁站厅的通道。一层平面为旅客到港层（±0.00m），主要布置迎客大厅、行李分拣、行李提取、边检卫检、远机位候机厅、贵宾厅（国内、国际）以及办公、设备用房等；夹层（4.25m）使用功能为到港通道及国际隔离厅；二层（8.7m）使用功能主要为离港层，主要布置离港大厅、商业及餐饮等设施。

二、工程设计特点

　　（1）该工程作为东北的重要的交通枢纽工程，造型复杂，内部功能完善，所以空调系统方式较多。针对不同功能需要，空调水系统采用变流量二级泵系统，供暖系统为变流量一级泵系统；对于办公、商业、餐饮等部分小房间采用了常规的风机盘管加新风空调系统，大空间如候机厅、迎客大厅等采用单风道低速双风机全空气空调系统。

　　（2）冷源采用冰蓄冷空调系统，虽然增加了初投资，但是大大节约了运行费用，通过经济比较，增加的初投资经过两年半即可回收。

　　（3）根据航站楼特点，贵宾区内区很大，冬季存在同时供冷、供热的情况，采用水源热泵 VRV 系统，在一定时间段内实现不用主机供冷或换热器供热，冬季节能约 60%。

　　（4）利用一层行李提取和二层候机厅空调机

① 编者注：该工程设计主要图纸参见随书光盘。

组的排风排至行李分拣区，能满足行李处理区的空气使用标准，同时又利用了上述区域的排风热量为行李分拣区供热，此部分热量约为 257kW，占此房间总热量的 46%。

（5）二层离港层为高大空间，空调系统采用分层空调，利用商业、值机柜台等建筑体设置空调送风口，将空调区域控制在不超过 4m 的高度范围内，4m 以上的空气温度不在控制范围内，从而减少空调耗能，可节能 40%。

（6）空调水系统采用大温差输送，大大节省循环泵能耗，可节能 25%。

（7）过渡季空调系统采用全新风运行，冬季内区房间采用天然冷源（即室外新风）供冷。

（8）根据沈阳地区春、秋过渡季的主导风向，结合建筑物屋面和各立面的设计，合理选择开窗的形式、位置和面积，利用自然通风，满足人员舒适性的要求。

（9）采用二级泵水系统分区供冷供热，根据阻力的不同选择相应的循环水泵，避免一套系统容易产生的水力不平衡；水系统并通过管路的合理布置及管径选择，减少阻力损失，使水泵的扬程得以适当降低，从而减少耗电量。

（10）新风机组设显热回收装置，用于回收排风中的能量，根据具体所选设备计算，热回收效率大于 70%。

（11）空调主机综合部分符合性能参数、风机的单位风量耗功率等参数高于国家相应节能标准。

三、设计参数及空调冷热负荷

室内设计参数如表 1 所示，冷、热负荷指标如表 2 所示，冷热负荷分布表如表 3 所示。

室内设计参数 表1

房间名称	夏季		冬季		新风量	排风量
	室温（℃）	相对湿度（%）	室温（℃）	相对湿度（%）	［m³/(h·人)］	(h⁻¹)
离港、候机、到港	26	≤65	20	≥35	30	1
迎客、行李提取	26	≤65	20	≥35	30	1
办公、商业	26	≤65	20	≥35	30	1
餐厅、咖啡厅	26	≤65	20	≥35	30	1
国内、国际贵宾	24	≤65	22	≥35	50	1
厨房	26	≤65	20	≥35	30	50（排油烟）
行李分拣	—	—	10	—	—	2
卫生间	26	—	18	—	—	20
吸烟室	26	—	18	—	—	40
UPS	25	≤65	20	≥35	—	6
IDF	26	—	18	—	—	6
设备用房	—	—	12	—	3～6h⁻¹	3～12

冷、热负荷指标 表2

建筑面积（m²）	空调冷负荷		热负荷	
	冷负荷（kW）	单位面积冷指标（W/m²）	热负荷（kW）	单位面积热指标（W/m²）
248300	26150	105	33600	135

冷、热负荷分布表 表3

区域	空调冷负荷（kW）	空调热负荷（kW）	低温地面辐射供暖负荷（kW）	散热器热负荷（kW）
地下室部分	360（仅职工食堂、地铁前厅）	2800	—	—
A指廊部分	4440	3060	2050	300
主楼左侧部分	8390	5460	3850	470
主楼右侧部分	6300	4080	2870	1100
B指廊部分	6660	4500	3060	—
合计	26150	33600		

四、空调冷热源及设备选择

空调冷源由位于航站楼外东侧 200m 处的新建制冷站提供，空调及供暖热源由市政热源提供。

1. 冷源

冷源采用冰蓄冷空调系统，为 T3 航站楼夏季空调提供 7℃/14℃ 的冷冻水。水主机和蓄冰设备为串联方式，双工况（制冷-制冰）主机位于蓄冰设备上游，机组优先。双工况主机为 3 台 10kV 型电制冷离心冷水机组，制冷工况：制冷量 1600RT（5626kW），冷冻水 7℃/14℃；制冰工况：制冷量 1050RT（3691kW），乙二醇 -1.88℃/-6.5℃；另设 1 台 800RT（2813kW）的离心冷水机组作为基载主机，并联运行，直接供应 7℃/14℃ 的冷冻水。

夜间电价低谷制冰系统将冰蓄满，白天电价高峰时段融冰制冷，融冰量通过改变融冰水泵频率控制；电价平峰及部分高峰时段制冷系统补充供冷，各工况转换通过电动阀门开关自动切换。

机组总装机容量功率比常规系统减少 20% 蓄冰装置采用 5 台塑料盘管内蓄内融整装蓄冰槽，总蓄冷量为 23500RTh（82649kWh），占设计日空调负荷总量的 27%。

2. 热源

航站楼地下一层设热交换站，冬季由市政热源提供 120℃/80℃ 的一次热媒水，进入航站楼经换热后，提供 60℃/50℃ 的热水供空调系统及供暖系统以及热风幕、暖风机系统使用。

换热站设空调热水换热器 4 台，单台换热量为 6200kW；地面辐射供暖换热器 3 台，单台换热量为 4600kW，散热器供暖换热器 2 台，单台换热量为 1500kW。换热器均采用板式换热器。

五、空调系统形式

1. 空调水系统

空调水系统采用二管制水系统，夏季冷冻水和冬季供暖水经阀门切换以满足使用要求。

冷冻水系统为二级泵系统，一级泵设在制冷站内，二级泵设在航站楼地下一层换热站内。

空调热水系统为一级泵系统。水泵由空调冷冻水二级泵兼用，一次热源经板式换热器换热后提供各自区域的空调热水；散热器供暖、地面辐射供暖系统分别为独立的一级泵系统。

2. 空调风系统

（1）大厅、夹层通道、候机厅等大空间的空调方式均采用集中式双风机定风量全空气空调系统，采用组合式空调机组夏季供冷、冬季供热。

送、回风方式为：一层迎客大厅、行李提取、远机位厅采用旋流风口上送，单层百叶回风口上回或下回的气流组织方式；夹层到港采用喷口侧送，单层百叶回风口下回的气流组织方式；二层连廊商业及安检通道等处设若干通风塔，并采用喷口送风下部回风；离港大厅等处利用办票岛上方设置的风管喷口侧送，上部回风。

空调机房分别设置在地下一层和首层。机组相对集中设置，并通过竖井风道分别送至本层或向上送至夹层和二层通风塔。空调机组的新风管、回风管、排风管均设联锁的电动风阀，过渡季节可以实现全新风运行，节省系统冷量。

地下一层设有集中的土建新风风道和排风风道，新风道四壁内贴保温材料，新风由路侧停车场偏僻处引入。地下一层的空调机组和新风机组由土建新风管道引新风至机组。地上一层迎客大厅、行李提取区的排烟以及地下一层设备用房的排风排至地下一层的土建排风风道内排出室外。

（2）办公室、休息室、餐厅、商业、业务用房等小房间采用风机盘管加新风的空调方式。

（3）贵宾室：原设计采用水源热泵 VRV 空调系统，冬季可实现内、外区不同用冷、用热要求，既可以进行能量回收，又能满足贵宾的高标准使用要求。水源热泵 VRV 主机设置在一层相应空调机房内。施工过程中建设单位由于缩减投资费用改为风机盘管加新风系统。

（4）弱电主机房（由专业公司设计）、UPS 电源间等按工艺要求设机房专用空调。机房专用空调的风机采用可调速设计，以便在现场根据用户特别要求更精确地控制现场风压及风速，空调机采用模块化设计，能够对每一部分模块进行实时控制。机组具有电极加湿功能。

（5）消防控制室、应急指挥中心、IDF 间等有独立冷源要求的房间，采用风冷热泵 VRV 空调系统。VRV 室外机设在二层房中房屋面上，通过二层屋面天窗排出余气，或布置在行李分拣厅内，冬季时将室外机散失的热量补充给分拣厅，能量得到一定的回收。

（6）冬季新风通过湿膜加湿来达到室内的湿度要求。

（7）组合空调机组、新风机组及热回收新风机组送风段上加设空气净化器装置，以提高杀菌能力，阻止传染疾病通过空调系统渠道传播。

3. 供暖系统

（1）一层办公室、空调机房、行李分拣厅等附属设施等采用散热器供暖系统，此部分供暖系统兼值班供暖。一层迎客大厅、行李提取、远机位候机及二层离港大厅等大空间采用低温地面辐射供暖系统，行李分拣厅辅以暖风机供暖。

（2）热负荷按稳定传热连续供暖计算，散热器及暖风机供暖热媒采用 90℃/65℃ 的热水，低温地面辐射供暖系统地供暖热媒采用 55℃/45℃ 的热水，由地下一层换热站供应。

（3）热负荷分布表见表3。

六、通风、防排烟及空调自控设计

1. 通风系统

（1）地下一层消防水泵房、热交换站、空调机房设置独立通风系统，送排风机设置在机房内或附近的空调机房内，送风及排风接自新风道和排风道。

（2）IDF 间：排风按排除设备发热量计算，兼作气体灭火后的排风。

（3）柴油发电机房、高低压配电间：排风按 $6h^{-1}$ 换气次数计算。

（4）一层迎客大厅、行李提取大厅设有排风系统，其排风作为行李分拣厅的送风，以补充其热量或冷量。

（5）办公室、休息室、餐厅、商业、业务用房等小房间设有排风系统，通过新风热交换机组，将室内浊气排出室外。

（6）卫生间及吸烟室设有机械排风系统，补风由航站楼空调风补充，以保证排气效果。

（7）厨房将设置机械通风系统（排出厨房排气罩的排油烟系统/厨房全面排风系统），同时设有岗位补风（冷风或热风），以改善厨房室内空气环境并保持室内负压状态，防止异味漏出。

（8）地下一层、一层及二层主要外门处设置电热风幕，冬季以阻止冷风侵入。

（9）垃圾用房设置机械通风系统，以改善室内环境并保持室内负压状态，防止异味漏出。

2. 防排烟系统

（1）防烟系统

1）地下一层设备用房通往避难走道的前室设置正压送风，发生火灾时，火灾时由消防控制中心开启加压送风机（也可手动开启）对前室进行加压送风。前室的余压值按照 25～30Pa 考虑。

2）其他皆按照低规设计机械防烟系统。

（2）排烟系统

1）以下 4 处为消防性能化设计内容：

① 地下一层设备用房及房间（换热站、空调机房、水泵房、不采用气体灭火的变配电用房），由于上述房间，人员稀少，同时可燃物很少，不考虑排烟，平时机械通风。

② 一层边检卫检、国际行李提取厅、国内行李提取厅、迎客大厅防烟分区的面积最大按 $2500m^2$ 设置。此区域设置机械排烟，每个防烟分区排烟量按 $70200m^3/h$ 设置。

③ 二层离岗层为高大空间，不划分防烟分区，考虑到高大空间有很大的储烟能力，有利于人员的疏散，因此按照自然排烟考虑，同时大空间的排烟口距最远点的水平距离不按照 30m 控制。

④ 夹层国际、国内到港通道，采用自然排烟，排烟窗面积为地面面积的 2%，其中此区域有 3 个部位（13-14 轴、23-24 轴、33-34 轴处）排烟口至室内最远距离超过 30m，考虑平时人员较少，可燃物很少，虽然距离超过 30m，通过消防性能化设计认为自然排烟可行。

2）远机位候机厅、商铺、餐饮店和建筑面积大于 $100m^2$ 的休息室、办公用房以及办公区内长度大于 20m 的内走道设置排烟设施。

3）其他皆按照低规设计排烟系统。

3. 自动控制

（1）采用直接数字控制系统 DDC，它由中央电脑及终端设备加上若干个 DDC 控制器组成，可以在控制中心显示并打印空调、供热、通风等各系统的设备，附件运行状态及各主要运行参数，并进行远距离控制和程序控制。对自控的功能要求最优化启停、PID 控制、设备台数控制、动态图形显示、报警及打印，能耗统计及与消防系统的联络等。纳入 DDC 系统的设备有空调机组、新风机组、通风机、循环水泵、热交换机组等。

（2）空调二级泵采用变频变速泵组，依各组所负担的最不利环路的压力传感器的压差值，调整水泵运行转速，实现变压变流量运行；地面辐射供暖循环泵、散热器供暖循环泵、水源热泵循环泵采用定流量运行。

（3）对系统的冷热量（瞬时值和累计值）应监测和记录。

（4）换热站应设置气候补偿器控制水温；热交换器根据二次水的供水温度控制一次热媒流量，根据实际供热量来确定实际需要开启的台数。

（5）空调机组设置电动新、回、排风阀，过渡季根据室温自动调节新、回、排风的比例。新风机组和空调机组进风处设电动风阀及防冻保护控制（最低保证 5% 流量循环），当回水温度过低时，及时停止机组运行，同时联锁关闭新风阀。新风机组和空调机组的过滤器设置压差报警装置。

（6）风机盘管设有带三速开关的温控器，回水管上均设有电动二通阀，通过温控器自动调节风机盘管的供水量，控制室内温度保持在所需的范围。

（7）新风机组/空调机组设有比例积分温度控制器，送风管内/回风管内设有温度传感器，回水管上均设有电动调节阀，控制送风温度。空气过滤网设有压差开关，当空气过滤网两侧压差超过设定值时，发出更换、清洗空气过滤网警告。同时机组设有防冻保护控制。

（8）空调房间内的温度及湿度取样点，必须具有典型性，请自控二次设计时予以重视。

（9）加湿器根据室内典型区域湿度传感器控制湿膜加湿水阀开闭，且加湿器与送风风机应进行电气联锁控制。

（10）冷冻水供、回水总管间设有压差控制器，通过设定压差来控制供、回水总管之间的旁通电动调节阀，达到自控及节能目的。

（11）制冷机组回水管上设置动态流量平衡阀，可实现在一定压差范围内自动恒定进入冷水机组的流量。

（12）空调水管路分支管的供水管上设有静态水力平衡阀，回水管上设有压差调节阀，通过二者联合工作，可在一定范围内消除系统压力波动带来的水力失调，控制供回水支管间的压差值恒定。

七、设计体会

（1）本项目功能复杂，在施工图中，与相关专业配合量相当大，尤其是与建筑专业配合，在大空间中，如远机位候机厅、迎客大厅等吊顶高度与风口位置的确定，在候机厅、值机岛、到港大厅等的风口大小及位置精确到位，预留低温地面辐射供暖的分、集水器的位置及大小到位，为二层幕墙服务的地面送风风口的洞口，与结构及建筑专业配合预留好等，这些在施工图设计时，随时沟通配合，既满足了功能需要，同时也实现了暖通专业的设计效果。

（2）在与土建专业配合中，由于建筑功能需要，空调机房主要布置在地下室和一层，而且有些机组送风距离较远，穿越房间较多，增加了空调机组的风机余压，无形中也增加了电功率，经过一定的后期完善，也得到了修缮，减少了风机功率。

（3）地下室面积较大，功能复杂，系统较多，相关管线复杂，而出地面的风井数量有限，使得管线敷设远，而且与其他管线交叉较多，使得建筑层高受到一定影响，在现场施工时进行了更改路由，很好地保证了效果。

（4）现场服务量很大，工期紧张，任务繁杂，在具体施工时，每天都有暖通设计人员在现场，随时解决问题，碰到比较棘手的问题，在院里老总精心指导下，讨论后给出具体解决意见并实施，既丰富了暖通设计人员的现场经历，又很好地贯彻了原本的设计意图，得到了业主的好评。

总之，通过本项目的设计，使我们既增加了大型机场项目的设计经验，又加深了现场服务对设计意图实施的重要性的体会，对于不断更新的新技术、新措施，尤其是节能技术与措施，更应该及时把握与运用，使它们发挥更好的作用。

大连国际会议中心暖通设计①

作者简介：

叶金华，1946 年 2 月 16 日生，教授级高级工程师，机电总工程师。1968 年毕业于哈尔滨建筑工程学院暖通专业，大学学历，现就职于大连市建筑设计研究院有限公司。主要设计代表作品：大连北海头热电外网（蒸汽）、大连开发区城市热网（一次网）、大连外贸综合楼、大连华日酒店、大连自然博物馆，大连洲际酒店，大连中银大厦等。

- 建设地点　　大连市
- 设计时间　　2008 年 10 月～2010 年 2 月
- 竣工日期　　2013 年 8 月
- 设计单位　　大连市建筑设计研究院有限公司
　　　　　　　［116021］大连市西岗区胜利路 102 号
- 主要设计人　叶金华
- 本文执笔人　张雅茗
- 获奖等级　　一等奖

一、工程概况

大连国际会议中心位于大连市人民路东端，面向大海，背依城市核心，是城市与海、自然与人文的交汇点，是大连市东部新区发展的起始点和标志性建筑。项目建成后成为具有国际标准的大型综合会议中心及演出中心，并满足了夏季达沃斯会议的使用要求。

大连国际会议中心设计方案体现了鲜明的地标性，行云流水般的建筑形态回应着海的召唤，尺度恢宏的室内共享空间展示了开放包容的城市性格，设计的中心理念体现着"城市中的建筑，建筑中的城市"。建筑的外形对周围环境做出了有

力的回应，体现了这个时代复杂多元的文化特征。会议层的休息大厅向海面伸出，形成一个观海的城市客厅，在这里，海天一色，内外交融，美不胜收。

大连国际会议中心占地面积 4.35hm²，总建筑面积 146819m²，地上 7 层，地下 1 层，建筑高度 57m。其中地下一层为车库和后勤服务空间；地上主要使用层共有 7 层，内设 3000m² 可容纳 2000 人的多功能宴会大厅，可满足达沃斯的会议和宴会餐饮要求。另有高标准的 1600 座剧场，可进行包括大型歌舞剧演出在内的多种演出活动。中心内还设有 801 座、416 座、289 座等中小型会议厅 6 个、小型会议室 28 个及 3 个多功能贵宾厅。

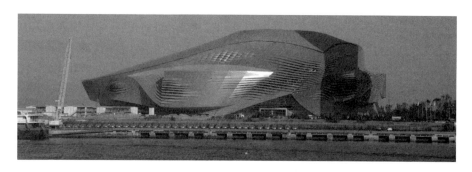

建筑外观图

---

① 编者注：该工程设计主要图纸参见随书光盘。

二、工程设计特点

大连国际会议中心的设计紧扣绿色、环保节能、以人为本的主题，采用了空调冷水机组海水冷却系统、太阳能发电技术、固定外遮阳系统、CO_2 监控系统、自然采光、自然通风措施、地板辐射供暖及供冷、冬季过渡季免费供冷以及可调新风比等技术，使其真正成为低耗能的绿色建筑。

三、设计参数及空调冷热负荷

1. 室外设计参数

(1) 夏季：空调干球温度：28.4℃，空调湿球温度：25℃，通风温度：26℃。大气压力：99.47kPa，主导风向：SE。

(2) 冬季：空调干球温度：－14℃，相对湿度：58%，通风计算温度：－5℃。大气压力：101.38kPa，主导风向：N，风速：5.8m/s。

2. 室内设计参数（见表1）

室内设计参数　　　表1

区域	干球温度（℃）		相对湿度（%）		新风量 [m³/(h·人)]	换气次数（h⁻¹）
	夏季	冬季	夏季	冬季		
观众厅	25	20	≤65	≥40	25	
舞台	24	22	≤60	≥35	30	
大会议厅	24	22	≤60	≥40	30	
中小会议厅	25	22	≤60	≥40	30	
展厅	25	20	≤65	≥35	25	
大厅休息厅	26	20	≤65	≥30	20	
办公、媒体	25	20	≤60	≥35	30	
职工餐厅	25	18	≤65	≥30	25	
附属设备用房		18				5
停车场		10				6

3. 冷热负荷

本项目总空调面积约为 10.97 万 m²，夏季总设计冷负荷为 10372kW，冬季总设计热负荷为 6154kW，单位面积空调冷负荷指标为 94.55W/m²，单位面积空调热负荷指标为 56W/m²。

四、空调冷热源及设备选择

空调冷源采用电制冷机组 3 台（含一台双工况机组），其中两台机组电机为高压电机（10kV），通过不同的组合搭配，可提供 8 档冷负荷工况（供/回水温度为 6℃/13℃），满足会议中心负荷变化的需求。双工况机组供/回水温度为 7℃/12℃时，供低负荷时使用；供/回水温度为 16℃/21℃时，经混水后供地板辐射供冷使用。

冷水机组采用海水间接冷却，夏季海水最高温度 23℃，通过广场地下泵房真空引海水至地下室的海水池中，经沉淀和粗过滤，由海水泵将海水送入板式换热器中，换热后（出水温度为 28℃）的海水排入泄洪渠。该板式换热器二次侧为空调冷却水，设计温度为 27℃/32℃，供冷水机组使用。冷水机组的 COP 值较采用常规冷却塔（32/37℃冷却水）提高约 10%。

热源来自城市热网，常年提供 0.8MPa、250℃的过热蒸汽，经减压后供空调供暖、冬季空调加湿及生活热水使用。

五、空调系统形式

冷冻水设计为一次泵定流量系统，采用四管制，冷冻水水温 6℃/13℃，空调热水水温 60℃/50℃，根据需要可对建筑物实现不同区域同时供冷供热。

共享大厅、展厅采用全空气空调系统，球形喷口送风，实现分层空调。冬季和夏季均采用地板辐射供暖、供冷。经 CFD 模拟，夏季温度场分布均匀，完全满足设计要求。冬季部分区域出现过热现象，通过对地板辐射供暖实现分区域温度自控，来解决局部过热问题。6 个会议室、宴会厅，采用全空气系统上供下回。剧场观众厅全部采用座椅送风，二次回风空调系统。

在±0.000m 及＋15.30m 标高处共享空间的地面敷设地板辐射供暖、供冷系统，冬季设计供/回水温度 50℃/40℃；夏季设计供/回水温度 18℃/23℃。

冬季地板辐射供暖，满足平时建筑的值班供暖，并经过 CFD 温度场模拟可保证围护结构内表面不结露，从而大大降低了运行费用。

夏季在大型活动前一天，使用地板辐射供冷，开启双工况制冷机组，提供 16℃/21℃的冷冻水，冷冻水经混水后温度为 18℃/23℃，供地板辐射供冷进行蓄冷（此工况冷水机组 COP 值可达 7.5），为第二天使用创造良好的室内环境，从而达到节能。

本工程存在大量内区，在冬春季使用时，存在内区需要供冷的情况，当海水水温低于 12℃ 时，利用板式换热器直接冷却空调冷冻水，供空调系统使用（不必开启冷水机组）（见图 1）。

六、通风、防排烟及空调自控设计

1. 自然通风

本建筑共享空间采用自然通风方式，在 ±0.00m 及 15.30m 标高层，侧墙开设电动百叶窗，在屋顶开设四个朝向向上开启电动窗。根据室外风向确定开启的窗，以形成挡风板，在背风处窗口形成负压区以利通风。楼宇自控系统根据室内监测点 CO_2 含量，决定开启天窗的时间。根据大连市四个季节的风向、风力参数进行 CFD 模拟，大空间自然通风可达每小时 6 次的换气次数。

2. 机械通风

地下停车场采用机械送排风方式。送风除冬季送热风外，其余季节送自然风。排风系统兼作消防排烟系统。3 个车道入口均设热空气幕。

冷水机房、变配电所等设备用房采用机械送

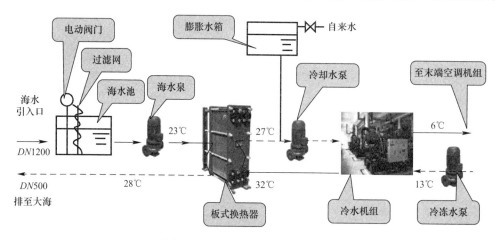

海水引入口　DN1200　DN500　排至大海　电动阀门　过滤网　海水池　海水泉　23℃　27℃　28℃　32℃　板式换热器　膨胀水箱　自来水　冷却水泵　冷水机组　至末端空调机组　6℃　13℃　冷冻水泵

图 1　板式换热器直接冷却冷冻水

排风方式。送风除冬季送热风外，其余季节送自然风。控制室设空调送排风系统兼作消防排烟和补风系统。

各厨房采用局部灶具排风加全面排风方式。补风由空调新风系统负担，局部灶具排风经油烟净化器处理后，通过竖井排至室外人员稀少的隐蔽处。

各全空气系统的会议室采用变频风机机械排风的方式。根据空调系统的新风量正压要求，将剩余空气和污浊气体直接排至室外。

公共卫生间采用机械排风方式。将污浊空气直接排至室外。

3. 防排烟系统

本工程部分部位在消防及防排烟方面，已超出《高层民用建筑设计防火规范》（以下简称《高规》），特委托了中国科技大学国家重点防火实验室对本工程进行了"防火性能化设计"。本工程设计以此为依据。不超规范处仍以规范为依据。

（1）共享空间依据大连国际会议中心防火性能设计（以下简称"性能设计"）在屋顶设置了 400m² 排烟窗，根据火灾信号电动开启排烟窗排烟，同时打开 ±0.00m、+15.3m 标高的侧百叶窗补风。

（2）本工程设置了 14 部剪刀楼梯，合用前室及前室，全部依据《高规》进行加压送风。共设 14 个加压送风系统，正压值：楼梯间保持 50Pa、前室、合用前室保持 25Pa。依据"性能设计"在 +15.3m 标高的 6 个会议、+10.20m 标高的新闻发布区及剧场通向 +15.3m 标高的共享空间设置了安全区，安全区设置了加压送风系统正压值保持 25Pa。

（3）地下室、±0.00m 标高、+10.20m 标高、+15.3m 标高及以上部位的房间全部依据《高规》进行防排烟设计，其排烟管道直接排到室外或通过竖井经 7.20m 标高和 10.20m 标高间的网架层排至室外。其中剧场舞台，通过排烟风机排至屋顶，再通过对应的开启顶窗排至室外。

（4）地下车库依据《汽车库防火规范》，与地下车库通风共用同一系统、火灾时排烟系统，排烟量按 6 次换气量计算，有直接对外出口处，利用出口自然补风，出口处设防盗防火卷帘、火灾时应自动开启，当烟气达到280℃时，排烟风机前的防火阀自动关闭。同时联动排烟风机和防盗防火卷帘自动关闭。

（5）凡采用气体消防的房间，当发生火灾时应迅速关闭该房间排风送风管的风阀，以防气体泄漏。火灾后手动或电动开启这些相关风阀，并启动排风机进行排风。

4. 空调自控设计

本工程的空调自动控制系统采用直接数字控制系统（DDC系统），由中央电脑等终端设备加上若干现场控制分站，如传感器、执行器等组成。控制系统的软件功能应满足本工程对各系统的一般要求和特殊要求，控制系统的软件功能包括：最优化启停、各种节能运行模式、时间通道、设备台数控制、动态图形显示、各控制点状态显示、报警、打印、能耗统计、各分站的联络及通讯等。

（1）冷热源侧控制

1）冷水机组、冷冻水泵、冷却水泵、海水泵及其进水电动蝶阀应进行电气联锁启停，其启动顺序为：海水泵、冷却水泵（水流开关）、冷冻水泵（水流开关）、冷水机组，系统停车时顺序与上述相反。

2）空调冷源采用冷量来控制冷水机组及其对应的水泵的运行台数。

① 冷冻水系统监控内容：

（a）冷冻水供回水总管的压力、温度、流量（回水）检测；水流动监视。

（b）根据冷冻水供回水的温度、回水流量，计算冷负荷，根据冷负荷的变化决定开启冷冻机的台数，使冷水机组运行在最佳工作状态，同时根据负荷流量进行冷冻水泵的台数启停。

（c）冷冻机在开启前自动开启对应的一次冷冻水泵、一次冷却水泵、海水冷却水泵。

（d）过渡季节冷冻机停止运行，冷冻机的冷却水系统与冷冻水系统进行阀门转换，由海水冷却系统的冷却水经由热交换器进行供冷。在非过渡季节当海水温度低于10℃时，可不开机，采用海水冷却水经由热交换器进行供冷。

（e）根据冷冻水供回水压差，自动调节旁通调节阀，维持冷水机组定流量。

（f）应能监测制冷冻机、冷冻/冷却水泵的状态和故障状态，并能以动态图形或数据表格的形式显示。

（g）故障监测及恢复：当冷冻机组群中某一台出现故障时，控制程序自动将故障的冷冻机切换到无故障的另一台冷冻机，故障排除后该冷冻机再自动恢复到正常排序中。

（h）可提供制冷系统的运行报告，生成报表，并随时或定时打印包括冷冻、冷却水供回水温度、流量，冷冻机组运行时间、运行状态等。

（i）联锁控制（冷冻水泵，旁通调节阀）

② 海水冷却系统监控内容：

（a）海水冷却热交换器一二次侧进出水温度检测，一二次侧冷却水供回水总管温度检测，水流开关监视。

（b）防止海水冷却泵的空转，对海水蓄水池进行高低水位报警监测。

（c）换热器根据二次侧的供水温度来进行海水冷却水泵的变频调节控制。

3）热水系统采用热量来控制换热器及其对应的水泵的运行台数。根据热水的供回水温度、回水流量计算热负荷，根据热负荷的变化进行供热水泵的台数控制，按累计运行时间进行供热水泵的自动次序替换。对供回水总管的温度检测。热水泵启动前，需先联动其对应换热器的蝶阀切换。

（2）末端控制

1）空调机全部采用DDC控制，根据具体情况，采用全新运行，部分新风运行，直流系统，一次回风、二次回风、预冷、预热，加湿等各种方式的组合。

2）空调新风机组的风机、电动水阀及电动新风阀应进行电气联锁，启动顺序为：水阀、电动新风阀及风机，停车时顺序相反。空调新风机、控制温、湿度，通过冷热水阀及蒸汽阀实现。空调机组及新风机组全部设防冻保护。

3）风机盘管由电动二通阀、室温控制器及风机三速开关控制。

（3）地板辐射供热供冷控制

地板辐射供暖及供冷控制：由分布在±0.00层+15.3层的区域温度传感器，控制该区域集水器总管上的电动比例调节阀的开度进行调节，在中央控制室可根据使用情况进行温度设定及冷暖切换。

1）供回水总管的温度检测。

2）在活动前，冷冻机对相关区域进行预冷控制。并切换相应阀门的开闭。

（4）大空间通风自控

1）根据室内几个代表点的 CO_2 浓度，自动或手动开启侧窗和顶窗，顶窗的开启是依据室外风向，决定向上开启的天窗部分，以便形成负压区，开启时间由代表点 CO_2 浓度确定。

2）使用中的会议厅或剧场空调运行，共享大厅自然通风，其通风方式同上。

3）空调系统全部运行时，部分厅室的排风排至共享空间，侧窗关闭顶窗开启，开启原则同1）。

4）在春秋季或晚上，当室外气温和湿度合适时，利用室内外温差，开启侧窗和顶窗，靠自然对流达到共享空间换气和降温。

七、设计体会

（1）冷水机组采用海水间接冷却，冷水机组的 COP 值较采用常规冷却塔（32℃/37℃冷却水）提高 10%，节约能源。

（2）在冬、春、秋季时，存在内区需要供冷的情况，当海水水温低于 12℃ 时，利用板式换热器直接冷却空调冷冻水，供空调系统使用，不必开启冷水机组，节约能源。

（3）在 ±0.00m 及 +15.30m 标高处共享空间的地面敷设地板辐射供暖、供冷系统，冬季地板辐射供暖，满足平时建筑的值班供暖，可保证围护结构内表面不结露，从而大大降低了运行费用；夏季在大型活动前一天，使用地板辐射供冷系统进行蓄冷，为第二天使用创造良好的室内环境，从而达到节能。

（4）共享空间采用自然通风方式，根据室外风向确定开启的天窗，楼宇自控系统根据室内监测点 CO_2 含量，决定开启天窗的时间与方向，形成自然通风；节约能源。

（5）共享大厅、展厅采用全空气空调系统，球形喷口侧送风，实现分层空调，节约能源。

（6）剧场观众厅采用座椅送风，有效清除空气污染物、通风效率高、送风噪声小，舒适度较高。

（7）地下室及网架层各种管道很多，上下交错，设计提供相关三维管道综合图，供施工单位参考。

大连万达中心暖通空调系统设计^①

- 建设地点　　大连市
- 设计时间　　2008 年 12 月～2012 年 03 月
- 竣工日期　　2012 年 3 月
- 设计单位　　大连市建筑设计研究院有限公司
　　　　　　　[116021] 大连市西岗区胜利路 102 号
- 主要设计人　张志刚　叶金华　刘洋　周祖东
　　　　　　　王振萍　王小桥　于芳　杨帆
　　　　　　　王宇航　方熙　王晶　熊刚
- 本文执笔人　张志刚　王小桥
- 获奖等级　　民用建筑类一等奖

作者简介:

张志刚，1964 年 2 月生，教授级高级工程师，院副总，1989 年毕业于哈尔滨建筑工程学院暖通空调专业，获硕士学位，现在大连市建筑设计研究院有限公司工作。主要设计代表作品有：大连万达中心、大连机场扩建工程·航站楼、沈阳铁西万达广场、大连国贸中心大厦、大连天兴罗斯福、大连希尔顿酒店、哈西万达酒店项目机电设计（机电顾问）、旅顺文体中心。

一、工程概况

万达中心位于大连市中山区东港商务区核心位置，紧邻大连国际会议中心和规划中的国际邮轮码头，定位为国际 5A 级写字楼及五星、六星酒店（五星级的希尔顿酒店和六星级的康莱德酒店）。项目是由 149.5m 高、36 层的酒店和 202.4m 高、44 层的写字楼以及 4 层裙房，3 层地下室组成的一个复合超高层建筑。本工程总用地面积 23200m²，容积率 6.98。本工程总建筑面积 208754.16m²，建筑工程等级为特级，设计使用年限为 50 年。

二、工程设计特点

本工程希尔顿酒店、康莱德酒店、5A 级写字楼的暖通空调系统各自独立，现分别介绍如下：

1. 希尔顿酒店和康莱德酒店

（1）冷源采用两台大的离心式冷水机组和一台小的螺杆式冷水机组，当夜间负荷低时，可以仅开一台小螺杆式冷水机组，节约能源。

（2）冷冻水系统采用整体二次泵变流量系统，可以保证机组定流量，机组运行稳定，末端变流量，节约能源。

建筑外观图

（3）冷水机房内设两台板式换热器，过渡季、冬季酒店内区存在冷负荷，制冷主机关闭，利用冷却塔免费制冷换热系统作为冷源，免费制冷，节省大量能源。

（4）冷水机组采用大温差，冷水机组冷冻供水/回水温度为 5℃/12℃，冷却水供/回水温度为 32℃/40℃，冷冻水管和冷却水管管径减小，节材，冷冻水泵和冷却水泵流量减少，耗电量减少，节能。

① 编者注：该工程设计主要图纸参见随书光盘。

(5) 热源为蒸汽，来自热电厂，经汽水换热器换为热水，满足供暖和生活热水需要。凝结水用作生活热水的预热，然后送到中水机房二次利用，节约能源，节水。

(6) 大堂、大堂吧、前台、红酒吧、雪茄吧、中餐厅、宴会厅、宴会前厅采用双风机全空气空调系统，双风机空调系统在过渡季使用全新风，充分利用室外新风的冷量，减少冷水机组的开机时间，达到节能运行的目的。

(7) 游泳馆采用除湿热泵空调系统，在除湿的同时可以回收热量用于池水加热。

(8) 客房、四层桑拿新风系统采用板式热回收机组，回收排风的冷热量。

(9) 厨房采用二送二排，厨房排油烟补风，夏季不用制冷，直接补入厨房排油烟罩附近，冬季补风需预热，送风温度为5℃。节约能源。

(10) 空调水系统采用四管制，解决了过渡季和冬季裙房内区需要制冷，外区需要供热的问题，也满足了不同地区、不同客人对客房区不同的温度要求。

(11) 裙房、客房的空调机组、新风机组和风机盘管在冷水机房及换热站内通过分集水器分开，有利于空调水系统平衡，有利于不同时间段对空调水系统的管理，节约能源。

(12) 在卸货区设水环热泵机组，回收冷库的冷凝热作为低位热源，供卸货区冬季供暖使用，可以达到热回收和节约能源的目的。

2. 5A 写字楼

(1) 冷源采用三台大的离心式冷水机组和一台小的螺杆式冷水机组，最大负荷时四台全开，冷负荷减少时，根据实测的冷负荷进行台数控制，当晚间冷负荷较小时，开一台小的螺杆机，以利节约能源。

(2) 冷冻水系统采用一次泵变流量系统，冷冻水泵采用变频，节约能源。

(3) 冷水机房内设两台板式换热器，过渡季、冬季写字楼内区存在冷负荷，制冷主机关闭，利用冷却塔免费制冷换热系统作为冷源，免费制冷，节省大量能源。

(4) 冷水机组采用大温差，冷水机组冷冻供水/回水温度为6℃/12℃，冷冻水管管径减小，节材，冷冻水泵流量减少，耗电量减少，节能。

(5) 写字楼部分新风系统采用热管式热回收机组，回收排风的冷热量。

(6) 写字楼采用 VAV 变风量空调系统。末端采用单风道型，减少噪声；系统分内外两个区，各设一个空调箱，防止冷热抵消，节约能源。在外区的单风道型变风量末端设加热盘管，满足不同朝向的房间对温度的不同需求。空调控制方式采用变静压法。根据空调负荷的变化，调节空调箱的送风量，节约能源。

(7) 空调水系统采用四管制，解决了过渡季和冬季写字楼内区需要制冷，外区需要供热的问题。

三、设计参数及空调冷热负荷

1. 室外计算参数

室外计算参数参见大连地区气象参数。

2. 室内设计参数

(1) 希尔顿和康莱德酒店空调室内设计参数如表1所示。

希尔顿和康莱德酒店空调室内设计参数 表1

房间名称	室内温湿度参数				人员密度 (m²/人)	新风量 [m³/(h·人)]	排风量 [m³/(h·人)]
	夏季		冬季				
	温度（℃）	相对湿度（%）	温度（℃）	相对湿度（%）			
客房	23	50	22	45	2人/间	120m³/h/间	—
大堂	23	50	21	40	8	30	—
宴会厅	23	50	21	40	1	40	0%
会议室	23	50	21	40	2	40	−10%
全日餐厅	23	50	21	40	2	30	+5%
厨房	26	—	18				−10%	80h⁻¹
游泳池	29	65	28	≤60	10	满足除湿及空调要求	+10%
洗衣房	26	—	18				−20%	20h⁻¹

（2）5A写字楼空调室内设计参数如表2所示。

5A写字楼空调室内设计参数　　　　　表2

房间名称	室内温湿度参数				新风量 [m³/(h·人)]	换气次数 (h⁻¹)
	夏季		冬季			
	温度（℃）	相对湿度（%）	温度（℃）	相对湿度（%）		
高级办公室	24	50	22	40	30	—
会议室	25	50	20	40	30	—

3. 空调冷热负荷

本工程的冷、热负荷如表3～表5所示。

供暖热负荷　　　　　表3

功能	供暖建筑面积（m²）	供暖热指标（W/m²）	供暖热负荷（kW）
希尔顿酒店	2500	80	200
康莱德酒店	1500	80	120
5A写字楼	1090	80	87

空调冷负荷　　　　　表4

功能	空调建筑面积（m²）	空调冷指标（W/m²）	空调冷负荷（kW）
希尔顿酒店	59684	98	5992
康莱德酒店	40145	85.69	3440
5A写字楼	72865	113.4	8262

空调热负荷　　　　　表5

功能	空调建筑面积（m²）	空调热指标（W/m²）	空调热负荷（kW）
希尔顿酒店	59684	93	5551
康莱德酒店	40145	93	3733
5A写字楼	75925	104.7	7950

四、空调冷热源及设备选择

1. 空调冷源及设备选择

（1）希尔顿酒店

按业主和酒店管理公司要求，制冷机组的配置要求如下：当其中一台制冷机组故障时，其余制冷机组能够满足夏季总冷负荷的75%。冷源采用两台850RT离心式冷水机组和一台450RT螺杆式冷水机组。冷冻水系统采用整体二次泵变流量系统。冷水机组冷冻供水/回水温度为5℃/12℃，冷却水供/回水温度为32℃/40℃。

（2）康莱德酒店

按业主和酒店管理公司要求，制冷机组的配置要求如下：当其中一台制冷机组故障时，其余制冷机组能够满足夏季总冷负荷的75%。冷源采用两台450RT离心式冷水机组和一台300RT螺杆式冷水机组。冷冻水系统采用整体二次泵变流量系统。冷水机组冷冻供水/回水温度为5℃/12℃，冷却水供/回水温度为32℃/40℃。

（3）5A写字楼

冷源采用三台700RT离心式冷水机组和一台250RT螺杆式冷水机组，冷水机组冷冻供水/回水温度为6℃/12℃，冷却水供/回水温度为32℃/37℃。

2. 空调热源及设备选择

（1）希尔顿酒店

热源为蒸汽，来自热电厂，经汽-水换热器换为热水，选用两台4000kW的汽-水换热机组满足空调供暖的要求，选用两台250kW的汽-水换热机组满足热水地面辐射供暖和值班供暖的要求。设燃油燃气两用蒸汽锅炉，容量为两台3t/h和一台2t/h，平时满足洗衣机房和冬季空调加湿需要，热网中断和检修时还部分满足供暖和生活热水需要。

（2）康莱德酒店

热源为蒸汽，来自热电厂，经汽水换热器换为热水，选用两台1500kW的汽水换热机组满足裙房空调供暖的要求，选用两台1000kW的汽-水换热机组满足客房空调供暖的要求，选用两台250kW的汽-水换热机组满足热水地面辐射供暖和值班供暖的要求。设燃油燃气两用蒸汽锅炉，容量为两台2t/h，平时满足洗衣机房和冬季空调加湿需要，热网中断和检修时还部分满足供暖和生活热水需要。

（3）5A写字楼

热源为蒸汽，来自热电厂，经汽-水换热器换为热水，选用两台3000kW的汽-水换热机组满足空调供暖的要求，选用两台60kW的汽-水换热机组满足热水地面辐射供暖的要求。

五、空调系统形式

1. 空调风系统

（1）希尔顿酒店

1）大堂、大堂吧、前台、红酒吧、雪茄吧、中餐厅、宴会厅、宴会前厅采用双风机全空气空调系统。

2）游泳馆采用除湿热泵空调系统。

3）客房、四层桑拿新风系统采用板式热回收机组，回收排风的冷热量。

（2）康莱德酒店

和希尔顿酒店类似，在此不再叙述。

（3）5A写字楼

1）写字楼部分新风系统采用热管式热回收机组，回收排风的冷热量。

2）写字楼采用VAV变风量空调系统。

2. 空调水系统

希尔顿酒店、康莱德酒店和5A写字楼均采用闭式系统，四管制。

六、通风、防排烟及空调自控设计

1. 通风系统

（1）希尔顿酒店

酒店客房区、大堂接待区、商务区、宴会区、公共区域、康体中心、后勤区、厨房区、粗加工区和机电用房均设计机械通风系统。下面重点叙述厨房和洗衣房的通风系统。

厨房、洗衣房排风量最终需根据厨房、洗衣房顾问要求确定。

1）厨房通风系统设二送二排，即全面排风和补风、局部排油烟和补风。

2）洗衣房排风包括洗衣设备局部排风和房间全面排风。

（2）康莱德酒店

其他和希尔顿酒店类似，在此不再叙述。

（3）5A写字楼

高级办公室、会议室、餐厅、厨房、停车库、库房、冷水机房、换热站、泵房、变电所、配电室、弱电机房、中水、污水处理间、卫生间等房间均设计机械通风系统。

2. 防排烟系统

（1）地下汽车库，利用平时机械排风系统作为火灾时的机械排烟系统，采用机械补风，补风量不小于排烟量的50%。

（2）地下室餐厅、厨房、KTV、办公、设备用房等采用机械排烟，机械补风，补风量不小于排烟量的50%。

（3）一层大堂中庭设机械排烟系统。

（4）所有地上建筑面积大于100m²，不满足自然排烟条件的房间，均采用机械排烟。所有地上不满足自然排烟条件的走廊，均采用机械排烟。

（5）所有的防烟楼梯间及其前室、消防电梯前室、合用前室均设机械加压送风系统。

（6）所有封闭避难间均设机械加压送风系统。

（7）个别配置气体灭火的房间，新排风管穿墙处均设电动风阀，着火时电动风阀关闭，新排风机关闭，灭火后电动风阀打开，新排风机打开，排除有害气体。

（8）日用油箱间、煤气表房设有独立的机械通风系统，通风装置采用防爆型风机。

3. 空调自控

（1）希尔顿酒店

1）本工程的空调自动控制系统采用直接数字控制系统（DDC系统）。冷热源设备、空调机组、通风设备的运行状况、故障报警及远程启停控制均可在该系统中显示和操作。

2）冷水机组：根据冷负荷的需要进行冷水机组的运行台数控制。冷水机组、冷冻水泵、冷却

水泵、冷却塔启停联锁控制。冷冻水为二次泵变流量系统，二次泵为变频泵，根据设定的供回水压差调节冷冻水泵转速，改变冷冻水流量，从而适应系统负荷变化。

3）汽-水换热机组：根据二次网的供水温度控制一次网的蒸汽调节阀的开启大小。

4）空调机组：根据回风温度控制空调机组回水管上的比例积分电动调节阀的开度。

5）新风机组：根据新风温度控制空调机组回水管上的比例积分电动调节阀的开度。

6）风机盘管：配电动二通阀及温控器。

（2）康莱德酒店

和希尔顿酒店类似，在此不再叙述。

（3）5A 写字楼

1）本工程的空调自动控制系统采用直接数字控制系统（DDC 系统）。冷热源设备、空调机组、通风设备的运行状况、故障报警及远程启停控制均可在该系统中显示和操作。

2）冷水机组：根据冷负荷的需要进行冷水机组的运行台数控制。冷水机组、冷冻水泵、冷却水泵、冷却塔启停联锁控制。冷冻水为一次泵变流量系统，一次泵为变频泵，根据设定的供回水压差调节冷冻水泵转速，改变冷冻水流量，从而适应系统负荷变化。

其他和希尔顿酒店类似，在此不再叙述。

七、心得与体会

1. 希尔顿酒店和康莱德酒店

酒店空调制冷运行时间较长，一般为每年的 5 月 1 日至 10 月中旬。

（1）冷冻水系统采用整体二次泵变流量系统，占地较大，但运行较节能。

（2）酒店空调制冷运行时间较长，较长的时间可以采用冷却塔免费冷，对酒店来说，采用冷却塔免费冷系统很有必要。

（3）大堂、大堂吧、前台、红酒吧、雪茄吧、中餐厅、宴会厅、宴会前厅采用双风机全空气空调系统，双风机空调系统在过渡季使用全新风，由于酒店空调制冷运行时间较长，过渡季时间长，室外空气焓值低，这项措施节约了大量能源。

（4）厨房采用二送二排，节能效果明显。

2. 5A 写字楼

写字楼空调制冷运行时间比酒店短，一般为每年的 6 月 1 日至 9 月末。

（1）冷冻水系统采用一次泵变流量系统，冷冻水泵采用变频，和一次泵定流量系统相比，占地没有增加，但运行较节能。

（2）冷水机房内设两台板式换热器，过渡季、冬季写字楼内区存在冷负荷，制冷主机关闭，利用冷却塔免费制冷换热系统作为冷源，免费制冷，节省大量能源。

（3）写字楼采用 VAV 变风量空调系统。经过几年的运行，冬夏季均达到了设计温度。单风道末端噪声低。变风量空调系统采用了变静压法，末端能输出阀位信号和风量需求值，用于调节空调机组的风量，节约能源，效果显著。

（4）空调水系统采用四管制，解决了过渡季和冬季写字楼内区需要制冷，外区需要供热的问题。

本工程运行三年多，运行情况良好，达到设计要求，用户满意。

苏州中润广场暖通设计①

- 建设地点　　江苏省苏州市
- 设计时间　　2008 年 5 月～2011 年 10 月
- 竣工日期　　2013 年 5 月
- 设计单位　　华东建筑设计研究总院
　　　　　　　[200002] 上海市汉口路 151 号
- 主要设计人　周钟
- 本文执笔人　周钟
- 获奖等级　　一等奖

作者简介：
　　周钟，1959 年 11 月出生，注册公用设备工程师，高级工程师，1982 年毕业于同济大学暖通专业，本科，就职于华东建筑设计研究院。主要设计作品：苏州中润广场、绿地望海 CBD 广场、绿地翡翠国际广场、陆家嘴青年公寓、黄山太平湖皇冠假日酒店等。

一、工程概况

　　本项目为集购物中心、办公、酒店等功能为一体的大型城市综合体，属于甲类公共建筑，项目位于苏州吴中区行政办公中心，南临文曲路，北临宝带东路，东临今后的吴中区体育文化中心，西临东苑路，交通便利，地理位置极其优越。

　　项目占地面积为 26759.5m²，总建筑面积为 217689m²，其中地上 151548.2m²，地下 66140.8m²，容积率为 5.5，绿地面积为 6690m²，绿化率为 25%。建筑高度为 228m，其中地上 48 层，地下 3 层。

　　项目将办公 48 层、228m 超高层主楼及产权式酒店 100m 高层放置在基地南侧，有效缓解对主干道宝带东路的视觉压迫感，缓解宝带东路的交通压力。

　　项目紧邻主楼北侧布置了 5 层大型商业 MALL 单体，北靠城区主干道宝带东路，西临东苑路。沿东侧的城市水系布置了 2～3 层不等的商业步行街，利用小体量的建筑及对水系的有效改造形成一个崭新的购物娱乐场所，商业 MALL 中设置了 13m 宽的条形内廷，舒适大气，给购物者营造一个美妙的购物环境，商业街及商业 MALL 在入口方面也最大限度地考虑到城市人流的主导方向，最大限度地吸引人流，聚集人气。

　　本项目的两栋高层：主塔楼超高层及产权式酒店高层布局形式为南北平行布置方式，将产权式酒店布置于基地的最南侧，提供最大程度的南向日照，又可缓解对南侧吴中区人民政府的压迫感，主塔楼超高层布置在产权式酒店北侧，尽可能地拉开距离，减少视觉干扰及日照视线遮挡。

建筑外观图

二、工程设计特点

　　本项目裙房为商业功能，为实现其灵动的人流流线，建筑分别于南北群房内设置挑空中庭，由一层挑空至五层，由于中庭的存在，造成建筑内部竖向温度失调，冬季热气流上浮，夏季冷空气下沉。结合项目实际情况，选择为中庭周围环廊使用的组合式空调机组时，合理选择顶层及底层空调的盘管容量，并于中庭周围采用条缝风口

---

　　① 编者注：该工程设计主要图纸参见随书光盘。

送风，形成空气幕，达到隔断中庭不利气流的作用。

地下超市部分设置水冷冷水机组作为空调冷源，不考虑冬季空调制热；裙房商业采用置于B3层的水冷离心冷水机组作为空调冷源，市政蒸汽经换热机组换热后作为空调热源；塔楼中低区办公＋顶楼特色酒店采用置于B3层的水冷离心冷水机组作为空调冷源，市政蒸汽经换热机组换热后作为空调热源；高级商务办公区采用变制冷剂流量多联式分体机组作为空调冷热源；副楼商务办公采用分体式空调设备系统。中央空调冷冻水供/回水温度为6℃/12℃，空调热水供/回水温度为60℃/50℃，水系统于二十八层设备层设置换热器进行系统断压，换热后供高区办公及酒店使用。

裙房商业部分的空调除小商铺部分采用风机盘管加新风的空调形式外，大空间商场、大堂等公共部分冬、夏季采用一次送、回风低速全空气空调系统，送回风口形式需结合装修二次进行设计，排风通过组合式空调箱的排风段，经过热回收段处理后排入排风竖井。办公部分的空调全部采用风机盘管加新风的空调形式，送回风口形式需结合装修二次进行设计，需要排风的区域结合卫生间排风或独立设置机械排风系统。

蒸汽由市政热网供应，供至暖通及给排水热交换器。为节约能源，凝结水回收后接至给排水水箱，降温后进一步利用水资源。在本工程中设置总蒸汽计量及分计量，热力管道及设备均按规范要求设置保温。

三、设计参数及空调冷热负荷

室内外计算参数如表1和表2所示。

室外空气计算参数（苏州市）　　表1

	空调	通风	大气压力
夏季	干球温度33.8℃	温度30℃	1003.4hPa
	湿球温度28.3℃	—	
冬季	干球温度−5℃	温度−5℃	1024.6hPa
	相对湿度73%	—	

室内空调设计参数　　表2

主要房间名称	夏季		冬季		人员密度（人/m²）	照明设备（W/m²）	新风量[m³/(P·H)]	噪声级[dB（A）]
	温度（±1℃）	相对湿度（%）	温度（℃）	相对湿度（%）				
商场	26	55～65	18～20	≥40	0.3～1.0	30～80	20	55
办公	26	50～60	20～22	≥40	0.1～0.15	30～50	30	＜45
餐厅	26	55～65	18～20	≥40	0.5～0.7	10～50	25	55
店铺	26	50～60	20	≥40	0.2～0.3	20～40	20	50
门厅	26	55～60	18	≥40	0.1～0.2	20～50	—	50
办公	26	50～55	22～24	≥50	0.1～0.15	30～50	50	≤40

本工程空调系统中北区商业（MALL）、南区商业、地下超市、塔楼低中区办公采用集中的冷、热水循环系统，商业街、塔楼高区商务办公区、商务办公楼根据业主提供业态需求，设置变制冷剂流量分体式多联机组。

北区商业（MALL）部分空调系统的冷负荷约为2903kW；热负荷约为950kW。

南区商业部分空调系统的冷负荷约为5553.26kW；热负荷约为2036.19kW。

商业街部分空调系统的冷负荷约为1363kW；热负荷约为613.4kW。

地下超市部分空调系统的冷负荷约为1705kW；热负荷约为473kW。

塔楼办公区部分空调系统的冷负荷约为2960kW；热负荷约为1400kW。

塔楼高级商务办公区部分空调系统的冷负荷约为3360kW；热负荷约为1680kW。

冷、热源配置及主要设备技术性能如表3所示。

冷、热源配置及主要配套设备技术性能表　　表3

序号	名　称	规格与参数	台数	所在位置	服务区域
1	离心式冷水机组	冷量，2212kW；进/出水温度：6℃/12℃；	1	B2层冷冻机房	北区商业（MALL）
2	空气源热泵型冷/热水机组	冷量，419kW；热量，463kW；进/出水温度：7℃/12℃，热45℃/40℃	2	北区裙房屋面	北区商业（MALL）

续表

序号	名　称	规格与参数	台数	所在位置	服务区域
3	循环水泵	$Q=374m^3/h$，$H=31m$，$N=45kW$	2	B2层冷冻机房	北区商业（MALL）
4	循环水泵	$Q=115m^3/h$，$H=32m$，$N=15kW$	3	B2层冷冻机房	北区商业（MALL）
5	离心式冷水机组	冷量：2240kW；进/出水温度：6℃/12℃；	2	B2层冷冻机房	南区商业
6	螺杆式冷水机组	冷量：1120kW；进/出水温度：6℃/12℃	1	B2层冷冻机房	南区商业
7	板式换热器	一次水温度：95℃/70℃；二次水温度：60℃/50℃；热交换量：1100kW	2	B2层冷冻机房	南区商业
8	冷水循环水泵	$Q=400m^3/h$，$H=32m$，$N=55kW$	3	B2层冷冻机房	南区商业
9	冷水循环水泵	$Q=200m^3/h$，$H=32m$，$N=30kW$	2	B2层冷冻机房	南区商业
10	热水循环水泵	$Q=200m^3/h$，$H=32m$，$N=30kW$	3	B2层冷冻机房	南区商业
11	空气源热泵型冷/热水机组	冷量：460.2kW；热量：553kW；进/出水温度：冷 7℃/12℃，热 45℃/40℃	3	北区裙房屋面	地下一层超市
12	冷水循环水泵	$Q=131m^3/h$，$H=29m$，$N=22kW$	4	北区裙房屋面	地下一层超市
13	离心式冷水机组	冷量：1585kW；进/出水温度：6℃/12℃	2	B2层冷冻机房	塔楼办公区
14	汽-水换热器	蒸汽压力：0.6MPa；进/出水温度，60℃/50℃；换热量：700kW	2	B2层冷冻机房	塔楼办公区
15	冷水循环水泵	$Q=280m^3/h$，$H=36m$，$N=55kW$	3	B2层冷冻机房	塔楼办公区
16	热水循环水泵	$Q=200m^3/h$，$H=32m$，$N=30kW$	3	B2层冷冻机房	塔楼办公区

四、空调冷热源及设备选择

地下超市部分设置水冷冷水机组作为空调冷源，不考虑冬季空调制热；裙房商业采用置于B3层的水冷离心冷水机组作为空调冷源，市政蒸汽经换热机组换热后作为空调热源；塔楼中低区办公＋顶楼特色酒店采用置于B3层的水冷离心冷水机组作为空调冷源，市政蒸汽经换热机组换热后作为空调热源；高级商务办公区采用变制冷剂流量多联式分体机组作为空调冷热源；副楼商务办公采用分体式空调设备系统。中央空调冷冻水供/回水温度为6℃/12℃，空调热水供/回水温度为60℃/50℃，水系统于二十八层设备层设置换热器进行断压、换热后供高区办公及酒店使用。裙房商业采用一次泵二管制系统，竖向同程，水平同程的布置方式。塔楼酒店办公采用两次泵二管制系统，竖向水平均同程的布置方式。

五、空调系统形式

裙房商业部分的空调除小商铺部分采用风机盘管加新风的空调形式外，大空间商场、大堂等公共部分冬、夏季采用一次送、回风低速全空气空调系统，送回风口形式需结合装修二次进行设计，排风通过组合式空调箱的排风段，经过热回收段处理后排入排风竖井。塔楼酒店、办公部分的空调全部采用风机盘管加新风的空调形式，送回风口形式需结合装修二次进行设计，需要排风的区域结合卫生间排风或独立设置机械排风系统。商业附属美食街采用分体多联式变冷媒流量的空调系统。

六、通风、防排烟及空调自控设计

1. 通风系统

地下汽车库设置机械送、排风系统；地下室变配电间、水泵房、柴油机房和冷冻机房等机电设备用房设机械送、排风系统；为改善室内空气品质，各公共场所如会议室、办公室等设平衡排风系统，最小排风根据新风量计算，并使室内保持适当正压；其他需要通风的区域按照要求设置机械送、排风系统。

2. 消防防排烟系统

（1）防烟楼梯间、前室、消防电梯前室采用机械加压送风系统。

（2）商场、办公超过20m内走道设置机械排烟系统。

（3）地上无外窗、人员密集或可燃物较多并且超过100m^2的场所设置机械排烟系统。

（4）地下人员密集或可燃物较多并且超过50m^2的场所设置机械排烟系统，并设置相应的机械补风系统。

（5）避难层设置机械加压送风系统。

（6）超过12m不具备自然排烟的中庭设置机械排烟系统。

（7）地下商业场所设置机械排烟系统，并设置相应的机械补风系统。

（8）地下室停车库设置机械排烟系统，并设置相应的机械补风系统。

3. 空调自控系统

空调通风系统自动控制系统采用中央监控和就地控制结合的方式，并纳入工程的自动化管理系统，空调通风系统主要自动控制内容包括：

（1）空调冷热源：

1）设备的启停控制、运行状态监测、故障报警等；

2）冷水机组、空调冷热水系统热交换器单机运行控制、运行台数控制等；

3）空调热水泵、空调冷冻水系统水泵变流量运行控制等；

4）空调冷热水系统的供水温度控制、压差旁通控制等；

5）冷水机组、空调冷水泵、冷却塔、冷却水泵等设备的联锁运行控制等。

（2）空调末端

1）设备的启停控制、运行状态监测、故障报警等；

2）定风量全空气空调系统回风温度控制、湿度控制、防冻控制、变新风比运行控制等；

3）变风量全空气空调系统送风温度控制、湿度控制、防冻控制、变风量运行控制、变新风比运行控制等；

4）新风空调系统送风温度控制、湿度控制、防冻控制、变风量运行控制等；

5）风机盘管室内温度控制、风机转速控制、供冷供热工况转换控制等（不纳入大楼的自动化管理系统）；

6）变风量末端室内温度控制、变风量运行控制、供冷供热工况转换控制等。

（3）通风设备

空调通风设备的启停控制、运行时间预设、运行状态监测、故障报警等。

（4）其他：

1）VRV、分体空调等风冷直接蒸发式空调机组的自动控制装置由机组自带。

2）与消防系统相关的空调通风系统应同时纳入工程的消防控制系统。

4. 环境保护和节能设计

（1）建筑物内排除的各种废气经过处理后高空排放，排风口尽量设在下风向或非人员逗留的地方。

（2）地下污水处理室排出的废气高空排放。

（3）厨房间排出的油烟气经二级过滤后（第一级采用滤网，第二级采用静电过滤装置），由风管接至屋面通过风机高空排放。

（4）对有噪声和振动源的设备作必要的消声、减振处理，并严格将噪声控制在国家有关标准范围以内。

（5）空调通风等设备均选择符合能耗和性能指标优良的产品。设备节能指标应以《公共建筑节能设计标准》（DGJ 32/J 96—2010 江苏省工程建设标准）中相关规定为准。

（6）组合式空调箱及新风空调箱均设置热回收装置，利用排风温差预处理新风，以达到节能目的。

（7）装机容量大于3000kW的空调系统，采用6℃/12℃的供回水温度，提高温差来减小冷冻水循环水量，减小循环水泵流量以满足节能要求。

（8）商业部分组合式空调机组在过渡季节采用最大新风量方式来平衡室内空调区域冷负荷，以达到节能目的。

上海盛大中心的空调设计①

- 建设地点　　　上海市
- 设计时间　　　2005 年 5～10 月
- 竣工日期　　　2011 年 2 月
- 设计单位　　　华东建筑设计研究总院
　　　　　　　　[200000] 上海市四川中路 213 号
- 主要设计人　　左涛　沃立成　吴国华
- 本文执笔人　　左涛
- 获奖等级　　　一等奖

作者简介：
　　左涛，1973 年 8 月 15 生，高级工程师，副主任工程师，1999 年 3 月毕业于同济大学暖通专业，硕士，工作单位：华东建筑设计研究总院。主要设计代表作品：上海盛大中心、新疆电力调度信息中心、天津高新区软件和服务外包基地综合配套区、上海科技大学、无锡华莱坞电影产业园等。

一、工程概况

　　上海盛大中心位于上海浦东新区，毗邻浦项广场，东北面至世纪大道，东南面至向城路，西面至福山路。占地面积约 9785.9m²。总建筑面积 11.4 万 m²，其中地上部分 8.07 万 m²，建筑高 168m，地上共计 40 层，地下共计 4 层。设计要求为达到甲级写字楼标准的超高层办公楼。

　　盛大中心地下共 4 层（局部有一夹层），地下一夹层包括下沉花园、职工餐厅、自助餐厅、卸货平台、消防指挥中心、设备机房，面积约 4770m²。地下一层为自行车库和储藏、物业管理用房、设备机房等，地下二～地下四层主要用于机动车停车。总计大约提供 468 个机动车位和 690 个自行车停车位。地下一～地下四层每层面积约 6900m²。

　　盛大中心地上共 40 层。

　　首层包括办公楼的大堂和一个可出租银行营业厅空间。层高 9m，面积为 2168m²。

　　二～十四层为低区办公，面积为 2258m²，其中十二层有约为 500m² 的三层高中庭。十四层为设备/避难层。

　　十五～二十八层为中区办公，每层面积为 2184m²，其中十五～二十七层为办公，二十八层

为设备/避难层。

　　二十九～四十层为高区办公，二十九～三十六层为办公层，每层面积为 2231m²，其中三十五层有 276m² 的 2 层中庭，三十七～三十九层每层面积减少为 952m²，三十七层为会议中心与办公。三十八、三十九层为会议中心，面积为 498m²。四十层为面积为 272m² 的中庭上空。

建筑外景

---

　　① 编者注：该工程设计主要图纸参见随书光盘。

二、工程设计特点

本项目空调系统主要采用变风量全空气系统，该系统在一线城市的高档办公楼中使用较多，本项目在调试和使用中也遇到了一些问题，后面简单介绍采取的解决方法。

三、设计参数及空调冷热负荷

室外设计参数见表1，空调室内设计参数见表2，通风换气次数见表3。

本项目计算总冷负荷为10487kW，计算总热负荷为5449kW。单位建筑面积（地上）冷负荷指标为126W/m²，单位建筑面积（地上）热负荷指标为66W/m²。

室外设计参数					表1
	空调计算温度（℃）		通风计算温度（℃）	平均风速（m/s）	大气压力（hPa）
	干球	湿球			
夏季	34	28.2	32	3.2	1005.3
冬季	-4	RH75%	3	3.1	1025.1

室内设计参数						表2
	夏季		冬季		最小新风量（CMH/p）	人员密度（m²/p）
	干球温度（℃）	相对湿度（%）	干球温度（℃）	相对湿度（%）		
办公	25	60	20	30	30	6
大堂	25	60	18	30	10	10
中庭	25	60	18	30	20	10
餐厅	25	65	20	30	20	1
会议	25	65	20	30	20	1.5

通风换气次数					表3
房间名称	配电室	水泵房	通风空调机房	地下汽车库	电梯机房
换气次数（h⁻¹）	6	4~6	1	排6进5	10
房间名称	变电所	公共卫生间	茶水间	冷冻机房	柴油发电机房
换气次数（h⁻¹）	按发热量计	15	6	平时6，事故12	按工艺提资
房间名称	厨房			锅炉房	
换气次数（h⁻¹）	排油烟按40h⁻¹，全面排风10h⁻¹，有灶具房间不工作时按3h⁻¹，事故时按12h⁻¹，新风空调补风按排风总量的80%			工作时按发热量和空气平衡计并不小于6h⁻¹，不工作时按3h⁻¹，事故时按12h⁻¹	

四、空调冷热源及设备选择

上海市发改委、建委、经委、财政局、市政工程管理局曾经在2004年联合发文鼓励使用燃气空调，对纳入推进计划的燃气空调按100元/kW制冷量进行补贴。在考虑到当时电力和燃气均供应紧张的情况下，以天然气为一次能源，大型燃气电厂的发电效率可达50%，而离心式冷水机组和螺杆式冷水机组的制冷性能系数分别不低于5.1和4.6，则采用电压缩式制冷的能源利用效率要高于直燃式冷温水机组，业主也倾向于使用电压缩式冷水机组。故本项目采用3台离心式冷水机组（单台冷量3164kW）和1台螺杆式冷水机组（单台冷量1209kW），其中螺杆式冷水机组考

虑可在冬季制冷，供应办公内区使用，其配套的冷却塔冬季设置防冻措施。冬季热源为燃油燃气两用锅炉。

因大楼较高，空调冷水和热水系统均以二十八层以下为低区水系统，二十八层以上为高区水系统，冷水和热水的分区热交换设备均在二十八层。冷水的低区一次水水温为6℃/13℃，高区二次水水温为7.5℃/14.5℃；热水的低区一次水水温为60℃/50℃，高区二次水水温为50℃/40℃；空调冷热水系统采用四管制。

五、空调系统形式

标准层办公以距玻璃幕墙4m划分空调内外区，采用全空气变风量系统，内区采用单风道节

流型变风量末端，外区采用并联风机动力箱带热水盘管，内外区合用空调箱，每层在芯筒内设置空调机房，一般每层设置两台变频控制空调箱。在大楼十四层和二十八层（均为避难层兼设备层）设置集中的风机取新风并送入各层的空调箱。

当变风量全空气系统负担多个房间时，若总的新风量是按人员数确定的最小新风量，则人员密度大的房间会出现新风量不足的情况，因此本项目在设计时即根据《公共建筑节能设计标准》GB 50189—2005 第 5.3.7 条（相应的计算公式5.3.7.1 中的 Z 定义为需求最大的房间的新风比，未明确需求最大是指新风量最大还是新风比最大，按 ASHRAE62-2001 应该指的是新风比最大的房间）对系统的新风量作了调整（考虑标准办公层设有小型会议室），系统新风量约比按人员数确定的最小新风量大 10%～20% 左右。

三十九层大空间由于屋面为玻璃屋顶，采用地板送风系统。空调一次风由设于三十九层的空调箱提供，末端采用地板送风单元。每个末端可以单独控制或由楼宇自控系统总控。

六、通风、防排烟及空调自控设计

因为上海市《建筑防排烟技术规程》DGJ 08—88—2006（简称《烟规》）不同于《高层民用建筑设计防火规范》GB 50045—95 的规定，正压送风系统的设计与常规略有不同：

（1）上海《烟规》规定"建筑中高度超过100m 的电梯井宜设置机械加压送风方式的防烟系统"，本项目对消防电梯井进行加压送风，送风量按每层每梯的送风量 1350m³/h 计算。消防电梯前室、防烟楼梯间合用前室不再设防烟设施。

（2）防烟楼梯间设置机械加压送风系统，因上海市消防局允许建筑专业在采取一定技术措施后，防烟楼梯可在避难层不转换，故正压送风系统未按避难层分段，但仍按不超过32层进行分段设计。

本项目空调系统主要为变风量全空气系统，该类系统的控制比较复杂，主要分别为 4 个部分，其控制策略如下：

（1）室温控制：单风道的变风量箱应根据室内温度调节风阀的开度，带热水盘管的并联风机箱在供冷模式时应根据室温调节一次风阀的开度，

在供热模式时应恒定一次风量在设定值，根据室温调节热水盘管的回水管上电动二通阀的开关。

（2）风机送风量控制：采用静压控制调节送风机变频控制器的输出频率。

（3）送风温度控制：根据送风温度调节冷盘管或热盘管的回水管上的自平衡型电动二通调节阀的开度。

（4）最小新风量控制：测定新风管上的新风量，根据最小新风量的设定值，调整回风阀的开度。

其中第（4）部分最小新风量的控制是美国加州能源委员会在 2003 年 10 月发布的《高级变风量系统设计指南》推荐的方法，但在本项目的系统调试中却产生了意外的后果。

七、心得与体会

本项目在设计中、系统调试和使用中遇到一些问题，有以下心得体会：

（1）在最初的调试中室温达不到设计值，测试下来总风量达不到设计要求。分析发现问题出在新风量的控制上，原控制策略是测量新风管的新风量，根据最小新风量的设定值，调整回风阀的开度。但因为新风管上风速传感器前后直管段长度不足，测量的风速不稳定，达不到设定值，导致控制器无限制关小回风阀，造成总送风量严重不足。解除该控制策略后，室温下降到正常值。反思新风量的控制问题，在以后的变风量设计中，仍采取传统的在新风管上设置定风量阀的措施，但因为定风量阀最大开度也就是 100%，在空调箱风机降频的过程中，开大风阀只能保证新风量在一定范围内保持稳定。对于超高层建筑来说，往往在设备层设置新风引风机将新风竖向送往各层变风量空调箱，这时应适当加大新风引风机的压头，使得在设计工况各层空调箱的新风管上的定风量阀处于部分开度状态，只有这样，才能在各楼层空调箱风机降频时，通过开大定风量阀的开度，在一定范围内保持新风量的恒定。

（2）本项目的回风方式是各房间和走道间设置回风短管，回风从空调房间吊顶回至吊顶内空间，通过短管进入走道吊顶内，通过吊顶回风口进入走道，然后通过回风管上的集中回风口回风。在现场的调试中，当走道尽端的空调房间门开启

时，明显感觉从房间流出的风速较大，显示走道负压较大，回风阻力较大。对于多房间的全空气变风量系统，采用吊顶回风及其他利用建筑空腔进行回风的方式，能否保证不同房间均能得到有效的回风是一个需要考虑的问题。笔者近来倾向于采用回风管到各房间回风，但此方法占用建筑空间，降低吊顶高度，也有不利的一面。

（3）对各楼层空调系统的各送风口进行风量测试，发现常常是顺气流方向的第1组送风口达不到设计送风量，出机房的干管风速较高，静压较低，而三通的绘制和制作方法没有在进风风量分配时让动压起一定的作用，参与调试的物业老师傅以前也遇到此类问题，老师傅建议的解决办法是在三通上开一道斜槽，装1片薄钢板进去，拦截一部分的送风到支风管内。在以后的设计中第1个三通的主通路应做变径，在后面的送风干管应尽量少变径做直管道，以利风量分配和测压。

（4）装修中，业主在某层设置了一间大型会议室。反映在使用中出现感觉空气较混浊的情况。对变风量系统中混入大型会议室的情况，建议对该大型会议室设置独立的新风系统。

（5）关于变风量系统的送风支管上是否要装调节阀的问题，有一种看法是因为 VAV Box 本身有自动调节功能，所以不用安装。但笔者认为，美国设计中采用高速风管和静压复得法设计风管，静压复得法本身就是一种风量平衡的计算方法，美国设计可以不装。而国内采用的是低速风管，无法采用静压复得法，为系统初调的风量平衡，送风支管上的调节阀还是要装的。

和平饭店修缮与整治工程①

- 建设地点   上海市
- 设计时间   2007 年 3 月~2010 年 6 月
- 竣工日期   2013 年 12 月
- 设计单位   上海建筑设计研究院有限公司
           [200041] 上海市石门二路 258 号
- 主要设计人 刘蕾 寿炜炜 饶松涛 包文毅
- 本文执笔人 刘蕾
- 获奖等级   一等奖

作者简介：

刘蕾，1963 年 12 月生，高级工程师，1986 年毕业于西安建筑科技大学供热与通风专业，1991 获本专业工学硕士。现任华东建筑设计研究院有限公司现代都市建筑设计院副总工程师。

主要设计代表工程有：上海市东风饭店/(华尔道夫酒店)、上海交通大学医学院附属瑞金医院肿瘤质子中心项目、厦门市市政府办公大楼、和平饭店修缮与整治工程、无锡医疗中心急诊急救中心等。

一、工程概况

1. 建筑概况

和平饭店北楼是上海外滩建筑群中最重要的建筑之一，也是上海的标志性建筑之一。大楼建成于 1929 年，初建时称为华懋饭店，又称"沙逊大厦"，1956 年更名为和平饭店。和平饭店在 1996 年被列为全国重点历史文物保护建筑。

1984 年大楼进行了第一次改造，1996 年进行第二次修缮，本次大规模修缮与整治工程从 2007 年开始，边设计、边修改、边施工，直至 2010 年 7 月正式投入使用。

和平饭店总用地面积为 6620m²，总容积率为 7.3，总覆盖率为 92.3%，修缮后增加西侧辅楼。大楼总建筑面积为 50031m²，其中原有建筑面积 36895m²，新增辅楼建筑面为 13136m²。建筑共 11 层，总高度为 47.86m，客房总套数 270 套。修缮后的和平饭店定位为超五星级酒店，其室内功能空间包括八角中庭、大堂酒廊、爵士吧、和平厅（多功能厅）、龙凤厅（中餐厅）、九霄厅（西餐厅）、九国套房、沙逊阁、普通客房、室内游泳池等。

2. 1929 年大楼建成时的暖通系统及 2007 年停业前的暖通系统情况

从上海城市档案馆查阅 1927 年原"沙逊大

建筑外观图

厦"的设计图纸可知，大厦原设计机械循环热水散热器供暖系统，系统形式均为机械循环单管上供下回及双管下供下回系统，热源由燃油热水锅炉提供，锅炉房设于局部地下室中。

随着社会的发展，大厦原来的冬季散热器供暖系统已远远不能满足人们对室内舒适度的需求。自 1971 年开始，和平饭店逐步增设空调系统，至 2007 年停业时，这些空调制冷设备及系统已经时代久远，效率低下，存在着诸多问题，还有防排烟系

统的缺失也是本幢建筑正常使用的安全隐患。

因此，为了达到高端酒店的室内舒适度及消防安全的使用要求，和平饭店暖通空调设备必须更新，系统必须改造。

二、工程设计特点

历史保护建筑与新建建筑的整个设计工作有着较大的差别，现将本工程暖通空调系统设计特点总结如下：

第一，保护修缮设计原则是本专业的设计准则。

在修缮设计中，须始终坚守全面保护老楼，最大限度地保存其完整性、真实性、恢复历史功能和原貌的原则，合理设计空调系统，满足室内舒适度要求。

第二，正确处理新增系统与修缮保护原则的矛盾，且合理设计空调系统是本工程设计关键所在。

保护修缮原则要求全面保护历史建筑，由于老建筑中没有空调、通风系统，这些新增的设备位置及系统管道势必在老建筑中占用一定空间，因此处理好新增与复原的矛盾是本工程空调系统设计的关键所在。

第三，解决消防设计与保护修缮设计原则的矛盾是本工程的设计特点之一。

在按照现行规范设计防排烟系统时，会遇到"文物保护"与"消防设计"之间的矛盾，寻求和确定解决问题的办法也是本工程设计中的特点之一。

第四，设计过程是一个反复勘察、不断配合、反复修改的过程。

从业主方获得或从档案馆查到的建筑资料通常不够完整，测绘部门提供的建筑、结构蓝图往往也不能完全反映建筑的真实情况，为了获取真实、完整的建筑资料，需要多次、反复地现场勘察。

本工程设计需要同各方沟通配合完成，设计成果是在一次次否定之后的确定，是一个反复修改、反复设计的过程，但最后的结果一定是建立在前面努力的成果之上，没有之前的反复工作，就没有最终的工作成果。

三、设计参数及空调冷热负荷

1. 室外空气计算参数（见表1）

室外计算参数		表1
地理位置 上海市 北纬：32°48′ 经度：119°27′ 海拔高度：5.4m		
	夏季	冬季
空调计算干球温度（℃）	34.6	-1.2
空调计算湿球温度（℃）	28.2	—
空调计算相对湿度（％）	—	74%
空调计算日平均温度（℃）	31.3	—
通风计算干球温度（℃）	30.8	3.5℃
平均风速（m/s）	3.4	3.3
大气压力（Pa）	100570	102650

2. 室内空气设计参数（见表2）

房间名称	夏季		冬季		人员密度	新风量	噪声指标
	温度（℃）	相对湿度（％）	温度（℃）	相对湿度（％）	（m²/人）	[m³/(h·人)]	[dB(A)]
大堂	24	55	20	40	10	10	≤45
大堂酒廊	24	60	20	40	3.5	30	≤45
商店	24	55	22	40	5	20	≤45
爵士吧	24	60	22	40	1.5	30	≤45
和平厅	24	65	22	40	1.5	30	≤45
龙凤厅	24	65	22	40	2	30	≤45
金融家俱乐部	24	60	22	40	3	30	≤45
美容，理发	24	60	22	40	5	30	≤45
健身	24	60	18	40	5	30	≤50
按摩	25	60	23	40	5	30	≤50
室内游泳池厅	28	70	28	70	1.5	计算定	≤50
办公	24	55	20	40	8	30	≤45
客房	24	55	22	40	2/R	60	≤40

室内设计参数 表2

四、空调冷热源及水系统

本工程夏季空调计算冷负荷共 5858kW，单位面积冷负荷指标为 117W/m²，冬季热负荷共计 4818kW，单位面积热负荷指标为 96W/m²。生活热水热负荷 2496kW。

冷源选用两台离心式冷水机组及一台螺杆式冷水机组，其中离心机组单台容量为 2285kW，螺杆机组容量为 1320kW。冷冻水供/回水温度为 6℃/12℃，冷却水供/回水温度为 32℃/37℃。设计免费制冷系统，冷冻机房内另设一台水水板式换热器，在温度适合季节利用冷却塔、板式换热器提供空调冷冻水。

热源选用三台燃气热水锅炉供冬季空调及生活用热。其中两台产热量为 2800kW，一台产热量为 2100kW，锅炉耗气总量为 850Nm³/h，燃气热水炉供/回水温度为 90℃/65℃。设置水-水板式换热器提供冬季空调热水，热水供/回水温度为 60℃/48℃。

空调水系统采用四管制系统；冷冻水系统采用二级泵系统，其中一级泵定流量运行，二级泵采用变频控制变流量运行；空调热水循环泵采用变频控制，变流量运行。

考虑老楼建筑条件（面积、层高、承重等）有限，冷冻机房和锅炉房均设于新楼地下室中，老楼空调水管通过原废弃的防空通道由新楼地下室进入老楼地下室中（见图1）。冷却塔设于新楼屋面。

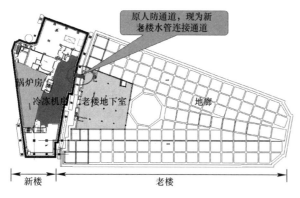

图1　老楼地下室平面图

五、空调系统形式

1. 系统设计

商店、和平厅、龙凤厅、九霄厅等采用全空气定风量系统，单风道低速送风，其中八角中庭采用分层空调；游泳池采用全空气系统，单风道低速送风，冬季增加热水地板辐射供暖系统；爵士吧、大堂酒廊采用立式暗装落地式风机盘管加全空气定风量系统；客房、办公、会议等采用卧式暗装吊顶式风机盘管加新风系统。

2. 重点保护区域空调系统设计是本工程设计的关键所在

影响空调系统设计的因素很多，对新建建筑而言主要有：服务区域的功能、室内环境的舒适度、设备的节能特征和维护便利性以及室内装饰设计等，对于历史保护建筑，除这些因素外还有：修缮保护设计原则、原建筑未考虑空调系统设计、现场与已知条件的差异、结构加固要求等。下面简要说明几个重点保护区域的空调系统设计。

（1）八角中庭

八角中厅南面正对酒店南京路主入口，中厅上方有一个大型双层的八角形天窗，气势恢宏。天窗内部净高 13m，中厅四面墙体上层为玻璃橱窗，下层为巨幅壁画。这里设计分层空调，为了满足保护要求，空调系统分散设置，采用三台空调箱及送回风管分别设于壁画后面的辅助用房中，送风口设于壁画上面装饰边中，回风口设于壁画两侧下方的装饰边中，风口与整个壁画浑然一体（见图2）。

图2　八角中庭空调送回风示意图

（2）大堂酒廊、爵士吧

底层大堂酒廊顶棚呈藻井形式没有吊顶，本次修缮需保持原样不变。经业主反映，停业前沿酒廊外墙设在原暖气罩中的立式风机盘管空调效果不佳，经详细计算并与相关各方沟通，这里的空调形式采用立式风机盘管加两套全空气系统。立式风机盘管设于原散热器罩中，承担围护结构负荷，两台空调箱承担其他负荷。

（3）九国客房

九国客房的空调形式采用风机盘管加新风系统，风机盘管设在入口较小的非保护区域，送回风口位置不能对室内风格有任何影响。例如：美国客房回风利用原有壁炉（见图3）；法国客房利用花饰门作为一次回风口，二次回风口设在非保护区域。

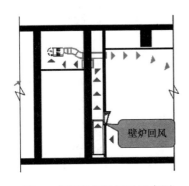

图3　美国套房送回风示意图

（4）沙逊阁

沙逊阁空调系统采用风机盘管加新风系统，利用沿墙周边的低柜设置立式风机盘管，新风采用侧送。

（5）九霄厅

九霄厅是和平饭店最高的餐厅，其顶棚没有吊顶，属重点保护区域。这里采用两台空调箱，空调形式为全空气系统，通过与厂商沟通配合，空调箱采用非标设计尺寸，这样不仅保证设备能设于较小面积的机房中，而且能留出一定空间将机房与使用空间隔开，达到同时满足管道安装空间及室内噪声的设计要求。

（6）龙凤厅

龙凤厅原为中式风格的西餐厅，室内装饰采用典型的中国传统装饰图案，顶棚饰"龙凤呈祥"、"二龙戏珠"等图案，它是外国人眼中的中式建筑，保存完好，属重点保护部位。酒店停业前，这里的空调形式为明装风机盘管。修缮后作为中餐厅的龙凤厅，室内装修标准要求较高。由于顶棚需整体保护，风管不能敷设其中，因此这里的空调系统方案历经多次修改，这里列举其中的三种。

第一，采用全空气系统，利用原有风口送风。

第二，采用立式风机盘管加新风系统加全空气系统，利用原送风口作为排风口（见图4）。

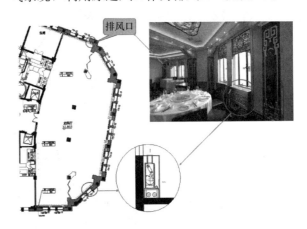

图4　龙凤厅送回风示意图

第三，采用两套全空气系统，利用原送风口作为排风口。这三种方案各有其优缺点，方案一完整地保护了龙凤厅，空调系统合理，气流组织良好，但由于部分送分管道需设于上层九霄厅局部地面，因此对九霄厅的保护有一定的影响；方案二较完整地保护了龙凤厅，空调系统较合理，但由于设于原暖气罩位置的立式风机盘管较散热器宽，对室内保护有一定影响；方案三完整地保护了龙凤厅，空调系统基本合理，缺点是占用了旁边多能厅的局部空间，气流组织不均匀。由于方案三最大限度地满足了修缮保护设计原则，因此最终实施的是这一方案。

（7）和平厅

和平厅是原华懋饭店的主宴会厅，室内地板为柚木弹簧地板，它的室内装饰采用复古图案，色调浓艳极富艺术风格，历史及艺术价值较高。这里的顶棚、地板以及四周墙面均为重点保护部位。和平厅在历次改建过程中增加了空调系统，系统形式为全空气系统，单风道低速送风。按照修缮保护设计原则，在设计开始，考虑除更换空气处理机组及必要的管路外空调系统均保持原来不变，但完全利用与现实之间存在矛盾。第一，原空调机房下部改为会议室，考虑隔振需求，机房需移位；第二，根据结构加固方意见，为了分散荷载，原和平厅东侧机房中1台空调箱需分散为东西两侧机房各1台空调箱。基于这两点原因，原一个空调系统改为两个空调系统，送风管路部分利用原来。第三，根据业主意见，考虑施工进度、安装维护等原因，取消原室外的回风管道，重新设计回风管路。因此本次修缮设计，和平厅空调系统保持不变的是：系统形式保持不变；送风口位置保持不变，从而使得室内顶棚保持不变；部分送风管路不变；利用原回风口及回风管路位置设置排风系统（见图5）。

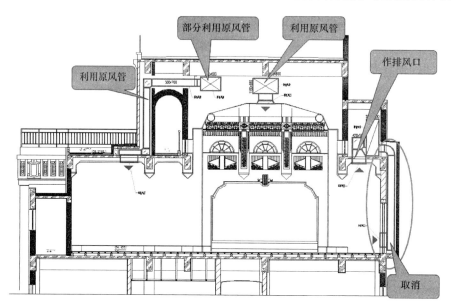

部分利用原风管   利用原风管   作排风口

利用原风管

取消

图5　和平厅送回风示意图

锅炉房设计机械通风系统，排风机设计备用，以防排风机出现故障而引起锅炉停运；地下室变配电机房设计单冷空调系统及机械送排风系统，过渡季及冬季使用通风系统，夏季使用空调系统；室内游泳池设置分别设计空调季及过渡季机械通风系统；厨房间分别设计灶台排风、平时排风、洗碗间排风、事故排风等系统，补风系相应设置，厨房补风在非过渡季节经冷却（加热）处理后送入室内。

2. 防排烟

按照现行消防规范增设防排烟系统。对于不能自然排烟的楼梯间、前室及合用前室，均增设正压送风系统；客房内走道增设机械排烟系统。

按照现行规范，在防排烟设计与文物保护相矛盾时，遵循文管委和消防部门的意见，按照消防部门批文确定解决问题的办法。

按照《建筑防排烟技术规程》要求，底层八角中厅需设排烟设施。八角中厅天窗由两层玻璃组成，室内侧百叶窗面积共 $8m^2$；室外侧有排气孔直通室外。由于天窗属重点保护部分，不能在这里开设风口设计机械排烟系统，如果采用自然排烟，内侧窗面积 $8m^2$ 不能满足设计要求。针对这些情况及其他专业有关消防设计疑难问题，共

六、通风、防排烟及空调自控设计

1. 通风

地下室设备用房均分别设计机械通风系统；

同撰写专题报告上报于上海市消防局。最后按照上海市消防局批文，八角中庭按照现有可开启外窗面积设计自然排烟，自动排烟窗在八角中庭外层玻璃中设置（见图6）。

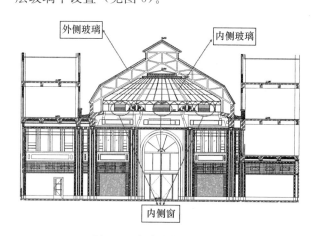

外侧玻璃   内侧玻璃

内侧窗

图6　八角中庭排烟示意图

在装修设计后期，八角中厅底层区域面积分隔变小，内侧窗面积 $8m^2$ 也已经满足此处自然排烟面积需求。

3. 自控

本项目中设有楼宇自动控制系统，冷热源设备、空调机组、通风设备等的运行状况、故障报警及启停控制均可在该系统中显示和操作。风机

盘管采用常规仪表就地控制；空调冷热水系统、空调风系统等采用不同的控制策略。

七、心得与体会

现将本工程在设计过程中运用的关键技术总结如下：

（1）将空调、通风设备及管道尽可能布置在非保护部位。充分利用重点保护区域的非保护部位空间，有效地避免和控制对重点保护区域的影响。

（2）充分利用原有管井、原有风、水管道位置；将主要机房设置在新增建筑中，从而尽量减少对老建筑结构的影响。

（3）根据对使用区域的保护要求，采取多种空调方式相结合的方案。例如，在同一空调区域，采用风机盘管＋全空气系统；在同一空调区域，采用风机盘管＋新风系统＋全空气系统等。利用原有散热器的位置设置风机盘管，利用较低且较少的局部吊顶空间设置全空气或新风系统。风机盘管、全空气系统、新风系统分别承担不同类型计算负荷，共同满足室内温湿度要求。

（4）设计多个分散的空调系统，可以使空调、通风设备荷载分散分配，减少新增设备对老建筑的承重荷载，同时较低高度的空调风管可以为提高吊顶高度创造条件。

（5）结合室内装修设计，把空调末端设备或通风管道隐藏于固定家具中。

（6）设备选型时，与厂商沟通与配合，结合现场实际空间，确定适合的空调、通风设备性能及尺寸。

（7）在消防设计与文物保护相矛盾时，书面提出实际设计中存在的问题及解决问题建议，提交遵循文物管理部门和消防部门，最终由文物管理部门、消防部门、业主及设计方共同讨论，以寻求和确定解决问题的办法。

上海市城市建设投资开发总公司企业自用办公楼的空调设计①

- 建设地点　　上海市
- 设计时间　　2009 年 8～10 月
- 竣工日期　　2012 年 12 月
- 设计单位　　同济大学建筑设计研究院（集团）
　　　　　　　[200092] 上海市四平路 1230 号
- 主要设计人　钱必华　徐旭　潘涛
- 本文执笔人　钱必华
- 获奖等级　　一等奖

作者简介：

钱必华，1968 年 11 月生，高级工程师，同元分院暖通副总工程师，1991 年毕业于同济大学暖通专业，本科；工作单位：同济大学建筑设计研究院（集团）有限公司。代表作：上海世博会临时展馆及配套设施、长风跨国采购中心、西安中国银行客服中心、上海自然博物馆、郑州中央广场等。

一、工程概况

本工程位于上海市新江湾城清波路、江湾城路及政和路交汇处，为多层建筑；建设占地面积：13222m²；总建筑面积：21968m²；其中，地上建筑面积：13161m²；

本建筑地上共 5 层，地下 1 层，建筑高度 23.95m。建筑主要功能为办公，容积率为 0.995，基地地势较为平坦，平均海拔约在 4.1～4.5m 之间。

建筑地上部分耐火等级为一级，地下室耐火等级为一级，设计使用年限为 50 年。

本项目位于新江湾城生态区内，交通便捷，环境优良。L 形的平面布局赋予建筑最大的景观接触面，同时通过中间的入口大厅将建筑中相互独立的两部分很自然地联系起来，高度不同的三块体量在建筑中心围合成一个内院，相互之间联系便捷高效。L 形的建筑平面与北面的河流界定出一个面向河流开敞的庭院，将景观很好的引入建筑内部。

二、工程设计特点

本项目获得 2010 年度中国绿色建筑设计评价

标识三星级标识，是上海市较早获此荣誉的新建公建建筑；2011 年又获得全国绿色建筑创新奖。以此项目为例申报的"建筑信息模型（BIM）技术系统研究与应用"课题 2011 年获住房和城乡建设部行业管理信息化课题立项。

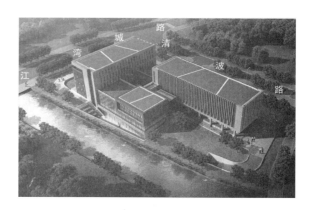

自用办公楼建筑鸟瞰图

2012 年本项目建立了与上海市建交委下的"上海市国家机关办公建筑和大型公共建筑能耗监测信息平台"的数据联网，将能耗数据上传至该平台。2013 年被批准作为上海市首批绿色建筑示范项目立项，也是上海市第一个绿色建筑测评项目。目前此立项已通过专家组初审，并完成了第三方的实测。

---

① 编者注：该工程设计主要图纸参见随书光盘。

三、设计参数及空调冷热负荷

1. 室外气象参数（见表1）

室外气象参数　　表1

	大气压力（hPa）	空调计算干球温度（℃）	空调计算湿球温度（℃）	相对湿度（%）	通风计算干球温度（℃）	风速（m/s）
夏季	1005.3	34	28.2	/	32	3.2
冬季	1025.1	−4	/	75	3	3.1

2. 室内设计参数（见表2）

室内设计参数　　表2

房间名称	夏季		冬季		新风量
	温度（℃）	相对湿度（%）	温度（℃）	相对湿度（%）	[m³/(h·人)]
办公	25～27	≤60	20～22	≥30	≥30
会议	25～27	≤65	20～22	—	≥20
门厅	26～28	≤65	18～20	—	≥20
报告厅	25～27	≤65	18～20	—	≥20
餐厅	24～26	≤65	19～21	—	≥20
档案库	23±2	50±5	20±2	50±5	≥20

3. 冷热负荷及指标（见表3）

冷热负荷及指标　　表3

总冷负荷（kW）	1990	总热负荷（kW）	1497
冷耗指标（kW/m²）	0.123	热耗指标（kW/m²）	0.097

注：指标中的建筑面积已扣除地下车库及设备用房的面积。

建筑物全年逐时冷负荷如图1所示。

四、空调冷热源及设备选择

1. 冷热源设计

空调冷热源采用地源热泵主机与辅助冷却塔相结合的空调形式，其中地源热泵系统按冬季热负荷确定地埋管数量，夏季通过闭式冷却塔将多余热量排除。选用两台标准工况下制冷量为1086kW，制热量为1145kW的螺杆式地源热泵机组。经负荷计算，冬季制热工况，仅使用一台即可满足需求。

冷热源系统原理图详见图2。

2. 地埋管系统设计

根据钻探测试，本工程在所处地面以下120.0m深度范围内的地基土主要由黏性土、粉性

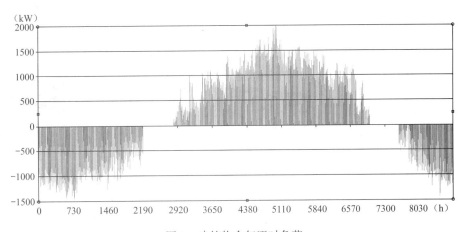

图1　建筑物全年逐时负荷

土及砂土组成。

本工程采用钻孔埋管形式。根据土壤热响应测试报告及模拟，钻孔埋管采用并联双U形埋管，夏季单井放热量按65W/m²，冬季单井取热量按43W/m²。本工程中建筑物外围可利用钻孔埋管220个，有效深度95m，可承担冷负荷1140kW；可承担热负荷1110kW。

钻孔有效深度95m，孔径为Φ150mm，主要分布于建筑物外围的北侧和东侧，按照3.5m×3.5m的间距埋设，钻孔位置离现有埋地电缆至少2m以上，从机房分水器分2组主管分别引到北侧和东侧，在室外两侧设有2个主管维修井，北侧分集水器再接管到1～4号分集水维修井，东侧分集水器接管到5～8号分集水维修井；各区主管平均每组管分为3～4小组，每小组为8～10个孔，每小组能独立控制。地埋侧循环水温度夏季为35℃/30℃，冬季为6℃/10℃。室外地埋管平面详见图3。

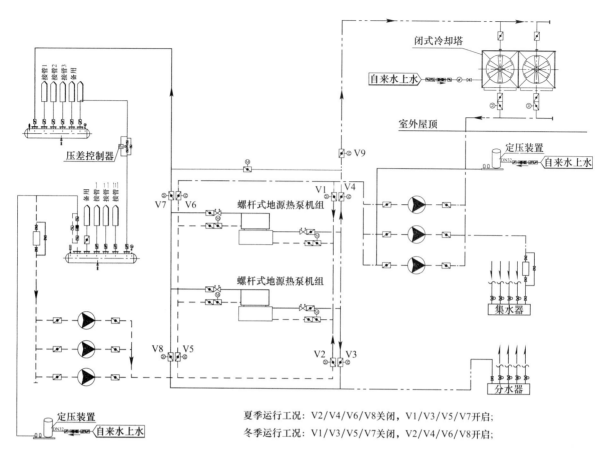

夏季运行工况：V2/V4/V6/V8关闭，V1/V3/V5/V7开启；

冬季运行工况：V1/V3/V5/V7关闭，V2/V4/V6/V8开启；

图 2   冷热源系统原理图

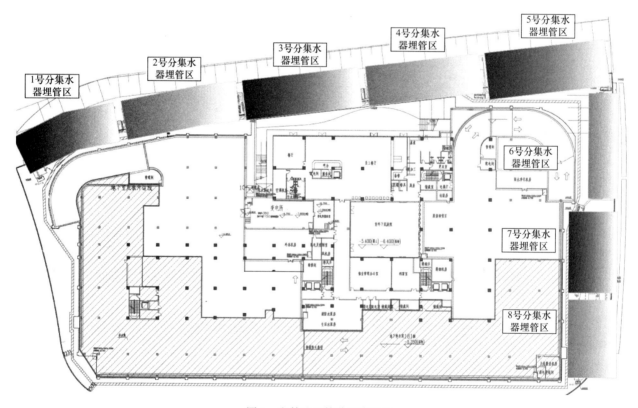

图 3   室外地埋管分区布置图

3. 冷却塔的设置

对上海地区而言，冷负荷占主导，按照冷热负荷需求之差来设计冷却塔的容量，以克服冷热不平衡，冷却塔额定流量 250m³/h。根据 TRNSYS 模拟计算所得结果，冷却侧进口温度超过 26℃时，开启冷却塔，其整个系统 10 年运行总能耗最小。

五、空调系统形式

1. 空调风系统

地下员工餐厅、一层门厅、健身房及二层报告厅等大空间采用全空气定风量低速管道系统。空气处理机组（AHU）带有混合、袋式过滤、PHT 杀菌消毒、冷却或加热及风机等功能段的组合，并实现过渡季节全新风或 50％新风运行。

办公、会议等采用风机盘管加新风系统。新风系统大部分通过全热回收后利用排风中的能量来进行预冷或预热处理。典型平面详见图 4。

2. 空调冷热水系统

空调水系统采用一级泵定频变流量二管制异程式系统，末端空调箱回水管上设置比例式电动二通阀与动态平衡阀组合为一体的流量控制阀，末端风机盘管回水管上设置开关式电动二通阀与动态平衡阀的组合阀。空调水系统通过分水器与集水器分为三路，分别供 A 栋、B 栋及后勤活动等空调设备使用。空调末端水系统供回水温度：夏季 6～12℃，冬季 45～40℃。水系统流程图详见图 5。

3. 自然通风的模拟

为最大限度地利用室外免费冷源，利用 CFD 软件模拟该建筑自然通风方式，优化自然通风效果。根据模拟结果，建筑设计中采用以下方案强化自然通风效果：

（1）连廊两侧尽量设置可开启的窗户，强化风压通风。

（2）楼梯间通至顶部并在顶部开口，作为热压的出风口，同时通过门窗等形式连通东部大办公房间与楼梯间，强化自然通风的热压通风效果，进一步改善整个房间的自然通风。具体分析结果详见图 6。

六、通风、防排烟及空调自控设计

1. 防烟正压送风系统

按照上海市《建筑防排烟技术规程》DGJ 08—88—2006 中的有关规定和计算方法，地下室及满足条件的封闭楼梯间采用建筑开窗自然通

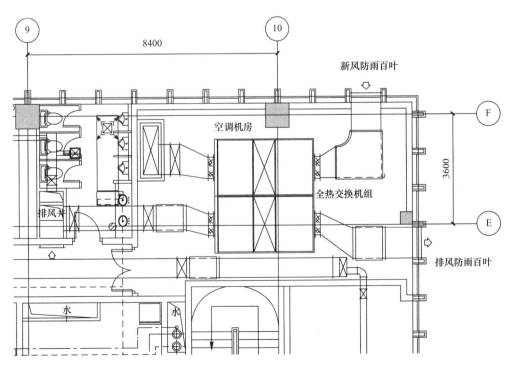

图 4　全热交换机组平面布置图

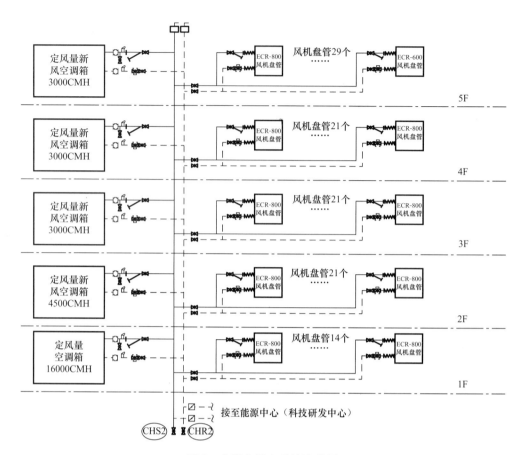

图 5   空调末端水系统流程图

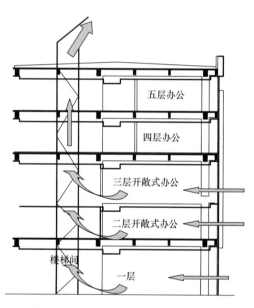

图 6   房间立面热压自然通风示意图

风防烟方式，每 5 层的自然通风面积不小于 2.0m²，并在顶层设有不小于 0.8m² 的自然通风面积。

2. 机械通风与排烟系统

地下一层车库分两个防火分区，每个防火分区按小于 2000m² 设置防烟分区，采用机械排风兼排烟系统，排风兼排烟风机设置在通风机房内，排风量和排烟量均按 6h⁻¹ 换气次数计算。火灾时由车道自然补风。

地下一层生活及消防水泵房采用机械排风系统，排风量均按 4h⁻¹ 换气次数计算。

地下一层变配电室设置机械排风系统，排风量按工艺要求计算，进风通过下沉庭院自然进风。

浴厕设置集中垂直机械排风系统，排风机置于屋顶，每层排风水平管上设防火调节阀。

长度大于 20m 的走道均采用自然排烟方式，并满足走道两侧开窗面积不小于 1.2m²。

地下一层冷冻机房采用机械排风系统，排风量按 8h⁻¹ 换气次数计算。

采用自然排烟的房间开窗面积大于房间面积的 2%。

地下一层厨房采用自然进风机械排风系统，排风量按 40h⁻¹ 换气次数计算，设计预留土建排油烟竖井，具体设备由厨房工艺承包商负责，并保证达到净化要求后方可排放。

3. 自动控制

末端空调箱回水管上设置比例式动态平衡阀，根据回风温度，调节机组回水管上的电动二通阀的开度，以维持室温不变。末端风机盘管回水管上设置开关式动态二通平衡阀，根据回风温度，打开或关闭回水管上的动态二通阀，以维持室温不变。通过供回水总管上的压差旁通装置，对冷冻机组及空调水泵进行台数控制，所有控制系统均接入 BAS。空调的回水总管上设置冷热量计量装置。

七、设计体会

评价地源热泵系统节能效果的好坏，需要以空调系统的全年能耗模拟计算结果为依据。根据全年的冷热负荷，明确冷却塔的运行策略，平衡埋管侧的年放热、吸热总量。在保证地源热泵系统节能高效性的同时，地埋管初投资的回收期也应控制在合理范围内，从而使该设计有好的节能效果和经济效益。

上海市委党校二期工程（教学楼、学员楼）暖通空调设计①

- 建设地点　　上海市
- 设计时间　　2008 年 12～2009 年 12 月
- 竣工日期　　2011 年 06 月
- 设计单位　　同济大学建筑设计研究院（集团）有限公司
　　　　　　　[200092] 上海市四平路 1230 号
- 主要设计人　沈雪峰
- 本文执笔人　沈雪峰
- 获奖等级　　一等奖

作者简介：
沈雪峰，1976 年 8 月生，高级工程师、副院长，2001 年 03 月毕业于同济大学供热通风与空调专业，硕士，现就职于同济大学建筑设计研究院（集团）有限公司建筑设计二院。主要设计代表作品有同济大学教学科研综合楼、乌鲁木齐石化大厦、联合利华全球研发中心、上海市委党校二期工程、武汉电影文化公园等。

一、工程概况

上海市委党校、上海行政学院是一所培养本市中、高级干部的学校，并担负着上海市高级公务员、特大企业及跨国公司在沪机构高级管理人员的培训任务。现代化综合教学楼及学员宿舍楼工程是涉及校园整体规划和建设的重要工程，是在教学的软硬件配置上实现新世纪干部教育的功能理念，与国际知识化经济发展相接轨的关键性工程。

上海市委党校教学楼和学员宿舍楼的建设定位为世界一流、全国领先的示范性重点项目。在设计过程中充分利用多种生态节能技术并展开一系列科研课题的研究工作，力争使建筑成为一个绿色建筑及新能源利用的示范工程，向来自各地的学员们展示最先进的建造技术和设计理念。

建筑位于校园西北角，东面和南面为校园景观，西面为漕河泾。建筑东面朝向校园中心绿地，采用平直的界面，山墙面形成两个纯粹的形体："L"和"U"形。西面建筑形体和界面丰富多变，尺度较小，形成多处供人休憩的内院空间。

建筑设计中采用了绿化屋顶、种植墙面、电动外遮阳、自然光导入、地源热泵、雨水回收、智能化集成平台技术、绿色建材等大量绿色节能

技术，使本建筑不仅在设计中、也在日后的运营过程中成为一座真正的绿色建筑。

项目总用地面积 44895m²，总建筑面积 36873m²（地上 28447m²、地下 8426m²），其中教学楼 16910m²，学员楼 199963m²。教学楼以 3 层为主，局部 4 层，总高度 23.6m；学员楼共 11 层，总高度 44m。项目容积率为 0.63，绿化覆盖率 30％。

教学楼部分设有一个 1300m² 报告厅及附属设施，一个 1500m² 多功能组合教室群，包括 300m² 演播厅、导演及后台用房、教学厅及会议室等，其他教学用房包括 160 人阶梯教室、100 人多功能教室、分组讨论室、情景模拟室等。学员宿舍楼包括 4＋1 型套间、1＋1 型套间和标准套间三种不同类型，共计约 320 间。

建筑外观图

二、工程设计特点

（1）本项目获得了上海市科委科技攻关的课题资助（编号09dz1202600）。课题结合上海市委党校二期（教学楼、学员楼）项目设计和技术研究，积极探索高等级研究型校园的生态节能新技术集成及全寿命周期检测体系，课题主要在以下四个方面进行了深入研究：1）建筑围护结构体系新技术；2）可再生能源利用及热回收利用综合体系技术；3）远程实时智能化建筑节能监管体系技术；4）建筑全寿命周期监测及评价体系。课题所列的各种生态节能技术均运用于本项目中，完成了《可持续教育建筑——上海市委党校二期工程可持续技术应用示范》著作的出版，同时于2012年通过了上海市科委对于课题的审查验收。

（2）本项目在设计之初就确定按照国家绿色三星的设计标准，于2012年1月取得了国家三星级绿色建筑设计标识证书，同时于2013年5月获得了全国绿色建筑创新奖二等奖。

（3）本项目采用带热回收功能的地源热泵机组来同时满足空调冷热源和生活热水的需求。

（4）根据不同的功能区需求，空调末端系统分别采用全空气定风量低速管道系统和风机盘管＋新风系统。大报告厅空调系统设置全热热回收装置，空调季节通过转轮热回收装置回收排风中的能量，降低空调系统的运行能耗。过渡季节可利用旁通装置实现50％新风运行。设置全空气空调系统的教室利用变频送排风机，可实现过渡季节30％～40％的新风运行。

（5）设置节能监管平台，根据后期平台所提供的实际数据调整空调自控系统的运行策略，以达到最大的空调运行节能效果。

三、设计参数及空调冷热负荷

1. 室外气象参数（见表1）

室外气象参数　　表1

季节	大气压力(hPa)	空调计算干球温度(℃)	空调计算湿球温度(℃)	相对湿度(%)	通风计算干球温度(℃)	风速(m/s)
夏季	1005.3	34	28.2	—	32	3.2
冬季	1025.1	−4	—	75	3	3.1

2. 室内设计参数（见表2）

室内设计参数　　表2

房间名称	夏季		冬季		新风量
	温度(℃)	相对湿度(%)	温度(℃)	相对湿度(%)	[m³/(h·人)]
教室	25～27	≤65	18～20	≥30	≥20
办公	25～27	≤65	19～21	≥30	≥30
会议	25～27	≤65	19～21	≥30	≥20
宿舍	25～27	≤65	19～21	≥30	≥50
报告厅	25～27	≤65	18～20	≥30	≥20
餐厅	25～27	≤65	18～20	≥30	≥20
门厅	26～28	≤65	18～20	≥30	总风量的10%

3. 空调冷热负荷

本项目空调总冷负荷为3118kW，总热负荷为2604kW。单位空调面积总冷耗指标为0.104kW/m²，总热耗指标为0.087kW/m²。

四、空调冷热源及设备选择

由于本工程所处位置不能设置锅炉房，为了解决生活热水热源需求，经多方评审，空调的冷热源以及生活热水的热源采用地源热泵形式。由于上海市委党校有着严格的培训章程，教学楼和学员楼同时使用概率较低，故在冷热源配置上考虑较低的同时使用系数。按照生活热水所需热量选用两台带全部热回收功能的地源热泵机组，机组制冷量733.3kW、制热量753.8kW、热回收量677.7kW；另设置一台常规的地源热泵机组满足空调系统剩余的冷热量，机组制冷量733.3kW、制热量753.8kW。根据全年冷热平衡计算，系统全年排热量比吸热量多1467137kWh，故为常规的地源热泵机组设置一台处理水量为200t/h的闭式冷却塔，通过调整冷却塔的使用时间来满足土壤的热平衡，冷却塔设置在学员楼屋顶。

24h使用的弱电设备用房，如弱电间、UPS机房、网络电话机房、声控室、光控室、放映间及部分控制室等采用单冷变冷媒流量变频多联机系统。

五、空调系统形式

1. 空调风系统

多功能培训厅、阶梯教室、数字放映厅、U

形教室、公共门厅、餐厅等大空间采用全空气定风量低速管道系统，大报告厅采用全空气变风量低速管道系统。其中大报告厅、多功能培训厅、阶梯教室及数字放映厅采用自带感温装置的圆盘形扩散风口顶送，回风采用侧下回；其余空间采用直片式散流器顶送，集中回风。

大报告厅空调系统设置全热热回收装置，空调季节通过转轮热回收装置回收排风中的能量，降低空调系统的运行能耗。过渡季节可利用旁通装置实现50%新风运行。

设置全空气空调系统的教室利用变频送排风机，可实现过渡季节30%~40%的新风运行。

空调机组由袋式过滤段、盘管段、湿膜加湿段、风机段等基本功能段组成。

其余办公、会议、宿舍等小开间房间采用风机盘管加新风系统。

所有风机盘管和空调箱均设置纳米光子空气净化装置，以提高室内空气的品质。

2. 空调水系统

本大楼空调水系统采用二管制异程系统。

空调水系统通过分集水器，分别供教学楼和学员楼的空调机组使用，总管上设置冷热量计量表。

为解决水系统的不平衡性，末端所有风机盘管和空调箱回水管上分别设置开关式电动平衡二通阀和比例式电动平衡调节阀。

冷冻水供/回水温度为12℃/7℃，空调热水供/回水温度为45℃/40℃，生活热水用加热热水供/回水温度为60℃/55℃。

地源热泵机组冬夏转换采用双位电动蝶阀控制，空调冷热水及冷却水分别在蒸发器与冷凝器之间切换，保证机组工况常年运行稳定。

3. 地埋管系统

根据测试报告提供的土壤性能参数，本项目所在地块土壤初始温度约18.43℃。地下特性为土壤潮湿，地下水位高，含水量充足，确保了实施地源热泵系统具有良好的效果。以黏土、亚黏土及粉砂为主的软土地质条件保证了施工成本降低，成本易回收，系统经济性好。根据本工程的总平面图及现场情况，采用钻孔埋管形式。钻孔埋管采用并联单U形埋管（De32），夏季单井放热量按照59W/m计算，冬季单井取热量按照41W/m计算。根据热量需求本工程设置埋管408

个，有效深度100m，按照5m×5m间距埋设。夏季土壤换热器最大可承担冷负荷2029kW，不足部分由设置在屋顶一台处理水量为200m³/h的闭式冷却塔补充；冬季土壤换热器最大可承担热负荷为2098kW，完全满足项目供热需求。

土壤换热器循环工质为水，循环温度夏季为35℃/30℃，冬季为5℃/10℃。所有地下埋管换热器环路的水平管平均分配到室外分集水器，每个集水器母管上加检修蝶阀。整个系统每个环路同程设置，集水器井供回支管均加装检修阀。

六、通风、防排烟及空调自控设计

1. 排风系统

（1）地下一层变配电房设置独立的机械送、排风系统，换气次数按设备发热量计算，送排风量均为15370m³/h。风机均采用双速风机。

（2）地下室水泵房设置独立的机械送、排风系统，换气次数取4h⁻¹，送排风量均为5970m³/h。风机均采用双速风机。

（3）地下冷冻机房设置独立的机械送、排风系统，冷冻机房的换气次数按6h⁻¹计算，送排风量均为6200m³/h。风机均采用双速风机。

（4）地下一层浴室、更衣、卫生间设置独立的机械排风系统，排风量取换气次数10h⁻¹，排风量均为6770m³/h。浴室和更衣间补风经新风空调机组处理后送入室内。

（5）地下一层厨房粗加工设置独立的机械排风系统，排风量取换气次数10h⁻¹，排风量为7800m³/h，风机采用双速风机。补风经新风空调机组处理后送入室内，补风量为7000m³/h。

（6）地下一层车库设置平时机械排风兼消防排烟系统，补风采用车道或井道自然进风，排风（烟）量按换气次数6h⁻¹计算，排风（烟）量分别为61520m³/h和82000m³/h。根据车库内CO浓度来控制通风机的启停（台数）。

（7）地下一层污水泵房和一层垃圾站设置机械排风系统，排风量按20h⁻¹计算，排风引至学员楼屋顶高空排放。

（8）地上卫生间设置机械排风系统。排风量按换气次数10h⁻¹计算。

（9）大报告厅、教室和餐厅均设置机械排风系统，排风风机均采用变频控制，可以满足过渡季节的全新风或 30%～50%新风运行。

（10）地上走道和公共门厅设置机械排风系统，排风量按新风量的 80%计算。

（11）一层厨房设置两套机械排风系统和一套机械送风系统，平时送、排风量按 $6h^{-1}$ 换气次数计算。厨房使用时设置机械排风和自然进风系统，排风量按 $40h^{-1}$ 预留，并在后期与厨房工艺设计对接，油烟处理设备设置在屋顶，油烟经净化处理后达到排放标准后高空排放。

（12）一层燃气表房设置机械排风系统，排风量按 $12h^{-1}$ 计算，排风风机采用防爆风机。进风采用门百叶自然进风。

2. 防排烟系统

（1）学员楼消防合用前室和楼梯间均设置机械正压送风系统，合用前室的送风量为 $13000m^3/h$，楼梯间的正压送风量分别为 $31300m^3/h$ 和 $34200m^3/h$。

（2）教学楼封闭楼梯间地上和地下部分均利用可开启外窗进行自然排烟，每 5 层内可开启的外窗面积不小于 $2m^2$，且顶层可开启外窗面积不小于 $0.8m^2$。

（3）地下一层车库设置机械排烟系统，排烟量按 $6h^{-1}$ 计算，排烟量分别为 $61520m^3/h$ 和 $82000m^3/h$。补风采用车道或井道自然补风。

（4）地下一层走道设置机械排烟系统，排烟量按 $60m^3/(h \cdot m^2)$ 计算，排烟量分别为 $13370m^3/h$ 和 $21000m^3/h$。

（5）教学楼二、三层走道和学员楼二～十一层走道设置机械排烟系统，排烟量按 $60m^3/(h \cdot m^2)$ 计算，排烟量分别为 $35836m^3/h$ 和 $14600m^3/h$。

（6）教学楼多功能培训厅、阶梯教室、大报告厅及数字放映厅设置机械排烟系统，排烟量根据火灾规模（按有喷淋的公共场所，热释放量为 $2.5MW$）计算确定，排烟量均为 $30000m^3/h$。补风均利用靠外墙的可开启门和窗自然补风。

（7）学员楼一～二层门厅采用自然排烟方式，一层顶部侧面设置 $5m^2$ 的电动排烟窗，二层中庭区域设置电动挡烟垂壁，补风采用靠外墙的门洞自然补风。排烟量根据火灾规模（按有喷淋的中庭，热释放量为 $1.0MW$）确定，经计算需要自然排烟窗的面积为 $4.13m^2$。

（8）教学楼中庭和入口门厅设置电动挡烟垂帘与走廊分隔为不同的防烟分区，由于中庭和入口门厅内的可燃物均很少且走廊和房间均设置排烟系统，故教学楼中庭和入口门厅不设置排烟系统。

（9）其他靠外墙建筑面积大于 $100m^2$ 且小于 $500m^2$ 的房间采用可开启外窗进行自然排烟，可开启外窗有效排烟面积不小于房间面积的 2%。

3. 空调自控系统

（1）冷热源侧水系统、地埋管侧水系统以及生活热水热源水系统采用定流量系统，负荷侧水系统采用变流量系统。通过冷热水供回水总管上设置的压差旁通和冷热量控制系统，对热泵机组和水泵的运行台数进行控制，以满足负荷侧冷热量变化的要求。空调水系统的定压和膨胀采用闭式膨胀水箱的定压方式。

（2）新风空调机的风机、电动水阀及电动新风阀进行电气联锁。启动顺序为水阀—电动新风阀及风机，停车时顺序相反。

（3）新风机组选用风道型比例式温度控制器，根据出风温度调节机组回水管上的比例式电动平衡调节阀，以维持出风温度不变。

（4）热泵机组、冷热水泵及其电动蝶阀进行电气连锁启停，其启动顺序为：电动蝶阀—冷热水泵—热泵机组，系统停车时顺序与上述相反。

（5）风机盘管均配室内恒温器，以控制风机盘管回水管上的电动二通平衡阀，维持室内温度恒定，所有设备均能就地启停。

（6）火灾报警发生后，开启相应部位的排烟风机或排风兼排烟风机。对于平时常闭而在火灾时需转变开闭状态的受控排烟阀及受控防火阀，由火灾报警系统发出联动控制信号，并接收其动作反馈信号。

（7）地下车库通风系统根据车库内 CO 浓度来控制通风机的启停台数。

七、设计体会

（1）本项目教学楼内各报告厅、培训厅与教室等功能区夏季要求空调，冬季要求供暖；学员楼内的宿舍、餐厅等处除空调与供暖要求外，还需要提供 24h 生活热水。具有热回收功能的地源热泵系统在提供夏季空调冷冻水的同时能够回收一部分室内热量用于制备生活热水，既减少了系统的投资，又提高了系统的能源利用效率，成为空调和热水冷热源的最佳选择。项目投入运行3年以来，空调系统与生活热水系统运行稳定，能够完全满足项目的实际使用需求，同时节能效果比较显著。

（2）为了验证室外地埋管的合理埋管间距，本项目通过数值分析模拟不同埋管间距条件下土壤温度场的情况。研究表明，5m间距埋管群在全年运行期间土壤温度均低于4m间距埋管群温度，且在负荷较大的夏季和冬季温度变化速率较4m低。5m埋管群土壤温升、温降分别为3.7℃和3.5℃，4m埋管群土壤温升、温降分别为5.4℃和5.1℃。同时在传热系数、水流量及水温均不变的情况下，土壤温度变化使得地埋管的实际运行效率有所下降。根据模拟结果，5m埋管群在夏季和冬季的实际运行效率约为设计值的86.4％和87％，4m埋管群实际运行效率约为设计值的79.6％和80％。故在项目设计中采用了5m×5m的埋管间距。

（3）地源热泵系统初投资较空气源热泵系统和冷水机组＋锅炉系统高，但其年运行费用比后两者低。经计算，地源热泵系统运行2.6年左右可收回高出空气源热泵系统的初投资，运行1年左右便可收回高出冷水机组＋锅炉系统的初投资。

（4）大空间空调系统设置全热热回收装置，空调季节通过转轮热回收装置回收排风中的能量，降低空调系统的运行能耗。过渡季节可利用旁通装置实现50％新风运行。设置全空气空调系统的教室利用变频送排风机，可实现过渡季节30％～40％的新风运行。

（5）通过设置的节能监管平台的监测，本项目运行3年的周期中，室内各个区域的温湿度均满足设计和实际使用要求。

福州市东部新城商务办公中心区暖通设计^①

- 建设地点　　　福建省福州市
- 设计完成时间　2012 年 03 月
- 工程竣工日期　2013 年 8 月
- 设计单位　　　福建省建筑设计研究院
　　　　　　　　福建省福州市鼓楼区通湖路 188 号
- 主要设计人　　肖剑仁　黄华荣　郭筱莹
　　　　　　　　陈震宇　郑微炜　梁竞
　　　　　　　　彭加辉　林驰　程宏伟
- 本文执笔人　　肖剑仁
- 获奖等级　　　一等奖

作者简介:

　　肖剑仁,1970 年 10 月生,教授级高级工程师。1995 年同济大学研究生毕业,获工学硕士学位。现在福建省建筑设计研究院工作。主要代表作品:福州市东部新城商务办公中心区、福建省科技新馆、福建省建行综合办公楼、中国闽台缘博物馆、龙岩会展中心、博物馆等。

一、工程概况

　　本工程主要使用功能为办公、会议及配套用房,地下 2 层,地上 12～18 层。总建筑面积约为 326000m²,其中地下建筑面积 89000m²,地上建筑面积 237000m²。规划用地净面积 63906m²,容积率 3.71。项目地点位于福州市东部新城,闽江南岸、南江滨东路南侧,鼓山大桥西侧。建设单位为福州市城乡建设发展总公司,使用单位为福州市政府机关事务局。项目地理位置示意如图 1 所示。

图 1　项目地理位置示意图

项目北向效果图

　　地上部分由 3 组建筑群组成,中央主建筑群由 A、B、C、D 四座办公楼及裙房组成,其中南

侧 A、B 座为 18 层办公楼,北侧 C、D 座为 14 层办公楼。在 A 座和 B 座的办公楼之间、主体建筑南入口设计 12 层近 50m 通高的中庭空间,裙房中部为 1000 人多功能厅。北侧 C、D 座办公楼之间从 11 层起设置 4 层架空连廊。东西 2 组建筑群,分别为 E、F 座和 G、H 座,主要功能为办公、厨房、餐厅及会议用房。其中西面为 E、F 座办公楼,东面为 G、H 座办公楼,楼层数分别为 12～14 层。

　　地下 2 层,主要功能为设备机房及汽车库,部分汽车库为平战结合人防工程,战时转化为人防掩蔽所。设备机房包含水泵房、雨水机房、发电机房、变配电房等,江水源热泵机房设在北侧 C、D 座地下一层,其水处理机房设在临近 1 层夹层。

---

① 编者注:该工程设计主要图纸参见随书光盘。

二、工程设计特点

本项目于 2010 年底完成一次施工图设计并进入实施阶段，原设计空调冷热源采用常规的冷水机组，夏季集中供冷、冬季不供暖，地下一层设置（A）、（E）、（G）三个冷冻机房，分别服务于 ABCD、EF、GH 三组建筑群。

2011 年 9 月，根据相关部署和要求，该项目增加冬季供暖，并启动改用江水源热泵系统的可行性研究。至 2012 年 3 月初，由我院主持完成"江水源热泵方案论证评审"以及相关设计修改，并付诸实施。最终确定采用江水源热泵空调作为代替方案，设置一集中的系统，为建筑群集中供冷、供热，冷热源机房设置在 CD 座下原（A）冷冻机房内，同时配套设置了江水水处理系统。2013 年 5 月中旬，项目整体竣工并投入使用。距今空调系统已成功运行一个制冷季和供暖季，取得比较令人满意的运行效果。

该项目被列为福州市可再生能源建筑应用示范工程项目之一，福建省"十二五"绿色建筑行动百项重点示范工程之一。

三、设计参数及空调冷热负荷

本项目室外设计计算参数取自《实用供热空调设计手册》（第二版）；室内设计计算参数依据相关国家规范及技术手册进行取值；水温、水质参数均通过分析水文统计数据后进行取值，其中冬夏季江水水温按 10℃、30℃计。

根据系统逐时负荷计算结果，考虑管道温升附加系数、同时使用系数，冷负荷最大值为 26292kW，冬季热负荷约为 8680kW。

四、空调冷热源及设备选择

本项目在通过过对比地理、气象及水文条件，经过方案论证后认为：非洪水时期，闽江的水量、水质、水温比较适合于江水源热泵空调系统，可采用开式系统（江水直接进机组）的方式；洪水时期，应采取切实可行的水质处理措施来保证系统正常运转。最终确定采用江水源热泵空调系统作为项目空调冷热源。

结合负荷计算结果、建筑平面条件及方案评审意见，机组采用 2 大＋2 小的配置（大容量机组：小容量机组＝2：1），分别为 2 台江水源高效离心式冷水机组（单台冷量 8792kW）和 2 台江水源离心式热泵机组（单台冷量/热量＝4396/4361kW），机组均为大温差、可变流量、三级压缩机组，采用 10kV 高压直接供电，系统调整后的配置总冷量为 26376kW，总热量为 8722kW。

设计选用的冷水机组 COP 冷＝5.89（进/出水温度 6℃/12℃），热泵机组的 $COP_冷＝5.61$，$COP_热＝5.62$，超过《公共建筑节能设计标准》的要求。设备招标选购时不仅将冷水机组的能效提高，还综合考虑了低负荷率情况下的能效，保证主机在 20%～100% 负荷率下仍处于高能效状态（COP＞5.1），从而确保系统在 7%～100% 负荷率范围内均可高效率（COP＞5.1）运行，COP 最大值可达到 6.8。综合能效系数 IPLV 达到 6.42。

五、空调系统形式

1. 空调水系统

由于本工程空调系统负荷较大，输配半径较大，空调水系统采用加大供回水温差、变频运行的方式降低水泵功耗。经经济技术比较后，空调水系统夏季供/回水温度为 6℃/12℃，冬季供/回水温度为 43℃/37℃。空调水输配系统采用一次泵变流量系统，空调冷热水泵采用 7 台统一规格的变频泵，6 用 1 备。其中，单台大容量冷水机组对应 2 台水泵，单台小容量热泵机组对应 1 台水泵。

空调水系统的水泵运行台数与主机对应，单台大容量冷水机组对应 2 台水泵，单台小容量热泵机组对应 1 台水泵。主机运行台数随着空调负荷的降低而减少：2 大 2 小→2 大 1 小→2 大→2 大 1 小→1 大→1 小。当空调负荷增加时，主机反向加载。

多台水泵并联运行时，通过监测供回水温差与设定值的偏差，对冷热水泵进行变频调速，当频率达到 40Hz 下限时，水泵不再变频，按 40Hz 运行。单台水泵运行且水泵频率达到 40Hz 下限时，水泵按 40Hz 运行，并调整电动旁通调节阀开度，维持压差恒定。每台水泵的流量运行范围为额定流量的 100%～80%。

在空调负荷率 26.7%～100% 范围以内，空调水系统在供冷时的供回水温差均在 5℃ 以上。结合福州地区在负荷率低于 26.7% 的情况下已基本停止供冷、冬季供暖时间较短等实际情况，可以认为，在全年绝大多数时间内，空调水泵都不会出现小温差大流量的现象。

2. 空调风系统

（1）标准层采用新风＋风机盘管系统，其新风系统采用带热回收型的空调新风机组，充分利用排风的余冷（热）对新风进行预冷（热）。本项目带热回收型新风机组共 122 台，新风总量72.4 万 m³/h。

（2）A、B 座之间的 12 层通高的高大门厅采用分层空调的方式，下部侧送风、下部集中回风、上部设置机械排风。

（3）其余大空间区域采用全空气，空调季节采用变新风比控制技术，新风量可通过二氧化碳浓度传感器控制，在有效保证室内人员新风量的前提下降低空调负荷，节省运行费用。同时在新风竖井、新风管路设计上，为过渡季节尽量加大新风量提供有利的条件。

六、通风、防排烟及空调自控设计

（1）本项目各功能区域、房间的通风、防排烟系统均严格按照国家规范的要求执行。

（2）本项目采用楼宇自控系统（BAS）实现对各空调、通风设备进行监视、控制。本次设计根据实际情况制定了相应的自动控制策略。控制策略如下：

1）江水源热泵系统自动控制：

① 控制管路上偏心半球阀的启闭，实现制冷/供热工况的切换。

② 冷水机组/热泵机组运行台数的增减调节：通过测量空调供回水的温差及流量，计算空调实际的冷/热负荷，根据负荷要求确定机组的启停台数。

③ 对应主机运行台数，确定冷热水泵及江水潜水泵运行台数，一台热泵机组对应一台水泵，一台冷水机组对应两台水泵。通过监测供回水温差与设定值的偏差，对冷热水泵进行变频调速，当频率达到 40Hz 下限时，水泵不再变频，按

40Hz 运行。单台水泵运行且频率达到 40Hz 下限后，通过调整电动旁通调节阀开度，保证机组所需的低限流量，维持压差恒定。

通过监测取退水温差与设定值的偏差，对江水潜水泵进行变频调速，当流量达到低限流量时，水泵不再变频。

④ 设置时间延时和冷量控制的上下限范围，防止机组的频繁启停。

⑤ 设置清洗周期，定时自动切换管刷四通换向阀，实现管刷往复运动清洗换热器管壁。

⑥ 水系统定压：自动定压控制装置根据定压点设定值与检测值的偏差，控制内置补水泵机组的启停。定压罐水量降到设定值时，自动补水。

2）空调末端自动控制：空调区域温度控制均通过温控器与电动二通阀或电动调节阀控制通过冷（热）盘管的水流量来实现。

3）送排风机自动控制：风机按时间程序自动启停，运行时间累积。用风压差开关监视风机运行状态。

七、运行情况与心得与体会

1. 运行情况

本项目于 2013 年 4 月底基本建设完成，5 月上旬进行调试并投入试运行。至今，江水源热泵系统投入运行两年多，实现安全、无故障连续运行，为建筑物供冷、供暖效果令人满意。

系统供冷开始于 2013 年 5 月中旬，室外空气温度在 32℃ 以上，机组进水温度在 25～26℃；最热的 7～8 月份，室外空气温度在 38℃ 以上，机组进水温度在 27～30℃。与周边采用冷却塔冷却的项目相比，源水温度比冷却水进水温度低 7～5℃。

2013 年 6 月，系统迎来第一次闽江上游泄洪，室外江水浑浊度增大，出现室外取水管路阻力增大，取水量减少的情况。具体现象：冷冻水进出水温度差 3℃，闽江源水的进出水温差达到4.5℃。经过清洗叠片过滤器后，室内外侧的温差变化基本相同。通过上述水阻力过大问题的解决，基本验证了源水过滤系统对"洪水季节江水浑浊度较高"的应对性较好。

2. 心得体会

本项目采用江水源热泵空调系统，节能效果

优势明显，具有明显的经济效益和环保效益。随着该项目江水源热泵空调系统的顺利实施和运行，一些设计、运行管理经验值得总结。

（1）闽江流域无论是水量、水温，还是水质，都比较适合江水源热泵系统的应用，且可采用江水直接进机组的方式，不需要设置中间换热装置。

（2）闽江流域水体含沙量较少，在平常非泄洪时段，水质稳定，浊度低，洪水泄洪时段，浊度升高明显。所以系统水处理方案要有针对性，如过于强调水质恶化时段，整体提高水质处理系统的要求标准，系统的水处理初投资增幅过大，系统的经济性降低，回收年限延长。

（3）与常规系统相比，江水源热泵系统的综合节能总量包含冷热源机组的能效提高，室内、外侧的输配功耗节省等。所以系统设计应优先考虑空调冷热源方案、主机与泵的组合方式、系统运行全年工况。在主机的选型上，应优先考虑选择能效高、适应建筑负荷变化的机型，机组结构需要考虑耐磨、耐腐性、易清洗等要求；室内外循环水泵变频运行控制策略与负荷、系统水阻变化情况相适应。

（4）室外泵井的污泥泵原先只设计1台，日常泵井底部排池污泥过程中，管理人员需要移动泵体和管道，维护工作量较大，后来听取物业公司的意见，增设污泥泵的台数，并采用固定的方式，管理操作都在上部平台，降低维护管理的难度。

（5）本项目为间歇性运行建筑，周末和夜间空调系统停止运行。系统停止运行后，第4级过滤器-叠片过滤器上粘附的微生物和藻类如未及时去除，容易滋生形成生物粘泥，造成过滤器增大，影响系统下次的运行。所以调整日常运行管理策略，系统停机后，叠片过滤器悉数反清洗后再停泵。

深圳证券交易所广场的空调设计①

- 建设地点　　深圳市
- 设计时间　　2006 年 12 月～2008 年 10 月
- 竣工日期　　2013 年 6 月
- 设计单位　　深圳市建筑设计研究总院有限公司
　　　　　　　[518031] 深圳市振华路 8 号设计大厦
- 主要设计人　孙岚　常嘉琳　陈京凤　曹原
　　　　　　　苏路明　苏翠叶　周巍
- 本文执笔人　孙岚
- 获奖等级　　一等奖

作者简介：

　　孙岚，1971 年 2 月生，高级工程师，1992 年毕业于郑州纺织工学院供热通风与空调专业，大学本科，现就职于深圳市建筑设计研究总院有限公司。主要设计代表作品：深圳证券交易所、深圳基金大厦、深圳能源大厦、深圳欢乐海岸城市会所、深圳中航广场、中瑞曼哈顿住宅等。

一、工程概况

　　本项目地处深圳市中心区，位于莲花山与滨河大道之间的南北向轴线与东西向轴线、深圳市主干道深南路的交汇处。占地面积约为 3.9 万 m²，建筑面积 26.5 万 m²，地面 18 万 m²，地库 8.5 万 m²，地上 46 层，地下 3 层，建筑高度 245.8m。建筑功能：深交所办公室、上市大厅、会议中心、技术支援区、食堂、办公区、金融展览区。

　　建筑用途：地下一～地下三层为汽车库、设备用房；地下三层局部为战时人防二等人员掩蔽所。地上一层为深交所入口大堂及配套商业服务设施；二层为出租办公区大堂；三层物业管理办公室；四～六层为深交所技术机房；七～九层为深交所办公区及公共展示区，其中八层设国际会议大厅、上市大厅、讲堂、教室、典藏专区、证券市场博览中心、互动中心等；十一～四十四层为办公区，其中十层、三十三层为员工食堂；十六、三十二层为避难层兼设备转换层。四十五、四十六为中小企业之家。

　　本项目是最早按中国绿色建筑三星认证标准设计的建筑之一，并在 2012 年通过了绿色三星级建筑设计认证。

建筑外观图

二、工程设计特点

　　（1）因冰蓄冷制冷系统对电网有移峰填谷的作用，深圳供电局为鼓励用户使用冰蓄冷系统，提供冰蓄冷的优惠电价，峰谷电价差值可达到 4∶1，因此本工程采用冰蓄冷制冷系统，减少运行费用。

　　（2）常规空调系统供回水采用 7℃温差，减

---

　　①　编者注：该工程设计主要图纸参见随书光盘。

少水路输配系统和设备的配置容量，降低运行费用。

（3）办公区空调采用变风量系统，提高了室内舒适度，节约全年的送风能耗。

（4）新风采用能量热回收装置，排风经转轮式全热交换器回收热量将新风预冷后再进行处理。

（5）空调系统水泵采用变频运行，降低水本的输送能耗。

（6）空调水系统采用动态平衡措施，避免了水力不平衡，提高了系统的稳定性。

三、设计参数及空调冷热负荷

1. 室外设计参数（见表1）

室外设计参数   表1

夏　　季	冬　　季
空调干球温度：33℃	空调干球温度：6℃
通风干球温度：31℃	通风干球温度：8℃
湿球温度：27.9℃	空调相对湿度：72%
室外平均风速：2.1m/s	室外平均风速：3.0m/s
大气压力：1003.4hPa	大气压力：1017.6hPa
最多风向：ESE	最多风向：NNE

2. 室内设计参数（见表2）

室内设计参数   表2

区　　域	夏季温度（℃）	夏季相对湿度（%）	冬季温度（℃）	冬季相对湿度（%）	人员密度（m²/人）	新风量（m³/人）	允许噪声级[dB(A)]
办公室	25	40～60	20	—	15	30	≤45
出租办公室	26	40～60	—	—	8	30	≤50
会议	26	40～60	—	—	3	20	≤40
国际会议室/培训与教研中心	25	40～60	—	—	3	20	≤40
展示厅/上市大厅	25	40～60	—	—	200人	20	≤40
博览区	25	40～60	—	—	20	30	≤45
媒体采访/制作	25	40～60	—	—	10	30	≤45
档案库	24±2	45～60	—	45～60	20	30	≤45
典藏专库	24±2	45～60	—	45～60	20	30	≤45
大堂/接待	26	50	—	—	10	10	≤50
商业	26	40～60	—	—	2.5	20	≤50
食堂	25	40～60	—	—	1.5	20	≤50
活动中心	25	40～60	—	—	10	50	≤55
变配电室/电梯机房	≤40						

注：除档案库、典藏专库、数字机房及UPS室外，相对湿度为设计参考值，并不是控制值。

3. 空调冷热负荷（见表3）

空调冷热负荷   表3

位　　置	冷负荷 RT（kW）
整座大楼	7167RT（25155kW）
四～七层技术中心机房（24小时供冷）	1365RT（4790kW）
出租办公区域内的数据机房（24小时供冷）	872RT（3062kW）
其他24小时供冷区域	515RT（1808kW）
其他区域（夜间不供冷）	4415RT（15495kW）

四、空调冷热源及设备选择

本项目由于有需要常年24小时供冷的专业数据机房，故冷源分为A、B两个系统。

A系统冷源服务于24小时供冷区域和出租办公区域内的数据机房，总冷负荷2752RT，选用3台900RT单工况水冷离心式冷水机组，提供7℃/12℃的冷冻水。A系统所有设备（冷水机组、冷冻泵、冷却泵、冷却塔等）由柴油发电机提供备用电源。

B系统服务于除24小时供冷外的其他区域，总冷负荷4415RT，选用3台950RT，1台500RT双工况水冷离心式冷水机组，在夜间制冰，蓄冰设备总蓄冰量18120RTh。蓄冰设备设于地下三层和地下二层的蓄冰间内。本工程冰蓄冷系统采用串联—主机上游式—单泵系统，乙二醇循环泵采用变频泵，备用方式为N+1。

深圳为不供暖地区，根据业主要求在典藏档案库等重要场所提供冬季热源，热源形式为风冷热泵，机组放置在十六层机电层内，供/回水温度为 50℃/45℃。

由于深圳供电部门对于非居民用户鼓励使用冰蓄冷系统，并提供冰蓄冷的优惠电价，峰谷电价差值可达到 4∶1；冰蓄冷系统在运行中可大大降低供电峰段的耗电量，从而减少运行费用，同时增加系统运行的可靠性，也提高运行管理的经济性，因此本工程 B 系统采用部分负荷冰蓄冷制冷系统。

五、空调系统形式

1. 空调风系统

（1）裙房部分（除数据机房外）

一层办公配套用房、二层出租办公大堂和深交所大堂采用全空气定风量系统，空调机组设置在地下一层或本层空调机房内。

中庭空调采用全空气定风量系统，在侧墙高位设置喷口送风，隔断中庭顶部热空气，仅处理大堂人员区域负荷，回风口设在地面，且在中庭顶设有排风系统。空调机均设置在地下一层空调机房，其新风由一层引入，排风排入地下二、三层制冷机房。

各全空气空调系统在过渡季节可实现全新风运行或可调新风比的措施，充分利用天然冷源，节省运行能耗。

首层商业采用新风加风机盘管系统，并预留多功能空间采用全空气定风量系统。

（2）塔楼部分

对自用办公区和出租办公区均采用全空气变风量系统，每层设 2 台空气处理机组，风管系统连成环状，穿防火分区处设电动阀、防火阀，分成南、北两个系统，当南北各有少数用户使用时，打开电动阀，只开一台空气处理机组运行即可。

办公区设置集中排风排至机电层，经转轮热回收后排至室外。新风经排风预冷后经新风竖管送至各标准层空调机房。为保证室内新风量的引入，每层新风支管均设置定风量阀，保证最小新风量。新风处理机组和排风风机可根据末端风量需求变频运行。

办公区室内的气流组织形式为条缝型风口送风，吊顶内回风。

对员工餐厅采用风机盘管加新风系统。

2. 空调水系统

（1）A 系统（24 小时供冷）

A 系统末端用户侧的低区冷冻水供/回水温度为 7℃/12℃；高区供/回水温度为 9℃/14℃。地下三层～地上十六层为低区，十七层以上为高区。转输设备放置在十六层，膨胀水箱放置低区在十七层，高区在屋顶层。

（2）B 系统（常规供冷）

B 系统冰蓄冷工作原理采用串联—内融冰式—主机上游—单泵系统，乙二醇循环泵采用变频泵。冰蓄冷系统实现四种工况即蓄冰工况、主机和冰盘管联合供冷工况、主机单独供冷工况、冰盘管单独供冷工况；其中蓄冰工况为夜间电价谷段时蓄冰，主机和冰盘管联合供冷工况、主机单独供冷工况、冰盘管单独供冷工况为末端供冷。单独供冷工况无法保证末端设备所需的全部负荷和温度，仅作为特殊情况下的备用应急；冰盘管单独供冷工况主要用于过渡季节；空调季节应以主机和冰盘管联合供冷工况为主。

蓄冰设备设于地下三层和地下二层的蓄冰间内。双工况主机载冷剂为 25%（质量比）抑制性乙烯乙二醇溶液。末端负荷高峰时段采用融冰供冷和主机联合供冷的方式，抑制性乙烯乙二醇溶液供/回液温度为 3.5℃/10.5℃。蓄冰设备采用 25 台 BAC 钢制蓄冰盘管 TSU-761M 型。

B 系统末端用户侧的低区冷冻水供/回水温度为 5℃/12℃；高区供/回水温度为 6℃/13℃。地下三层～地上十六层为低区，十七层以上为高区。转输设备放置在十六层，膨胀水箱低区放置在十七层，高区放置在屋顶层。用户侧的冷冻泵均采用变频泵。

（3）冷却水系统

A 系统和 B 系统的冷却塔将安装于地下室。进风百叶设在建筑北部绿化公园的地面位置，排风由风管连接至地面排风井高位排放，进排风处均设消声设施，将噪声控制在 55dB 以内。由于冷却塔进排风阻力较大，故冷却塔的选型全部为离心风机型高效低噪声冷却塔。由于本工程是按照绿色建筑标准进行设计，冷却水的补水来自处理过的回收雨水。

（4）空调水系统

空调水系统管道布置垂直方向采用异程，水平方向部分采用同程式环状布置，其余异程式布置。末端设备水侧工作压力高区 2.0MPa，低区 1.6MPa。

六、通风设计

1. 机械通风系统设计参数（见表4）

机械通风系统设计参数　　　表4

区域用途	每小时换气次数（h⁻¹）	备注
公共卫生间	10～15	①
垃圾房	15	①
厨房（餐厅）	30～50	③
变电室	设空调系统	
配电室	按散热量确定	
空调泵房，制冷机房	6	①
发电机房	按有关设备实际要求而定	②
电梯机房	设空调系统	
油罐室	12	①
储藏室	6	
隔油池房	10	①
清水/消防泵房及其他机电设备房	4	
货运大堂	6	①

① 不设有机械送风系统，利用相邻之空调地区之余风作为自然补风。

② 当机械通风系统在夏季操作时不能满足部分因个别工艺或使用条件所要求的室内环境，将按要求给予局部空调/冷却以配合。

③ 厨房之机械新风供量设为排气量之80%以上。

2. 车库通风

地下三至地下一层停车场按防火分区设置机械通风及排烟合用系统。排风量按6h⁻¹计算；每个防火分区有直通室外的车道，则利用车道自然补风，无直通室外的车道，则设机械送风系统。其补风量按不小于排烟量的50%计算。在停车场内安装一氧化碳浓度感应系统，自动调节停车场机械通风系统之排风/补风量，达到节能效益。

3. 设备房通风

（1）地下三层的主水箱、水泵和水处理间、饮用水设备房、消防喷淋系统、水泵房、中水净化处理房、蓄冰池间、制冷机房，地下一层气瓶保护室等设备房仅设平时通风的进、排风系统，而不设火灾时排烟系统。此类房间平时排风按6～10h⁻¹计算，进风按80%～100%排风计算。

（2）地下一层高压开关室、电信间、变电站、高压开闭所、柴油发电机房，地下二层高压开关室等设备房设平时通风的进、排风系统，不设排烟系统，但设事故后的排风系统。此类房间平时排风按15～20h⁻¹计算，进风按100%排风计算。

事故后排风量与平时相同。

（3）地下三层、地下二层备用机房和其他备用房间，地下一层垃圾处理间、储藏室、备用机房等设备房设平时通风的进、排风系统，同时设排烟系统。由于通风与排烟的风量不匹配，故排烟系统结合平时通风或单独设置。此类房间平时排风按6～10h⁻¹计算，进风按100%排风计算。

4. 厨房通风

十、三十、四十五层设有厨房及员工餐厅，厨房各炉灶均设有机械排风，并选用带油烟过滤器的排气罩或由厨房专用公司提供设备。对厨房操作过程中产生的油烟进行过滤，达到排放标准后再排至室外。

厨房换气次数为30～50h⁻¹，其排风量的65%为局部排风，其余35%由厨房全面换气排风口排出。厨房局部排风系统兼作厨房事故排风，风机选用防爆型。

厨房除设有机械排风外，还设有机械补风系统，补风量为排风量的80%以上。使厨房始终保持负压状态，厨房气体不发生外溢，并形成从用餐区到厨房区的气流流动方向。

各厨房排风机分别设在十六、三十二层和屋面；新风补风由位于机电层的新风机组供给。

七、防排烟设计

1. 加压系统

（1）各防烟楼梯间及其前室、消防电梯前室均设置机械加压设施；加压系统分段设置。

（2）七层的避难走道和避难转换走廊前室均设加压送风系统。各加压送风机均设在七层。

2. 排烟系统

（1）地下室汽车库共3层，每个防火分区均分别按不大于2000m²划分一个防烟分区，每个防烟分区设置一套排烟系统（兼排风），排烟量按6h⁻¹换气次数计算。各防火分区如直通室外的车道，则利用车道自然补风，无直通室外的车道，则设机械送风系统。其补风量按不小于排烟量的50%计算。

（2）地下三层、地下二层备用机房和其他备用房间，地下一层垃圾处理间、储藏室、备用机房等设备房设平时通风的进、排风系统，同时设排烟系统。地下一层空调机房、公共走廊等处设机械排烟系统。此类房间排烟系统按防火分区设置，每个房间为一个自然防烟分区。当排烟系统担负一个防烟分区排烟时，排烟量按 60m³/(m²·h) 计算；当排烟系统担负两个或以上防烟分区排烟时，排烟量按最大防烟分区面积 120m³/(m²·h) 计算。地下一层高压开关室等电气专业用房间，火灾时为气体灭火。故不设排烟系统。当火灾事故气体灭火后，则开启平时排风系统排除废气。

（3）东西侧中庭共设 6 套排烟系统，排烟量按其体积的 4h⁻¹ 换气次数计算（中庭体积均大于 17000m³）。二、三层庆典大堂设机械排烟系统，其排烟量按其体积的 6h⁻¹ 换气次数计算。

八层国际会议中心设机械排烟系统，其排烟量按该防烟分区每平方米排烟量 60m³/h 计。

（4）标准层核心筒的内走道设机械排烟，每层划分为 4 个防烟分区，排烟系统排烟量均按最大防烟分区每平方米排烟量 120m³/h 计。

（5）标准层办公、餐厅采用自然排烟系统各房间可开启外窗面积满足规范要求。

八、设计总结

（1）技术机房是本项目重点服务保障对象，设计之初应由专业机房设计公司配合提供工艺要求，并确定机房的维护级别等级，避免后期因为级别要求不同引起系统的变更。

（2）本项目由于造型限制，冷却塔不能放置于裙房屋面，而是放置于地下室，故冷却塔选型采用方形离心风机型强风逆流式钢制冷却塔，排热量预留 15%～25% 的余量，以保证空调运行效果。

（3）本项目冷却塔调试初期，曾出现单台运行塔或者非所有塔全部运行时的溢水现象。分析原因，当单台冷却塔运行时，共集管的平衡能力不足，造成非运行冷却塔水位偏低补水开启，而运行塔却因满水溢流，故出现一边补水一边溢水的现象。后经过设计变更将冷却塔出水管也加上电动阀，解决了这个问题。

（4）本项目从开工到竣工历时 5 年，施工现场除了安装总包外还有若干机电子项的分包商，组织繁复且施工标准要求较高，为了更好地配合施工，设计人员常驻现场，及时处理现场出现问题，保证了施工工期的按时完成。

（5）本项目 2013 年 6 月竣工并投入使用，经过两年的运行，空调系统运行状况良好。由于采取了蓄冰、变风量、热回收、水泵变频等多项节能措施，节能效果显著，并获得了国家绿色建筑设计三星级的认证。

广州珠江城暖通设计①

- **建设地点**　广州市
- **设计时间**　2005 年 9 月～2009 年 3 月
- **竣工日期**　2013 年 3 月
- **设计单位**　广州市设计院

  [510620] 广州市天河体育东路体育东横
  街 3 号
- **主要设计人**　李继路　刘谨　黄伟
- **本文执笔人**　李继路
- **获奖等级**　一等奖

作者简介:

李继路,1962 年 11 月生,教授级高级工程师,院副总工程师,1984 年毕业于华中工学院制冷与低温工程专业,大学本科,就职于广州市设计院。主要代表作品有珠江城、广东省美术馆、广州羊城晚报印务中心、太古汇、广州越秀大厦、广州电视观光塔、广州美林家居博览中心等。

一、工程情况

"珠江城"项目位于广州新的中央商务办公区——珠江新城 B1-8 地块,定位为超甲级写字楼,高 309m,占地约 1 万 m²,总建筑面积 21 万 m²。地上部分 71 层主要以办公及其配套餐饮、设备、停车等功能组成。其中办公占有 14.7 万 m²。

"珠江城"项目是目前国内规模最大的采用冷辐射空调系统的大型公建项目,而在亚热带地区应用更属首例。本项目中央空调系统采用了多项节能设计理念及措施,对冷源系统、冷冻水输送系统、空调系统、空调热回收系统、PLC 自动控制系统以及建筑物外围护结构等方面均作了较新颖的创新设计;同时通过将各项技术有机优化组合,得以最大限度地发挥其能效,从而获得比较理想的节能效果。

二、工程设计特点

"珠江城"项目所采用的主要节能措施包括:地板送新风的"需求化"置换送风＋冷辐射空调系统、冷水机组串联大温差加冷冻水梯级利用系统、开创性地采用乙二醇溶液冷却螺杆式热泵制热系统、全封闭蒸发式排气热回收系统与空调冷凝水回收系统,PLC 智能控制系统等。

建筑外观图

(1) 制冷系统采用冷冻水梯级使用、大温差、冷水机组串联制冷系统。

包括了三层意思:1) 冷冻水采用大温差设计,冷水机组的供/回水温度为 6℃/16℃。2) 冷水机组串联系统:冷冻水依次经过高温机组和低温机组,冷冻水依次从 16℃ 降至 11℃,最终到达 6℃ 供水。3) 冷水梯级利用。根据空调末端设备对冷水品位的要求,冷水依次进入空调新风机和干式风机盘管或冷辐射空调器,逐级升温至冷水回水温度。

---

① 编者注:该工程设计主要图纸参见随书光盘。

（2）空调热源系统：五十八～七十层的空调热源由溶液除湿新风机组提供，而其他办公楼层的空调热源由空气源"水-乙二醇溶液"热泵机组提供。

（3）过渡季节冷源系统：办公楼过渡季节的冷源由冷却塔提供，冷水经过二次（三十八层以下）或三次（三十九层以上）板换送到冷辐射系统。

（4）值班工况冷却水系统：由开式冷却塔系统向本大楼提供值班工况冷却水，冷却水经过一次（三十八层以下）或二次（三十九层以上）板换后，送到各个用户的双冷源空调机组上。

（5）空调系统设计：办公楼采用温、湿度独立控制系统（即房间内区冷辐射空调系统＋周边区干式风机盘管系统＋地板送新风的置换通风系统），确保房间的温、湿度状态保持在设计工况范围内，避免状态偏差而造成的能耗增加；

周边区的干式风机盘管和内区的冷辐射板负责室内温度的调节，周边区风机盘管可以降低顶棚结露的风险、强化冷辐射板的对流换热，另外风机盘管可以实施变工况运行，缩短准备期（如上班前）的新风系统的运行时间，节省空调能耗；

地板"VAV"送新风系统负责房间相对湿度的调节，根据房间含湿量控制"VAV"BOX的送风风量，满足空调房间人流密度的动态变化，设计的"VAV"送风系统真正实现了根据人流密度变化而变化的需求化通风系统，确保新风量的供应合理准确，其节能效果是非常明显的。

（6）采用空调排气全热回收系统。全新设计的全热回收系统与空调新风处理系统巧妙结合，全封闭蒸发式热回收装置实现了全部空调排气的高效全热回收（即全空气全热回收系统）；全热回收与新风处理机组的再热处理巧妙组合，实现了内部热量的内部转移过程，避免了外部热源的需求所造成的能耗增加或二次回风而增大空气输送量所造成的输送能耗增加，该系统的节能效果是非常明显的。

（7）采用了冷凝水回收系统，既节省了自来水的消耗量，也提高了冷水机组的制冷效率。

（8）所有冷冻水泵（包括一次泵）、大型的新风空调器和空调器、集中空调排气风机和冷却塔均采用变频控制节能技术。

（9）空调系统采用先进的BA控制系统。为了实现以上的工艺过程控制，采用可编程PLC控制器、数字＋模拟控制策略和一体化控制技术，实现灵活编程、工艺和控制的无缝对接、最终获得控制精确、可靠和可持续性的效果。

（10）本空调系统的综合能效比EER＝3.87（含主机、冷却塔、水泵以及末端设备）。

（11）本空调水系统输送能效比ER＝0.0228。该空调系统的冷冻水输送能效比完全满足《公共建筑节能设计标准》的要求，对于超高层建筑物的复杂新型空调系统来说是很不容易达到的结果。

三、设计参数及空调冷热负荷

本工程总的空调装机冷负荷为：4540RT；总的供暖装机热负荷为：850RT。室内设计参数见表1。

室内设计参数　　　　　　　　　　　　　　　　表1

房间名称	夏　季		冬　季		新风量 （m³/h·人）	噪声值 dB（A）	工作区风速 （m/s）
	干球温度（℃）	相对湿度（％）	干球温度（℃）	相对湿度（％）			
九至七十层办公用房	25	55	18	≥30	30	≤45	≤0.25
大堂、中庭	25	55	—	—	按10和保持正压的大值计算	≤55	≤0.3
会议室	25	55	—	—	25	≤45	≤0.3
商店	25	55	—	—	20	≤55	≤0.3
银行营业厅	25	55	—	—	20	≤55	≤0.3
七十一层会所	25	55	18	≥30	30	≤45	≤0.3
健身房	25	55	—	—	30	≤55	≤0.3
员工餐厅	25	55	—	—	25	≤55	≤0.3
西餐厅	25	55	—	—	30	≤55	≤0.3
中餐厅	25	55	—	—	30	≤55	≤0.3
厨房	岗位送26℃的冷气		—	—	—	—	—

续表

房间名称	夏　季		冬　季		新风量	噪声值	工作区风速
	干球温度（℃）	相对湿度（％）	干球温度（℃）	相对湿度（％）	（m³/h·人）	dB（A）	（m/s）
备餐间	26	60	—	—	30	≤60	≤0.3
办公层内走廊	26	60	16	≥30	20	≤45	≤0.3
其余层内走廊	26	60	—	—	20	≤45	≤0.3

四、空调冷热源及设备选择

1. 空调制冷系统

采用置换送风＋冷辐射空调系统的冷源，常规一般采用双冷源系统（即高温水系统和低温水系统），但是由于高温水系统的冷水温差较小，从而导致冷水输送能耗的增加，因此冷冻水输送能耗与冷水机组的能耗之和并不见得是最节能的组合。为此开发了大温差串联梯级利用空调制冷系统（见图1）。

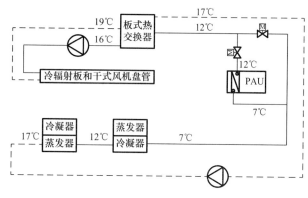

图1 大温差串联梯级利用空调制冷系统示意图

该技术针对大型建筑物的空调系统而言，在冷水机组的制冷效率和冷水输送能耗中寻找出最佳结合点，获得最佳的节能效果。对本项目而言，串机大温差梯级利用制冷系统比双工况分系统制冷系统节能约4.35％。

2. 空调制热系统：

本工程采用乙二醇溶液冷却螺杆式热泵冷水机组，夏季供冷、冬季供暖，可实现一机多用和制冷系统的一致性，既节省了初投资、减少占地面积、解决了风冷热泵机组带来的环境噪声和振动问题，又提高了夏季的制冷效率；同时也能维持与风冷热泵机组相当的制热COP，其节能效果明显。该技术非常适合在南方亚热带地区应用，具有较广阔的应用前景（见图2）。

空气源水-乙二醇溶液热泵系统相对于风冷热泵机组，其全年运行的节能效率达到18.52％。

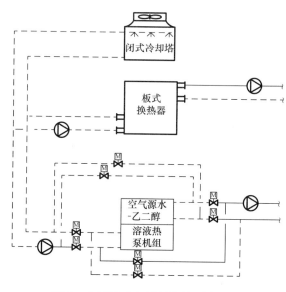

图2 空气源"水-溶液"热泵式空调制冷制热系统示意图

五、空调系统形式

该项目空调系统采用温湿度独立控制系统，房间内区采用冷辐射空调系统，周边区采用干式风机盘管系统＋地板送新风的置换通风系统。图3是空调系统平面示意图

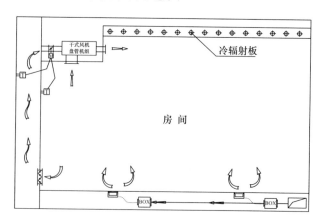

图3 空调系统平面示意图

（1）周边区的干式风机盘管和内区的冷辐射板承担室内显热负荷。周边区风机盘管可以降低

顶棚结露的风险、强化冷辐射板的对流换热，另外风机盘管可以实施变工况运行，缩短准备期（如上班前）的新风系统的运行时间，降低空调能耗，同时结合双道玻璃幕墙可实现智能控制内呼吸系统。夏季根据内层玻璃的内表面温度控制周边区风机盘管的电动风阀，当表面温度高而导致室内不舒适时，开启阀门，反之关闭，保证室内的热舒适性，减小室内的空调负荷；冬季根据外层玻璃的内表面温度控制风机盘管的电动风阀，当温度大于室内温度时，开启风阀，节省采暖能耗。

为充分利用冷辐射冷源供水温度高的优点，过渡季节直接供应冷却水，作为空调冷源，很好地解决了超高层建筑无法开窗实施自然通风或实施全新风节能运行的缺陷，实现过渡季节的节能运行。

（2）基于含湿量控制的需求化送风新风系统的关键节能技术：获取的含湿量控制诱导型压力无关 VAV-BOX 变风量箱，它有别于传统的受外界污染干扰严重的二氧化碳浓度控制，能根据人员密度变化和劳动强度变化精确供应新风风量，从而实现房间含湿量的精确控制，是冷辐射空调系统和温湿度独立调节需求化新风系统安全、舒适和节能运行的关键技术。

（3）融合热回收的新风冷负荷梯级处理节能系统技术：获取的梯级处理热力循环控制系统有别于传统的带转轮热回收空调新风空调器，非接触式（蒸发式）热回收装置避免了交叉污染实现全排风（包括卫生间排气等）的热回收，且造价低廉和免维护；可以将新风的潜热负荷与显热负荷完全分离开来处理，潜热负荷由高能量品位的低温冷冻水处理，显热负荷转移至室内由低能量品位的高温冷冻水处理，实现分质（梯级）处理，提高冷水机组的平均能效比；另外，提高新风的送风温度（提高送风焓值即降低送风能量品位），免去了传统的二次回风，实现热量的内部转移，免去外部热源的加入，相应减小了空调负荷，节省新风过量输配所造成的浪费，大大降低了空调运行费用。

在夏季，室外新风经过过滤、预冷盘管冷却除湿、表冷器冷却除湿，再经再热盘管加温至16～18℃后送入室内；在冬季：室外空气经组合空调器过滤、预热盘管预热、加热盘管加热，再

经加湿器加湿后送入房间。图4为新风处理过程示意图。

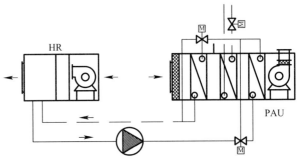

图 4　新风处理过程示意图

六、通风、防排烟及空调自控设计

1. 通风系统设计

（1）地下层车库根据防火分区分别设置独立的通风系统，地下一层与车道直接相连的防火分区采用自然补风系统，其余车库采用机械补风系统。

（2）大堂和商店采用正压渗透自然排气系统；由于大堂的空间较高，结合高位电动自然排烟窗，设置高位自然排风系统，实现分层空调节能系统。

（3）银行及银行办公用房设机械排风系统，排风量按新风量的80%计算。

（4）裙楼会议中心以及小会议室设机械排风系统，排风量按新风量的80%计算。

（5）塔楼二～七层的员工餐厅、中餐厅、西餐厅以及餐厅包房设二次机械排风系统，各层排出的气体由竖向管道集中后，在八层机械层与卫生间排气混合，经蒸发式热回收装置进行热回收后排出室外，排风量按新风量的80%计算。各层的排风支管上设置与新风支管或空调风柜联锁的电动多叶调节阀，排风机设置压力控制的变频控制系统。

塔楼一～七层的公共卫生间设二次排风系统，各层天花型排气扇排出的气体由排气立管集中，在八层的二次排风机将其排入热回收装置，经热回收后排出室外。排风机设进风压力控制的变频控制系统，节省排风机的运行能耗。

（6）办公楼层的排气系统：空调房间的排气由房间正压渗透至内走廊，再由设于内走廊天花上空的排气口排出。为了保持空调区域的正压要求，在各个楼层的排气支管上分别设置压力控制

的变风量调节阀，确保各个楼层空间均保持适当的正压值。各楼层排气由排气立管集中，由安装在设备层的排气风机将其排入全封闭蒸发式热回收装置进行热交换，最后排出室外，排风系统与新风系统——对应，分区、分段设置。排风机设进风压力控制的变频控制系统，节省排风机的运行能耗。

办公楼层公共卫生间设二次排气系统，各层天花型排气扇排出的气体由排气立管集中，由安装在设备层的排气风机将其排入全封闭蒸发式热回收装置进行热交换，最后排出室外。排风系统与新风系统——对应，分段设置。排风机设进风压力控制的变频控制系统，节省排风机的运行能耗。

（7）塔楼七十一层会所设置独立的机械排气系统；排风量按新风量的80％计算或通风房间容积按顶棚下1m空间计算，通风换气次数按 $1h^{-1}$ 计算，取以上两者的较大值，并校核空调新风风量。

（8）地下一层以及塔楼电房设独立的机械通风系统，采用全新风运行空调器送风系统，确保电房的温升在可接受的范围内。

2. 防、排烟系统设计

（1）加压系统设计

1）中筒的防烟楼梯间及其合用前室分别分段设置防烟加压系统，每个加压系统竖向分为5段：其中地下五～八层一段、九～二十四层一段、二十五～三十七层一段，三十八～五十三层一段，五十四～七十一层一段，加压风机分别设于八层、二十三层、二十五层、四十九层和六十九层。

2）附楼防烟楼梯间设置防烟加压系统，加压风机分别设于附楼一层夹层。

3）地下室防烟楼梯间设置防烟加压系统，加压风机分别设于地下一层。

4）封闭避难间设机械加压送风系统，加压送风量按避难层净面积每平方米不小于 $30m^3/h$ 计算。

（2）排烟系统设计

1）地下一～五层车库根据防火分区分别设置机械排烟系统和补风系统，其中地下一层夹层贵宾车库采用自然补风系统，其余采用机械进风系统，排烟系统与平时通风系统共用。车库排烟量按 $6h^{-1}$ 计算，机械补风量按排烟量70％计算。

2）地下一层卸货区设置机械排烟系统和自然补风系统，排烟量按 $60m^3/(m^2 \cdot h)$ 计算。

3）地下一层长度超过20m的电房内走道及

空调机房内走道设机械排烟系统，排烟系统与平时通风系统共用，当有火灾信号时，消防中心发出指令关闭进入房间的送、排风支管上的全自动防火调节阀，打开走廊上的送、排风全自动防火调节阀，撤换至排烟电源，实施排烟功能运转模式。排烟量按 $60m^3/(m^2 \cdot h)$ 计算。

4）首层大堂设置可开启电动排烟天窗，实施自然排烟。

5）附楼会议中心根据防火分区分别设置机械排烟、自然补风系统，排烟系统的风管系统与空调送风管系统共用，当有火灾信号时关闭空调器出风管上的全自动防火调节阀、打开排烟管上的带280℃自动关闭输出联锁关闭排烟风机的全自动防火调节阀，开启排烟风机。排烟量按 $60m^3/(m^2 \cdot h)$ 计算。

6）裙楼二～六层及塔楼办公楼每层设置防烟分区，每个防烟分区面积小于 $500m^2$，每层沿核心筒设置水平排烟环管，从排烟环管设排烟支管和排烟口到每个防烟分区，保证每个排烟口距防烟分区内最远点的水平距离不超过30m，在排烟支管上设置当烟气温度超过280℃能自动关闭的排烟防火阀；竖向排烟系统分为4段：其中地下五层～二十四层一段、二十五～三十七层一段，三十八～五十三层一段，五十四～七十一层一段，排烟风机分别设于二十三层、二十五层、四十九层和六十九层。排烟风机风量按最大防烟分区面积不小于 $120m^3/(m^2 \cdot h)$ 计算。

7）塔楼五十九～六十二层以及六十三～六十八层有两个中庭，排烟量根据中庭的体积大小，按 $6h^{-1}$ 计算，排烟风管分别从六十二以及六十八接入塔楼排烟环管。

8）七十一层高级商务会所设置机械排烟系统，排烟量按 $60m^3/(m^2 \cdot h)$ 计算。

9）发电机房和储油间分别设置事后排风系统，每小时换气次数为 $12h^{-1}$。

3. 空调自控系统设计

本工程的自动控制系统采用PLC可编程控制器，实现空调工艺需求与PLC灵活编程的高度融合，采用数字＋模拟控制技术实现粗调和精调的安全节能运行；采用多参数和多对象的一体化控制技术；采用自校正优化控制程序节能技术；采用分散式"VAV"串级控制技术；开发含湿量控制的压力无关型"VAV-BOX"控制技术，很好地解决了相对湿度与干球温度的耦合控制矛盾，解决了温湿度独立控制系统的关键技术问题。

本工程空调自控系统为楼宇自动控制系统的一个独立子系统。空调自控系统分为两个子系统：制冷主机房群控子系统和空调末端群控子系统。采用可编程控制器（PLC）为现场控制单元，以现场总线技术进行网络连接，通过标准通信接口进行数据通信，来对整个空调系统进行监测与控制，以达到安全、节能、舒适和优化管理的目的。空调自控系统设置独立的工作站。采用实时监控、集散式管理系统。可编程控制器（PLC）采用现场控制方式，控制器具有独立的监测和控制能力，总线通信故障不会影响控制器的现场控制功能。

七、心得与体会

（1）随着在实际工程设计中的深入研究和经验的不断积累，从而找到风险防范和节能设计的内在规律，冷辐射空调系统丰富了我们的节能设计手段，值得去实践和研究。

（2）冷辐射空调系统丰富了温、湿度独立调节空调系统的内涵，节能潜力巨大，其节能设计前景还是不错的，值得推广应用。

（3）随着该项技术的应用，我们很快就能弄清楚各种辐射板的技术和各种控制技术，从而投入产业化生产，其造价就会大幅度降下来；比如目前引进的毛细管冷辐射网并不贵，如果引进生产的话就更便宜，所以说可以推动本行业的产业化发展，具有很好的经济效益和社会效益。

（4）另外，冷辐射板的热惰性是可以根据需要而改变的，对于一些特殊要求的项目，可能从中寻找到很有效的解决方案。

（5）对更新对传统空调系统的节能设计方法，也有一定借鉴和推动作用。

郑州东站站房空调系统设计①

- 建设地点　郑州市
- 设计时间　2008 年 06 月
- 竣工日期　2012 年 11 月
- 设计单位　中南建筑设计院股份有限公司
　　　　　　[430071] 湖北省武汉市武昌区中南路
　　　　　　19 号
- 主要设计人　李斌　马友才　张昕
　　　　　　　吕铁成　李玲玲
- 本文执笔人　李斌
- 获奖等级　一等奖

作者简介：
　　李斌，1971 年 6 月生，正高职高级工程师，副总工程师，1993 年毕业于天津大学热能工程专业，工学硕士，中南建筑设计院股份有限公司工作。主要代表作品：中国地质大学（武汉）逸夫博物馆、武汉国际会展中心、武汉·中国光谷电子（核心）市场、湖北省疾病预防控制中心科研试验楼、无锡市博物院、郑州东站站房等。

一、工程概况

郑州东站位于郑州市郑东新区，是京广客运专线与徐兰客运专线的交汇点，车场规模为 16 台 32 线。站房高峰小时旅客发送量 7400 人，最高聚集人数 5000 人，为大型旅客站房。站房总建筑面积 407129m²，其中站房建筑面积 149981m²。站房共有 3 层，地面层（±0.000 标高）为出站大厅、人行通道及地铁站厅出入口；站台层（＋10.350 标高）主要为基本站台候车厅及贵宾候车厅；高架层（＋20.350 标高）是主要的旅客候车区域。站房主体最高点距地面 50.7m，按多层建筑设计。

出站层建筑面积 61008m²，由出站厅、人行通道、售票厅、地铁站厅出入口、设备用房及办公用房等组成，南北架空部分为各类停车场。地面层层高 10.35m，其中四角局部设有夹层，用于布置设备用房、办公用房。

站台层建筑面积 16784m²，站台层主要为基本站台候车厅、售票厅、商业用房及贵宾候车厅。层高 10m，结构为钢桁架结构。

高架层建筑面积 72189m²，主要由进站广厅和候车区域组成。高架层两侧（夹层下部，夹层层高 9.7m）布置有公共卫生间、售票厅、旅客服务用房、商业等。

二、工程设计特点

（1）站房根据业主使用要求、房间功能采用不同的空调系统形式，所有公共区域均采用集中

建筑外观图

---

①　编者注：该工程设计主要图纸参见随书光盘。

冷热源的水-空气空调系统；票务主机房、信号机房、信息机房、通信机械室等工艺设备用房采用机房专用空调；工艺设备用房配套用房、贵宾候车室、部分票务用房、出站层办公区等采用变频多联空调；靠外墙有水管的设备用房、水管井等采用冬季值班供暖。

（2）根据可靠、经济、先进、环保、优先利用可再生能源的原则，同时结合当地的市政条件及能源政策，集中空调冷热源采用再生水水源热泵机组，其综合经济性、环保性、社会效益性最优。

（3）根据再生水水源热泵机组的性能参数、再生水输配能耗、再生水的价格及电价、郑州东站空调系统设备配置及当地能源价格，再生水采用10℃大温差的方式。即夏季温度为28℃/38℃、冬季温度为13℃/3℃是经济合理的。

（4）根据再生水水质情况，再生水直接进入水源热泵机组而不采用板式换热器进行热交换能够有效提高空调系统的经济性。

（5）正常情况下达到二级排放标准的再生水在实际运行时偶尔不能保证其水质，特别是暴雨季节所含悬浮絮状物较多，为了保证再生水源热泵系统正常运行，建议采取以下措施：1）三级过滤，一级过滤设置在重力流段且为双层过滤网；2）热泵机组清洗采用自动清洁装置；3）采用内衬树脂的再生水管网和含有纳米涂层的铜管、钛合金、不锈钢管的热泵机组。

（6）根据空调负荷，在确保系统正常运行的情况下尽可能地减少空调水泵的输送功耗，节省运行费用，冬夏季均采用7℃空调供/回水温差，其中夏季空调供/回水温度6.5℃/13.5℃，冬季空调供/回水温度50℃/43℃。

（7）根据冬夏季再生水用水量需求，冬夏季分设泵，夏季采用四台变频水泵，冬季采用两台变频水泵，节省运行费用。

（8）全空气空调系统采用室内CO_2浓度调节新风量，过渡季节全新风运行。

（9）设置全热新风换气机组进行热回收。

（10）根据室内装修，大部分区域采用喷口侧送风的分层空调方式。

（11）空调系统采用完善的自动控制系统。

（12）根据房间使用功能需求设计机械通风系统，根据消防要求设计防排烟系统。

三、设计参数及空调冷热负荷

1. 室内主要房间设计计算参数（见表1）

室内设计参数　　表1

名称	温度（℃）		相对湿度（%）		新风量 [m³/(h·人)]	噪声 [dB(A)]
	夏季	冬季	夏季	冬季		
进站厅、售票厅	27	16	≤60	40	12	≤50
候车室	26	18	≤60	40	12	≤50
贵宾候车室	25	20	≤60	40	30	≤50
办公用房	26	18	≤60	40	30	≤50
商业服务用房	26	18	≤60	40	20	≤60
工艺设备用房	25	20	30～70	30～70	30	≤50
靠外墙有水管的设备用房	—	5	—	—	—	—

2. 空调负荷（见表2）

空调负荷　　表2

房间名称	夏季最大冷负荷	冬季最大热负荷
工艺设备用房等	777kW	450kW
采用中央空调系统的房间	19880kW	13460kW
空调负荷总计	20657kW	13910kW

四、空调冷热源及设备选择

（1）集中空调系统设计选用再生水水源热泵机组作为站房空调的冷热源，再生水来自于王新庄污水处理厂。

（2）本站房共设两个相同的冷冻机房，分别设置在出站层西北角和西南角。各冷冻机房同等配置如下：选用6台电力驱动的螺杆式再生水水源热泵机组，机组冬、夏季制冷剂回路手动转换，实现冬、夏季工况下运行；夏季单台制冷量1640kW，冬季单台制热量1825kW；夏季空调供/回水温度6.5℃/13.5℃，夏季再生水水侧进/出水温度28℃/38℃；冬季空调供/回水温度50℃/43℃，冬季再生水水侧进/出水温度13℃/3℃。夏季峰值负荷时开启12台机组进行制冷，冬季峰值负荷时开启8台机组进行制热。

（3）冷热源对比分析

经过详细的分析、比较，本工程集中空调冷热源采用再生水水源热泵机组，以下对如何选择本方案进行说明。

1）现场市政条件

郑州东站位于郑东新区内，目前郑东新区已敷设供暖热力管网，热源由郑东新区的热电厂提供，其设计供暖运行水温为 130℃/65℃，实际运行水温为 100℃/65℃，热电厂仅冬季供热，夏季不供热。供暖收费标准根据郑州市物价局制定的政策为每天 0.28 元/m²。

位于郑州东站附近约 1km（直线距离）的地方设有中原环保股份有限公司王新庄污水处理厂，该厂目前出水已经达到 39 万 m³/d。王新庄污水处理厂再生水收费标准为 0.25 元/m³。

市政热力管道及再生水的开口费均包括在城市建设配套费中，在此不另行收费。郑州东站站房使用的电价为每度 0.88 元，水价为每吨 4.05 元，天然气热值为 8500kcal/Nm³，价格为 2.8 元/Nm³。

根据以上市政条件，集中空调冷热源方案根据建筑所在地的条件采取以下四种方案：方案一：采用再生水源热泵机组供冷供热；方案二：采用水冷离心式冷水机组供冷，采用市政热力管网经热交换器换热后供热；方案三：采用直燃型溴化锂机组供冷供热；方案四：采用地源热泵机组供冷供热。

2）方案比较（简要说明）

方案二与方案三相比，方案三初投资高，主要原因是：①方案三冷却水系统初投资高；②目前现场无天然气管道，需从较远的市政燃气管网引入，其增加投资。两个方案冬季供暖运行费用几乎相同。通过全年综合运行费用及初投资比较，方案二比方案三更优。方案四与方案一相比，增加冷却水系统、地埋管系统的投资，减少再生水引入系统的投资。方案四投资远远大于方案一的再生水引入系统的投资。由于两个方案均采用电制冷制热，且方案一的再生水温优于地埋管运行水温，因此再生水源热泵机组的 COP 值大于地源热泵机组的 COP 值，考虑方案一再生水使用费，方案一与方案四的运行费用相差很小，因此综合初投资及运行费用，方案一比方案四更优。

以下对方案一、方案二的空调冷热源进行具体分析。

方案一的初投资（2367 万元）比方案二的初投资（2157 万元）高 210 万元，相对值高 8.87%。方案一夏季空调运行总费用为 496 万元，冬季供暖运行总费用为 319 万元，因此方案一全年空调运行费用为 815 万元。

方案二夏季空调运行的总费用为 517 万元，冬季供暖运行费用为 436 万元，方案二全年空调运行费用为 953 万元。

从以上两种方案运行费用分析可以得出：方案一全年空调运行费用为 815 万元，方案二全年空调运行费用为 953 万元，方案二较方案一每年空调运行费用多 138 万元。方案一的运行费用的高低主要取决于电价及王新庄污水处理厂提供再生水的价格，而方案二运行费用的高低主要取决于电价、自来水价和郑东新区供热价格。按照目前王新庄污水处理厂处理的再生水全部通过七里河直接排放，因此其价格上涨的可能性很小，其远低于自来水价格上涨的可能性。方案二供热按面积收费，且费用大小与使用热能的多少无关。依据目前的政策，电价上涨的可能性及幅度远小于地区热力管网供热收费的可能性及幅度，例如参考其他城市的收费标准（西安市），其收费标准经折算后为每天 0.35 元/m²，且西安、郑州的冬季空调室外设计温度、供暖期天数、供暖度日数相差很小，由此可见西安市的热力收费标准高于郑州市。因此方案一比方案二的运行费用更为稳定可靠，其风险性较小。方案一、方案二的初投资分别为 2367 万元、2157 万元，方案一、方案二的年空调运行费用分别为 815 万元、953 万元，即方案一的初投资比方案二增加 210 万元，方案一比方案二的年空调运行费用少 138 万元，其静态投资回收期为 210/138＝1.5 年。尽管方案二冬季供热采用郑东新区热电厂的余热，但是供热仍然采用煤作为燃料，其烟气对当地空气环境污染存在影响，同时也消耗了一次能源。夏季采用冷却塔释放制冷余热，其噪声对建筑物本身存在环境污染，特别是在人流量很大的车站，冷却塔的存在增加霉菌污染的可能性，同时也给城市带来热岛效应。

方案一采用污水处理厂再生水作为冷热源，其充分利用再生水中所蕴含的能量而不改变水质，尽管其改变再生水温度，但由于七里河为防汛河，因此水温的高低不改变其生态环境，同时若不使用，再生水也通过此河进行排放。通过计算方案一、方案二全年运行所耗能量，折合标准煤的数量分别为：5208t、5784t，即方案一比方案二每年少耗 576t 标准煤，其相应每年减少 CO_2 排放 1555t、SO_2 排放 160t、烟尘排放 208t、氮氧化物 62.5t。因此方案一环境效益显著，同时也符合国家节能减排政策，其对郑州市的环境保护和建设生态城市有着重要的意义，同时也提高了王新庄污水处理厂的生态效益。

3）再生水温差确定

由于再生水流量对空调系统的经济性有很大的影响，因此如何确定合理温差是保证空调系统经济运行的前提。再生水进出热泵机组的设计温度为 28℃/38℃，虽然加大温差导致热泵机组的能效比降低，但是减小再生水流量及再生水水泵的耗电量能够提高系统的经济性。根据热泵机组性能曲线，当再生水温差由原设计的 10℃降低到 8℃时，夏季再生水水量由原来每台的 169m³/h 增加至 211m³/h，总共 12 台机组再生水量需增加 $12×(211-169)=504t/h$，再生水费用增加为 $504×0.25=126$ 元/h。热泵机组由于再生水平均水温降低 1℃，其耗电量根据机组的性能曲线降低 2.6%，即总耗电量降低 $312.7×2.6\%×12=97.5kW$，总运行费用减少 $97.5×0.88=85.8$ 元/h。由此可见再生水水量增加的运行费远远大于热泵机组耗电量减少的运行费。当再生水流量增加时，其水泵耗电功率增大，管道的管径也随之增加，初投资增大，因此只要再生水温度能够满足热泵机组实际运行温度要求，加大再生水温差降低水流量能够极大地提高整个空调系统的经济性。设计最终采用再生水温差冬夏季均为 10℃。

4）变制冷剂回路手动转换实现冬、夏工况下运行的必要性

根据王新庄污水处理厂提供的处理污水的排放标准，其水质接近中水水质，因此采用再生水直接进入水源热泵机组，水源热泵机组采用变制冷剂回路手动转换实现冬、夏工况下运行。当在再生水系统增设板式换热器，空调水系统通过管路阀门进行冬夏季转换的方式供冷供热时，由于增加板式换热器，其存在相应的温差损失，即热泵机组的运行水温在夏季提高，在冬季降低。当板式换热器采用 1℃温差时，水源热泵机组耗电量根据机组的性能曲线增加 2.6%，同时这还不

包括内循环水泵增加的耗功率，因此采用制冷剂转换的方式能够提高系统运行的经济性。

两种系统方式在初投资相比，采用制冷剂转换的水源热泵机组较普通的水源热泵机组贵。但它的价差不足以弥补板式换热器及内循环水系统（含水泵）的投资，因此采用制冷剂转换的水源热泵机组初投资更为节省，采用此种方式的前提是再生水水质标准必须满足机组的使用要求，否则需增设板式换热器。

五、空调系统形式

本建筑集中空调系统根据业主使用要求、各房间使用功能及建筑平面进行空调设计。

（1）地面层售票厅设全空气空调系统，卧式空气处理机组，配全热新风换气机组，喷口侧送，由室内 CO_2 浓度调节新风量，过渡季节全新风运行。

（2）站台层基本站台候车厅、售票厅设全空气空调系统，卧式空气处理机组，配全热新风换气机组，喷口侧送，由室内 CO_2 浓度调节新风量，过渡季节全新风运行。

（3）站台层商业设全空气空调系统，卧式空气处理机组，喷口侧送，由室内 CO_2 浓度调节新风量，过渡季节全新风运行。

（4）高架层候车厅共设 28 个全空气空调系统，卧式空气处理机组，各系统均设全热回收装置，设备布置在设备夹层。采用门套喷口侧送，下回风，由室内 CO_2 浓度调节新风量，过渡季节全新风运行。

（5）高架层进站大厅共设 34 个全空气空调系统，卧式空气处理机组，设备布置在设备夹层和高架层室外网架的吊顶内。喷口侧送和双层百叶风口顶送，集中回风。由室内 CO_2 浓度调节新风量，过渡季节全新风运行。

（6）商业夹层预留空调供回水管，便于今后二次设计。

（7）贵宾候车室，夏季降温、冬季供暖。采用变频中央空调系统与风机盘管系统相结合，室内机采用卧式暗装侧送风型，冬季加设电热地面辐射供暖系统。

（8）办公用房，夏季降温、冬季供暖，采用风机盘管系统加新风系统。

（9）工艺设备用房，夏季降温、冬季供暖。按功能分区设变频热泵中央空调系统，室内机采用卧式暗装侧送风型。

（10）消防控制室设风冷热泵型分体空调。

（11）高大空间夏季空调采用侧送风方式，分层空调，仅满足下部人员活动空间对温度的要求，上部空间不作要求，减少空调负荷，节省运行费用。

（12）高大空间过渡季节出全新风运行外，大厅上部外窗开启加强自然通风。

（13）根据车站建筑特征、使用功能及使用要求，本工程在出站层西北角和东北角设置2个相同的集中冷冻站，两个空调水系统在站台层的设备夹层内通过水管连通以满足部分空调负荷时空调系统经济运行。

（14）空调水系统采用一次泵变流量、二管制异程系统。在确保系统正常运行的情况下尽可能地减少水泵的输送功耗，节省运行费用，冬夏季均采用7℃空调供回水温差，其中夏季空调供/回水温度 6.5℃/13.5℃，冬季供暖供/回水温度 50℃/43℃。

（15）两个冷冻站的空调水系统均设置一个总供回水回路，供回水总管间设置压差控制器和压差旁通调节阀，以控制冷冻水泵变频节能运行和确保末端设备低水量需求时系统的正常运行。

（16）空气处理机组回水管上均设置动态平衡电动调节阀，风机盘管回水管上均设置动态平衡电动两通阀，确保系统按需供水，保证空调效果，节省运行能耗。

（17）再生水取自站房附近的王新庄污水处理厂，根据再生水水温、水质、水价及空调设备制冷制热性能，并以空调系统运行经济性最优为原则，设计采用再生水温差冬夏季均为10℃，即：夏季28℃/38℃、冬季13℃/3℃。再生水泵房设置在王新庄污水处理厂内，冬夏季分泵运行，夏季采用4台变频水泵，冬季采用两台变频水泵。

（18）空调水系统采用落地囊式自动补水稳压装置定压。

六、通风、防排烟及空调自控设计

1. 通风、防排烟

依据《高层民用建筑设计防火规范》GB 50045—95（2005年版）、《铁路工程设计防火规范》TB 10063—99、上海泰孚所作的消防性能化设计评估报告，在下列部位设防排烟措施：

（1）出站厅、出站通道及两侧的停车场，设平时排风兼火灾时排烟系统。排烟系统沿铁轨梁间水平布置，每两条梁间（1～28轴），以中心（14、15轴之间）为界，分设两个系统，从中间向两边排风（烟）至1、28轴以外，向上伸出站台层面（雨棚外）排放。平时风口、风机常开通风换气，火灾时按防烟分区进行排烟。

（2）出站层及出站层夹层超过20m的内走道及面积超过100m² 的房间均设机械排烟系统。

（3）基本站台候车厅，交通厅等能满足自然排烟条件，采用自然排烟。贵宾用房、商业用房采用机械排烟。

（4）高架层候车大厅采用自然排烟，夹层局部房间设置机械排烟。

（5）本站房其他地上外走道及面积超过300m² 的房间均采用可开启外窗的方式进行自然排烟，开窗面积大于房间面积的2%。

（6）所有空调（新风）及通风系统风管穿越防火墙或其他防火分隔时均设置70℃的防火阀，所有排烟风管穿过防火分隔时均设置280℃的防火阀，所有排风风机入口处及空调送回风总管均设70℃防火阀，该阀能输出关闭电信号。

（7）吊顶内的排烟风管均采用40mm厚离心玻璃棉板保温隔热。

（8）空调、通风系统的所有部件、配件及材料均选用不燃型或防火型。位于墙、楼板两侧的防火阀、排烟阀之间的风管外壁应采取防火保护措施。防烟、排烟、通风和空调系统中的管道在穿越隔墙、楼板及防火分区处的缝隙中应采用防火封堵材料封堵。

（9）所有设备房间（包括车库、水泵房、制冷机房、变配电房、发电机房、工艺设备用房等）均设置机械通风系统，换气次数按使用要求确定。

（10）卫生间设置机械排风系统。

（11）部分房间设置事后排风系统及事故排风系统。

（12）高架层大厅两侧外墙上部设可开启外窗，过渡季开启，自然通风，以改善室内环境，降低空调系统运行时间，节约运行费用。

2. 空调系统的自动控制

（1）空调、通风系统采用集散型控制系统，由中央管理计算机、通信网络、带网络接口的温度和浓度控制器、各种传感器、电动执行机构组成。由中央管理计算机实现对各机房内控制器的监测及控制指令设定，实现空调、通风系统安全经济运行，创造舒适的室内环境。

（2）风机盘管的控制：设有风机盘管房间的室温，由设于房间内带有季节转换开关及三速调节开关的温度控制器，控制风机盘管回水管上的动态平衡电动二通阀，控制空调循环水量，三速开关控制风机盘管送风量，满足室内温度要求，电动阀与风机连锁，冬夏工况自动转换。

（3）新风机组出风温度的控制：温度由设于新风送风管的温度传感器传输信号，经现场控制器控制空气处理机组表冷器回水管上的动态平衡电动调节阀的开度来调节空调循环水量，使室内温度稳定在设定的基准上，电动阀与风机联锁。

（4）新风换气机组（带盘管）冬季出风温度的控制：温度由设于新风送风管的温度传感器传输信号，经现场控制器控制空气处理机组表冷器回水管上的动态平衡电动调节阀的开度来调节空调循环水量，使室内温度稳定在设定的基准上，电动阀与风机联锁。

（5）低速单风管全空气空调系统的控制：空调房间的温度由设于回风管上或空调房间的温度传感器传输信号，经现场控制器控制空气处理机组表冷器回水管上的动态平衡电动调节阀的开度来调节空调循环水量，使室内温度稳定在设定的基准上，电动阀与风机联锁，冬夏工况自动转换。没有设热回收装置的系统由室内 CO_2 浓度控制新风阀开度，调节新风量。

（6）一般空调房间冬季湿度的控制：空调房间冬季湿度由设于回风管上或空调房间的湿度传感器传输信号，经现场控制器控制新风系统、全空气系统湿膜加湿器进水管上的电动调节阀来调节进水量，使室内湿度稳定在设定的基准上。

（7）变频中央空调系统室内温度的控制：室内机自带完备的控制装置，空调房间的温传感器传输信号给机组控制器，控制相应的空调房间室内温稳定在设定的基准上。

（8）机房专用空调温、湿度的控制：机组自带完备的控制装置，温、湿度传感器传输信号给机组控制器，控制相应的房间室内温、湿度稳定在设定的基准上。

（9）空调冷热源系统采用群控的控制方式，实现能量集算、温度控制、出水温度的再设定、机组及配套组的自动投入或退出、机组的均衡运行，空调冷源系统智能化运行，达到可靠、经济运行的目的。螺杆式水源热泵机组自带完备的控制及保护装置，实现机组空调出水温度的控制、机组空调出水温度的再设定、调节能量、机组安全保护，机组配备标准通信接口。

（10）空调系统的自动控制还包括机组的启停控制程序、供回水总管的压差控制、空调侧水系统定压控制、空调系统与供暖系统的冬季防冻及检测和报警。

七、心得与体会

通过本工程的调研、设计、施工、调试及运营，有如下经验及教训值得在今后设计中注意：

（1）在调研阶段，当采用再生水源热泵空调系统时，除了污水处理厂提供的相关资料，还应仔细了解再生水实际的水质、水温及水量情况，特别是在不同季节、不同城市、不同天气情况下实际水质状况，否则实际运行时会产生相关问题。

（2）在设计阶段，应当充分了解当地的能源政策、可用的能源方式及当地的市政条件，根据建筑的空调负荷特征及使用要求，通过初投资、运行费用、投资回收期及维护管理等综合比选各种方案，同时考虑空调系统的节能及环保要求。当采用再生水源热泵空调系统时，应该注重再生水的输送能耗分析，力求根据实际情况选择最佳综合经济方案。

（3）在空调施工调试阶段，应该根据现场实际情况，在满足空调的前提下配合装修，特别对于工期较紧、工作量较大且交叉施工时，空调系统容易出现各种问题，这些问题虽然可以在调试阶段解决，但是会付出更大的代价。经常出现的问题如：①为了满足装修而使空调送风方式不合理；②空调水系统管道由于各种原因布置不合理；③空调风系统在调试时未进行认真清洗导致过滤器堵塞、送风量衰减；④水系统的清洗、水力平衡及排气存在问题等。

（4）在运营阶段，空调运营管理人员处理了解建筑功能需求外，熟悉空调系统的运行模式也非常重要，否则空调运行的节能潜力不能最大限度地发挥。

（5）高大空间的气流组织需通过 CFD 模拟来指导设计，根据建筑现状、空调负荷、计算风量及送风温度，经过 CFD 的模拟，最终确定喷口的口径、安装位置、高度、数量及送风速度。经过现场实际测试除了入口之外，其余区域均能够吻合设计工况，主要原因是入口人流量大，门长期处于开启状态，尽管设有风幕机，但是夏季室外热风侵入影响致使室内温度升高，冬季室外冷风侵入影响致使室内温度降低。

（6）由于业主原因，本工程水源热泵机组制冷制热最终采用水侧转换而非制冷剂转换方式，因此导致季节转换时维护工作量较大。

京沪高速南京南站空调系统设计①

- 建设地点　　南京市
- 设计时间　　2008 年 04 月
- 竣工日期　　2011 年 06 月
- 设计单位　　中铁第四勘察设计院集团有限公司
　　　　　　　[430063] 武汉市武昌区杨园和平大道
　　　　　　　745 号
- 主要设计人　庄炜茜
- 本文执笔人　田利伟
- 获奖等级　　一等奖

作者简介：

庄炜茜，1978 年 3 月生，高级工程师，暖通所所长，2000 年毕业于湖南大学土木工程学院暖通专业，大学本科，学士学位。目前就职于中铁第四勘察设计院集团有限公司。主要设计作品：南京地铁一、二号线、南京火车站、广州南站、苏州火车站、南京南火车站等。

一、工程概况

新建铁路南京南站，是京沪高速铁路五大始发站站之一，是集铁路客运、长途汽车、城市轨道交通及其他城市常规公共交通于一体的特大型综合交通枢纽。车站位于南京市南部，主城区和江宁开发区、东山新区之间，由宁溧路、机场高速、绕城公路、秦淮新河等围合的区域，总建筑面积 38.7 万 m²，其中主站房 28.1 万 m²，站房最高聚集人数 8000 人。

南京南站主要由地上 3 层（局部设有夹层）和地下 2 层组成，其中地面三层（+22.4m）为高架候车层，是旅客的主要候车区域；地面二层（+12.4m）为站台层，是旅客的上下车层面；地面一层（±0.0m）主要布置为出站厅、换乘广场、设备辅助用房、东西两侧的停车场及长途汽车站站务用房；地下一层（-9.6m）主要为地铁站厅层、铁路设备用房、商业开发用房及社会车停车库组成；地下二层（-16.6m）为地铁站台层。

站房主入口位于北侧，在站台层设有进站广厅，进站广厅集售票、进站、综合服务于一体，是旅客进入高架候车室的主要通道。站房南入口设于高架层南侧，主要服务于城际旅客。中央高架候车厅为无柱化大空间，采用"开放式"的候车模式，具有空间高大、通透性要求高和各种空

间连通性强等特点，是通风空调系统设计的主要区域，也是本次设计的难点。

南京南站通风空调系统设计由主站房的通风空调和附属铁路用房的通风空调构成，其中，主站房的通风空调包括高架候车层（+22.4m）；高架候车厅夹层（28.4m）；站台层（+12.4m、+16.6m）；出站层（±0.0m）；地下一层（-9.6m）设备用房；其他用房，如办公室、贵宾室、售票室等房间。附属铁路用房的空调通风包括东、西动力中心；西南角售票厅及办公；东北角售票楼及机械室、信息室等。

南京南站房空调系统总装机容量为夏季 30MW，冬季 17MW。本工程根据使用场所及使用时间的不同，有针对性地设置复合式冷热源系统：夏季采用溴化锂吸收式机组＋电制冷冷水机组；冬季采用地方热电厂供应的蒸汽制取空调热水；贵宾室单独设置低碳、环保、节能的地源热泵系统。

空调系统设计通过对站房内自然通风工况的深入研究，最大限度地利用自然通风降低空调能耗，大幅减小装机容量，降低一次性投资；同时大量运用新设备、新工艺，主机房采用中央空调节能控制系统，空调末端及大功率用电设备采用三相消谐波智能节电控制柜，新风系统设置热回收装置，有效降低运营费用。

本工程成功解决了困扰大站房的由无组织渗

---

① 编者注：该工程设计主要图纸参见随书光盘。

风引起的扰动室内工况问题，同时通过室内送风口的合理布置，获得了理想的气流组织，气流场和温度场分布均匀，完全满足旅客的舒适性要求，是同规模站房中冬季空调效果最好的成功案例。

南京南站通风空调系统设计秉承绿色节能和以人为本的设计理念，合理利用新技术、新设备，全面实现空调系统的整体节能，提供高质量的室内环境，获得了原铁道部、江苏省、南京市等各级领导及各建设、运营管理单位和广大旅客的高度评价，取得了良好的经济效益、社会效益和环境效益。

建筑外观图

二、工程设计特点

南京南站通风空调系统设计过程采用的绿色节能技术主要体现在以下几个方面：

1. 基于全年逐时冷热负荷的围护结构优化设计

围护结构的热工特性直接影响成本造价及建筑的冷热负荷，合理的优化围护结构可以在保证建筑节能的前提下最大限度地节省投资成本。南京南站超大的外挑屋檐、大面积的采光天窗以及全天长达 20h 的运营时间，使得其围护结构设计不能完全照搬国家和地方的节能设计标准进行围护结构节能设计，需针对其独特的建筑造型和使用特征，开展以 K 值优化，SC 值优化及综合优化为出发点的外墙及幕墙设计方案研究，最终给出围护结构推荐设计方案。

由于建筑东西向窗墙比超过《公共建筑节能标准》限值要求，因此需进行围护结构权衡判断，计算结果表明推荐设计方案建筑全年累计耗冷耗热量为参考建筑的 93.5%，符合节能标准要求。该设计方案相对优化前设计方案每年可节约供暖

空调运行费用 23.32 万元，增加初投资 158.44 万元，投资增量静态回收期为 6.8 年。

2. 自然通风系统优化设计

自然通风系统对建筑物内部的能耗控制、环境质量控制起到不可或缺的重要性，在过渡季节和夏季夜间，利用自然通风对建筑进行冷却降温可以减少空调系统运行时间，有效地降低空调能耗。搞好自然通风设计，形成合理的室内气流组织，可以有效提高候车厅人员活动区域的热舒适性和空气品质。

南京南站通过利用多区域通风模拟软件CONTAM 与自行开发的热模拟模型进行自然通风耦合计算，实现了高架候车厅通风量和室内温度的模拟计算，根据计算结果对建筑自然通风路径的设置及开口大小进行优化设计，并与实际建筑运行模式相协调，最大限度地利用自然通风，形成效果良好的热压通风。

同时根据研究结果，建议车站运营过程可自然通风时段候车层检票口全敞开，以增强自然通风效果，此时建筑全年累计冷负荷可降低 131.84 万 kWh，相当于候车层全年空调负荷的 14.5%。

3. 基于逐时无组织渗风量的空调负荷计算

根据铁路旅客站房使用功能需要，设置集中空调系统的公共区存在大量开敞的外门与室外连通，以方便旅客进站和检票上车，这导致了室内外存在大量的气流交换，形成无组织渗风。由于渗透问题的复杂性，目前渗透风对建筑能耗影响的认识更多地是来自定性分析，设计人员无法准确确定渗透风对建筑内环境的影响程度。

南京南站采用 CFD 数值模拟软件对不同风向条件下建筑周围流场进行模拟计算，获得建筑外立面各开口处的风压系数；利用多区域通风模拟软件 CONTAM 建模，并将风压系数输入模型，模拟计算不同室外环境参数时通过建筑各开口的无组织渗透风量，从而拟合获得无组织渗透风量随室外温度和环境风速变化规律的拟合公式；经过公式的整理计算，可获得基于南京市气象参数条件下的全年 8760h 的逐时渗透风量。

通过设置通风作息的方式，将渗透风量计算结果导入建筑 DeST 逐时动态能耗模型，获得南京南站基于逐时无组织渗风量的空调负荷全年分布情况，并采用全年不保证 50h 的方法选取空调负荷设计值。计算结果表明，南京南站全年最大

空调冷负荷为 30192kW，全年累计不满足 50h 空调冷负荷为 26124kW，全年最大空调热负荷为 17173kW，全年累计不满足 50h 空调热负荷为 13630kW。该空调负荷计算方法保证了设备选型的准确性，避免了常规负荷计算过程考虑极端情况造成的设备选型过大的问题，为如何将全年模拟结果转化为设计值提供了一种可行的方法。

4. 基于技术经济性分析的复合冷热源系统设计

当前各种冷热源机组、设备类型繁多，各具特色，使用这些机组和设备时会受到能源、环境、工程状况、使用时间及要求等多种因素的影响和制约，因此客观全面地对冷热源方案进行技术经济比较分析，以可持续发展的思路确定合理的冷热源方案。

为了充分利用该区域内的工业余热，通过对不同的冷热源系统进行技术经济性比较，南京南站冷热源系统根据站房的功能分区和公共区负荷特征，选取多种冷热源，其中：主冷热站设置 4 台制冷量为 4650kW 的蒸汽溴化锂吸收式冷水机组和 4 台制冷量为 2800kW 的离心式冷水机，将热电厂提供的 0.7MPa 的压力饱和蒸汽作为南京南站的热源，夏季供蒸汽溴化锂吸收式冷水机组制冷，冬季将蒸汽减压至 0.4MPa 的饱和蒸汽后，供给热交换机组。南北侧的贵宾室则分别设置独立的地源热泵系统，此系统与主冷热站联合为贵宾室供冷供热，当主冷热站停止运行时，开启地源热泵系统，与常规空调系统相比，地源热泵系统运行效率可提高 40%，运行费用可节约 30%～40%。

通过设置多种形式的冷热源系统，并制定不同系统合理的运行方案，可节约资源和能耗，并有效提高能源利用效率，实现了空调系统节能和节约运行费用的目的。

5. 大空间分层空调设计

南京南站高架候车层空调系统采用了三种送风末端形式：散流器顶送、喷口侧送和"多功能集成模块"送风单元。其中候车大厅空调设计过程采用了分区空调的设计理念，不同功能区域采用不同设计标准，达到舒适节能的效果，即：东西两侧候车区域人员密度大，停留时间长，设计中定位为重点保证区域，空调送风充分覆盖，完全保证其效果，中央通道区域人员密度低，停留时间短，定义为过渡区域，适度进行空调降温，使旅客逐渐适应空调区域的温度。根据此原则，

候车大厅结合装修设计采用送风射程较远的球形喷口，设计喷口侧送和"多功能集成模块"送风单元混合送风，实现分层空调，为 2m 高度以下的人员活动区提供较为舒适的候车环境，其中喷口侧送负责东西两侧候车区域，"多功能集成模块"送风单元负责中央通道区域。

计算结果表明，高架候车层候车大厅采用分层空调系统符合设计要求，与全室空调相比，空调负荷可减少约 30%。

6. 变流量变频智能节电装置设计

建筑能耗占我国能源总消费的比例已达 27.6% 以上，在建筑能耗中，暖通空调系统能耗比例在 60%～70% 之间，其中风机和水泵的能耗又占空调能耗的约 60% 左右，因此风机、水泵的变流量节能有现实意义。

南京南站空调冷冻水系统采用一、二次泵系统，一次泵采用定流量泵，与冷冻机对应设置，二次泵采用变频调速技术调节水量，根据各空调区域空调机组的需用冷量，自动调节冷冻水的输送量，达到节约空调耗电量的目的。空调风系统则采用一次回风的全空气整体变风量空调系统，划分多个送风区域，智能节电装置整合了组合式空调机、新风机、回风机、动态流量平衡调节阀、新风阀、回风阀、送风阀以及空气净化消毒装置的控制，智能节电装置通过灵活方便的人工智能界面，根据回风、出风温度的变化，智能动态调节空调系统送风量。

采用变流量变频智能节电装置后，空调系统水泵、风机的平均节电率在 40% 以上，主机节电率在 5% 以上，系统总体节电率可达 20% 左右。

7. 末端空调机组全热回收技术

车站的空调负荷中，新风负荷所占比例比较大，一般约占空调负荷的 70% 左右。在空调系统中加设能量回收装置，用排风中的能量来处理新风，就可减少处理新风的能量，降低机组负荷，提高系统的经济性。

南京南站公共区域部分新风机组设置排风全热回收装置，充分利用空调系统排风中的能量预冷或预热新风，具有良好的效果，回收效率可达 70% 左右。

8. 新风系统优化设计

在南京南站空调系统设计中，高架候车层的新风系统从站台层顶部区域（即候车层下设备夹

层高度处）取新风。为保证取得的新风质量不受站台层列车和人员等污染源的影响，通过 CFD 模拟对候车层空气品质进行了研究，从而保证合适的新风取风位置，使得新风取风会不会受到候车层排风及站台层上其他污染源的影响。

以 CO_2 浓度为例，考虑站台污染源、出站层楼梯口渗透风及候车层排风影响后，站台上部新风取风口 CO_2 浓度有所增加，夏季主导风情况下新风口浓度增加最大约 23ppm，静风工况下增加最大为 130ppm。冬季主导风情况下增加约 2.5ppm，静风工况下最大为 11ppm，相对于大气环境 CO_2 背景浓度 400ppm，浓度增加有限，新风口的取风位置不会受到以上三种污染源的影响，不会影响到候车室内的空气品质，因此目前新风口位置合理。

以上先进的节能环保技术为南京南站节省了大量的能源，不但使南京南站成为一座技术先进、低碳、节能、环保的车站，而且为我国大型公共建筑的节能环保设计提供了示范。

三、设计参数及空调冷热负荷

对于南京南站，出于旅客进出站考虑，外门需经常开启，这样导致大量无组织渗风进入室内，为了准确进行空调冷热负荷计算，综合采用多种模拟软件，合理计算无组织渗透风量，并将渗透风量计算结果导入建筑 DeST 逐时动态能耗模型，获得南京南站基于逐时无组织渗风量的空调负荷全年分布情况，采用全年不保证 50h 的方法选取空调负荷设计值。计算结果表明，南京南站全年最大空调冷负荷为 30192kW，全年累计不满足 50h 空调冷负荷为 26124kW，全年最大空调热负荷为 17173kW，全年累计不满足 50h 空调热负荷为 13630kW。空调室内设计参数则如表 1 所示。

室内设计参数　　　　　　　　　　　　　　　　　　　　表 1

房间名称	夏季设计温度（℃）	夏季相对湿度（℃）	冬季设计温度（℃）	最小新风量 [m³/(h·人)]
高架候车层	27	65	16	10
贵宾室	25	65	20	30
售票室	27	65	18	30
售票厅	27	65	16	10
进、出站大厅	29	65	12	10
办公用房	26	65	18	30
商业用房	26	65	18	20
公共卫生间	—	—	12	10～12 次换气
库房	—	—	—	3～5 次换气
冷冻机房	—	—	—	按事故通风计
热力站	—	—	—	10～12 次换气
消防泵房	—	—	—	3～5 次换气
配电间、室	—	—	—	5～8 次换气
配电室	40	—	40	按发热量计算，夏季采用循环空冷机组，其余季节采用通风换气方式，去除余热
工艺设备用房	满足工艺温湿度和洁净度要求			

注：1. 冬季室内不加湿；夏季湿度仅为设计参数，不控制。
　　2. 出站层、高架层、高架上架层的冬夏季温度仅为设计参数。

四、空调冷热源及设备选择

为了充分利用该区域内的工业余热，通过对不同的冷热源系统进行技术经济性比较，南京南站冷热源系统根据站房的功能分区和公共区负荷特征，选取多种冷热源，其中：主冷热站设置 4 台制冷量为 4650kW 的蒸汽溴化锂吸收式冷水机组和 4 台制冷量为 2800kW 的离心式冷水机，将热电厂提供的 0.7MPa 压力饱和蒸汽作为南京南站的热源，夏季供蒸汽溴化锂吸收式冷水机组制冷，冬季将蒸汽减压至 0.4MPa 的饱和蒸汽后，供给热交换机组。南北侧的贵宾室则分别设置独立的地源热泵系统，此系统与主冷热站联合为贵宾室供冷供热，当主冷热站停止运行时，开启地源热泵系统，空调系统主要设备表如表 2 所示。

主要设备表　　　　　　　　　　　　　　　　　　表2

设备名称	设备参数	单位	台数
离心式冷水机组	制冷量2800kW，耗电量527kW	台	4
蒸汽双效溴化锂冷水机组	制冷量4748kW，耗电量18.65kW	台	4
地源热泵机组	制冷/热量76/80kW，制冷/热输入功率18/25.2kW	台	2
地源热泵机组	制冷/热量170/186kW，制冷/热输入功率41/54kW	台	2
一次冷水泵	流量900m³/h，扬程20m，功率75kW	台	6
一次冷水泵	流量530m³/h，扬程20m，功率37kW	台	6
二次冷水泵	流量135m³/h，扬程28m，功率18.5kW	台	6
二次冷水泵	流量660m³/h，扬程39m，功率90kW	台	10
空调侧循环水泵	流量15m³/h，扬程32m，功率3kW	台	3
空调侧循环水泵	流量35m³/h，扬程39m，功率7.5kW	台	3
空调热水循环泵	流量：330m³/h，扬程20m，功率22kW	台	8
冷却水泵	$L=1300m^3/h$，$H=33m$，$N=160kW$	台	6
冷却水泵	$L=630m^3/h$，$H=33m$，$N=75kW$	台	6
冷却塔	冷却水量342.5m³/h×2，功率11kW×2	组	4
冷却塔	冷却水量360m³/h×4，功率11kW×4	组	4
新风机组	送风量3500～30000m³/h	台	40
空气处理机组	送风量6000～52000m³/h	台	190
热回收机组	送风量9000～30000m³/h	台	12

五、空调系统形式

针对建筑物的特点在候车大厅设计分层空调，空调采用一次回风的全空气整体变风量空调系统，划分多个送风区域，空调的送风由东西商业夹层的侧面、夹层的下面和设在候车层的多个"设备单元"送出。每个"设备单元"内布风道、风口、消火栓箱、灭火器等设施；"设备单元"可独立设置在候车大厅内，也可与功能用房结合设置。候车大厅采用远程喷口送风，集中回风，高架夹层下面的送风口采用条形喷口下送方式。通过各种送风方式，有效地控制距地面2.5m高的范围，使人员的活动空间的温度达到要求。空调风口的选择，根据气流组织计算，选用技术指标高、调节性能好的产品。

六、通风、防排烟及空调自控设计

高架候车厅东西玻璃幕墙及候车厅的屋顶上部两侧设置电动调节外窗，主要采用自然通风，必要的时候联动空调机组的送风机，尽量减少开

冷冻机的时间，节省能源。贵宾室、售票厅、售票室、办公室等无外窗房间采用机械通风。

高架候车层采用自然排烟方式，在屋顶设置电动排烟窗，火灾时电动打开排烟；出站厅、商业、贵宾室、售票室、办公室、走道等处设置机械排烟系统。

冷水机组等机电一体化设备由机组所带自控设备控制，集中监控系统进行设备群控和主要运行状态的监测。热制冷机房内设备在机房控制室集中监控，但主要设备的监测纳入楼宇自动化管理系统总控制中心。风机盘管采用风机就地手动控制、盘管水路二通阀就地自动控制。其余暖通空调动力系统采用集中自动监控，纳入楼宇自动化管理系统。采用集中控制的设备和自控阀均要求就地手动和控制室自动控制，控制室能够监测手动/自动控制状态。

七、心得与体会

对于铁路旅客站房，出于旅客进出站考虑，外门需经常开启，这一现状导致大量无组织渗风进入室内，为了准确进行空调冷热负荷计算，需

确定合理的无组织渗风风量，为空调设计和负荷计算提供了可靠的依据。其次，站房普遍采用较大的外挑屋檐，空调负荷计算过程需分析建筑挑檐自遮阳的影响，充分考虑建筑物的自遮挡问题。

采用建筑逐时负荷计算软件进行空调负荷计算时，应采用全年不保证50h的方法选取负荷设计值，避免考虑极端情况造成的设备选型过大的问题，这一设计理念为如何将全年模拟结果转化为设计值提供了一种可行的方法。

此外，考虑外门位置存在大量的无组织渗风，在进行空调系统设计时，应根据渗透风的分布情况，适当降低甚至取消对渗透区域进行空调送新风，实现渗透风的合理利用，进一步降低空调系统的运行费用。

武汉轩盛·鑫龙湾别墅地源热泵空调系统①

- 建设地点　　武汉市
- 设计时间　　2008 年～2009 年
- 竣工日期　　2010 年
- 设计单位　　中信建筑设计研究总院有限公司
  　　　　　　[430014] 武汉市汉口四唯路 8 号
- 主要设计人　雷建平　陈焰华
- 本文执笔人　雷建平
- 获奖等级　　一等奖

作者简介：

雷建平，1971 年 2 月生，工学学士，正高职高级工程师，注册公用设备工程师，高级程序员。1994 年毕业于同济大学，工作于中信建筑设计研究总院。主要代表作品：湖北省图书馆新馆、武汉市民之家、辛亥革命博物馆、武汉国际证券大厦、天津滨海火车站、长江传媒大厦、武汉国际博览中心区域能源站等。

一、工程概况

轩盛·鑫龙湾项目位于武汉市东湖新技术开发区，东至汤逊湖北路、南至保利北路、西至研发用地、北至庙山中路，建设总规模为 12.365 万 m²，可再生能源示范面积为 5.516 万 m²，含有多层及低层住宅、幼儿园、会所。

别墅作为独立单元的建筑物，既需要冬季供暖又需要夏季空调制冷，同时需要供给卫生热水，根据这种实际需求，结合近年来因节能环保要求的提高而对建筑的供暖制冷方式提出了新的要求，本项目设计因地制宜地采用地源热泵空调技术。用一套系统实现夏季制冷，冬季供暖，一年四季提供生活热水，运行费用低，从而完全取代了家中的空调机，热水器和暖气片，免去了供暖管线、锅炉、燃料间的运行管理问题，建筑物外部不再有烟囱、冷却塔，使建筑群总体形象也免受破坏，有利于创建节能环保的绿色小区。

二、工程设计特点

鑫龙湾地源热泵系统采用"共用垂直埋管的水环式空调系统"，空调主机按一户一机的模式配置，并分区域设地埋管及其循环水系统：在夏季提供 30℃/35℃ 的循环水作为热泵机组的"热汇"，在冬季提供 11℃/7℃ 的循环水作为热泵机组的"热源"。

因本项目不能设置辅助冷却设备，附近没有江、河、湖、海等天然水体作为冷却水来使用，小区内景观水体的面积与深度都不能满足作为冷却散热的水体要求，故本项目设计的埋管长度按夏季工况确定。

为保证地下土壤的热平衡，确保空调系统长年有效地运行，必须通过设全热回收型地源热泵机组提供卫生热水来维持土壤温度在正常波动范围内。全热回收型地源热泵机组在夏季能免费提供卫生热水，在其他季提供卫生热水时的电耗是电热水器的 1/3～1/4，节能减排的效果明显，也能提高本别墅产品的品质。考虑到住宅的使用时

轩盛·鑫龙湾别墅鸟瞰图

---

① 编者注：该工程设计主要图纸参见随书光盘。

段本身有利于土壤热平衡（夏季高负荷的白天使用时段少于夜间低负荷时段；冬季低负荷的白天使用时段少于夜间高负荷时段），同时本项目较为分散的埋管方式也有利于土壤热平衡，本项目不考虑辅助冷却措施。

地源热泵是一项新兴的节能环保、可再生能源利用技术，利用浅层岩土体作为热源和热汇，实现能源的可再生利用，减少了建筑物空调、供暖所消耗的一次能源（即化石能源），符合我国的能源利用政策和可持续发展战略。鑫龙湾别墅地埋管地源热泵中央空调每年节省电费 70.32 万元，折合用电量约 75.6 万度，相应节约了 302.4tce，相当于二氧化碳减排量 753.8t，费效比为 6.27 元/kWh。

三、同时使用系数及空调负荷

1. 同时使用系数

为确定每套别墅热泵机组的装机容量，对"90 南"这一户型用两种方式进行空调负荷的逐时计算：第一种方式计算了全户一～三层 3 个楼层同时使用空调时的冷热负荷；第二种方式计算了户内第一层和第三层 2 个楼层同时使用空调时的冷热负荷（按这种方式确定的装机容量可满足户内任意两个楼层同时使用空调的要求），负荷计算结果详见表 1。

由表 1 可知，户内同时使用系数约为 70%；端头户型建筑面积冷负荷指标为 65.7W/m²，热负荷指标为 50W/m²；中间户型建筑面积冷负荷指标为 48.6W/m²，热负荷指标为 39.3W/m²。经与业主沟通，决定每户热泵主机的容量按同时开启任意两个楼层的空调负荷来确定。

"90 南户型"空调冷热负荷计算值　　表 1

户型名称	建筑面积	一、二、三层负荷（kW）		一层＋三层负荷（kW）	
		冷负荷	热负荷	冷负荷	热负荷
90 南端	140	12.6	9.9	9.2	7
90 南	140	10.4	7.9	6.8	5.5
同时使用系数				$\frac{9.2+6.8}{12.6+10.4}=69.6\%$	$\frac{7+5.5}{9.9+7.9}=70.2\%$

参考相关文献对上海地区住宅空调使用调查数据及理论分析研究结果，户间同时使用系数如表 2 所示，依据本项目的布局及分区情况，确定设计室外埋管时，户间同时使用系数在 0.7～0.75 之间取值。

户间同时使用系数　　表 2

系数＼户数	调查值	理论计算值	系数＼户数	调查值	理论计算值
10	0.9	0.9	100	0.68	0.7
20	0.75	0.8	110	0.66	0.69
30	0.73	0.77	120	0.66	0.69
40	0.75	0.75	130	0.65	0.68
50	0.68	0.74	140	0.64	0.68
60	0.7	0.73	150	0.63	0.67
70	0.7	0.71	160	0.63	0.67
80	0.69	0.71	170	0.62	0.66
90	0.67	0.7	180 及以上	—	0.66

2. 空调负荷

本项目空调设计范围为别墅区以及其配套的幼儿园、会所的地源热泵空调系统和生活热水系统。

别墅共 413 套，建筑面积为 66850m²，会所建筑面积为 927m²，幼儿园建筑面积 1161m²，总建筑面积为 68938m²。空调夏季冷负荷为 4453.69kW，空调冬季热负荷为 3101.07kW，地埋管换热器采用单 U 形管、竖直钻孔埋管方式，钻孔有效深度为 80m，井间距 5×5m，共钻孔 754 个。本项目采用了 5 种地源热泵机组，共 413 台，机组总冷负荷 4950.7kW，总热负荷 4466.3kW。

四、埋管分区研究

以本项目一期工程中北靠庙山中路，东临 26 层高层住宅的两个组团为研究对象，分别以两个组团合用一个埋管系统（方案一）和分组团设两个埋管系统（方案二）来设计地下埋管换热器。第一组团由 B32～B37 六栋建筑构成，共 39 套别墅，第二组团由 B24～B31 八栋建筑构成，共 40 套别墅。

1. 埋管分区方案比选

方案一为两个组团合用一个地埋管系统，户间同时使用系数取为 0.71，基本相当于能满足两个组团的 79 户同时开启各自某一层的空调，另约有 36 户可同时开启另一层的空调。方案二为分组团分设地埋管系统，户间同时使用系数取为 0.75，基本相当于能满足第一组团的 39 户同时开启各自某一层的空调，另约有 19 户可同时开启另一层的空调；第二组团的 40 户同时开启各自某一层的空调，另约有 20 户可同时开启另一层的空调（见表 3 和表 4）。

埋管方案对比简表　　表 3

	方案一	方案二
方案类别	两组团合用埋管	分组团埋管
设计总钻孔数	115	122
室外工程造价（万元）	222	226
外网循环水泵总功耗（kW）	30	22
平均每户水泵功耗（kW）	0.380	0.278
平均每户每月水泵耗电量（kWh）	0.380×16×30＝182	0.278×16×30＝133
平均每户每月水泵电费（元）	96.5	70.5
平均每户每年（6个月）水泵电费（元）	579	423
主要优点	用户使用有较大的灵活性，在部分负荷时，用户户内机组的耗电较为节省；两个组团的埋管系统共用，互为备用	平均每户公摊的水泵费用较低；水系统较小，系统平衡容易

续表

	方案一	方案二
主要缺点	水系统相对较大，系统的平衡及调试工作量大	埋管系统不能共用，使用灵活性稍差

埋管分区综合一览表　　表 4

分区号	幢数	面积	冷负荷（kW）	热负荷（kW）	钻孔数	总井深（m）
一	20	13250	828.4	598.4	141	11280
二	12	7830	503.2	354.3	91	7280
三	14	12260	708.6	514.9	121	9680
四	19	11470	800.8	525.5	139	11120
五	11	10460	622.4	411.0	108	8640
会所	1	927	157.6	111.2	38	3040
幼儿园	1	1161	150.9	127.7	—	—
六	12	11580	681.7	458.0	116	9280
总计	90	68938	4453.7	3101.1	754	60320

按照以上原则，本项目埋管最终确定为 6 个分区，除第一、二分区外，其他 4 个分区的循环水泵均可就近设在公用地下室内，且可将水泵房设在各区的中心位置；第一、二分区的循环水泵房可采用在某户地下室外贴邻的方式建设（见图 1）。

2. 埋管形式及数据的选取

由于双 U 形埋管与单 U 形相比其换热量的增加值不到 15%，主要应用于埋管场地不足的工

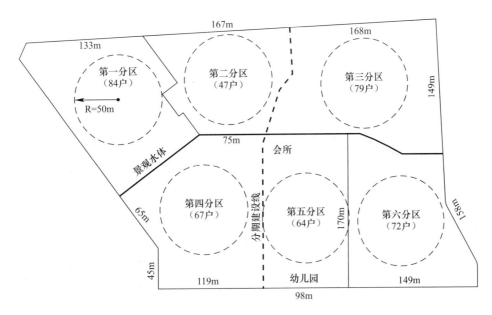

图 1　埋管分区示意图

程；经详细方案核算，本工程有足够的室外场地埋管（不在地下室、建筑物、景观水体下设埋管），故埋管形式按单 U 形设计。现场单 U 形埋管的物性测试报告主要数据如下：

1 号井单位井深的换热量与 2 号井的单位井深换热量基本相当，U 形埋管的单位井深排热量（夏季）约为单位井深取热量的 1.4 倍。本工程埋管系统采用垂直单 U 形埋管形式，钻孔深度为80m，单 U 形埋管的单位井深换热量按 1、2 号井的平均值选取：排热量（夏季）按 64W 计算，单位井深取热量（冬季）按 45.5W 计算（见表 5 和表 6）。

1 号井地埋管换热能力　　表 5

制冷模式	埋设深度（m）	换热指标（W/m²）	单井换热量（W）
	60	62.5	3750
制热模式	埋设深度（m）	换热指标（W/m²）	单井换热量（W）
	60	43.2	2592

2 号井地埋管换热能力　　表 6

制冷模式	埋设深度（m）	换热指标（W/m²）	单井换热量（W）
	80	65.8	5264
制热模式	埋设深度（m）	换热指标（W/m²）	单井换热量（W）
	80	48.0	3840

五、土壤换热器热平衡计算模拟分析

按照武汉地区的气候特点，夏季制冷起止时间：6 月 1 日至 9 月 30 日，共 122d，在此期间忽略供暖热负荷；冬季供暖起止时间：12 月 15 日至 3 月 15 日，共 91d，在此期间忽略空调冷负荷；其余时间室外气候条件较为适宜，忽略空调冷热负荷，采用室外新风进行室内空气调节。分区空调逐时负荷如附图 2 所示，夏季制冷累计冷负荷为 349.2 万 kWh，冬季供暖季累计热负荷为219.2 万 kWh，制冷热回收供卫生热水量为 95.4

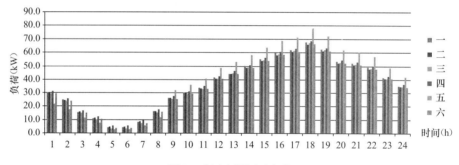

图 2　分区空调逐时负荷

万 kWh，年冷热负荷不平衡率如表 7 所示。

将图 2 中的典型负荷作为设计工况，对于设计负荷条件下，地源热泵系统的地埋管是否能实现稳定运行取决于土壤温度累积效应或恢复情况。因此，需要对地源热泵系统地下埋管换热器的设计负荷进行基本的匹配性检验，即通过长期模拟计算观测土壤温度的变化情况（见图 3～图 8）。

分区年冷热负荷计算表　　表 7

埋管区号	年供冷消耗量（万 kWh）	年供热消耗（万 kWh）	热回收供卫生热水量（万 kWh）	年冷热负荷不平衡率（%）
一	65.5	44.5	19.4	2.5
二	40.7	25.4	10.9	11.0
三	55.9	34.3	18.2	6.1
四	64.0	38.3	15.5	15.9

续表

埋管区号	年供冷消耗量（万 kWh）	年供热消耗（万 kWh）	热回收供卫生热水量（万 kWh）	年冷热负荷不平衡率（%）
五	69.9	45.2	14.8	14.2
六	53.2	31.6	16.6	9.4
总计	349.2	219.2	95.4	9.9

图 3　原始土壤温度场

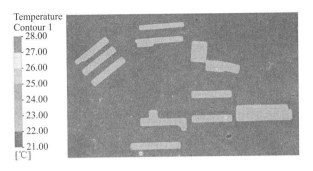

图 4　夏季工况结束时土壤温度场

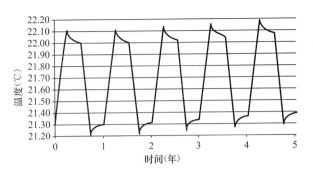

图 8　总体土壤平均温度变化

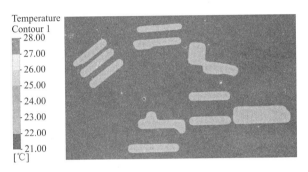

图 5　秋季工况结束时土壤温度场

温度工况，冬季取热性能只是略好于初始土壤温度工况，能够保障地埋管地源热泵系统稳定运行。

六、空调系统形式及控制系统

1. 空调水系统

本项目采用水源集中、分户设小型地源热泵机组的系统，即地源热泵机组分别设置在各户（别墅、会所、幼儿园），室外垂直地埋管换热器采用分区共用的原则设计，共分 6 个区设置埋管系统（见图 9）。一区 84 户，二区 47 户，三区 79 户，四区 67 户，五区 64 户，六区 72 户。第三、四、五、六分区的水泵房依次设置在 6 号地下室、8 号地下室、3 号地下室、2 号地下室；第一、二分区的循环水泵房分别设置在邻近 C-37 栋、C-49 栋别墅地下室的位置。幼儿园和会所的水泵位于第五分区内。夏、冬季空调用冷（7℃）、热（45℃）水和生活热水（55℃）由水源热泵机组设备提供。

图 6　冬季工况结束时土壤温度场

空调水系统按二管异程式设计，循环水泵由热泵机组内置自带，机组同时内置小型密闭式定压罐，空调系统补水由各户自来水提供。空调水系统采用定流量设计，各风机盘管的回水支管上设电动二通阀或电动三通阀，电动三通阀的比例约为 1/3，并设于系统的最远端。空调系统凝结水就近排入卫生间地漏或接入下水管（见图 10）。

2. 地埋管水系统

地埋管水系统设计埋管长度按夏季空调负荷确定，考虑到别墅区的各栋建筑的分布和地质地形，如果采用埋管数量与别墅单元一一对应，将导致地埋管的设计容量按照最大的空调负荷计算，将极大增加埋管的初投资，而采用整个别墅区统一设计埋管系统，也会因为冷却水的输送线路过长导致输送能耗过大。因而本项目采用分区分组

图 7　春季工况结束时土壤温度场

从模拟结果来看，土壤每一年终温是呈上升趋势，但总体上升幅度不大，5 年运行期满后，土壤平均温度升高了约 0.1℃，地埋管换热效率受到影响较小，基本可以达到设计要求。由此可见，在冬夏负荷几乎平衡，土壤夏季温升与冬季温降大致相等，其夏季放热性能略差于初始土壤

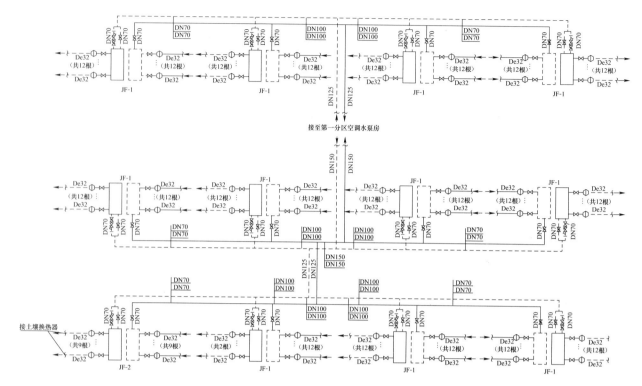

图 9　第一分区埋管水系统原理图

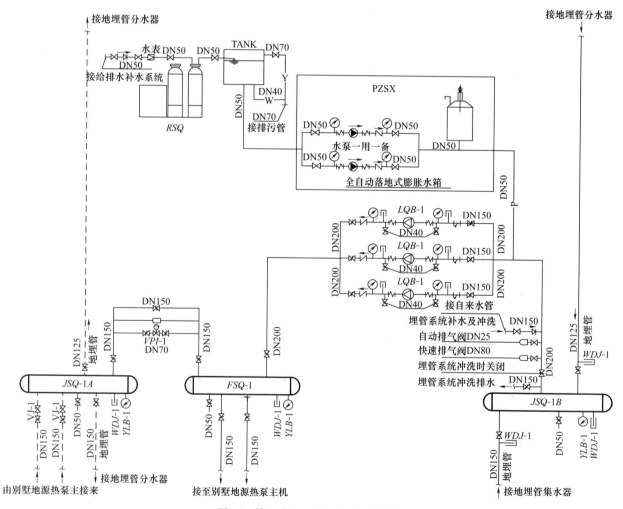

图 10　第一分区泵房水系统原理图

团的形式设计地埋管换热系统，既可以充分利用建筑物自然分区，又可以减小地埋管的设计容量。

3. 控制系统

（1）别墅空调系统

地源侧冷却水进各户的热泵机组前，设压差控制阀和水表，对每户的用能情况进行计量和控制。别墅所有热泵机组均集成风机盘管联机控制系统、卫生热水自控加热及其与主机的联动控制系统。别墅热泵机组地源侧的进水管上均设流量开关与电磁阀，电磁阀的开关与热泵机组的启停联锁。各风机盘管设温控三速开关，通过调节风量和电动两通阀的启闭来维持室内温度在设定范围之内。

（2）会所、幼儿园空调系统

会所、幼儿园空调自控为单机就地控制系统。吊装式空调机组的回水支管上均安装比例积分电动调节阀；回风管上设温度传感器，经比例积分温度控制器控制电动阀的开度，从而控制室内温度。新风机组的回水支管上均安装比例积分电动调节阀；送风管上设温度传感器探测送风温度，经比例积分温度控制器控制电动阀的开度，从而控制新风送风温度。所有风机盘管的回水支管上安装电动二通阀并配三速开关及温控器。供回水管总管之间设旁通电动调节阀，由压差控制器控制阀门的开度，恒定空调供回水压差。

七、设计体会

该项目于 2009 年完成全部施工图设计，目前一期工程已经施工完毕，部分功能区已经投入使用，效果良好。

应用地源热泵系统最重要的原则是因地制宜，在设计上要兼顾项目所在地的气候特点、水文地质条件、使用性质、使用要求及技术经济性，为不同的项目量身订制一套最优化的系统方案，这样才能最大限度地发挥地源热泵系统的技术优势，真正做到节能减排和为业主减少实际运行费用，达到社会效益和经济效益高度一致和和谐统一的目的。

由于别墅为高档住宅，其入住率及其使用时段有较大的不确定性，因此地下土壤的热平衡及温度场的变化规律要通过多年实际运行才能取得。

西安咸阳国际机场 T3A 航站楼暖通空调系统①

- 建设地点　　陕西省咸阳市
- 设计时间　　2009 年 4～12 月
- 竣工日期　　2012 年 5 月
- 设计单位　　中国建筑西北设计研究院
　　　　　　　[710018] 西安市文景路中段 98 号
- 主要设计人　周敏　王娟芳　骆海川　薛建文
　　　　　　　杨春方　赵民　秦昕　王国栋
- 本文执笔人　周敏
- 获奖等级　　一等奖

作者简介：

　　周敏，1963 年 4 月生，教授级高工程师，1985 年毕业于西安冶金建筑学院暖通空调专业，工程硕士。中国建筑西北设计研究院从事暖通空调设计及咨询。主要代表作品：西安咸阳国际机场 T1、T2、T3 及动力中心，西安曲江国际会议中心，西安浐灞生态区行政中心，宁波华联 2 号楼，西安人民大厦等。

一、工程概况

　　T3A 航站楼是西安咸阳国际机场二期扩建工程项目之一，于 2008 年 2 月开工建设，2012 年 5 月正式投入运行，其中空调系统已于 2011 年 7 月进行单机调试，2011 年 10 月完成整个系统的调试。本期项目新扩建面积约 60 万 m²，总投资 104 亿元；其中，T3A 航站楼建筑面积约 25.8 万 m²，投资 29.6 亿元（约占 28.5%）。航站楼空调的冷热源由本期配套建设的室外 4 号制冷换热站提供，制冷换热站距航站楼主楼约 1000m。本期 T3A 航站楼主要建筑特征如下：

　　建筑级别：特级工程，一类高层；

　　建筑规模：客流高峰 7100 人次/h，客流量 23342 万人/a；

　　建筑面积：258000m²，其中地上 184400m²，地下 59500m²；

　　空调面积：220300m²；

　　建筑层数：地上 2 层，地下 2 层；

　　建筑高度：36.50m，其中地下埋深 8.60m；

　　结构类型：现浇钢筋混凝土框架＋钢管桁架/钢网架；

　　功能组成：主楼（地下一层～地上二层）：办票、行李提取、商业及办公；南指廊（1、2 层）：

候机、到达、商业及办公；北指廊（1、2 层）：候机、商业及与 T2 过街连廊。

二、工程设计特点

1. 项目特点

　　航站楼通常具有以下特点：建筑层高、进深大、透明外围护结构所占比例高；建筑单体面积大、建筑进出口多，密封性能差；人员流动量大，密度高；全年运行时间长；空调能耗占总能耗比例高、全年运行能耗高；室内各用户点相距较远，空调输送能耗所占比例高；人员工作区仅为 2～3m 高，空调区域所占空间小；夏季辐射热或显热负荷占空调负荷比例较高；西安地区全年室外温度在 15～20℃ 的时间段最长，约为 1473h（2 个月）；在夏季供冷期内有 1009h（约 1.5 个月），占夏季空调时间的 27.5%；该温度适宜于置换式下送风或自然通风方式的"免费"自然供冷。

2. 设计理念及应用技术特点

　　根据航站楼——高大空间和西安室外气象特点，为降低能耗和减少项目前期初投资，设计主要从"降低空调负荷、减少输送能耗、提高制冷供热效率"三方面着手；同时引入温湿度独立控制的理念，以提高制冷效率降低能耗。项目前期经多方分析比较，应用的技术和特点如下：

　　① 编者注：该工程设计主要图纸参见随书光盘。

（1）置换式下送风空调

1）使传统的全室空间空调变为工作区域内的空调，降低了室内空调负荷及能耗；

2）空调系统送风量的减少，降低了空调系统的投资和输送能耗；

3）下送风系统可充分利用室外长时间的"免费"自然冷却能力，降低了空调制冷能耗；

4）空调新风从下部直接送入人员工作区，提高了室内空气品质；

5）下送风方式降低了航站楼高大空间常规空调送风的其他辅助费用，即建造敷设空调送风的"房中房"屋架等的费用；

6）下送风的风口会占用室内一定的有效地面。

（2）地板冷热辐射

1）辐射供冷和供热抵消了室内不利的热辐射和冷辐射，提高了人体的舒适性；

2）采用辐射供冷、供热室内温度可比传统对流换热方式低（冬季）/高（夏季）1～2℃，从而降低空调冷热负荷；

3）地板辐射盘管的初投资和输送能耗均比传统的全空气系统低；

4）地板冷、热辐射系统用水温度夏季较高、冬季较低的特点，可加大整个空调水系统的输送温差，即可降低输送投资和能耗，同时，又可提高制冷机的 COP；

5）地板辐射盘管的设置为项目的施工增加了一定难度。

（3）溶液式热泵新风

1）由于置换式下送风要求送风温度不低于 19℃，溶液式热泵为配合实施下送风提供了适宜的条件；

2）溶液式热泵制冷温度的提高，降低了制冷机的运行能耗；

3）溶液式热泵的就近利用，可适当降低空调水系统的输送能耗；

4）溶液式热泵的使用占用了一定的机房面积，同时，因溶液再生系统的复杂性，机房安装难度有所提高。

（4）干盘管空调

1）干盘管空调机满足了空调的温度控制要求，同时，又可起到负荷调峰作用；

2）干盘管空调机和干式风机盘管的使用提高了回水温度（加大输送温差），降低了水系统投资

和输送能耗，同时，又可提高制冷机的 COP；

3）过渡季时全新风系统的使用可充分利用室外长时间的"免费"自然冷却能力，降低了空调制冷能耗。

（5）高大空间自然通风

1）夏季用于排除室内上部的高温污浊空气（通常高达 40℃以上），降低空调运行负荷；

2）春秋季用于满足室内的自然通风，降低室内空调能耗、改善室内空气品质以及提高舒适性；

3）根据西安室外气候条件，自然通风的合理设置预计可降低空调制冷能耗约 2%～8%。

（6）外幕墙框架供热

1）达到了与幕墙的完美结合；

2）避免了冬季外幕墙冷气流的下降引起的不舒适性；

3）系统冬季供暖没有风机，既降低了动力能耗，又减少了未来维护工作量。

（7）高大空间余热利用

1）冬季高大空间屋面下设置的排风（送至地下行李机房），降低了上部围护结构的热损失，可减少屋面热损失 29%；

2）排除了室内污空气，改善了室内空气品质；

3）降低了冬季顶部温度，较少了室内冬季的烟囱效应引起的不必要冷风侵入；

4）可节约行李处理机房供暖能耗。

3. 技术创新点

根据项目特点，工程中主要采用了 4 个创新性技术系统集成和 2 项授权专利，具体内容为：

（1）高大空间空调末端形式——地板辐射供冷供热＋置换式下送风＋新风溶液除湿＋干式盘管空调（即温湿度独立控制）；

（2）空调水系统输配形式——冷热源二级泵系统，空调末端三级和三级泵混水系统；

（3）空调冷源供冷系统形式——直连开式外融冰低温及大温差供冷；

（4）空调水系统的能量（或温度）梯级利用——末端高低温串联式＋冷机和蓄冷高效三级串联；

（5）专利："一种串联式制冷空调及末端蓄冷水系统"和"一种落地置换式送风装置"。

三、设计参数及空调冷热负荷

1. 室外设计气象参数

（1）地理纬度：北纬 34°18′（陕西省咸阳市）。

(2) 大气压力：冬季98097Pa，夏季95707Pa。

(3) 室外计算干球温度：

夏季空调：35.1℃，夏季通风：30.7℃；

冬季空调：−5.6℃，冬季供暖：−3.2℃，冬季通风：−1.0℃。

(4) 夏季空调室外计算湿球温度：25.8℃。

(5) 冬季室外计算相对湿度：66.0%。

(6) 冬季最多风向及其频率：ENE6%。

(7) 冬季最多风向平均风速：2.3m/s。

(8) 室外平均风速：夏季1.6m/s，冬季0.9m/s。

2. 空调室内设计参数（表1）

空调室内设计参数　　　表1

房间名称	夏季		冬季		新风量 $[m^3/(h\cdot人)]$	噪声标准 $[dB (A)]$
	温度(℃)	湿度(%)	温度(℃)	湿度(%)		
办票大厅、送客厅	25	55	20	40	25	50
候机厅	25	50	21	45	25	50
行李提取厅、迎客厅	25	50	20	45	25	50
餐厅	25	55	20	40	20	55
商业、服务机构	26	60	20	35	20	55
贵宾厅、头等舱	24	50	21	50	30	45
办公室、业务用房	25	50	20	45	30	45
连廊、到达通廊	26	60	18	35	25	55

3. 航站楼设计负荷

(1) 夏季冷负荷35300kW，指标160W/m²；

(2) 冬季热负荷26530kW，指标120W/m²。

四、空调冷热源及设备选择

1. 航站楼空调冷热源

(1) 室外4号制冷（换热）站集中提供的空调冷热水；

(2) 航站楼内处理新风的独立式溶液热泵新风机组；

(3) 航站楼内为机房工艺性和值班等服务的分散式空调机（含机房专用空调）。

2. 4号制冷站系统及设计参数

(1) 冬季热源由场外热电厂提供120℃/80℃

的高温热水，设计热负荷34870kW，由设置的3台板式换热器提供60℃/45℃（$\Delta t=15℃$）的空调冬季热水。

(2) 夏季制冷系统采用开式盘管外融冰系统，按满足负荷均衡的部分蓄冰策略设计；为充分利用空调末端的高温回水，系统采用三级串联式制冷形式，即基载机制冷→双工况机制冷→融冰制冷；冰槽采用2个独立的开式地下土建槽。

(3) 项目设计最大冷负荷35910kW（10210RT），设计日冷负荷539400kWh（153370RTh），蓄冷量101710kWh，蓄冰率18.9%，最大削峰率26.1%；空调供/回水温度2℃/15.5℃（$\triangle t=13.9℃$）。

(4) 制冷机组采用3台1850RT双工况离心式冷水机组（蓄冷）；2台800RT单工况离心式冷水机组（基载）；1台400RT单工况离心式冷水机组（基载）；其中400RT基载机主要用于夜间小负荷。

(5) 空调水系统为冬夏合用的多级泵变流量机械循环系统。一二次泵设置于站内，空调末端三次循环泵设置于各用户机房内。

(6) 夏季空调水系统为开式系统，进入蓄冰槽的水管上设置持压阀，控制并稳定系统的运行压力；冬季空调热水系统为闭式系统，系统补水和定压由站内的落地式隔膜膨胀装置完成；空调蓄冷系统（乙二醇溶液系统）为闭式循环系统，补液和定压由该系统的落地式隔膜膨胀装置提供。

3. 其他

(1) 4号制冷供热站是二期扩建项目的配套项目之一，除了为T3A航站楼提供冷热源外，还为建设中的商业中心、贵宾楼等提供能源。由于机场所在地实行峰谷电价（峰谷差3倍），且为降低输送能耗实行大温差供冷，夏季空调制冷采用了冰蓄冷空调系统。

(2) 4号制冷站距T3A航站楼主楼约1000m，最远距离约1500m。

五、空调系统形式

1. 空调方式、系统及设计参数

(1) 主楼送客、办票大厅和南北指廊候机厅（高大空间部分）空调方式——温湿度独立控制（见图1），其具体方式及系统为：

1) 内区：地板辐射供冷、供热＋置换下送风

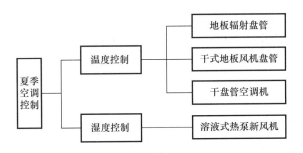

图 1   T3A 航站楼温湿度独立控制方式[1]

（溶液热泵新风机组＋全空气循环机组），空调送风温度：夏季 19℃，冬季 22℃。

2）外区：外幕墙框架散热器供暖＋地板风机盘管（干式）供冷、供热。

3）设置有空调系统 47 个，总风量 884950m³/h。

（2）主楼底层行李提取厅、迎客厅等大空间空调方式及系统：

1）内区：地板辐射供冷、供热＋上送下回式定风量（CAV）全空气，空调送风温度：夏季 15℃，冬季 26～29℃。

2）外区：立式风机盘管（湿式）供冷、供热。

3）设置有空调系统 13 个，总风量 476020m³/h。

（3）主楼和指廊内的大开间商业及设备间，采用上送下回式定风量（CAV）全空气空调方式，设置有空调系统 37 个，总风量 9543700m³/h。

（4）主楼和北连接楼内的小隔间（内区）办

公及小餐饮、小商业，采用变风量（VAV）全空气空调方式，设置空调送风系统 7 个，总风量 146260m³/h。

（5）小隔间（外区）办公、业务用房、小候机及小商业，采用风机盘管＋新风（F.C）空调方式，设置空调新风系统 22 个，总风量 167540m³/h。

（6）楼内各类数据通信机房采用自带冷源的机房专用空调；值班、控制室采用自带冷源的分体机，设置有空调系统 19 个。

2. 空调水系统及设计参数

（1）航站楼空调冷热源由室外 4 号制冷站集中提供，水管路采用冬、夏季合用的双管机械循环式三次泵变流量系统，一、二次泵设置于制冷站内，三次泵（即末端泵）设置于航站楼各空调机房内。

（2）为满足空调末端进出水温需求的多样性和降低输送能耗，水系统采用加压循环和加压循环混水两种形式，详见图 2。

（3）航站楼空调末端采用可实现能量梯级利用的串联式末端多级混水系统（见图 2），即：空调一次供水（3℃/60℃）→初级末端（空调机、新风机、湿盘管、幕墙散热器）→二次中温末端（地辐射盘管、干盘管、预冷/热盘管）→总回水管（18℃/45℃）。

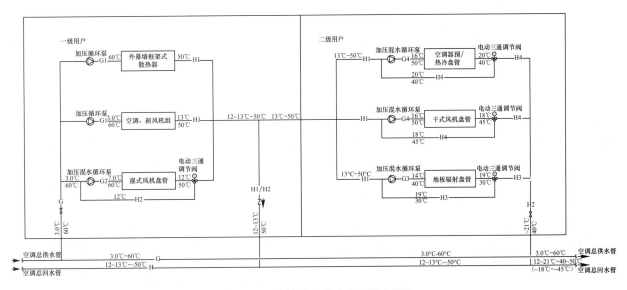

图 2   空调末端的串联式多级混水系统

（4）航站楼共设末端三次泵装置 22 套（其中加压循环系统 7 个，混水加压循环系统 15 个），分别设置在 8 个空调机房内。

（5）空调末端设计参数：

常规风机盘管：7℃/12℃（夏），60℃/50℃（冬）；

干式风机盘管：16℃/18℃（夏），50℃/45℃（冬）；

常规空调或新风机组：3℃/13℃（夏），60℃/40℃（冬）；

溶液新风热泵预冷热盘管或干式空调机组：16℃/20℃（夏），50℃/40℃（冬）；

地板辐射盘管：14℃/19℃（夏），40℃/30℃（冬）；

外幕墙框架式散热器：60℃/50℃（冬）。

六、通风、防排烟及空调自控设计

航站楼空调及通风系统控制，采用分散控制集中管理的可编程直接数字式控制系统（DDC），并可全部纳入楼宇设备监控与管理的控制系统（BAS）。

1. 通风控制

（1）航站楼办票大厅和候机厅（高大空间）设置有自然通风系统，夏季和过渡季根据屋面下空气温度，开启屋顶上自然通风窗数量。

（2）在卫生间或普通房间内设置有排风扇通风时，其均实行就地手动开关控制；当集中设置风机进行排风时，其由楼控集中控制管理。当设置有事故排风的房间（厨房等）可燃气体超标时，系统自动转入应急运行状况运行。

（3）厨房局部排风设有双速或多风机的排风系统，其可在现场或控制中心控制其运行，以便节能和方便运行，厨房排烟罩局部排风风机均与其送风机联动开启；厨房全面排风由现场控制其启、停。

2. 防排烟控制

（1）进出机房的风管上均设有与风机联锁的防火阀，当气流温度超过70℃或150℃（厨房排风系统）时，防火阀自动关闭，同时风机自动停止运行。

（2）机械排烟系统。当火灾时，现场手动或自动开启着火防烟区域内的排烟阀（常闭），同时排烟风机自动开启，此时用于补风的送风系统自动开启；当烟气温度超过280℃时，设置于排烟风机前的防火阀自动关闭，同时所有风机停止运行。对于排烟和平时排风合用的排烟系统，当火灾时还需关闭用于平时排风的防烟防火阀（常开），对双速风机而言，风机将自动启动转入排烟档（通常为高速挡）。

（3）自然排烟系统。对于用高窗或高侧窗进行自然排烟的高大空间（办票大厅、迎客厅、行李提取厅及候机厅等），当火灾时，现场手动或由消防中心电动开启着火区域内的排烟窗进行自然排烟。

3. 空调控制

（1）空调三次泵加压系统。对于系统供水温度有要求的空调、新风机组系统，水泵采用变频调数，频率由供回水管的压差自动控制。

（2）对于系统供水温度有要求的地板辐射盘管、干/湿风机盘管、预冷/热盘管以及幕墙散热器系统，空调水采用混水三次泵加压定流量系统，由设定的供水温度自动控制管路上电动三通调节阀中回水与一次供水量的比例，并采用季节性变水量运行。

（3）定风量空调系统。为保证室内温度在设定值范围内，空调机组水管路上设有电动二通调节阀，由测得的回风温度自动控制电动阀的开度大小；为春秋季最大可能地利用室外新风的自然冷却能力，空调机新、回风口均设有电动调节阀，由测出的室内外焓差，自动调节风阀的开度；在冬季和夏季，机组的新风量由室内设置的CO_2浓度传感器自动控制，且为保证冬季新风机停机后盘管不被冻裂，在空调机新风入口处的电动风阀应与机组联动；为满足冬季室内一定的湿度要求，在机组内配有湿膜加湿器，阀门的开启由设置在典型房间内的湿度传感器自动控制。

（4）变风量空调系统。为控制送风温度，在空调机水管路上设有电动二通调节阀，由各房间内设置的变风量末端（VAV BOX）的最大、最小开度，按要求的程序自动控制电动阀水阀的开度；为降低风机的输送能耗，空调机内设置有变频调速风机，由风管上设置的静压传感器自动控制变频调速风机的输送风量；为维护房间内温度，在室内设置有"温度传感控制器"，由测得的室内温度自动控制房间内变风量末端（VAV BOX）的开启度大小；为保证房间的最小新风量，空调机新风入口处设置有空气流量传感器，自动控制设置的最小新风电动调节风阀开度；其他同上。

（5）溶液热泵新风空调。机组设置有独立的控制系统，机组具有根据冬夏季设定的送风温度和湿度（含湿量），自动开启热泵机组供热或制冷以及预热或预冷盘管的电动阀开闭，以达到冬季的供热加湿和夏季的降温除湿。

（6）常规房间风机盘管采用房间内配带有"三速恒温控制器"，自动控制盘管上电动二通阀的开和闭；大空间风机盘管每台盘管配带有暗藏开关、分组控制（开或关），由设置在室内典型处的温度传感器，在控制中心集中分组控制风机盘管风机的启、停。

（7）地板辐射盘管系统。该系统设有冬季、夏季两种运行工况，采用楼控中心集中控制、分组管理；在室内典型空间处设置的温度、湿度传感器，用于管理运行时监测和节能运行（温度补偿形式）时参考；在典型地面处设置有露点温度和地板温度传感器，当超过设定值时，进行监测、报警及提醒，以免地面结露水。

（8）外幕墙框架式散热器系统。该系统仅用于冬季供暖，采用楼控中心集中控制管理；在室内典型空间处设置有温度传感器，用于管理运行时监测和节能运行（温度补偿形式）时参考。

七、心得与体会

西安咸阳国际机场 T3A 航站楼从 2012 年 5 月启用已整整运行了 3 年，现场有组织实测 3 次，以下是笔者对此项目一点工作体会和总结，希望对大家有所帮助。

（1）高大空间的测试及结论：

1）室内环境。夏季工况下，室内温度一般在 22～24℃之间，含湿量为 10～11g/kg，表明室内温湿度较优，可实现室内温湿度调节；冬季工况下，室内温度一般在 21～23℃之间，水平和垂直（温差仅 1～2℃）方向上的空气温度分布均匀，很好地满足室内舒适性需求。

2）清华大学还对地板辐射的性能、溶液新风机组的性能、制冷站的运行状况、末端水系统的运行状况进行了测试[2]，结论是满足设计要求。

3）T3A（辐射地板末端）航站楼单位面积空调系统的全年运行电耗 56.1kWh/m²，比常规（喷口送风末端）空调系统的 T2 航站楼（92.6kWh/m²）节能 39%[3]。

（2）本项目由于采用了地板辐射盘管和干盘管空调，提高了回水温度，同时，各用户水系统采用了分级能源串联式系统，再一次提高了系统回水温度，系统供回水温差可达 13℃（传统一般为 5～7℃）。这样，可大幅度降低空调水系统的投资和输送能耗，还可提高制冷机的 COP。

（3）置换式下送风空调系统既降低了空调冷负荷，又充分利用了当地气候特点——自然冷却，使空调制冷能耗低于常规空调。但置换式下送风的使用难点在于冷负荷的确定，高大的室内空间是其使用的条件，而且空间上部负荷越大越有利，同时适宜的室外气候条件将有助于下送风系统优势的发挥。

（4）溶液式热泵系统为置换式下送风空调系统的实施提供了必要的保证，其既能满足制冷能耗低的要求，又能满足送风温度和湿度的要求。但溶液式热泵机组的设置应考虑机房具有同时进出风的可能和空间大小合适的特点，同时还要考虑冷、热源维护量的增加以及局部投资费用的提高。

（5）温湿度独立控制系统的应用应进行前期的技术经济性分析，特别是具体的实施配套系统（如干盘管、溶液式热泵机组、置换式下送风装置等）应结合项目及当地气候条件而定，不宜盲目教条地使用，使温湿度独立控制技术能健康、长久的发展和应用。

（6）西安咸阳国际机场 T3A 航站楼的辐射地板供冷、供热配合置换式送风的末端形式，实现了高大空间室内人员活动区温湿度分布高度均匀的控制效果。其辐射地板的供冷量达到预期效果，但是不同的地板材料对辐射盘管的供冷量有影响。带预冷的溶液热泵机组对新风的除湿效果显著，并能完全承担室内的人员等夏季产湿量，达到了设计要求。

（7）根据针对本项目所作的热舒适性模拟和计算评价，地板冷热辐射系统的设置大大地提高了人体舒适性，较好地配合了置换式下送风空调系统。与常规空调系统相比，该系统的使用既降低了空调系统初投资，又因回水温度的提高而降低了空调系统的输送能耗。但地板冷热辐射系统所能承担的负荷及选择适宜的供回水温度，是设计前期的工作重点，其施工及验收的依据也有待于完善。

（8）大型蓄冰制冷系统：

1）冰蓄冷三级串联制冷系统的使用，提高了基载机及双工况冷机的 COP 值；外融冰冰槽直供技术的使用，减少了系统初投资（板换、水泵等），降低了供水温度（可实现 1.5℃供水），同时又减少了因增加换热设备增加的输送能耗，节省机房面积。

2）设计师应将大型动力站在维护保养空间、设备用房配置以及人员工作环境等方面按动力保障车间考虑，不能按一般建筑物的空调设备用房考虑，其二者有实质的差别。

3）区域制冷站，设计中不但要考虑制冷效率，更应该考虑空调制冷系统的综合能效，特别是水系统输送能耗。在执行峰谷电价政策的区域制冷站，采用合适的蓄冰供冷方式以及多级泵输配等形式，将是提高制冷系统综合能效的有效措施。制冷系统综合能效提高了，反对区域供冷的人也就少了。

4）区域供冷站运行后需要进行测试，从实测数据中总结经验以推动区域供冷行业的发展。因为区域供冷比自建冷站投资要高，所以运行费用，即供冷价格成为评价区域供冷的关键。设计运行良好的蓄冷项目冷价在 0.3 元/kWh 以下，而经常有些设计师给用户提供的冷价在 0.5～0.8 元/kWh，致使行业内一些人反对冰蓄冷。设计中采取技术措施提高制冷系统综合能效，以及运行测试了解实际能耗就显得极为重要。

参考文献

[1] 周敏. 西安咸阳国际机场 T3A 航站楼温湿度独立控制的应用［J］. 暖通空调，2011，41（11）：27-30.

[2] 唐海达，刘晓华，张伦，张涛，江晶晶，江亿，周敏. 西安咸阳国际机场 T3A 航站楼温湿度独立控制系统测试［J］. 暖通空调，2013，43（9）：116-120.

[3] 吴明洋，刘晓华，赵康，张伦，周敏. 西安咸阳国际机场 T2 和 T3 航站楼高大空间室内环境测试［J］. 暖通空调，2014，44（5）：135-139.

山西体育中心暖通空调设计①

- 建设地点　　太原市
- 设计时间　　2008 年 8 月～2009 年 8 月
- 竣工日期　　2011 年 9 月
- 设计单位　　悉地（北京）国际建筑设计顾问有限公司
　　　　　　　［100013］北京市朝阳区东土城路 12 号
- 主要设计人　程新红　易伟文　黄艳　汪丽莎　张士花
　　　　　　　耿永伟　许新艳
- 本文执笔人　程新红　易伟文　黄艳
- 获奖等级　　二等奖

作者简介：
　　程新红，1966 年 8 月生，暖通总工程师、设计副总裁。1988 年毕业于同济大学暖通专业，学士。悉地（北京）国际建筑设计顾问有限公司工作。主要代表作品：山西体育中心、南昌体育中心、中国人寿研发中心、青岛海天中心、济南汉峪金融商务中心等。

一、工程概况

　　山西体育中心建设用地位于太原市晋源区中南部，南环高速公路以北，拟建的机场大道以南 3km 处，用地西侧为拟建中的新晋祠路，东侧为滨河西路，南北均为规划城市道路。

　　本工程由山西体育中心、体育训练基地及国际体育交流中心和商业用房三部分组成。

　　第一部分：山西体育中心包含一场四馆，即 6 座体育场、8000 座体育馆、3000 座游泳跳水馆、1500 座自行车馆以及综合训练馆等，其中体育场平台坡道下设有汽车停车库。

　　第二部分：山西体育中心训练基地由两部分组成，即运动员训练馆及服务楼、运动员公寓及管理办公。

　　第三部分：国际体育交流中心和商业用房仅做规划用地预留，不在本次设计范围内。

　　建成后的山西体育中及训练基地应可承办全国性综合体育赛事和部分项目的国际单项赛事，为山西省争办"全运会"、"城运会"、"全国体育大会"创造条件。同时还将成为山西省的重要体育陆上项目训练基地，又可为国家队、其他省专业训练队提供专业的训练基地。

　　各场馆建筑概况如表 1 所示。

建筑外观图

各场馆建筑概况　　　　　　　　　　　表 1

场区	场馆名称	建筑类别	建筑概况
一场四馆	体育场及附属设施	甲级体育建筑	主体育场 总建筑面积：90066m²；占地面积：79884m²； 建筑高度：55.64m； 座席数：57597 席，另设置无障碍座席 120 席。 第一检录处 总建筑面积：1381.458m²；占地面积：1523.95m²； 建筑高度：7.05m

---

① 编者注：该工程设计主要图纸参见随书光盘。

续表

场区	场馆名称	建筑类别	建筑概况
一场四馆	自行车馆	甲级体育建筑	建筑面积：17509m²；占地面积：10459m²；建筑高度：22.92m；座席数：1505 席
	体育馆	甲级体育建筑	建筑面积：37791m²；占地面积：15187m²；建筑高度：30.00m；座席数：8317 席
	游泳跳水馆	甲级体育建筑	建筑面积：27124m²；占地面积：14607m²；建筑高度：26.77m；座席数：3065 席
	综合训练馆	无赛事要求的体育建筑	建筑面积：16566m²；占地面积：11205m²；建筑高度：23.30m
训练基地	运动员训练馆及服务楼	无赛事要求的体育建筑	建筑面积：36183m²；占地面积：21973m²；建筑高度：22.45m
	运动员公寓及管理办公	二类高层	建筑面积：43461m²；占地面积：5653m²；建筑高度：49.45m

二、工程设计特点

1. 体育中心冷源设置

考虑山西体育中心的整体规划、场馆规模、分期建设的可能性，便于赛后灵活的物业管理模式，整个体育中心设两个冷源中心：体育场一个，南侧三馆区合设一个。其中体育场冷冻机房设在体育场内，三馆区冷冻机房设在游泳馆地下层。综合训练馆和体育训练基地不设置集中空调系统。

2. 三馆空调水路二级泵系统

三馆制冷站集中设置在游泳馆内，考虑体育馆、自行车馆、游泳馆相互独立，赛后使用时间有可能不同，且系统较大，阻力较高，各环路负荷特性相差较大，压力损失相差悬殊，南侧三馆空调水系统夏季采用二级泵系统，其中一级泵为定流量系统，台数调节；二级泵为变流量系统，变频调节运行；体育馆、自行车馆、游泳馆各设计一套二级泵系统，二级泵均设在游泳馆的集中冷冻机房内。

3. 供暖系统

根据体育建筑功能特性，结合赛时和赛后的运行管理，并考虑赛后的场馆维护和运行费，各场馆设置一套集中供暖系统。散热器供暖系统可在平时为一般使用功能服务；无赛事或夜间及无人使用时，可调节或关闭某一支路散热器，将供暖系统维持为值班供暖运行，以保证场馆的运行维护。

供暖系统设置如下：

（1）体育场供暖范围：观众用卫生间、办公

用卫生间、仓储用房及设备用房等。供暖系统形式为异程式，分层上供上回。

（2）游泳馆供暖系统设置如下：

游泳馆竞赛池、跳水池、热身池池岸部位，供暖形式为地板辐射供暖。其中在热身池靠外墙侧同时设有散热器供暖。

一层观众入口门厅、二层观众休息平台除设计空调系统外，同时设计一套供暖系统。一层观众入口门厅为地板辐射供暖，二层观众休息平台为散热器供暖。冬季采用散热器和空调送热风相结合的方式供暖。

游泳馆内为潮湿房间，散热器采用铜铝复合型散热器，为耐腐蚀产品。

（3）游泳馆地板辐射系统供暖部位：游泳池、跳水池、热身池池岸部位及其淋浴更衣，首层观众入口门厅。

（4）体育馆供暖系统设计：

比赛大厅、热身馆、观众入口大厅、观众休息厅：除设计空调系统外，同时设计一套供暖系统，冬季采用散热器和空调送热风相结合的方式供暖。

热身训练场供暖供回水管道设置在暖沟内，下供下回；体育馆一层的靠外墙的设备用房、卫生间、库房等房间供暖供回水管道设置在首层顶板下，上供上回；体育馆比赛大厅的供暖管道设置在暖沟内，下供下回；体育馆观众入口门厅的供暖管道设置在暖沟内，下供下回；体育馆二层观众休息平台的供暖管道设置在首层顶板下，下供下回；供暖系统均为异程系统。

（5）自行车馆供暖系统设计：

观众大厅：除设计空调系统外，同时设计一套供暖系统，冬季由散热器系统承担围护结构负荷，空调系统满足室内人员新风需求。

比赛大厅：设计供暖系统，采用散热器供暖。

自行车馆比赛大厅的供暖管道设置在暖沟内，下供下回；观众入口门厅的供暖管道设置在暖沟内，下供下回；二层观众休息平台的供暖管道设置在首层顶板下，下供下回。

（6）综合训练馆供暖系统设计：

供暖范围包括：网球训练场、羽毛球训练场、乒乓球训练场、辅助管理用房、入口门厅及休息大厅、给水机房及报警阀间、卫生间及更衣沐浴间、一层内走廊。

（7）运动员训练馆及服务楼供暖系统设计：

采用散热器供暖。

一层大空间训练场馆和田径训练场地供暖干管设于暖沟内。三层大空间训练场馆供暖干管设于三层楼板下。

（8）运动员公寓及管理办公供暖系统设计：

地下一层自行车库、水泵房、库房，一、二层餐厅、门厅，设备层采用散热器供暖。一层厨房设散热器供暖系统和补热风系统。

（9）设备用房和储藏间、地上空调机房、靠外墙的卫生间等为散热器供暖。

三、空调冷热负荷

本工程空调冷热负荷如表 2 所示。

空调冷热负荷　　　　　　　　　　　　　　　　　　　　　　　　　　表 2

序号	单体	建筑面积（m²）	空调冷负荷（kW）	空调冷负荷指标（W/m²）	空调热负荷（kW）	空调热负荷指标（W/m²）	供暖热负荷（kW）	供暖热负荷指标（W/m²）	生活热水负荷（kW）	池水加热负荷（kW）
1	体育场	91447	2816	31	2612	29	424	5	886	—
2	体育馆	37791	3271	87	4416	117	728	19	533	—
3	游泳馆	27124	1796	66	3661	135	466	17.2	550	2200
4	自行车馆	17509	835	48	1098	63	383	22	150	—
5	综合训练馆	16566	—	—	—	—	1063	64	326	—
6	运动员训练馆及服务楼	36183	—	—	—	—	3254	90	366	—
7	运动员公寓及管理办公	43461	—	—	—	—	3581	82	2356	—

四、空调冷热源及设备选择

冷源：设置两个冷源中心。其中体育场设置一个冷源中心，采用 2 台 400RT 水冷离心式冷水机组。游泳跳水馆与体育馆、自行车馆集中设置一个冷源中心，冷水机组选用 3 台 470RT 离心式机组＋1 台 234RT 螺杆机组。综合训练馆、运动员训练馆及服务楼、运动员公寓及管理办公：采用变制冷剂流量多联机系统。公寓和办公用房夏季采用分体式空调，冬季设计集中供暖系统。

热源：由城市供热管网经热力中心换热供给，一次热媒为城市供热 130℃/70℃ 高温热水，二次热媒为 90℃/65℃ 热水。

五、空调系统形式

1. 体育场

体育场空调方式：服务、办公等房间采用风机盘管加新风的空调方式。

四层的私人包厢、贵宾包房风机盘管回风口采用具有杀菌、空气净化功能的蜂窝形电子过滤器，新风机组采用带加湿器的新风机组，加湿器采用湿膜加湿。

2. 游泳馆

游泳馆因池厅内池区和观众区的室内空调参数要求不同，尤其冬季差别较大，游泳馆池厅和观众看台分别设置空调系统，以便赛后运行灵活使用，以利节能。双风机空调系统设计的对应排风机在过渡季时可转换成全新风运行。

游泳池池厅和跳水池池厅空调系统送风管设在二层北侧附属用房屋顶，采用可调式电动风口为池岸和池面送风；南侧空调系统送风管设在南侧看台顶板下，采用双层百叶为池岸送风；单层百叶风口集中回风。

游泳馆游泳池区固定看台和跳水池固定看台分别设有全空气空调系统；送风采用座椅送风，在看台下方设置送风静压箱，采用耐火极限不低于1.5h的材料制作。与土建静压箱连通的每个座椅下的看台侧壁设阶梯式旋流送风口，每个送风口送风量为36m³/h。

游泳馆热身池送风管沿热身池两侧设置，采用双层百叶为池岸送风；单层百页风口集中回风。

3. 体育馆

体育馆比赛大厅场区和观众看台分别设置空调系统，上部固定看台和下部固定看台分别设置空调系统，比赛大厅场区和观众看台分片划分空调系统，以便运行灵活使用，以利节能。

体育馆比赛大厅为多功能场合，为适应不同使用功能的要求，比赛大厅全空气空调系统送风机采用变频技术满足不同功能工况运行要求，在进行小球比赛时可通过减小送风量以满足小球比赛时对风速的要求。

比赛大厅观众看台（固定座椅）：设计为二次回风全空气系统。送风采用座椅送风，每个送风口送风量为43m³/h。单层百叶集中回风。

比赛大厅（含临时座椅）、热身训练场：设计为一次回风全空气系统。采用全空气分层空调系统形式，采用球形喷口送风，送风干管安装在检修马道下，喷口设电动调节装置，可根据季节和比赛要求调节送风角度，以满足冬夏季空调的需求；改变风口的开启个数或调节送风量，以满足场地对不同比赛风速的要求。单层百叶集中回风。

4. 自行车馆空调风系统

设计一次回风全空气空调系统，采用分层空调系统形式，送风采用球形喷口送风，喷口设电动调节装置，可根据季节和比赛要求调节送风角度，以满足冬夏季空调的需求。单层百叶集中回风。

5. 综合训练馆

设变制冷剂流量多联分体式空调系统加吊顶

式双向新风换气系统。

服务区域为：一层消控中心、VIP休息室、管理、康复医疗、入口大厅及休息厅。

6. 运动员训练馆及服务楼

大空间训练场馆和田径训练场地夏季不设空调系统，靠自然通风排走室内余热余湿。自然通风不能满足要求时，辅以机械通风。

运动员训练馆及服务楼的各种技术用房，办公、会议等房间设计可变制冷剂流量多联机系统。

7. 运动员公寓及管理办公空调风系统

公寓和办公用房夏季采用分体式空调。

餐厅、多功能厅等采用变制冷剂流量的多联机系统。新风由双向新风换气机提供。

8. 游泳馆防结露设计

游泳馆池区屋面做法中设有隔汽层，隔汽层采用0.3厚PE膜，设在保温层的室内侧，防止蒸汽自室内向外的渗透，避免在围护结构内产生结露。

根据防结露计算结果，外墙和屋面内表面温度高于室内露点温度，该部位不易结露。

屋顶天窗和外窗采用断热桥Low-E中空冲惰性气体铝合金窗（6＋12A＋6），传热系数为2.2W/(m²·K)，经防结露计算该部位内表面温度低于室内露点温度，该部位易结露。

本设计采用主动式和被动相结合的防结露措施：

（1）游泳馆在热身池首层外墙部位设有外窗，该部位设散热器系统，散热器沿外窗设置，以提高外窗的内表面温度。

（2）游泳馆池区屋顶外窗垂直布置，产生的冷凝水较易收集排放。该部位采用在玻璃窗下沿设导流槽，把不可控制产生的凝结水通过导流排水管排走。

（3）游泳馆池区上部设置集中排风，以排除上部的潮湿空气。在该区域屋顶上部设空气湿度传感器，当室内相对湿度超过75%时，自动开启屋顶排风机排除室内上部潮湿空气。

（4）在夜晚，将游泳池的池水覆盖，可以减少池水的蒸发，降低室内相对湿度。

六、通风、防排烟及空调自控设计

防排烟系统设计执行《建筑设计防火规范》

GB 50016—2006、《体育建筑设计规范》JGJ 31—2003 的有关规定。

　　游泳馆下列房间设置自然排烟系统：一层观众入口大厅、一层跳水训练厅、二层观众休息大厅、一层热身池（含理疗区）、跳水池、游泳池比赛大厅。根据消防性能化的要求，该房间自然排烟须满足条件：可开启外窗面积为房间平面面积的 2%。外窗可设在外墙上方或屋顶上，外窗距房间最远点的水平距离小于 30m。当可开启外窗距地≥2m 时，应选用电动开启窗。跳水池、游泳池比赛大厅因周围被首层南北侧附属用房及跳水训练厅、热身池所包围，无直接通向室外的出口和外窗，比赛大厅采用自然排烟设施时，同时设消防补风系统。比赛大厅消防补风利用观众看台的空调送风机作为消防补风，总补风量为 147000m³/h，满足消防性能化报告中提出的消防补风量要求。

　　体育馆下列房间设置自然排烟系统：一层观众入口大厅、体育馆比赛大厅、训练厅、二层观众休息大厅。根据消防性能化的要求，该房间自然排烟设计须满足的条件：可开启外窗面积为房间地面的 3.5%（约为 425m²）；本建筑大空间屋顶天窗和高位侧墙外窗可开启面积满足要求。体育馆比赛大厅因周围被首层一圈附属用房包围，无直接通向室外的出口和外窗，比赛大厅采用自然排烟设施时，同时设消防补风系统。比赛大厅消防补风利用观众看台的空调送风机作为消防补风，总补风量为 400000m³/h，满足消防性能化报告中提出的消防补风量要求。

　　体育场首层环行消防通道东侧利用开向二层观众平台的开口自然排烟，西侧消防环行通道机械排烟。

　　本工程采用直接数字式监控系统（DDC 系统），它由中央电脑及终端设备加上若干个 DDC 控制盘组成，在空调控制中心能显示打印出空调、通风、制冷等各系统设备的运行状态及主要运行参数，并进行集中远距离控制和程序控制。冷源、空调系统、通风系统纳入 DDC 系统。

七、心得与体会

　　本工程冷热源采取一个热源中心＋两个冷源中心的配置方式，即充分发挥了集中设置能源中心可降低装机容量，节省初投资的优点，同时考虑了南北区场馆距离较远，不同体育场馆赛后运营时间不同等特点，分设南北两个冷源中心，避免了距离过远导致输送能耗过大的问题，实现了冷源中心的高效配置和节能运营。

　　三馆冷源集中设置，采用二级泵系统，优化冷机配置的同时，节省末端的运行能耗，有利于场馆赛后独立和经济运行。

　　体育馆、游泳馆、自行车馆区分区空调系统设置实现了根据场馆的比赛要求和观众上座率开启空气系统的运营方式，在保证室内舒适性的同时节约运行能耗。

北京大学第三医院改扩建项目门急诊医技楼、运动医学楼的空调设计①

- 建设地点　　北京市
- 设计时间　　2005 年 3 月
- 竣工日期　　2011 年 11 月
- 设计单位　　中国中元国际工程有限公司
　　　　　　　［100089］北京市西三环北路 5 号
- 主要设计人　袁白妹　史晋明
- 本文执笔人　袁白妹
- 获奖等级　　二等奖

作者简介：

　　袁白妹，教授级高级工程师，1985 年毕业于湖南大学暖通空调专业，现任中国中元国际工程有限公司医疗建筑设计研究院机电所总工程师。主要代表性工程：北京大学第三医院、解放军 306 医院、解放军总医院外科楼、解放军总医院海南分院、北京电力医院等。

一、工程概况

　　北京大学第三医院是卫生部直管的一所集医疗、教学、科研和预防保健于一体的三级甲等医院。其新建门急诊楼主要功能为急诊、医技检查及各门诊科室，地下 2 层（地下第二层为平战结合战时急救医院），地上 8 层，建筑高度 37.50m，建筑面积 44278m²，设计日门诊量 6500 人次，门、急诊手术室 7 间；运动医学楼主要设置营养厨房、餐厅、检验科、国家核辐射救治基地、运动医学病房、体疗室等功能，地下 2 层，地上 15 层，建筑高度 64.30m。建筑面积 32800m²，床位数 363 张，层流病房 20 床，手术室 6 间。

二、工程设计特点

　　（1）针对运动医学手术量大的特点，层流病

房、手术室采用完全的一对一净化空调系统，充分利用室外的自然冷源，同时最大限度地提高洁净用房的转床率达到 30%。

　　（2）采用变频技术，满足当建筑物处于部分冷热负荷时和仅部分空间时，节约通风空调系统能耗的绿色要求；采用特殊组段的转轮显热交换新排风机组满足了利用排风对新风进行预热（或预冷）处理，不但降低新风负荷，而且大幅度降低排风污染新风的风险。当时《绿色建筑评价标准》GB/T 50378—2006 尚未颁布，设计中前瞻性地应用适宜绿色技术，对推进绿色医院设计和建设起到一定的引领示范作用。

三、设计参数及空调冷热负荷

　　室内设计参数（见表 1）

室内设计参数　　　　　　　　　　表 1

房间名称	夏季		冬季		新风量	噪声
	干球温度（℃）	相对湿度（%）	干球温度（℃）	相对湿度（%）	[m³/(h·人)]h⁻¹	[dB(A)]
病房	26	60	22	40	50	≤40
诊室	26	60	21	40	(3)	≤55
候诊室	26	60	20	40	(3)	≤55
NICU	26	60	22	40	(3)	≤40
产房	26	60	22	40	(6)	≤50
手术室	24	60	22	40	按规范	≤50

---

① 编者注：该工程设计主要图纸参见随书光盘。

续表

房间名称	夏季		冬季		新风量	噪声
	干球温度（℃）	相对湿度（%）	干球温度（℃）	相对湿度（%）	[m³/(h·人)] h⁻¹	[dB(A)]
层流病房	26	60	22	40	(6)	≤45
核医学检查室	26	60	21	40	(6)	≤55

大楼的空调供暖冷热负荷（见表2）

冷热负荷表　　　　　　表2

	运动医学楼	门急诊楼	备注
空调冷负荷	2260kW	5169kW	冷冻水系统
空调冷负荷	1596kW	—	变冷媒流量制冷系统
空调热负荷	2465kW	4279kW	60～50℃热水
采暖热负荷	888kW		95～70℃热水

四、空调冷热源设计及主要设备选择

（1）冷源：门急诊地下二层冷冻机房内设置两台 3157kW 离心式冷水机组及一台变频 1754kW 离心式冷水机组。设置 5 台冷冻水循环水泵（其中 2 台备用）。冷冻水供/回水温度为 7℃/12℃。冷却水温度为 32℃/37℃。在运动医学的二层设备加层屋面和十五层屋面设置变冷媒制冷系统室外机作为运动医学室内机的冷源。二层设备夹层屋面设置 22 台 10 匹室外机，十五层屋面设置 48 台 10 匹室外机。

（2）热源：运动医学和门急诊空调热源由外科楼的热交换站和门急诊的热交换站共同提供至门急诊地下二层冷冻站，冬季空调热水温度 60℃/50℃。

主要设备选择见表3。

主要设备表　　　　　表3

	设备名称	台数	主要参数	备注
制冷站	离心式冷水机组	2	制冷量 3157kW	
	变频离心式冷水机组	1	制冷量 1754kW	冬季开启
	一次冷冻水循环泵	3	水量 598m³/h 扬程 36mH₂O	一台备用
	一次冷冻水循环泵	2	水量 302m³/h 扬程 36mH₂O	一台备用
二层屋面	多联机室外机	22	制冷量 28kW	冬季供热
十五层屋面	多联机室外机	48	制冷量 28kW	冬季供热

五、空调系统形式

（1）分别设置净化空调系统加净化排风系统：门急诊八层生殖中心、运动医学八层 NICU 按Ⅲ级洁净辅助用房设计。运动医学五层国家级核辐射医疗救治基地设层流病房 6 床，按垂直层流设计，设Ⅱ级净化病房 14 床按Ⅱ级洁净辅房设计；运动医学六层产房按Ⅳ级准洁净手术室设计；门急诊七层门诊及计划生育手术部 7 间门诊手术室，按Ⅲ级手术室设计；运动医学十五层手术部设共 3 间手术室，按Ⅱ级洁净手术室。

全空气净化空调系统空气处理过程：新回风混合后，空气经过风机段、中效过滤段、加热段、表冷段、电再热段、电热加湿段进行空气的热湿及过滤处理后送入室内的带高效过滤的送风装置内。新风在混合以前经过粗、中、亚高效三级过滤；回风在混合以前经过回风口的中效过滤；每个区域均设置净化排风系统，在室内排风口设置中效过滤，在室外排风口处，设置高中效过滤器。

（2）运动医学楼设变冷媒制冷系统室内机加新风系统加排风系统；门急诊设风机盘管加新风系统加排风系统：新风系统按防火分区设置，新风机组按照排风污染的程度分别为普通的新风机组和带转轮显热换热器的新排风机组。

六、通风、防排烟及空调自控设计

（1）电气及设备用房设置机械送排风通风系统；运动医学二层检验科异味的房间设计机械排风系统；核医学、放射科的无外窗的房间设计和有大型设备的检查治疗室设置机械排风。核医学高活区排风经过过滤后排放。

（2）地上无外窗且长度超过 20m 的内走道或虽有外窗但长度超过 60m 的内走道均设置机械排烟；中庭设机械排烟系统；地下一二层按防火分区设机械排烟系统，排烟量按最大防烟分区 120m³/(m²·h)。同时设置与其配套的送风系统，送风量大于排烟量的 50%；带有消防电梯的防烟楼梯间，设计机械加压送风系统。一般防烟楼梯间设置机械加压送风系统。大楼消防电梯前室设机械加压送风系统。

（3）小冷水机组设置变频器，使得冷水机组在低负荷时运行在较高运行效率；在分、集水器设置压差控制装置及旁通管，保证系统压差恒定及控制流量；净化空气处理机按回风温度和湿度调节电动调节阀的开度，并采用湿度优先的控制模式；新风机组在回水管上设置比例积分电动二通调节阀，按送风温度调节水量；全空气空调系统除设置冷冻水调节外，还增加变风量的运行控制。

七、心得与体会

在进行回收医疗建筑排风的冷热量设计时，同时需要关注降低排风污染新风的风险，这是医疗建筑的特殊性，必须给予高度重视。

在本次设计中，采用的转轮显热交换新排风机组，改变了传统的转轮显热交换器的新排风机组的组合方式，通过创新的组合方式改变了空气的压力梯度防止污染空气向新鲜空气泄漏，同时采用清洁扇面的技术防止污染空气和新鲜空气混合，使得泄漏率从一般的 0.5 下降到≤0.05。转轮的热交换器效率大于 70%，污染空气的泄漏率≤0.05，极大地提高了病房空气质量；新风机组中率先采用电子除尘净化装置代替传统的中效过滤器（见图 1），增强了对空气中的灰尘的过滤效果，比传统做法提升一级；电子除尘净化装置易于清理和可循环使用的优点，是中效过滤器无法比拟的，节省运行费用，利于保护环境。

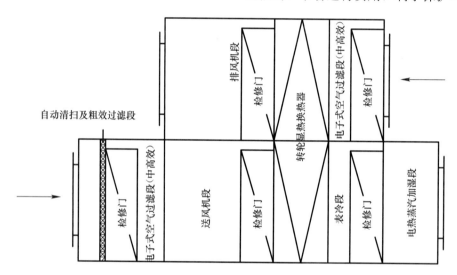

图 1　新风排风空调机组段位组合示意图

北京饭店二期改扩建工程的空调设计①

- 建设地点　　北京市
- 设计时间　　2007 年 8 月～2008 年 10 月
- 竣工日期　　2012 年 12 月
- 设计单位　　中国中元国际工程有限公司
　　　　　　[100089] 北京市海淀区西三环北路 5 号
- 主要设计人　张莉　田国强　范强　徐伟　赵文成
- 本文执笔人　范强
- 获奖等级　　二等奖

作者简介：

　　范强，1976 年 7 月生，高级工程师，2000 年毕业于哈尔滨工业大学，大学本科，现就职于中国中元国际工程有限公司。主要代表作品：中国银行信息中心、中国电子大厦、长安中心、国家超级计算深圳中心、中国航信高科技产业园区等。

一、工程概况

　　北京饭店二期改扩建工程位于原北京饭店北侧，整个项目东临繁华的王府井大街，项目总用地面积 4.41 万 m²，总建筑面积约为 27 万 m²，是一个集豪华公寓、五星级酒店、会展、商业和餐饮娱乐、停车于一体的大型综合项目。

　　规划建设用地面积：29200m²，容积率：4.8，建筑规模：274867m²，地上：140078m²，地下：134789m²。其中：豪华公寓 46786m²，酒店 43535m²，会展中心 7627m²，自营商业 80289m²，回迁商业 19908m²，地下车库及其他 76722m²，建筑层数 12 层，其中：地上 8 层（由西到东依次为 7-8-8 层），地下 4 层，建筑高度 35m。

　　本工程分为 E3 区（商业和餐饮）、E4 区（酒店和会展中心）和 E5 区（豪华公寓）三个子单位工程。

　　本项目是大型城市综合体，主要功能包括：豪华公寓、酒店式公寓、大型会议中心、高端商业、回迁商业以及为老北京饭店服务的回迁设备机房等众多功能，如何使这些功能相辅相成、相互提升且有机运转成为设计的难点与重点。

二、工程设计特点

　　本项目暖通空调设计主要有以下几个特点：

① 编者注：该工程设计主要图纸参见随书光盘。

　　（1）E3 自营商业冰蓄冷系统：本工程冰蓄冷系统蓄冰装置采用冰槽蓄冰，盘管型的蓄冰换热器，乙二醇溶液在管内流动，在蓄冰时盘管外的水逐渐冻结成冰；融冰时用内融冰。由于空调系统用电量占整栋建筑物总用电量的 40%～60%，暖通设计对负荷较大的高端商业部分冷源采用了冰蓄冷。通过采用蓄冰空调系统可减少空调系统电力的装机容量，利用夜间廉价的低谷电储存冷量，满足白天电力高峰期的空调负荷需要，从而缓解了电网昼夜不平衡运行的压力，有效减少空调系统电力的装机容量，为用户节约大量的空调系统运行成本。

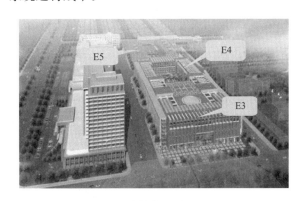

建筑外观图

　　（2）冰蓄冷机房管线深化设计：制冷机房内设备多，设备确定后，根据设备实际尺寸及管线情况，进行了二次深化设计。

　　（3）商业及酒店式公寓采用空调冷冻水大温差技术，冷水供/回水温度为 6℃/13℃，有效减少空调循环水量，降低冷冻水泵的能耗，减少水系统的运行费用，减少初投资。

（4）E5豪华公寓中央吸尘系统：中央吸尘系统又称内置式清洁系统，它是由固定式吸尘主机、管道系统、吸尘阀门、除尘工具组件组成。

（5）豪华公寓冬季供暖采用地板辐射供暖系统，此方式较对流供暖热效率更高，同时，热量集中在人体受益的高度内，使人们在室内设定温度比对流式供暖方式低2～5℃时，也能有同样的温暖感觉，使温差传热损失大大减小。

（6）新风热回收系统：商业部分的新风系统均采用了全热回收转轮。全热回收转轮是一种回收由于换气时所损失能量的节能装置。

（7）泳池恒湿恒温热泵系统：除湿热泵系统基于能源再生与环保的概念，把蒸发到空气中的暖湿气体通过风管引入到除湿热泵中加以回收利用，再将经过处理的干热空气通过风管输送到泳池室内。

三、设计参数及空调冷热负荷

室内空调设计参数见表1。

室内空调设计参数表　　　表1

区域	夏季		冬季	
	干球温度（℃）	相对湿度（%）	干球温度（℃）	相对湿度（%）
客房客厅	24	≤60	24	≥45
大堂	24	≤65	23	≥30
餐厅、宴会厅	24	≤65	23	≥40
商业、零售	25	≤65	21	≥35
会展中心	24	≤65	19	≥40
办公室	24	≤65	20	≥40
游泳池	28	≤75	28	<75
厨房加工	18～22	≤65	18～22	≥40
厨房操作	26～28	≤70	20～22	
通信机房	25	≤65	19	

E3回迁商业空调冷负荷为3516kW，冷水供/回水温度为6℃/13℃；冬季空调热负荷为1320kW，供/回水温度为60℃/50℃。

E3自营商业空调冷负荷为20100kW，冷水供/回水温度为6℃/13℃；冬季空调热负荷为4850kW，供/回水温度为60℃/50℃。

E4地块会展中心的冷热、源与原老北京饭店的机房合用，热源来自热交换，会展冬季空调热负荷为780kW；冷冻机房位于地下四层，夏季老北京饭店及会展空调冷负荷为3300RT，冷水供/回水温度为7℃/12℃；

E4地块五星级酒店冷源采用电制冷系统，冷冻机房位于地下四层，夏季空调冷负荷为6200kW，冷水供/回水温度为6℃/13℃；空调热源来自酒店锅炉房，冬季空调热负荷为3466kW，供/回水温度为60℃/50℃。

E5豪华公寓夏季空调总冷负荷为2400kW。冬季首层地板供暖系统及夹层散热器系统总热负荷为200kW；公寓地板供暖系统热负荷为1400kW。空调热负荷为850kW（其中新风热负荷为550kW）。

四、空调冷热源及设备选择

根据各区不同功能定位，采用不同系统方案，保证各系统的合理性以及节能需求。空调冷源：本工程共设置5个冷冻机房，分别承担老北京饭店及会展中心、回迁商业、自营商业、五星级酒店和豪华公寓的空调制冷负荷，见表2。

空调冷源及冷负荷情况一览表　　　表2

序号	区域	位置	冷水机组选用	备注
1	老北京饭店	B4	2台1300RT的离心式冷水机组和2台600RT的离心式冷水机组	电制冷
2	E4会展中心			
3	E3自营商业	B4	3台1170RT的双工况离心式冷水机组和1台450RT的常规冷水机组	冰蓄冷机房
4	E4地块五星级酒店	B4	2台750RT的离心式冷水机组和1台300RT的螺杆式冷水机组	电制冷
5	E3回迁商业	B4	2台500RT的离心式冷水机组	电制冷
6	E5豪华公寓	夹层	2台1218kW的螺杆式冷水机组	电制冷

E3自营商业部分冷源采用了冰蓄冷。电制冷每年运行费用对比现有冰蓄冷系统，简单回收期约为4.6年。同时，能源费用近年不断升高。因此，此项目采用储冰系统从经济性方面是合理的。

空调、供暖热源：热源形式见表3。

空调、供暖热源及热负荷情况一览表　表3

序号	区域	市政热源	冬季空调、供暖热负荷	备注
1	老北京饭店	空调热源来自B4层热交换站	其中会展中心的冬季空调热负荷为780kW	独立计量
2	E4会展中心			
3	E3自营商业	空调热源来自B4层热交换站	冬季空调热负荷为4850kW	独立计量
4	E4地块五星级酒店	空调热源来自B4层热交换站	冬季空调热负荷为3466kW	独立计量
5	E3回迁商业	空调热源来自B3层热交换站	冬季空调热负荷为1320kW	独立计量
6	E5豪华公寓	采暖热源来自B1层热交换站	冬季空调及供暖总热负荷为2450kW	独立计量

五、空调系统形式

（1）E4酒店冷、热水末端系统：酒店客房、酒店式公寓采用四管制的风机盘管加新风系统；风机盘管由设在室内的温控器进行调节，新风机组分别设在二层和屋顶层，经过集中处理后通过管井送至客房；有外墙和外窗的浴室将采用二管制的风机盘管，冬季送热水，以保证室内温度要求，夏季则停止不用。

大堂、前厅采用全空气空调系统，水管为四管制；小餐厅、小会议室、健身中心、行政管理办公室等区域采用风机盘管加新风系统，水管为四管制；厨房采用直流式空调系统；游泳池区域采用专用热泵型回收式空调系统，水管为四管制；游泳池冬季除送热风外，在泳池外窗周边设立式风机盘管系统，以保证室内温度要求，并防止结露。

酒店空调新风系统加湿采用2bar的蒸汽（二次蒸汽）加湿，最大加湿量为1100kg/h，蒸汽由设在地下四层的锅炉房提供。

（2）E3回迁商业及自营商业末端系统：精品店及小商业空间外区采用四管制的风机盘管加新风系统；内区采用二管制的风机盘管加新风系统；风机盘管由设在室内的温控器进行调节，新风机组分别设在各层空调机房和屋顶层；新风机组设置转轮回收装置，便于运行节能。

大堂、前厅采用全空气空调系统，水管为四

管制；小餐厅、行政管理办公室等区域采用风机盘管加新风系统，水管为四管制；厨房采用直流式空调系统。

（3）E4地块会展中心大空间采用全空气空调系统，水管为四管制；大会议室、小会议室采用四管制的风机盘管加新风系统；风机盘管由设在室内的温控器进行调节，空调机组分别设在各层空调机房。老北京饭店空调系统保持原有系统采用风机盘管加新风系统。

（4）E5采用风机盘管加新风系统，每一个单元设一台新风机组，新风机组设在屋面的机房内。新风经粗效、中效两级过滤冬季加热加湿（夏季冷却除湿）后送入房间。

首层大堂等公共区域采用全空气系统，空调机组设在地下夹层。商业部分采用吊顶式空调机。各部分均设冷量计量表。其读数远传至物业管理用房。冬季空调系统仅新风系统运行。

E5公寓、首层大堂、商业等、二层棋牌室等公共区域设地板采暖系统。

六、通风、防排烟及空调自控设计

1. 通风、防排烟

汽车库、设备机房等区域均设机械排风系统和机械（或自然）补风系统，以满足各类房间空气品质的要求。地下车库平时机械进、排风系统兼作火灾时机械补风和排烟系统。

酒店客房卫生间和公寓式酒店卫生间均设机械排风系统，排风通过竖井由设在屋顶的风机排至室外。

商业大量的厨房在产生油烟的炒菜、烘烤炉灶上均设置运水烟罩，油烟经过油烟过滤器处理后，让油烟微粒与空气分离，由风机排至室外高空区，以满足环保要求，厨房的排风量大于补风量，以保证异味不外窜。

工程按一类高层民用建筑进行防火和防排烟设计。空调、通风系统在满足使用功能的情况下，按防火分区设置。空调、通风风管均选用不燃的镀锌钢板制作，管道保温材料均选用不燃型保温材料，所有穿越楼板、防火墙及空调机房的风管均设70℃熔断的防火阀并做防火封堵处理。

2. 自控设计

冷水机组通过自控元件保证冷冻水的供水温

度和水量，并根据冷负荷变化自动调节冷水机组、冷冻水泵、冷却水泵和冷却塔的运行参数、启停台数及轮时启、停顺序，自动显示冷水机组的各种参数及故障报警信号。

冰蓄冷系统的工况模式转换及正常运行主要依赖于自控系统。根据本项目的特点，按照冰蓄冷的双工况主机制冰模式、主机与冰槽联合供冷模式、融冰单独供冷模式和主机单独供冷模式，进行自控策略的设计。

自动控制系统的目标是：及时响应空调冷负荷的变化，控制系统中所有设备，使之自动满足各用户的空调冷负荷，实现冷站的供冷量与末端用户的实际需冷量的精确匹配，在满足空调负荷的前提下通过优化控制保证供冷质量、提高冷站系统的运行效率，降低全系统的运营成本。通过信息化手段，实现对冷站机房机电设备以及电、空调等资源的有效集成、整合和优化，实现资源有效配置和充分利用，在能源管理中心实现能源计量系统集中监控，通过负荷预测等先进的监控软件，实现系统节能运行，最终实现无人值守。

空调机组和新风机组由楼宇自控系统控制。所有排烟风机、火灾时补风机及加压送风机均由消防控制中心控制。平时通风的风机由楼宇自控系统控制。集中控制和管理，就地均设检修开关。

所有设有机械排风系统的房间，其排风机（用于工艺设备的排风除外）除就地设手动开关外，还均可由楼宇自控系统集中控制。

七、心得与体会

冰蓄冷设计过程中存在许多难点，简要概况如下：

（1）蓄冰形式

目前在蓄冰产品中主要有盘管和冰球两种形式，两种产品在全国都有的各自的典型案例和工程正在运行。由于这两种产品的结构子然不同，导致其各自特点迥异，差别明显。

结合北京饭店项目的重要性，同时兼顾各方意见。从温度的可靠性等方面出发，设计最终采用钢制盘管冰蓄冷系统。

（2）蓄冰量

设计过程中，对不同蓄冰量进行分析比较，根据空调负荷及建筑功能特点对冰蓄冷空调进行

优化设计，最终确定经济合理、可实施的冰蓄冷方案。设计过程中必须不断对系统设备配置进行优化，根据负荷情况做经济比较。

（3）蓄冰系统的控制及运行

冰蓄冷系统的工况模式转换及正常运行主要依赖于自控系统。根据本项目的特点，按照冰蓄冷的双工况主机制冰模式、主机与冰槽联合供冷模式、融冰单独供冷模式和主机单独供冷模式，进行自控策略的设计。

经过第一个制冷季的运行，出现以下一些问题。设计结合出现的问题，运行过程中协调解决以下几个方面的问题：

（1）通过系统控制克服大管网系统滞后现象，保证系统稳定运行。系统滞后归纳为两种情况：

第一，系统开机初期，由于管网路由长，水流速度造成冷量传输滞后。通过计量系统采集末端的供回水温度以及各个用户的办公作息时间信息，适当提前开机时间，以确保末端用户的舒适度。

第二，末端负荷突变，系统出现供冷滞后。当冷冻水供回水压差、温度变化幅度较大时，加大冷冻机房电动调节阀、变频器的调节步长，快速将调节阀调节到合适的位置，将变频器设定到合适的频率下运行。

（2）逐时负荷预测

为了尽量减少高价峰电的使用，操作者需要对当天的逐时负荷有所了解，从而制定出操作策略，力求在峰电时段少使用冷机并尽可能使蓄冰量能在峰电时段内完全释放。

目前预测逐时负荷的方法离不开系统运行的历史数据积累，已经收集了一个制冷季的数据，今年的制冷季正在利用空调负荷预测优化控制软件，首先预测次日的逐时空调负荷。得到负荷表之后，以"满足空调负荷需要并节省系统运行费用"为基本原则确定最优的运行策略，最后自动将制定的运行策略输入到自动控制系统中去，保证自动控制系统按照此运行策略控制系统运行。

此项目2014年开始采用逐时负荷预测，设计人员一直配合冰蓄冷系统的调试和运行。逐时负荷预测能够根据历史数据，对系统提前预测，可以缓解运行过程的各种滞后，对系统运行相当有利。

除湿热泵系统基于能源再生与环保的概念，

把蒸发到空气中的暖湿气体通过风管引入到除湿热泵中加以回收利用，再将经过处理的干热空气通过风管输送到泳池室内。一方面通过热泵内部的蒸发器，使暖湿气体中冷凝出冷凝水，既干燥空气达到除湿的效果又可以回收蒸发掉的水分至泳池，减少泳池补充水；另一方面可将在蒸发器中回收到的热量，通过压缩机作功再经过回热冷凝器给空气回热，亦可经过池水冷凝器给池水加温。相比而言，除湿热泵系统排风量为传统通风除湿排风量的30％左右，实际运行经验显示，采用除湿热泵能源再生系统只相当于传统通风除湿系统耗能的1/2左右。

北京协和医院门急诊楼及手术科室楼改扩建工程的空调设计①

- 建设地点　　北京市
- 设计时间　　2008~2009 年
- 竣工日期　　2013 年 10 月
- 设计单位　　中国中元国际工程有限公司
　　　　　　　[100089] 北京市西三环北路 5 号
- 主要设计人　林向阳　孙苗　袁白妹　张立群　黄中
- 本文执笔人　林向阳
- 获奖等级　　二等奖

作者简介：

　　林向阳，1962 年 11 月生，教授级高级工程师，1984 年毕业于湖南大学大学暖通空调专业，大学本科，现工作于中国中元国际工程有限公司。代表作品：北京协和医院、解放军总医院 9051 工程、佛山市第一人民医院、秦皇岛市妇幼保健院、长沙市中心医院等。

一、工程概况

　　北京协和医院是中国协和医科大学的临床医学院、中国医学科学院的临床医学研究院，是一所集医、教、研为一体的大型综合医院，是卫生部指定的诊治疑难重症的技术指导中心之一。为适应医疗卫生事业发展的需要，经批准，北京协和医院拟向北扩建。本项目即向北扩建的部分，包括门急诊楼和手术科室楼。

　　协和医院院区位于北京市东城区王府井帅府园 1 号，总用地面积 97305m²，本工程用地 44879m²，南起东帅府胡同，北至煤碴胡同，东临东单北大街，西临校尉胡同。

　　本工程总建筑面积 221915m²，地上 3~11 层，地下 3 层。分为一、二期工程，一期工程为门急诊楼，二期为手术科室楼。门急诊楼建筑面积为 113162m²，手术科室楼建筑面积为 108753m²，建筑高度 48.3m。内部功能包括：门诊各科室、急诊、医技（放射、超声、功能检查、内镜、检验中心等）、手术科室病房、手术部、重症监护病房、营养厨房等。本工程日门诊量 8000 人次，新增床位 870 张。

二、工程设计特点

1. 冷冻水系统采用一次泵变水量系统及冷冻水大温差

　　（1）随着冷水机组技术发展，冷水机组的蒸发器已经允许冷冻水流量有较大范围的变化，一次泵变水量技术开始进入工程实用阶段。一次泵变流量系统的经济优势：因节省了一组水泵，减小了机房面积，节省初投资。水泵的运行能耗可以客观的减少，比一次泵定流量系统节省 20%~30%，比二次泵变流量系统节省 5%~7%。

　　（2）在采用一次泵变流量系统的基础上，冷冻水温采用 6℃/13℃大温差，大温差系统的水泵装机容量能大大减少，减小了运行能耗；大温差系统的水流量大大减少后，相应的冷冻水管道和阀门都能减小，从而大大减少了初投资。

2. 节能的空调末端水量控制系统

　　在空调末端水系统设计中，采用变水量技术，

建筑外观图

---

　　① 编者注：该工程设计主要图纸参见随书光盘。

在各室设置温度控制器，在空调末端安装动态平衡电动调节阀，使各个空调末端的空调水量随时保证在需要的情况下不会出现机组超流量或水量波动等问题，可保证舒适稳定的空调温度并自动调节供水量，当室温达到使用要求或当空调机停止时，控制关断空调供水，节约空调能耗。

3. 中庭及医疗主街采用CFD模拟设计分层空调系统

八层高中庭及三层高医疗主街采用分层空调系统，空调系统气流组织通过CFD气流模拟分析，设置一～二层侧下送风，下部回风，顶部排风，在保证人员区域舒适度的基础上节约能耗。

4. 新风量可变的全空气系统

所有大空间的全空气空调系统空调机采用双风机系统，新风量能够从最小新风量到全新风变化，在春秋季可节约系统能耗近60%。

5. 多种空调冷源的组合，保障不同区域的空调要求

在空调工程中采用多种冷源的组合，采用螺杆式冷水机组与多台离心式冷水机组组合运行的集中冷冻站，并设置过渡季及冬季供给手术室等洁净用房的工艺用风冷冷水机组；对大型医疗设备用房根据设备要求分别设置变频变冷媒流量多联中央空调系统、恒温恒湿机房专用空调机组及全空气净化空调系统。保证任何环境温、湿度及净化需求，都有可靠空调系统可正常运行。

6. 洁净手术部采用满足高级别洁净手术及层流要求的阻漏洁净空调过滤技术及先进的洁净空调自控系统

手术部是现代医院不可或缺的部分。本工程共有手术室48间，净化系统49个，包括1间核磁屏蔽手术室和4间C形臂铅防护手术室，10间进口手术室。洁净手术部设计采用医用卫生型空调机组，新风独立处理，洁净手术室送风采用新型阻漏式洁净送风天花及先进的洁净空调自控系统，确保手术室的安全、舒适、高效。气流组织采用局部层流与紊流相结合技术，使洁净房间达到要求的各种洁净等级，同时整个净化区域形成有序的压力梯度，减少空气交叉污染。

7. 普通风机盘管回风采用超低阻中效过滤器

普通风机盘管一直由于其余压小，只能采用阻力小的尼龙网过滤器，使得回风过滤效率很低，在医院领域使用，对空气的净化效果差，容易引起交叉感染。本工程在门诊等部分空气环境较差的区域设计风机盘管回风口安装超低阻中效过滤器，其额定工况阻力<15Pa，对≥$0.5\mu m$颗粒过滤效率>60%，使得整个区域的空气得到了净化，可有效防止空气污染引起的交叉感染。

8. 特殊区域采用全新风直流式空调系统及定风量阀，保证可靠的气流流向

感染隔离门急诊根据建筑工艺流程设计全新风直流式空调系统，同时设置排风系统，各房间送、排风设置定风量阀，精确控制各个区域送、排风量差，控制压力梯度、气流流向、避免空气交叉污染。

9. 病理科、检验科加强通风，控制污染

在病理科、检验科根据医疗工艺设置局部排风（通风柜、生物安全柜、设备排风管、排风罩等）和全面排风相结合，有效控制以上科室的污染物、气味，保证良好医疗工作环境。

10. 地下车库设计无风管智能诱导通风系统，减少风管设置，增加车库净高度

无风管诱导通风系统是一种将风机组与喷嘴直接连接的通风方法，它输入新鲜空气并将废气以一定的路线排出，以达到整个空间的通风换气并且不存在气流死角。系统智能检测车库空气品质，自动启停，运行节能。车库内只有消防排烟风管，减少排风管道，增加车库净高度，保证了立体车库的高度要求。

11. 冷冻站设备设置特殊减振系统，保证医疗设备的正常使用

三、设计参数及空调冷热负荷

医疗综合楼夏季设置集中空调，夏季供冷，冬季供热。

室内设计参数详见表1。

室内设计参数　　　　　　表1

房间名称	夏季		冬季		新风量 [m^3/(h·人)] (h⁻¹)	噪声 [dB(A)]
	干球温度(℃)	相对湿度(%)	干球温度(℃)	相对湿度(%)		
病房	26～27	50～60	22～23	40～45	50	≤40
诊室	26～27	50～60	21～22	40～45	(3)	≤55
ICU	23～26	55～60	22～25	50～55	(3)	≤40
手术室	22～25	40～60	22～25	40～60	按规范	≤50
洁净走廊	26～27	≤65	21～23	≤65	(3)	≤45

四、空调冷热源及设备选择

1. 冷源

冷冻站设有 4 台 1200RT、1 台 400RT 的冷水机组。

2. 热源

热源均由地下一层的热交换站集中供给，空调热媒为 60～50℃ 的热水。

五、空调系统形式

1. 水系统设计

本项目采用一次泵变流量及冷冻水大温差设计：空调冷冻水供/回水温度为 6℃/13℃。

2. 空气处理末端设计

手术室、监护病房、门诊楼大堂为全空气空调系统；高精度医疗设备用房 CT 机房 MRI 机房等有设备发热量的房间为独立的恒温恒湿空调系统；设置集中空调的其他房间为风机盘管加新风系统。

六、通风、防排烟及空调自控设计

1. 通风及防排烟系统

（1）病理科、检验科通风柜、生物安全柜设置独立的排风系统，排风设活性炭吸附后高空排放。

（2）中心供应的灭菌设机械排风系统；污物间设机械排风系统；排风量均按 $5h^{-1}$ 计算。

（3）所有排风与排烟共用的系统在选择设备时均既能满足排风要求，又能满足排烟要求，排烟系统按防火分区设置。

（4）超过 20m 长的内走廊超过 $50m^2$ 的地下室、总和超过 $200m^2$ 的地下室、超过 $100m^2$ 的地上无开启外窗或固定窗的房间、高度超过 12m 的中庭均设置机械排烟系统，地下室设置与排烟系统匹配的补风系统。

2. 通风、空调及冷冻机房及泵房的自动控制

空调系统的自控：空气处理机组在其回水管上设置电动二通阀，根据回水温度调节水量。新风机组在其回水管上设置电动二通阀，根据送风温度调节水量。风机盘管配有带温控器的三速开关，根据室温自动调节在回水管上的两通电磁阀。

七、设计体会

随着冷水机组技术发展，冷水机组的蒸发器已经允许冷冻水流量有较大范围的变化，使得一次泵变水量技术开始进入工程实用阶段。一次泵变水量系统是相对于传统的一次泵定流量、二次泵变流量系统而言。它只需要一组水泵，这组水泵变流量（变频控制），随着末端各空调用户变化而变化，省了一组水泵。它主要是由于设备（冷水机组）的技术改进，使得空调水系统简化、节能的一项技术。传统冷冻水温度 7℃/12℃，温差 5℃，大温差采用冷冻水温度 6℃/13℃，温差 7℃，使得输送同样冷量，减小了约 30% 的冷冻水流量，减小了冷冻水泵及其变频器，减小了冷冻水管道，而空调效果完全等同传统空调系统。

兴化市人民医院新址门急诊医技病房综合楼暖通设计①

- 建设地点　　　江苏兴化
- 设计时间　　　2008～2009 年
- 竣工日期　　　2012 年 12 月
- 设计单位　　　中国中元国际工程有限公司
　　　　　　　　[100089] 北京市西三环北路 5 号
- 主要设计人　　孙苗　袁白妹　黄平干　吴丹芸
- 本文执笔人　　孙苗
- 获奖等级　　　二等奖

作者简介：

孙苗，1980 年 6 月生，高级工程师，2002 年毕业于北京工业大学暖通空调专业，大学本科，现工作于中国中元国际工程有限公司。代表作品：北京协和医院、解放军总医院 9051 工程、北京电力医院、苏北人民医院、唐山市妇幼保健院等。

一、工程概况

兴化市人民医院始建于 1948 年 12 月，现已发展成为全市的医疗、教学、科研及"120"急救中心，是扬州大学医学院附属医院；是江苏职工医科大学、江苏大学医学院的教学医院；是兴化市医保定点医院、司法鉴定定点医院。1994 年被评为全省首批二级甲等医院和国家级爱婴医院。2013 年 1 月，医院实现整体搬迁。这座集门诊、医技、病房、手术室等为一体的智能现代化医院将为 150 多万水乡人民提供优质的医疗服务。

建筑外观图

兴化市人民医院新址总用地 184.91 亩，门急诊医技病房综合楼建筑面积 10.14 万 m²，建筑高度 52.7m。地下 1 层，地上 12 层。内部功能包括：门诊各科室、急诊、医技（放射、超声、功能检查、内镜、检验中心等）、手术科室病房、手术部、重症监护病房等。医院日门急诊量 2000 人次，床位数 1000 张。

二、工程设计特点

1. 人防急救医院空调设计

率先在人防急救医院中采用直接蒸发式新风

---

① 编者注：该工程设计主要图纸参见随书光盘。

机组＋变制冷剂流量多联分体式空调系统，打破了采用生活水箱作为冷却循环的全空气空调模式，并将室外机放置于同等抗力的防护工程中，此项措施不但大幅度提高了空调系统的可靠性和用水安全性，还保证了人防急救医院的隐蔽性，实现了"安全可靠，适于生存"的目标。

除人防急救医院常规防化设计外（如设置空气放射性监测和空气染毒监测，防化值班室内设置测压装置），本项目在防化值班室内还设置了毒剂报警器。毒剂报警器的探头与主机的连接。在第一密闭区设置防化化验室，并在室内设置自循环滤毒通风装置。

2. 冷水机组采用变频控制

夏季及过渡季 4 台冷水机组并联运行。供热季节初期及末期，手术部、ICU 仍有余热产生，有一台小离心式冷水机组可以单独制冷运行。根据手术部使用频率不一致、运行时间长的特点，小离心式冷水机组采用变频控制。此项措施使冷水机组在低负荷率下长时间运转节约了用电量。

3. 冷源采用 10kV 高压冷水机组

本项目采用 10kV 高压冷水机组，减少上游电器设备的投资及相关设施的投资费用、有效减少线路损耗、减少占地面积。运行稳定，节能效果明显。冷水机组总装机容量为 1941kW，10kV 高压冷水机组的装机容量为 1821kW，电能节省约 10%。每年夏季空调运行费减少近 2 万元。

4. 风机盘管按内外区设计

本工程门诊医技部分单层建筑面积较大，约 2 万 m²。风机盘管按内外区设计，通过合理分区，较好地满足不同区域的空调要求。不但方便管理，还可以分区开启。过渡季节内区或有大量发热设备房间可根据需要延长供冷时间，外区则可以根据实际情况决定空调是否需要供冷。这样可以减少冷水机组运行台数，节约能源降低运行成本。

5. 新风量可变的全空气系统

所有大空间的全空气空调系统，新风量能够从最小新风量到全新风变化。在春秋季可节约系统能耗近 60%。

三、设计参数及空调冷热负荷

医疗综合楼夏季设置集中空调，夏季供冷，冬季供热。

室内设计参数详见表 1。

室内设计参数　　　　　　　　表 1

房间名称	夏季		冬季		新风量 [m³/(h·人)] (h⁻¹)	噪声 [dB(A)]
	干球温度 (℃)	相对湿度 (%)	干球温度 (℃)	相对湿度 (%)		
病房	26～27	50～60	22～23	40～45	50	≤40
诊室	26～27	50～60	21～22	40～45	(3)	≤55
ICU	23～26	55～60	22～25	50～55	(3)	≤40
手术室	22～25	40～60	22～25	40～60	按规范	≤50
洁净走廊	26～27	≤65	21～23	≤65	(3)	≤45
各种试验室	26～27	45～60	21～22	45～50	(4)	≤50
药品储藏室	22	60以下	16	60以下	(2)	≤50

四、空调冷热源及设备选择

1. 冷源

冷冻机房设在地下一层，共设 4 台电制冷冷水机组。3 台制冷量为 3516kW（1000RT）的离心式冷水机组和 1 台制冷量为 2110kW（600RT）的离心式冷水机组。其中，3516kW（1000RT）的离心式冷水机组的电压为 10kV。冷冻水供/回水温度为 7℃/12℃。

2. 热源

热源均由地下一层的热交换站集中供给，空调热媒为 60～50℃的热水。

3. 设备配置（见表 2）

设备配置表　　　　　　　　表 2

设备名称	单位	台数	主要参数	备注
离心式冷水机组	台	3	制冷量 3516kW	10kV
离心式冷水机组	台	1	制冷量 2110kW	变频
冷冻水泵	台	4	水量 730m³/h 扬程 34m	其中一台备用
冷冻水泵	台	2	水量 437m³/h 扬程 34m	其中一台备用

五、空调系统形式

1. 水系统设计

（1）空调冷、热水系统

1）空调冷冻水及热水采用膨胀定压罐的定压

方式，由热交换站根据定压罐内的水位高度控制补给软化水。

2）为提高手术部等净化空调系统可靠性要求，设计专用立管供空调用水，为满足净化空调对冷热时间要求的特殊性，净化空调系统采用四管制异程系统。

（2）冷却水系统由地下一层冷冻机房经竖井引至其屋顶冷却塔。

2. 空气处理末端设计

（1）手术室、监护病房、门诊楼大堂为全空气空调系统；高精度医疗设备用房、CT 机房、MRI 机房等有设备发热量的房间为独立的恒温恒湿空调系统；设置集中空调的其他房间为风机盘管加新风系统。风机盘管按内外区设计，过渡季节内区或有大量发热设备房间可根据需要延长供冷时间。

（2）净化设计

手术室和 ICU 净化空调设计采用手术室一对一的分区空调系统设计。

1）重症监护病房洁净等级为Ⅲ级，设一个净化空调系统，其新风经过过滤后与回风混合，再经粗、中效处理后用高效过滤风口送入房间。

2）手术部共计 17 个洁净手术室，其中洁净等级为Ⅰ级的手术室 1 个；Ⅲ级的手术室 16 个。其新风经过预过滤后与回风混合后经粗、中效处理后用手术室专用送风单元送入手术室。

3）各手术室采用单独的排风系统经亚高效过滤器处理后排放。

3. 气流组织及手术室空调系统

（1）风机盘管加新风部分：为吊顶式风机盘管加上送新风。

（2）手术部：上（顶）部送风，下部回风。

六、通风、防排烟及空调自控设计

1. 通风及防排烟系统

（1）病理科、检验科通风柜、生物安全柜设置独立的排风系统，排风设活性炭吸附后高空排放。

（2）中心供应的灭菌设机械排风系统；污物间设机械排风系统；排风量均按 $5h^{-1}$ 计算。

（3）所有排风与排烟共用的系统在选择设备时均既能满足排风要求，又能满足排烟要求，排烟系统按防火分区设置。

（4）超过 20m 长的内走廊、超过 $50m^2$ 的地下室、总和超过 $200m^2$ 的地下室、超过 $100m^2$ 的地上无开启外窗或固定窗的房间及高度超过 12m 的中庭均设置机械排烟系统，地下室设置与排烟系统匹配的补风系统。

2. 通风、空调及冷冻机房及泵房的自动控制

冷水机组通过自控元件保证冷冻水的供水温度，根据负荷自动调整冷水机组、冷冻泵、冷却泵、冷却塔的开启台数。并自动显示冷水机组的各种参数及自动报警。

空调系统的自控：空气处理机在其回水管上设置电动二通阀，根据回水温度调节水量。新风机组在其回水管上设置电动二通阀，根据送风温度调节水量。风机盘管配有带温控器的三速开关，根据室温自动调节在回水管上的二通电磁阀。

七、设计体会

在地下室人防工程中，要采取合理有效的措施防止外界污染空气进入工程内部。良好的空气品质对于人员在防空工程内生存与工作起着必不可少的重要作用。人防工程平战转换功能设计的科学性和合理性，是实现人防工程战备功能的关键。另外，本项目采用 10kV 高压冷水机组，减少上游电器设备的投资及相关设施的投资费用、有效减少线路损耗、减少占地面积。运行稳定，节能效果明显。但需要专门持高压电器操作证书的人员管理，所以要提高相关管理人员的技术水平。

成都来福士广场的暖通空调设计①

- 建设地点　　成都市
- 设计时间　　2008 年 10 月
- 竣工日期　　2013 年 6 月
- 设计单位　　中国建筑科学研究院建筑设计院
　　　　　　　[100013] 北京市北三环东路 30 号
- 主要设计人　刘亮　李晅　王珺　黄生云
　　　　　　　柯尊友　冯帅　金欣
- 本文执笔人　刘亮
- 获奖等级　　二等奖

作者简介：

刘亮，1972 年 11 月生，教授级高工，副总工程师。2002 年 6 月毕业于北京工业大学热能工程专业，硕士研究生，现于中国建筑科学研究院工作。主要代表作品有：北京远洋国际中心、裘马都、北京光华路 SOHO、天津大悦城、中国建筑科学研究院科研试验大楼等。

一、工程概况

作为成都市的地标性建筑，该城市综合体被称之为"切开的泡沫块"、"光雕建筑"。新加坡凯德置地集团公司投资开发，由美国建筑师 Steven Holl 设计事务所、英国 ARUP 顾问公司以及中国建筑科学研究院（LDI）三方联合设计完成。

项目的总建筑面积约 308278m²，容积率 6.0，由地上 5 栋超高层塔楼、地上 3 层裙房及 4 层的地下室组成：包括建筑面积 75645m² 的塔 1、塔 2甲级写字楼（T1、T2：29 层，123m 高），73784m² 的商业购物中心（B2～L3，裙房屋面为室外庭院），43228m² 的塔 3 五星级酒店（T3：35 层，119.2m 高）、13214m² 的塔 4 服务式公寓（T4：33 层，113m 高）和 27671m² 的塔 5 Boutique Office（T5：33 层，113m 高）；裙房商业及餐饮，采用三步退台的形式；地下室为商业、机动车库、非机动车库、设备用房及管理用房共 4层，地下 4 层的标高−18.8m，其局部兼作人防工程（物资库及人员掩蔽部）。

室外庭院的中央广场上分布着以长江三峡地貌特点而设计的三个中央水景，不仅开阔了内部空间，给下层的商业购物中心带来了天然采光、降低了太阳日照辐射的强度，而且也构成室外绿色休闲区域的重要中心景观。

建筑外观图

二、工程设计特点

暖通空调系统工程设计有以下的主要特点：采用了大温差冷水机组复合水蓄冷、土壤源热泵的供冷系统、四管制双盘管冷暖空调末端、办公楼地板送风变风量空调、办公入口大厅地板辐射供暖、处理新风排风热回收、自然冷却免费供冷、厨房排油烟系统的三级净化处理、中水机房/隔油池间/湿垃圾间排风的"光触媒"异味分解处理、楼层中间运转设备浮动基础的减震与隔振、外墙通风百叶组合体（外层穿孔板，内侧 0.5m 是防雨通风百叶，且自带雨水导流装置和防鸟网）的阻力特性与噪声值研究、暖通楼宇智能控制等。

地下车库采用 CO 浓度及时间程序控制通风设备的启停、大空间全空气系统设置 CO_2 浓度传感器保证室内空气品质及运行节能。

裙房商业区域的"消防性能化设计",采用了避难隔间与安全走道加压送风的方式,保证火灾时人员的安全疏散。

三、设计参数及空调冷热负荷

项目所在地成都(北纬 30.7°,东经 104.0°,海拔 505.9m),室外设计参数可依据规范查阅,室内设计参数见表 1。

各区域之室内设计参数　　　　　　　　　　　　　　　　　表 1

区域	夏季 ℃(%)	冬季 ℃(%)	人员密度 (m²/p)	人员新风/换气次数 [m³/(h·人)]	照明负荷指标 (W/m²)	设备负荷指标 (W/m²)	空调噪声指标 [dB(A)]
商业	24/60	20/—	2.5	30	50	5	≤50
餐饮	24/60	20/—	2.0	30	24	20	≤50
电影院	24/60	20/—	0.8	20	0	—	≤40
报告厅	24/60	20/	2.5	36	20	30	≤40
办公/会议	24/55	20/45	10/2	40	12	35	≤40
酒店/公寓大堂	23/50	21/35	7	30	25	15	≤45
起居室/卧室	23/50	21/40	一房厅2人 二房厅3人 三房厅5人	54	25	15	≤40
客房卫生间	26/—	20/—	—	按通风量考虑	—	—	≤45
商务中心	23/50	21/35	4	25	25	15	≤45
酒店餐厅	24/60	20/—	2	25	25	15	≤50
酒店宴会厅	23/50	21/35	2	30	25	15	≤45
酒 BOH(行政办公)	23/50	21/35	10	36	25	15	≤45
健身房/理疗(SPA)	22/50	21/35	10/—	30	25	15	≤45
多功能厅	23/50	21/35	2	30	25	15	≤40
室内游泳池	27/55	28/60	按泳池人数	30	25	15	≤45
布草间	24/50	18/35	—	—	10	6	≤40
员工食堂	24/60	21/35	1.5	25	8	5	≤40
SOHO 办公	24/55	20/45	10	30	15	20	≤45
公共厨房	29/—	18/—	—	中餐—60 次/小时, 西餐—40 次/小时	—	—	—
公共卫生间	26/—	20/—	—	按通风量考虑	—	—	—

(1)各区的通风系统参数如表 2 所示。

通风换气次数　　　　表 2

区域	换气次数 (h⁻¹)	区域	换气次数 (h⁻¹)
公共卫生间	15	变、配电室	15
餐饮厨房	40~60	自行车库	3
机电设备房	4~6	垃圾房	20
电梯机房	12	吸烟室	10
地下车库	6h⁻¹排气 5h⁻¹进气	柴油发电机房	依据发电设备 所提技术条件

注:湿式垃圾房,设置独立制冷系统保持室内非通风时间的低温,防止异味溢出;T3、T4 局部无法设置厨房排油烟竖井的区域,采用自循环油烟处理风机。机电设备用房,包括锅炉房、水泵房和制冷热力机房等。事故通风的换气次数,统一按照 12h⁻¹的原则进行设计。

(2)围护结构的传热特性参数:

外墙 $K=1.0W/(m^2 \cdot ℃)$;

屋面(不透明):$K=0.36W/(m^2 \cdot ℃)$;

屋面(透明):$K=1.80W/(m^2 \cdot ℃)$,采用内遮阳,综合遮阳系数 SC:0.35;

外窗(或玻璃幕墙):$K=3.0W/(m^2 \cdot ℃)$,综合遮阳系数 SC:0.35;

内墙/楼板 $K=1.0W/(m^2 \cdot ℃)$。

(3)夏季各区域的设计空调冷负荷计算结果如表 3 所示。

(4)冬季建筑的设计空调热负荷计算结果如表 4 所示。

夏季空调冷负荷　表3

空调区域	空调冷负荷（kW）	建筑面积（m²）
T1办公	4695	47768
T2办公	2580	38555
T3酒店（包括地下室BOH区域和T4宴会厅等）	4120	45950
T4酒店式公寓（八层以上公寓及首层大堂等）	1330	23000
T5 SOHO办公	1880	31448
商业、餐饮	12960	76700

空调设计冷负荷指标：按照"T1T2+裙房商业/T5"对应区域的总建筑面积约：123W/m²、60W/m²；按照"T3/T4"对应区域的总建筑面积约：90W/m²、58W/m²。

冬季空调热负荷　表4

空调区域	空调热负荷（kW）	建筑面积（m²）
T1办公	3365	47768
T2办公	1730	38555
T3酒店（包括地下室BOH区域和T4宴会厅等）	2250	45950
T4酒店式公寓（八层以上公寓及首层大堂等）	780	23000
T5 SOHO办公	1083	31448
商业、餐饮	4853	76700

空调设计热负荷指标：按照"T1、T2+裙房商业/T5"对应区域的总建筑面积约：61W/m²、34W/m²；按照"T3/T4"对应区域的总建筑面积约：49W/m²、34W/m²。

四、空调冷热源及设备选择

本项目的空调冷源按三部分独立设置，其中商业与T1、T2办公楼在B4层西北区域合用一套中央冷水系统A；T3、T4则在B2东北区域设置一套独立的中央冷水系统B；T5 SOHO办公则在B4西南区域用另一套独立的供冷系统C。前两个中央冷水系统的离心鼓风式冷却塔设置在B1东北区域，而T5中央冷源的冷却塔则在T5顶层设置。

受篇幅所限，本文仅介绍规模最大的空调冷水系统A及与之对应的采暖空调中央热水系统A。

中央冷水系统A——主制冷机房（服务裙房商业和T1、T2区域）包含5台4008kW的大温差高效率离心式冷水机组，复合了水蓄冷（专业厂商设计施工的6900m³蓄冷水池）、土壤源热泵的制冷空调系统。制冷站的其他主机设备的运行

模式有：主机单独供冷模式、主机供冷、水池削峰供冷模式、水池单独供冷模式、主机蓄冷供冷模式、免费制冷模式。地源热泵全年基本都开启优先运行，并可作为夜间运行的"基载机组"；离心式冷水机组主要在夜间运行，利用低谷电价以节省电力，白天部分冷水机组开启运行，峰值负荷时同时开启蓄冷水池的放冷循环，白天其他时段以蓄冷水池放冷循环供冷为优先模式。

为了建筑布局的美观，采用了地下室安装的离心鼓风式冷却塔，进、排风路设计消声导流板以避免热气回流，同时冷却塔在地面的通风口，兼作同区域燃气热水锅炉房的进风与泄爆口。

多台并联运行的高效率燃气真空热水锅炉（烟囱经T3核心筒从其屋顶最高处接出、在其最低处设置抽风控制器），可分区域提供不间断全年用生活热水，并在冬季平稳供应60～50℃的空调供暖热水。空调冷水以板式换热器为边界采用"二次泵"系统；空调热水则采用"二级泵"系统，循环水泵均根据末端实际需求变流量运行，尽量维持"一次水5℃/13℃/二次水6℃/14℃"的供、回水干管大温差，以提高制冷主机及热水锅炉的运行效率。

为裙房商业和T1、T2服务的锅炉房A空调供暖热源——采用燃气热水锅炉＋地源热泵相结合的方式，供暖热负荷为17399kW，热源配置为：3台2.3MW的真空燃气热水锅炉、2台2.91MW的真空燃气热水锅炉以及2台640kW高温地源热泵机组的组合式热源系统。

在现场的土壤源热泵系统能源桩（双U形HDPE管）约有468个、10%的设计裕量，地埋管区域设计在地下车库裙房范围内，共分为79个区，每区6个孔，孔间距为6m×6m，每个孔的深度设计为90m，与结构的抗浮锚杆交叉布置。

T1塔楼的六层、T2塔楼的十二层、T3塔楼的八、十七层、T4塔楼的七层和T5塔楼的3B/十五层为设备层，安装了板式换热器和变频运行的高区循环水泵。高区冷水的供/回水设计温度为7℃/15℃，高区空调热水的供/回水设计温度为58℃/48℃。

五、空调系统形式

本项目的网络机房、电信机房、消防控制室、

物业管理办公室等 24h 值班的房间，设置独立的分体热泵空调系统。所有集中空调，除防护网和粗效过滤段以外，均设置静电杀菌除尘空气净化消毒装置，过滤介质需达到 MERV13 级别。

裙房商业的空调采用一次回风的全空气及"风机盘管/吊装风柜"加处理新风系统，T3 酒店、T4 公寓及 T5SOHO 办公则以风机盘管加处理新风系统为主，T3 顶层的游泳池空调采用除湿热泵系统。

T1、T2 办公楼采用了地板送风变风量空调系统（UFAD），AHU 空调机组包括新风段、粗效过滤段、新风一次回风混合段、加热段、表冷段、二次回风段、空气净化段（静电除尘）、加湿段、送风机段。夏季是二次回风，冬季和过渡季节则为一次回风的方式。CO_2 浓度探测器设置在回风总管上，控制调节空调机组的新风量。高级办公区域在公共走廊设置了 AIR—HIGHWAY 高速空气地板通道，维持最远送风点静压 150±5Pa，走廊/租户地板静压箱的漏风率要求不大于 5%/10%。内区每隔 2~3m 设置带集尘盒的手动/电动地板旋流风口，保证送风风阀与每个风口的距离最远不超过 15m；外区带加热水盘管"低矮"型的 FPB——配置 ECM 直流无刷可变速风机，通过长度不大于 2m 的软风管连接到外区"条缝型地板送风口"的静压箱。夏季可由温控器指令 FPB 调节风机转速，而在冬季则低风速定风量运行。

要求每个租户区域的地板静压箱内靠近外区水管的附近，设置一个地湿传感器至 BMS，万一发生意外漏水事故，可及时让物业管理人员进入空调机房切断水阀，将损失降到最低。每个租户的接入风阀及 FPB 末端，都要求列入 BMS 系统，并可进行统一管理。无加班申请的租户，在非工作时间，将统一关掉其送风风阀（夏季或过渡季节利用"风侧免费制冷"的工况除外），并可由 BMS 决定整栋或某层办公楼统一提前预热/预冷或延迟关机。

在 T2 报告厅附近的会议休闲区域，设置了 CAM+FTU 的地板送风空调。每个 CAM 空调风柜根据室内设定温度以及 FTU 空调送风动力末端的需求，自动调节其送风量及盘管冷热量，以节能运行。

本项目空调水系统采用四管制的形式，竖向和水平干管都采用异程式布置，空调末端根据实际需要设置单盘管或者双盘管。空调机组末端安装动态压差平衡阀，连接多个空调末端的水平干管与垂直干管的交接处以及连接多个风机盘管的支环路回水干管上，也设置动态压差平衡阀。

六、通风、防排烟及空调自控设计

地下车库采用"诱导式通风"系统，为了克服该系统的某些弊病，特别设计了双速风机（6/4h^{-1}）和单速风机（2h^{-1}）并联运行的系统，既能满足平时可调节风量的高、中、低档运行（分别以 4+2、4、2 次的小时换气次数开启风机，依据车库空气品质决定），以节约风机能耗和降低运行噪声；又能在火灾时高速大风量（以 6h^{-1} 换气次数开启双速风机高档）机械排烟，保证消防系统正常运行。车库在一个防火分区的典型区域设置若干 CO 浓度探测器，当感知车库内的 CO 浓度超标（取探测到的最大值做判断）时，自动开启该区域的通风系统。

商业一般餐饮区域中餐厨房通风方式，分为平时通风和烹饪通风，分别按照 12h^{-1}（兼事故通风）和 60h^{-1} 换气次数设计。其中排油烟专用风机按照 48h^{-1} 换气次数选型，并设置金属过滤网、高压静电油烟净化器、光解氧化装置/活性炭过滤网设施，确保处理后的餐饮油烟低空排放能满足当地严格的环保要求。

小食摊的通风则根据凯德商业标准，按照面积大小设置通风量，无平时与烹饪通风之分。厨房通风系统中，补风量约为总排风量的 80%（设计还考虑到餐饮区流向厨房区域的使用后的新风量），除 T3 酒店公共厨房外，本项目其他区域的厨房补风均不做预冷/热处理。

大规模复杂商业、超五星级酒店的厨房排油烟依据项目"环评报告"要求，按深度处理的净化设计，并实现商业区域的厨房油烟低空排放（金属油网过滤＋光触媒/活性炭滤网＋高压静电三级处理）。

裙房商业区域的消防性能化设计报告要求：在 B2、B1 的商业区域里设置"防火隔间"——把地下商业区域划分为三个面积都不大于 20000m² 的分区，同时首层商业区域 1~6 号走廊设置了"避难（安全）走道"直通室外，采用加压送风方式以保持这些区域在火灾时维持合适的正压值。

电影院分别设置独立的机械排烟系统，每个放映厅视为一个防火分区，放映厅1～6各室的机械排烟量，按照 $90m^3/(m^2 \cdot h)$ 与 $13h^{-1}$ 的换气次数计算并取大值，各室为一个独立的防烟分区，设置电动常闭的排烟风口。放映厅在机械排烟时，该区域独立的全空气送风系统回风口关闭，进风口完全开启送风作为消防排烟的补风（不低于对应排烟量的50%）。

设置在具有防火能力的建筑管井围护结构之外的加压送风管或消防排烟管，采用12mm厚硅酸盐防火板（不含石棉）直接制作，满足耐火等级2h的要求。穿越防火分区的暖通设备或管线，要求以1.5h耐火极限的9mm厚硅酸盐防火板围护，设置防火吊顶或隔墙。

风机盘管、吊顶空调机组采用的电动二通阀，根据室内温度的设定自动启闭；商业和其他公共区域的FCU/CAU以网络温控器设定温度并控制水阀开关，BMS中心监控其开关状态。

"能源管理系统"对本项目的空调冷、热源设备，水泵、冷却塔与管路上的电动阀门等，进行综合的程序自动控制，并通过自学习以期达到优化运行目的。

七、心得与体会

本项目在2013年获得了世界都市高层建筑学会颁发的"2013年最佳高层建筑"入围奖，2014年获得了美国绿色建筑委员会USGBC颁发的绿色建筑（LEED）金奖认证。

裙房商业与办公楼自2011年9月开业以来，暖通空调系统的各项指标运行基本正常，室内各区域的温/湿度、气流组织及洁净度都较好地达到了设计要求。能源管理系统的"大温差水蓄冷模式"已经初见经济效益，相对传统设计，物业核算出的制冷电费节约为160万元/a。下沉式冷却塔在非夏季的冷却效果尚可，但因为现场并未完全按照图纸施工，只先行设置了消声屏而未安装导流板，以至于炎热期还是有局部出现"气流短路"的现象。开发商正联合各设计顾问，参考原图对此作热气流导向的整改处理。裙房屋面和周边的内庭花园空气保持清新，基本未受到餐饮油烟净化后低空排放的影响。

在本项目的空调设计与施工实践中，笔者对于很多技术细节都关注有加。因设计理念及习惯的差异，加之有造价、管理等因素，在技术层面上与外方设计常有分歧。例如：由于是内保温的清水混凝土建筑，靠外墙区域的"冷/热桥"现象在西南向比较突出，我们要求土建专业设计应注意采取对应的补救措施，以免对室内空调产生不良影响。再者，因建筑师对外立面美观效果的坚持，地下车库坡道侧壁靠近首层处有对外的排风口（±0.00以下），在冬季因室外密度较高的冷气流的下降作用，导致厨房排风不畅等。我们也很遗憾当初未一再坚持，并努力说服相关方面来按照更合理的方式设计施工。

虽然存在以上类似的瑕疵，但本项目在整体上仍然是相当成功的！尤其是机电专业各类新型工程技术（包括机房BIM设计）在复杂建筑里的综合运用，这对于所有参与者而言，无疑是很好的学习提高机会。

中国航天科工集团第三研究院 8358 所分号 6B 六室、七室机电设计①

- 建设地点　　天津市空港开发区
- 设计时间　　2011 年 7～11 月
- 竣工日期　　2012 年 9 月
- 设计单位　　中国建筑科学研究院建筑环境与节能研究院
　　　　　　　[100013] 北京市北三环东路 30 号
- 主要设计人　梁磊　曹国庆　崔磊　张小云　牛维乐　张莓
- 本文执笔人　梁磊
- 获奖等级　　二等奖

作者简介：

梁磊，1976 年 11 月生，高级工程师，1998 年毕业与青岛建筑工程学院供热、通风及空调工程专业，学士；2006 年毕业于中国矿业大学（北京）工商管理专业硕士研究生。现就职于中国建筑科学研究院建筑环境与节能研究院。主要代表作品：江苏华威特生物医药园区、北京瀚仁堂医药生物园区、内蒙古金宇集团新建生物医药园区、军事医学科学院 ABSL-3 实验室、北京安贞医院新建综合楼洁净手术部及 ICU、黑龙江省医院洁净手术部等。

一、工程概况

本项目为中国航天科工集团第三研究院 8358 所分号 6B 建筑给定范围（约 11000m² ）内的军工生产车间机电设计，包括工艺、暖通（净化空调）、电气、给排水、压缩空气、超纯水等设计。本建筑物共分为 3 层，主要供六、七室使用，包括生产及办公区域。生产区分布于大楼一～三层，办公区位于三层东侧。生产设计概况和区域分布及主要功能见表 1、表 2。

生产设计概况　　　　　表 1

序号	产品种类	加工区域
1	红外透镜	一层机加区、二层型号光加区、一层镀膜区（十万级）
2	激光陀螺腔体/块体	一层机加区、三层光学加工区、一层加工中心区
3	反射镜	一层机加区、二层抛光区、一层镀膜区（千级）

区域分布及主要功能表　　　　表 2

楼层	区域名称	区域功能	区域范围（按纵轴划分）	所属科室
一层	镀膜区	红外透镜镀膜（十万级）；反射镜镀膜（千级）	5b～13b	七室
二层	超光滑基片加工区	反射镜抛光、清洗、周转	10b～13b	六室
	型号光学加工区	红外透镜精磨、抛光（晶体加工间、头罩加工间等）	19b～22b	
三层	激光陀螺腔体加工区	激光陀螺腔体光学加工	10b～13b	六室
	办公区	—	19b～22b	六、七室

二、工程设计特点

（1）军工企业，对设计单位技术及保密性要求高，须协助业主完成工艺设计。

（2）系统要求复杂多样，同区域相邻房间温、

---

① 编者注：该工程设计主要图纸参见随书光盘。

湿度及洁净度要求不一。车间净化级别分为三十万级、十万级、万级和千级，其中千级工艺区采用 FFU＋DC＋MAU 形式，万级抛光工艺区采用 JFCU＋DC＋MAU 形式，其余净化区采用全空气系统，带大量通风橱的洁净工艺区域采用变新风量系统形式，普通区采用风机盘管形式，温度控制精度分别为 22.0±1℃ 和 22.0±2℃，相对湿度要求分别为：30%～70%、40%～60%、50%～65%、60%～75%。

（3）要求工况变化时环境参数相对稳定运行。车间内的部分房间存在大量通风橱等通风设备，但各通风橱的启停并不同步。应业主要求，单台通风橱排风量不小于 2500m³/h，生产中会出现多种工况转换过程，但生产上要求工艺环境相对稳定，工况转换时所带来的环境参数波动必须在可接受范围内，且快速回归。

（4）技术改造项目，现场空间条件受限。现有场地的层高偏低，空调机房空间有限。

（5）需大量现场服务，要求具备机电顾问能力。

（6）关键点解决方案（设计亮点）。

1）工艺设计：本项目为高端军工项目，企业大量采用国外设备和先进工艺技术，业主技术部门对工艺也存在一个熟悉的过程，因此对设计方提出了较高的工艺设计要求。在设计前期，设计人员进驻原生产老车间进行了为期两周的实地调研，深入生产，结合外方提供的资料及现有实际条件，为业主梳理出一个符合企业实际需求的新建车间工艺流程，并被纳入企业 SOP 文件当中。工艺流程示意图见图 1～图 3。

2）空调系统设计：

围绕工艺分合，减少空调系统。

工艺环境要求的多样性是本项目的特点和难点。即使在同一生产区的两个相邻房间，都可能因加工工艺要求的不同而导致其对环境参数（如温度、相对湿度、洁净度等）的要求不一，而不同环境参数的房间却因工序的要求互相穿插交织在一起，很难在布局上简单地划分出大的区域来，因此空调系统的划分非常复杂。以二层抛光区为例，根据业主初期提供的工艺要求，仅在同一区域相邻的 8 个房间就提出了 4 种不同的工艺环境要求。整个项目按初期需求进行的空调系统划分达 52 个，另设 34 个排风系统，25 个新风系统。对于场地已经限定的技术改造项目而言，不论是

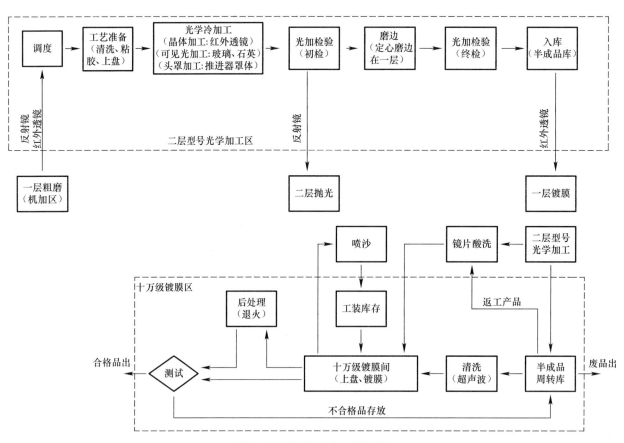

图 1　红外透镜生产工艺流程

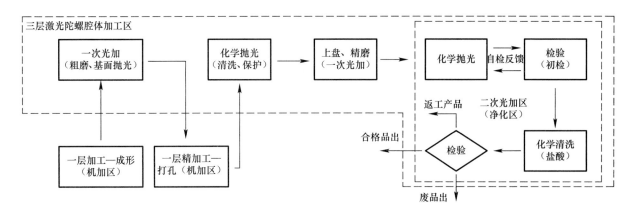

图 2　激光陀螺腔体生产工艺流程

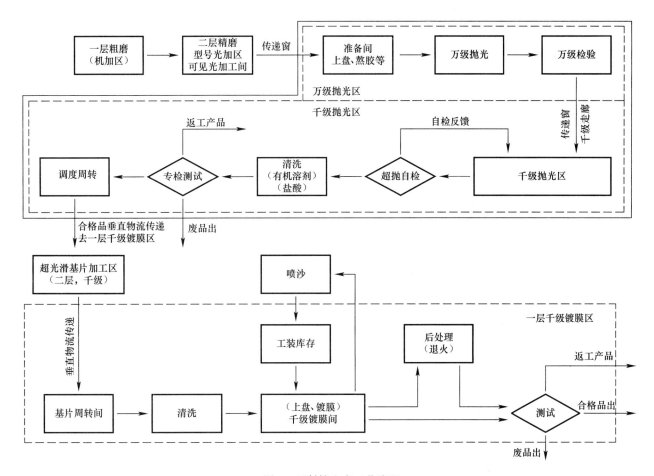

图 3　反射镜生产工艺流程

设计、安装还是运行维护都具有相当大的难度。

解决策略：由于对工艺进行了深度的梳理和分析，因此在设计过程中我们和甲方工艺人员反复论证了工艺条件合并的可行性，空调系统的调整紧密围绕工艺展开，最终将空调系统减至 34 个，排风系统 19 个，新风系统 17 个，大大减少了机组个数，为本项目安装及运行维护的便利性奠定了基础。

3）针对不同特殊工况的设计方案：

① 千级操作区，带通风橱。

本区域采用 FFU＋DC＋MAU 形式，通过风机过滤单元（FFU）的自循环实现洁净度要求，通过干盘管（DC，供/回水温度 13℃/18℃，板换获得）进行温度调节，夏季通过新风机组（MAU）的表冷器，利用新风除湿，冬季利用设置于 FFU 密闭吊顶小室的加湿器进行加湿控制。系统原理图见图 4。

本方案为温湿度独立控制思路，并采用全年工况自动转换控制模式，相对于常规设计，本方案的亮点之处在于：

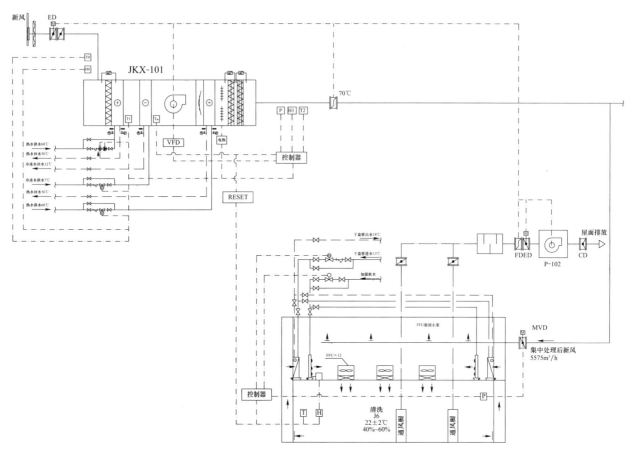

图 4　FFU＋DC＋MAU 系统原理图

（a）通过与业主沟通，将排风量恒定，保证工艺要求的稳定性。

（b）将加湿器置于系统末端（吊顶内），减小空调机组尺寸，从而减少空调机房占地，一定程度上缓解了场地困难。

（c）在控制策略上充分利用室外新风承担室内负荷。

在常规电子厂房设计思路中，对于精度要求高且有大散热量的内区车间，过渡季节及冬季往往不利用新风承担负荷，而是先将新风处理至与夏季相同的露点温度再送入 FFU 密闭小室内。如此设计的目的有两个：保证最基本的加湿温度；保证精度控制容易实现。对于本项目而言，温湿度精度要求相对宽泛，且加湿器内置于 FFU 密闭小室内，因此可以直接利用室外新风承担室内负荷，当室外新风温度偏低导致室内干盘管关闭后室温依然下降时，开启新风机组加热器，调节室内温度。通过此策略可以节能降耗，拖延甚至避免冬季冷水机组的开启。

②有大散热量的非控制区空调方案。

对于与镀膜操作间相邻的镀膜设备间而言，虽然为非控制区，但由于房间内设有大量散热设备，生产期间房间散热量大。考虑到尽量降低对其相邻的主要功能间（镀膜操间）的不利影响，该区域也设置了全空气空调系统，并按 30 万级进行设计。

本方案的亮点在于，充分利用室外新风承担室内负荷。系统原理图见图 5。

本系统为变新风量系统。在总回风管上设置排风机组，根据室内温度变化，优先调节回、排风量，补充足够的新风量来承担室内负荷，根据房间负荷变化甚至可全新风运行。

③千级及万级抛光区。

该类区域温度精度要求较高（22.0±1℃），为保证理想的温度场，业主要求在吊顶下新增均流孔板，形成一个静压空间使气流相对均匀。系统原理图见图 6。

本方案为独创的 JFCU＋DC＋MAU 形式，其在本质上与 FFU＋DC＋MAU 相同，仅是采用净化风机盘管机组（JFCU）＋均流孔板代替了 FFU 的布局形式，使气流组织效果更佳。在设计回访中利用温度巡检仪进行了温度场检测，实际

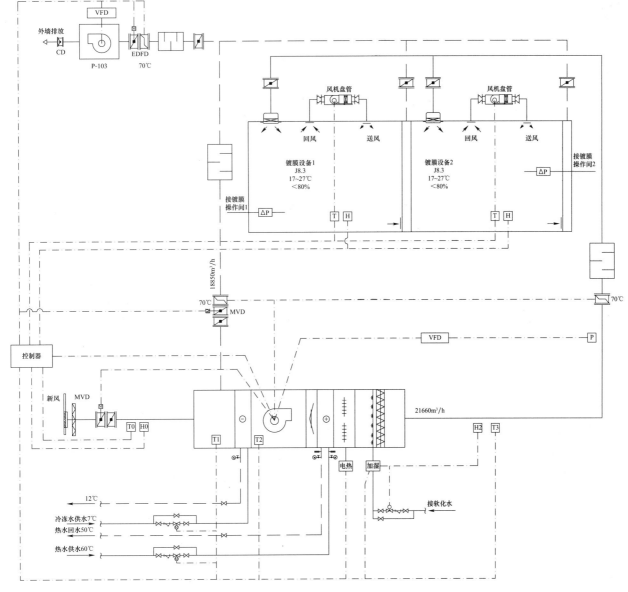

图 5　有大量散热量的非控制压空调系统原理图

效果温度场非常均匀，达到预想效果。

　　同时，本方案也将加湿器置于末端，且在控制策略上充分利用新风承担室内负荷。

　　④ 有大量通风橱的变新风量系统

　　根据工艺使用要求，将几个有通风橱排风的房间划分为一个系统，采用了变新风量系统形式。系统原理图见图7。

　　首先，根据我方与使用者的充分沟通，确定出各种可能的排风组合形式，合并了排风工况，确定了同时使用系数，降低系统总排风量和工况变化量，采用简单控制思路。

　　其次，在稳定运行与经济性运行间进行了评估和取舍，不同工况下均为定排风量系统，这样工艺工况被设定为几个固定的模式，简化了空调

自控的复杂程度。

　　第三，将通风橱房间的部分回风管道路由与排风管道路由设置为互切对应关系，当某一排风设备开启时，与之相对应的同风量（调试获得）回风口电动阀关闭，同时根据压力传感器调节空调机组新风阀，保证系统的总体平衡。该控制思路为一个简单的模糊控制策略，在工况转换时会有一定范围的波动，因此需要与业主沟通清楚，一定范围的波动可被接受是本方案能够得以实施的前提和基础。

　　本方案的优特点是在投资和效果之间选取了一条折中的道路，对于初投资有限、精度要求不算太高但对工艺环境要求相对稳定的情况具有一定意义。

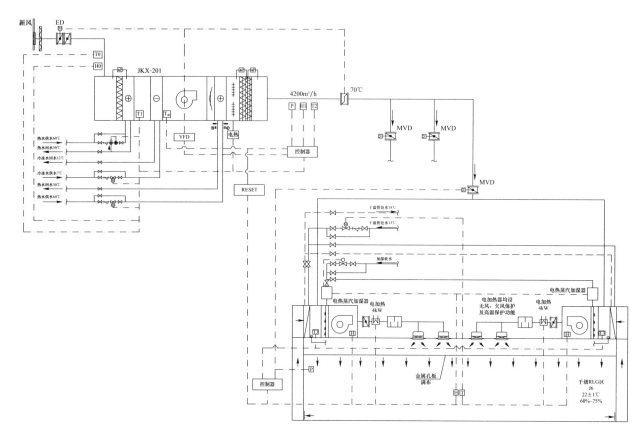

图 6　JFCU＋DC＋MAU 系统原理图

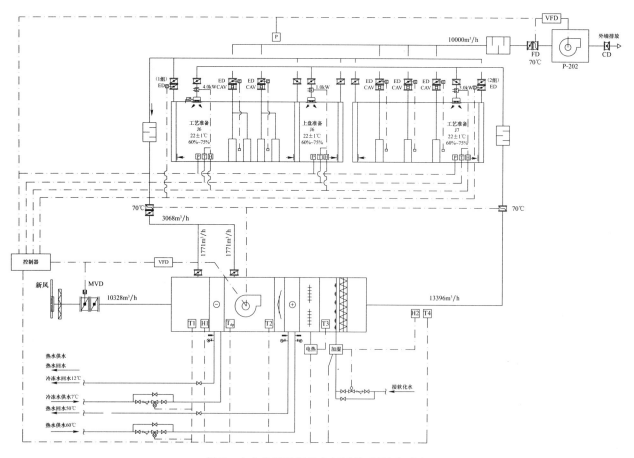

图 7　有大量通风橱的变新风量系统原理图

三、设计参数及空调冷热负荷

夏季冷源由园区综合动力站提供（3 台离心机组，冷量 2848kW/台）。过渡季及冬季冷源由设于综合动力站内备用螺杆冷水机组（冷量 1218kW）及屋顶风冷机组提供。由于园区没有蒸汽，夏季及过渡季热源由设置于机组内的电加热器提供。冬季热源由园区综合动力站提供。

综合动力站夏季供/回水温度为 7℃/12℃，冬季为 60℃/50℃，本设计按业主提供参数的计算，另干盘管供/回水温度为 13℃/18℃，由一次冷源（7℃/12℃）通过板式换热器换热供给。

加湿均采用电热加湿器，蒸汽加湿。FFU 区域加湿器设置于吊顶夹层内，其余系统均设置于组合空调器内。

大楼全年冷、热量及加湿量计算结果见表 3。

全年冷、热量及加湿量计算结果　表 3

分项	单位	6B	6C	机加区	合计
全年工艺冷负荷	kW	210（最大）		—	210
夏季冷量	kW	3376	847	340	4963
夏季热量	kW	260	118	170	548
过渡季冷量（最大）	kW	1761	424	226	2411
过渡季热量（最大）	kW	251	299	113	663
冬季冷量	kW	682	—		682
冬季热量	kW	1396	597	226	2219
冬季加湿量	kg/h	978	135	40	1117

全年工况总能耗见表 4。

全年工况总能耗　表 4

能耗	单位	夏季	过渡季	冬季
冷量	kW	4963	2411	682
热量	kW	548	663	2219
加湿量	kg/h	—		1117

全年工况运行调节模式：

夏季冷量由动力站大冷源提供（大离心机组），热源由空调机组内电加热提供。

过渡季冷量先由动力站大冷源提供（运行 1 台离心机组），随着室外温度的逐步降低，当所需冷负荷减至备用小冷源（螺杆机组）能够承担时，改用小冷源供冷。热源由空调机组内电加热提供。冬季冷源由现已安装于屋顶的风冷模块机组（可冬季制冷）提供。

四、心得与体会

本项目已通过验收，且我方自行进行过多次设计回访和检测，经过一整年的调试，在静态环境下，均能达到设计要求，不同工况转换均能实现，且转换期间的参数波动在甲方允许的范围之内。

（1）对于工艺性环境而言，满足工艺要求是第一位的，节能仅为在满足工艺使用的前提下进行，系统稳定，是最大的经济！

（2）充分利用室外新风承担室内负荷，对于房间负荷较大的环境而言，是非常好的节能手段，通过完善的自控策略，完全可以满足高精度要求。

（3）全年运行工况自动控制模式对自控要求较高，不仅体现在设计和施工阶段，更体现在现场调试阶段，需要各方注意。

天津市天颐津城酒店的空调设计^①

- 建设地点　　天津市
- 设计时间　　2009 年 5 月
- 竣工日期　　2012 年 10 月
- 设计单位　　天津大学建筑设计研究院
　　　　　　[300073] 天津市鞍山西道 192 号
- 主要设计人　涂岱昕　胡振杰　王丽文
- 本文执笔人　涂岱昕
- 获奖等级　　二等奖

作者简介：

　　涂岱昕，男，19751011，高级工程师，2008 年毕业于天津大学专业供热、供燃气、通风及空调工程，博士学历，天津大学建筑设计研究院，主要设计代表作品：河北理工大学行政综合楼；定州市人民医院病房楼、门诊楼；衡阳市中心医院住院楼、门诊楼；天津市代谢病医院住院楼、门诊楼及综合楼；中国五矿商务大厦；天津响螺湾燕赵大厦；天津响螺湾恒富大厦；天津响螺湾盈信大厦；天山米立方；天津市南港工业区投资服务中心；河北联合大学图书馆；海城市图书馆。

一、工程概况

　　本工程位于天津市津南区津港公路北侧京津高尔夫球场内，占地面积 26240m²，总建筑面积 81950m²，其中地下室 22750m²；地上 59200m²。主体地上 13 层（设备层 1 层），裙房 3 层，地下 2 层。建筑高度 70.00m。

　　本建筑主要功能：地下二层平时为汽车库及酒店的办公用房，部分地下二层战时为常 6 级乙类二等人员掩蔽所；地下一层为汽车库、KTV、桑拿、自助餐厅；一～三层为酒店的餐饮区及会议区；四层以上为酒店的客房，共 330 间，其中总统套房 1 套。

二、工程设计特点

　　该酒店为五星级酒店，要充分满足人员对环境温、湿度及噪声的要求。在设计中，采用了四管制空调；冷、热源主机设备用机组；锅炉均采用油、气两用锅炉等措施。

　　在满足舒适度的前提下，采用多项节能技术来降低能耗：新风全热回收；游泳池热泵除湿；房间内根据 CO_2 浓度调节新风量，地下车库根据 CO 浓度调节排风量；水系统二级泵变流量系统；变风量（VAV）空调系统等。

建筑外观图

三、设计参数及空调冷热负荷

　　包括工程项目室内外的设计参数及冷热负荷值等。

---

① 编者注：该工程设计主要图纸参见随书光盘。

室外空气计算参数：

夏季空调室外计算干球温度：33.9℃；

夏季空调室外计算湿球温度：26.9℃；

夏季通风室外计算温度：29.9℃；

夏季通风室外相对湿度：62％；

冬季空调室外计算温度：−9.4℃；

冬季空调室外相对湿度：73％；

冬季通风室外计算温度：−6.5℃。

室内设计参数见表1。

室内设计参数　　　　表1

房间名称	夏季		冬季		新风量
	温度（℃）	相对湿度（％）	温度（℃）	相对湿度（％）	[m³/(h·人)]
客房	22	≤50	24	≥30	50
餐厅	23	≤50	21	≥40	20
办公室、会议室	23	≤50	21	≥40	30

夏季空调冷负荷：5300kW；冬季空调热负荷：6000kW。

四、空调冷热源及设备选择

该酒店为五星级酒店，采用四管制空调，且运行时间较长，因此未选用市政热网，经过技术经济分析，空调冷、热源采用电制冷＋锅炉的能源形式。同时，根据管理公司的要求，冷水机组及锅炉均设一台备用机组；锅炉均采用油、气两用锅炉。

离心式冷水机组3台，单台制冷量600RT，两用一备；螺杆式冷水机组一台，制冷量320RT；冬季内区采用冷却塔间接供冷，制冷量600kW。

燃气真空热水锅炉4台，单台制热量2100kW，三用一备。

五、空调系统形式

1. 空调风系统

（1）办公室、客房等采用风机盘管＋新风系统。

（2）大堂、多功能厅及宴会厅等高大空间采用全空气定风量系统，房间内设 CO_2 传感器，根据 CO_2 浓度调节新风量，其中多功能厅、大会议室等采用全热回收；

（3）小型会议室、TV包间、行政办公等房间采用变风量（VAV）空调系统。

2. 空调水系统

（1）空调水系统采用四管制，冬夏各一套管路。

（2）空调冷、热水系统均采用二级泵系统：一级侧循环水泵定流量，与制冷机组、锅炉一一对应设置；二级侧划分为两个系统：地下二层至地上三层；四层及以上客房部分。

（3）游泳池、首层入口大堂等高大空间设地板辐射供暖系统。

六、通风、防排烟及空调自控设计

1. 通风系统设计

（1）地下车库采用喷流诱导通风系统，诱导风机内设CO传感器，根据CO浓度调节排风量。

（2）地下变电站、配电室及洗衣房单设排风系统，补风为空调器补风。

（3）地下污水泵房单设排风系统。

（4）地下办公、员工餐厅、按摩、KTV包房等暗房间均设机械排风。

（5）厨房通风：

1）厨房设局部排油烟和全面排风系统；

2）地下厨房和地上密闭厨房，全面排风兼作事故排风，排风量 $12h^{-1}$。

（6）地下锅炉房设机械通风和事故排风，排风量 $12h^{-1}$。

（7）厨房、洗衣房补风为空调器补风，采用工位送风。

2. 防、排烟系统

该建筑为超过50m的一类高层。

（1）防烟系统均采用机械加压送风的方式：

1）防烟楼梯间和合用前室分别设有独立的加压送风系统。

2）单独的防烟楼梯间前室仅对楼梯间加压送风。

（2）排烟系统：

1）地下车库每个防烟分区面积不超过 $2000m^2$，每个防烟分区设一套机械排烟系统，排烟量按 $6h^{-1}$ 设计。平时送风系统着火时兼作补风，补风量不小于排烟量的 50%。

2）地下各房间（除设备房、游泳池外）设置机械排烟系统。

3）地上面积超过 $100m^2$ 的房间设机械排烟系统，补风为自然补风。

4）中庭设机械排烟系统，补风为自然补风。

5）走廊排烟：长度超过 20m 的内走道或虽有直接自然通风，但长度超过 60m 的内走道设机械排烟系统，补风为自然补风。

（3）空调自控：

1）电制冷冷水机组内设温控装置，维持供水温度不变的条件下，根据回水温度调节机组出力。

2）二级泵系统，负荷侧根据各自环路供、回水干管的压差变频调节水泵转速。

3）设置风机盘管的房间，由室内温度决定动态平衡电动两通阀开启或关闭。

新风机组根据送风温度，组合式空调器根据回水温度调节动态平衡电动调节阀。

4）VAV 变风量系统采用定静压控制方式，根据静压设定值与实测值的偏差变频调节风机转速。

5）多功能厅等房间根据室内 CO_2 浓度调节新风量。

七、心得与体会

该项目为五星级酒店，甲方及管理公司均对房间的舒适度提出了严格的要求。在设计中，要兼顾国家规范与管理公司自身的标准要求。同时又考虑日后的运行费用，尽可能地采用降低能耗的节能技术。

在设计中遇到的最突出的问题：该建筑为欧式风格酒店，屋顶大面积为坡屋面，排风和排油烟管道大都不能直接垂直通至屋面，需在某些层设置水平管道进行转换，通风效果会有影响。设计中，合理划分通风系统及布置竖井，尽量减少水平风道的长度，要求水平风道具有一定的坡度，同时在施工中与建设单位紧密配合，最大限度地保证通风效果。

银河国际购物中心暖通设计^①

- 建设地点　　天津市
- 设计时间　　2010 年 8 月
- 竣工日期　　2011 年 11 月
- 设计单位　　天津市建筑设计院
　　　　　　　[300074] 天津市气象台路 95 号
- 主要设计人　康方　蔡廷国　常邈　李晓曼　赖光怡
- 本文执笔人　康方
- 获奖等级　　二等奖

作者简介：
　　康方，女，生于 1971 年 5 月，高级工程师，天津市建筑设计院机电二所暖通专业所总工，1993 年毕业于天津大学供热通风与空调工程专业。主要代表性工程有：天津电视台、赛顿中心、天江格调住宅小区、泰达城、君隆广场、SM 商业广场、南开中学滨海校区等。

一、工程概况

　　银河国际购物中心位于天津市河西区，总建筑面积约 35 万 m²，功能包括零售、超大型自助商场、饮食、娱乐。建筑总高度在 30m 的限高内。一楼 6.3m，二～五楼层高为 5.7m，并设有两层地下层，位于 -6.5m，和 -11m 标高。周边紧邻博物馆、美术馆、图书馆、阳光乐园等文化类建筑，地下交通枢纽、公交场站、管控中心等公用建筑。

　　银河国际购物中心设计的构想是为游客和天津的居民提供一个完整完全的商业娱乐体验，而不仅仅只是购物。它将成为一个集娱乐、文化和家庭活动为一体的目的地，为游客提供一个舒适、热情和谐的环境氛围。冷热源由文化中心能源中心提供，商业体于地下一层设置换热站。空调计

建筑外观图

---

① 　编者注：该工程设计主要图纸参见随书光盘。

算总冷负荷为 29637kW，空调计算总热负荷为 10396kW。

二、工程设计特点

1. 空调冷热源

　　冷热源由文化中心能源中心提供，商业体于地下一层设置换热站。空调计算总冷负荷为 29637kW，空调计算总热负荷为 10396kW。根据业态的功能分区划分为三个系统。空调冷热水系统均采用变流量系统。冷冻水温度为 5.5℃/12.5℃，空调热水温度为 45℃/37℃。冷冻水采用大温差设计，减小水泵选型，管道及管井，减少设备初投资及系统运行能耗。

2. 室内设计参数

　　结合商业建筑人流变化大、店铺招商不确定性等特点，选取合理的室内设计参数。例如：商铺、零售、旗舰店，灯光负荷分为：一般营业 30W/m²，高标准营业 40W/m²，珠宝区 70W/m²，辅助区 20W/m²；新风量标准 8.3L/(s.p)；设备负荷 10W/m²。

3. 空调风系统

　　小型商铺、餐饮店因独立经营，故将采用操作灵活的风机盘管的空调形式。另设新风机组提供室内人员所需新风量。部分新风机组设置热回收装置，以降低新风能耗。主力店、大型餐饮、走廊通道、中庭区域面积较大，功能、空调需求

较为一致且负荷波动不大，此部分区域将采用全空气空调系统（见表1）。

各区空调末端形式 　　表1

商业业态形式	空调末端形式	备注
国际品牌店 休闲餐饮	风机盘管加新风	外区采用四管制风盘，内区采用二管制风盘
百货公司 影院 超市 公共走道	全空气系统	采用四管制空调机组
溜冰场	全空气系统	采用四管制空调机组＋独立除湿机组
商业大堂	全空气系统	采用四管制空调机组，设置辅助地板供暖

4. 空调水系统

由于商业体舒适性要求较高，且进深较大，内外区分明。外区末端风机盘管采用四管制设计，内区末端风机盘管采用二管制设计，内外区所有的新风机组和空调机组全部采用四管制设计。末端设备可自由选择供热或供冷运行模式，各空调区域均能根据需求独立控制温度参数。在冬季内区冷负荷较小时，风机盘管可不开启制冷，通过新风机组送入经过预热的低温新风，消除内区冷负荷，保证商铺温度满足使用要求。

5. 防排烟系统

对需要设加压送风的所有疏散楼梯间、消防电梯前室、合用前室分别设置独立的机械加压送风系统。根据消防性能化要求，本项目采用机械排烟方案，排烟量按每个防烟分区 $72m^3/(m^2 \cdot h)$ 计算。中庭设机械排烟系统，排烟量按照 6 次换气计算。电影院观众厅排烟量按 13 次换气与 $90m^3/(m^2 \cdot h)$ 标准分别计算，取其风量大者。

6. 空调系统自控

空调、通风等采用直接数字控制（DDC）系统进行自控，可在空调控制中心显示并自动记录、打印出各系统的运行状态及主要参数，并进行集中控制。空调机组、新风机组设置动态平衡电动调节阀，风机盘管系统设置动态平衡阀。

7. 商业空调计量

对零售商户的空调系统不做分户计量，仅对运营时间与商业有别的区域设置计量装置，如：餐饮区、电影院、溜冰场等。在换热机房主管道安装计量装置，并在由能源中心入户的主管道安装计量装置。

三、技术方案

1. 冰场除湿方案

商场内设滑冰场，且为敞开式结构，周边环境温度及气流对冰场有很大影响（见图1）。如何确定冰场除湿量是个难点。

根据美国 ASHRAE 标准推荐通常露点是控制在 $35 \sim 45\ ^\circ\text{F}$（$1.7 \sim 7.2 ^\circ\text{C}$，$4.2 \sim 6.3 \text{g/kg}$）。如果露点在此范围下，投入费用高，收益会很低。露点在此范围上，较多的水汽在冰面冷凝，软化冰面，在建筑结构上冷凝水增多，破坏建筑结构。

本工程冰场面积：58m（长）×25m（宽）＝ $1450m^2$，冰面上空 10m 高，敞开式空间。室内温度20℃，相对湿度50％，绝对含湿量 7.23g/kg，人员数约 450 人。经计算，冰场设三套风量为 $10000m^3/h$ 的除湿机组。在观众较多、夏季湿度较大时，3 台除湿机全部开启运行，以保证更好的冰场湿度环境，在湿负荷不是很大的时候可采用两用一备的形式，开启 2 台除湿机。在其中一台除湿机需要维护时，备用除湿机可随时开启，以保证整个冰场的正常运行。同时设置一台 $30000m^3/h$ 空调机组控制冰场的温度。

2. 各专业紧密配合

以"绿色、生态、人文"为主题，规划密度高、容积率高、建筑高度低、特别重视第五立面。将屋顶设备全部隐藏在光伏发电板下方。在保障了功能的前提下，最大限度地保证屋顶美观（见图2）。

图1　冰场

图2　建筑屋顶

四、运行效果

自银河国际购物中心投入使用以来，室内环境舒适，运行稳定。满足了不同业态、不同时间段对空调系统的不同需求。供冷、供热效果满足设计要求，实现设计预期。

泰达广场 A 区、B 区及泰达中央广场项目暖通设计①

- 建设地点　　天津市
- 设计时间　　2009 年 6 月～2012 年 3 月
- 竣工日期　　2012 年 9 月
- 设计单位　　天津市建筑设计院
　　　　　　　[300074] 天津市气象台路 95 号
- 主要设计人　詹桂娟
- 本文执笔人　詹桂娟
- 获奖等级　　二等奖

作者简介：

詹桂娟，1968 年 12 月生，1990 年毕业于重庆建筑工程学院暖通专业。现在天津市建筑设计院工作，高级工程师，暖所总工程师，天津勘察学会及制冷学会理事。

主要业绩：中新天津生态城起步区 15 号地块公屋项目、泰达广场 A 区、B 区及泰达中央广场项目、天津泰达现代服务产业区泰达广场 GH 项目、天津开发区第五幼儿园、天津市钢管公司技术中心大厦等。

一、工程概况

本项目用地位于天津经济技术开发区的现代服务产业区内，建筑的用途为高档办公楼、配套商业、地下停车库及其附属设施。总建筑面积约 50 万 m^2，建筑高度为 135m。其中，A 区建筑为两栋超高层办公楼，地上 A1 为 27 层，A2 为 28 层，裙房为 4 层，作为办公楼的配套商业设施。B 区建筑为两栋超高层办公楼，地上为 28 层，裙房为 4 层，同样作为办公楼的配套商业设施。

考虑到天津地区有峰谷电费，冰蓄冷系统能充分利用晚间低峰电费，从而降低整体运行费用，且本地区无市政热网，最终确定该项目空调冷源采用蓄冰电制冷系统，夏季提供 5.5℃/12.5℃ 的空调冷水，空调热源由真空锅炉冬季提供 80℃/60℃ 的热水，经位于各塔楼地下一层的换热机组及位于能源中心地下二层的换热机组换热为 60℃/50℃ 后提供，冬季空调内区的冷源由开式冷却塔经换热后提供。AB 塔楼办公层空调系统采用可变量 VAV 空调系统，每层按空调内外区设置空调机组。

利用国际认可的 Airpak2.1 软件对塔楼室内

自然通风的情况进行模拟，结果显示在塔楼高区和地下室设置太阳能烟囱，在过渡季节利用日照使烟囱顶端的空气升温，从而加强上升气流，继而将室内空气排放至室外。导入室外空气，解决过渡季自然通风，节约能源并且提升室内空气质量，提高办公品质。

建筑外观图

二、工程特点

(1) 空调冷源采用冰蓄冷的方式，热源采用

① 编者注：该工程设计主要图纸参见随书光盘。

真空锅炉经换热后提供。能源中心采用独立的机房自控系统。冬季空调内区由开式冷却塔经换热后提供冷水。

（2）A、B 塔楼办公层空调系统采用可变风量 VAV 空调系统。每层按空调内外区设置空调机组，提高舒适性。

（3）与 VAV BOX 相连的风管为椭圆风管，减少漏风率。控制方式为变静压控制（兼顾总风量控制）。

（4）本工程在各塔楼的避难层及机房层的新风热回收机组处集中设置高压微雾加湿器进行加湿，既节省造价又提高了舒适性。

（5）在过渡季节塔楼和地下室利用太阳能烟囱进行自然通风，节约能源并且提高室内空气质量，提高办公品质。

（6）本项目采用变频离心机，提高效率，从而减少能量的浪费。

三、技术创新

（1）空调冷源采用蓄冰电制冷系统，冰蓄冷系统充分利用晚间低峰电费，降低了整体运行费用。

（2）在过渡季节塔楼和地下室利用太阳能烟囱进行自然通风，节约能源并且提高室内空气质量，提高办公品质。

（3）采用变频冷机，更好地节能运行。空调冷热水循环泵采用变频控制，有效降低水系统输送能耗和管材耗量。

（4）冷机、水泵等选用高效节能产品，减少了电量，大大降低了运行费用，满足 LEED 认证要求。

（5）塔楼回水总管设有电动阀，塔楼与裙房运行时间不同，塔楼不使用仅裙房使用时关闭，以节省运行能耗。

（6）新风机组、空调热回收机组回水管设置电动动态平衡阀。风机盘管回水管设置开关型电动二通阀，支路设置上设置压差控制阀。

（7）采用冰蓄冷＋燃气热水锅炉方案比制冷机组＋燃气热水锅炉方案，初投资增加 862 万元，但全年运行费用节省 287 万元

（8）采用变频冷机比定频冷机年节省电费 158 万元，折合标准煤 194t。

（9）采用变频水泵比定频水泵年节省电费 129 万元，折合标准煤 158t。

四、计算分析

1. 冷、热源方案比较

本项目对三个技术上适合本项目的冷、热源方案进行了分析比较，其结论见表1。

冷热源方案比较　　　　　　表 1

方案序号	系统形式	冷、热源初投资（万元）	全年运行费用（万元）	寿命周期内年平均费用（万元）	经济性排序
一	冰蓄冷＋燃气热水锅炉	5858	1089	1968	Ⅰ
二	制冷机组＋燃气热水锅炉	4996	1376	2125	Ⅱ
三	直燃冷/温水机组	8019	3724	4927	Ⅲ

注：此空调方案的分析不涉及末端风道、水管道系统以及过渡季节运行费用。因为该部分投资不随冷、热源方式的变化而变化。

经济分析基础数据见表2。

经济分析基础数据　　　　　　表 2

编号	项目		标准	编号	项目	标准
1	电增容费（不涉及）		1280 元/kVA	7	燃气热水锅炉的热效率	$\eta = 0.9$
2	燃气增容费		1500 元/Nm³	8	燃气低位热值	8500kcal/Nm³
3	燃气使用费		3.15 元/Nm³			
4	电费	高峰	1.3433 元/kWh	9	燃气型直燃冷/温水机组	
		平段	0.8893 元/kWh	10	冷却塔单位水吨的价格	
		低谷	0.4573 元/kWh			
5	板式换热器的传热系数		4000W/(m²·K)			COP=1.4
6	燃气型直燃冷、温水机组供热时热效率		$\eta = 0.9$			300 元/水吨

续表

编号	项目	标准	编号	项目	标准
11	机房内冷却塔、冷却水泵、冷冻水泵、管道等综合投资	0.10元/kcal装机冷量，此部分称为机房综合费用			
12	机房电力设施配套投资（配电柜、控制柜等）	800元/kVA			
13	运行费用计算中的日平均负荷系数	空调：夏季为0.6；冬季为0.7			
14	运行费用计算中的空调季节平均负荷系数为	0.8（供冷期及供暖期运行天数均为120d）			

注：由于项目开发较早，周围无城市热网，地埋管空间不足，且无余热可利用，故经济分析没有考虑此项内容。

2. 变频主机的分析

（1）变频机组比定频机组的白天工况节能20％以上，本工程分别对离心变频机组与离心定频机组100％负荷、75％负荷、50％负荷的运行费用进行了比较。

（2）变频机组比定频机组夜间制冰工况也具有优势。蓄冰系统在制冰时并不是想象的全是满负荷状态，在蓄冰中后期由于冰槽蓄冰增加而温度下降，从而使机组的负荷不能达到满负荷，工况也相对初期更恶劣，整体控制系统会根据负荷调节机组的输出和根据自适应原理确定机组的开启台数（如负荷小就不应制满冰，因为残冰对制冰融冰都很不利），不能靠反复启停机组实现。变频机组比定频机组有更好的调节性。

本工程变频冷机与三级压缩冷机报价差异不大，变频冷机中标。

3. 合理的采用了 VAV 控制方案

本工程 VAV 控制系统采用了变静压与总风量法结合的控制方法，实际运行节能效果明显。

4. 采用太阳能烟囱进行自然通风

本工程利用国际认可的 Airpak2.1 软件对塔楼室内自然通风的情况进行模拟，在过渡季节塔楼利用太阳能烟囱进行自然通风，节约能源并且提高室内空气质量，提高办公品质。

按照与日本设计协调的结果，图1为标准层平面的模型，自然通风从图的左侧低位进风，经过走道，及百叶后进入电梯井，排至室外。

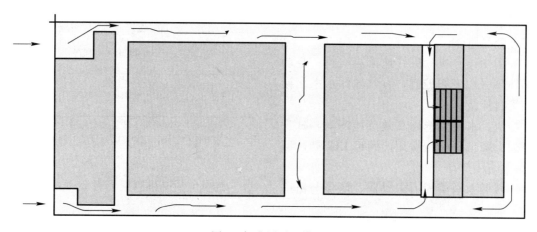

图1　标准层平面模型

设计参数：

室外温度：20℃；

走道热负荷：20W/m²；

开窗面积：3600mm×400mm，共2个；

百叶面积：2000mm×800mm，共2个。

根据模拟计算，二十五层或以下的楼层走道可维持25℃以下的温度，自然通风可行。但二十六、二十七层走道温度较高，达至27～28℃，自然通风效果较差，该楼层不建议采用自然通风（见图2）。模拟计算是基于室外温度20℃进行，若室外温度低于20℃，走道的温度可再降低。

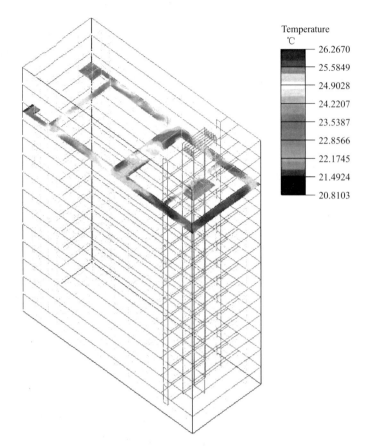

图 2　二十六层、电梯井温度变化图

天津土地交易市场的空调设计①

- 建设地点   天津市
- 设计时间   2007 年 4 月～2008 年 2 月
- 竣工日期   2008 年 8 月
- 设计单位   中国建筑设计研究院
           [100044] 北京市车公庄大街 19 号
- 主要设计人 张昕   赵鑫
- 本文执笔人 张昕
- 获奖等级   二等奖

作者简介：

张昕，1971 年 7 月生，高级工程师，1996 年毕业于哈尔滨建筑大学供热、供燃气、通风及空调专业，硕士，现就职于中国建筑设计研究院。主要代表作品：（北京）华电产业园、（北京）大屯 9 号地绿隔产业项目、太阳宫新区 C 区 02 地块办公和商业楼、北控置业京源路养老院、甘南大剧院等。

一、工程概况

天津土地交易市场项目位于天津市和平区南京路与曲阜道交口，新建部分占地面积约 6340m²，建筑面积为：新建设部分为 39800m²，原有改造部分为 6600m²。建筑功能以办公为主，辅助功能有营业、展览、会议等，地下有汽车库（战时为六级人防二等人员掩蔽）。地下 2 层，地上 22 层。

建筑外观图

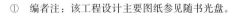

① 编者注：该工程设计主要图纸参见随书光盘。

二、工程设计特点

本项目采用部分负荷冰蓄冷系统，即冷源由室内的水冷螺杆式冷水机组和室外的蓄冰设备有机结合，采用主机上游的串联系统，降低运行费用、减少装机容量、利于电网调节和高效运行，同时控制简便、运行稳定。

三、设计参数及空调冷热负荷

（1）主要房间室内设计参数：

办公室、展厅、会议室等夏季室内设计温度 26℃，相对湿度 60%/65%；冬季室内设计温度 20℃，相对湿度 40%。

（2）集中空调面积 38269m²，设计热负荷 3100kW，设计冷负荷 3600kW，热指标为 81.0 W/m²，冷指标为 94.1W/m²。

（3）设计日空调总冷量 40196kWh（11429 RTh），蓄冰量 10706kWh（3044RTh）。制冷机总容量 2462kW（700RT）。

四、空调冷热源及设备选择

1. 冷源

制冷系统采用部分冰蓄冷系统，即常规电制冷冷水机组加蓄冰装置。制冷机总容量 2462kW

（700RT），蓄冰量 10706kWh（3044RTh）。选择 2 台螺杆式水冷冷水机组，均为双工况机组，单台制冷量 1231kW（7℃/12℃）。蓄冰装置为混凝土蓄冰槽，蓄冰载冷剂为乙二醇溶液（25%）。蓄冰装置与双工况机组串联布置，并采用主机上游方式。每台双工况机组配套设置相应的乙二醇循环泵和冷却水循环泵。混凝土蓄冰槽设置于室外，其他设备放置于地下冷冻机房内。

2. 热源

由市政外网提供一次热源，一次水温度为 95℃/65℃，在热力站内经板式热交换器换成 60℃/50℃ 热水供空调系统使用。热水供水管和冷冻水总管上装设冷热计量装置。

3. 设计思路

（1）本项目以办公为主，昼夜空调冷负荷相差悬殊，而天津地区实行峰谷电价，因此采用部分负荷冰蓄冷系统，可大幅降低运行费用。另较大负荷时由蓄冰装置和制冷机同时供冷，因此可以减少设备装机容量，降低初投资。

（2）选用的蓄冰产品为 BAC 的钢盘管，采取内融冰形式。主观限制条件是：1）设备机房尺度较小；2）造价不能过高；3）运行维护容易。钢盘管换热性能好，取冷率较高也很均匀。钢盘管可选整体设备，也可在室内或室外做混凝土蓄冰槽，钢盘管置于其中。本项目就是在室外设置混凝土蓄冰槽，依靠局部外线联系内外设备，减少机房压力，相对降低造价。设计必要的测试仪表，确保时时掌握钢盘管运行动态，判断是否运行安全无误，如发现问题，可在适宜的时机打开蓄冰槽做事故排查、检修、更换。

五、空调系统形式

（1）大空间的空调风系统采用可变新风比的全空气系统，办公区采用风机盘管加新风系统。新风设置全热型热回收机组，与机械排风换热后送入室内。

（2）空调水系统按双管制设计。一次泵系统即制冷机组侧乙二醇系统定流量运行，二次侧冷冻水系统变流量运行，冷冻水泵变频，以满足末端变流量运行。热水循环水泵冬季变频运行。风机盘管与空调机组在分、集水器后分环设置，竖向均为同程式系统。干管设于地下一层，立管敷设于机房内。

（3）组合式空调机组和新风机组中设空气净化消毒器，保证风系统达到较高的卫生水平。

（4）采用节水式湿膜加湿方式。

六、通风、防排烟及空调自控设计

1. 通风

（1）主楼地下一、地下二层车库平时设送排风风机，并采用诱导风机系统实现通风。

（2）地下水泵房、制冷机房、变配电室等设机械送排风系统。

（3）厨房做风道、用电量预留，待设备招标后需做二次深化设计。

（4）地上各卫生间机械排风。

2. 防排烟

（1）地下车库平时送排风系统兼排烟补风系统，发生火灾时由消防控制系统做切换。

（2）防烟楼梯间及其前室或合用前室采用正压送风系统。

（3）中庭最高处做机械排烟补风系统。

（4）招牌挂大厅和部分走廊做机械排烟补风系统。

（5）其余自然防排烟，满足防火规范的要求。

3. 空调自控设计

（1）本工程中的冷源及空调水系统、空调风系统、通风系统采用集散式直接数字控制系统 DDC，尤其是关于蓄冰系统部分，由有设计经验的自控设计单位完成。

部分蓄冰的空调系统要求：根据测定的气象条件预测全天逐时空调负荷，并经校正，然后制定主机和蓄冰设备的逐时负荷分配情况，控制主机输出，最大限度地发挥蓄冰设备融冰供冷能力。按设定模式控制制冷机、溶液泵、冷却塔、冷却泵、蓄冰槽、板式换热器、冷冻水泵等各类设备的顺序启停，及相关阀门的开、关调节，并检测运行状态及过载保护、故障诊断、报警等；应能自动检测并显示、分析、处理、记录、存储、打印运行参数及相关图表、曲线（室外干、湿球温度；载冷剂在制冷机、蓄冰槽、板换等设备的供回液温度、压力、流量、冷量等；冷冻水供回水温度、压力、流量、冷量等；冷却水供回水温度、压力等；蓄冰槽内的液位及储冰量，峰、谷、平各时段各类设备的单位时间耗电量及累积值。）

（2）二次冷水系统和热水系统采用供水温度、供回水压差、负荷来控制换热器及其对应的水泵的运行工况。

（3）空调机组和新风机组回水管上设动态平衡电动双通调节阀，改变表冷器的过水量控制送风温度。

（4）所有设备均能就地启停，除卫生间排风扇、分体空调器等，大部分设备均能在自控室中通过中央电脑进行远距离启停。

七、心得与体会

（1）大堂没采用地暖系统，因此冬季热压作用明显，大堂温度偏低。

（2）室内装修的单位不具备暖通设计人员，因此室内装修对气流组织的破坏性较大，尤其是全空气系统的送风口普遍小于设计要求，且有效面积系数小。

（3）蓄冰系统对自控系统较为依赖，同时对运行管理者要求也较高。本项目在投入使用初期，由于业主管理人员不到位，蓄冰系统没有运行，仅制冷机组常规运行，因此供冷能力不足。冰蓄冷系统投入使用后，还经过几个周期运行，制定满足自己运行特点的运行方案。

浙江大学紫金港校区农生组团暖通设计①

- 建设地点　　杭州市
- 设计时间　　2004 年 6 月～2008 年 4 月
- 竣工日期　　2010 年 6 月
- 设计单位　　中国建筑设计研究院
　　　　　　[100044] 北京市西城区车公庄大街 19 号
- 主要设计人　刘燕军　刘继兴　沙玉兰
- 本文执笔人　刘燕军
- 获奖等级　　二等奖

作者简介：
　　刘燕军，1976 年 7 月出生，高级工程师，主任工程师。1999 年毕业于西安建筑科技大学供热通风与空调专业，大学本科，现就职于中国建筑研究院有限公司。主要代表作品：浙江大学紫金港校区农生组团、新华日报报业集团河西新闻传媒中心、商丘博物馆、达拉特旗鄂尔多斯住宅小区、大同美术馆等。

一、工程概况

　　本工程位于浙江大学紫金港校区东区东南角，北临外国语学院和东教学区，南临纬一路，东靠光明路。包括四个学院：农业与生物技术学院（下称农学院）、环境与资源学院（下称环资学院）、动物科学学院（下称动物学院）、生物系统工程与食品科学学院和环境与生物国家实验室。建筑使用功能以教学实验用房及各学院科研办公用房为主。国家实验室地下一层主要为设备机房和人防专业队掩蔽部（平时汽车库）。

　　总用地面积 8.75hm²，建筑面积 137200m²，其中地上 128095m²，地下 9105m²。建筑层数：地上 13 层，地下 1 层。建筑高度 54.95m。

建筑外观图

二、工程设计特点

　　（1）根据建筑的地理位置（冬冷夏热）和建筑的布置特点，空调系统采用分散式布置，设备的制冷系数、制热系数较高，初投资适中，环保效果明显。

　　（2）结合不同的建筑特点，空调冷源采用水系统与直接蒸发式等多种形式，另配风冷型的冷热水机组为新风提供冷热源。

　　（3）实验室应按排气类别排放废气，每个实验室的排风均为独立系统，房间平时排风与通风柜结合，共用一个独立风管出屋面排放，排风通道尽可能直立，通风机设在屋面，在排风系统的末端。

　　（4）通风柜内有的要安置电炉，有的实验产生大量酸碱等有毒有害气体，具有极强的腐蚀性。通风柜的台面、衬板、侧板及选用的水嘴、气嘴等都应具有防腐功能。在腐蚀性实验中使用硫酸、硝酸、氢氟酸等强酸的场合还要求通风柜的整体材料必须防酸碱，须采用不锈钢或玻璃钢材料制造。风柜内衬板材质环氧树脂板。

　　（5）由于网络机房服务器集中布置每层同一位置，对发热量较大的房间除按纵向集中排风外，有效控制服务器机房的温度。

　　（6）各实验室需用的气体管道种类有真空管

道、压缩空气管道、燃气管道、蒸汽管道、氮气管道、氧气、氩气、二氧化碳、乙炔、氢气管道等，其中集中供应气体有：压缩空气、真空、氮气、蒸汽；分散瓶装供应气体有：氧气、氢气、高纯度氮气、二氧化碳气、氩气、乙炔、氢气等气体。由于各学院对实验室所需各种气体的具体参数难以明确，楼内气体管道设计到各实验室入口，其余管道仅预留位置。

三、设计参数及空调冷热负荷

办公室、实验室夏季室内设计温度26℃，冬季20℃，特殊实验室（恒温恒湿实验室，无菌室，冻干室，超净台的温度）按校方具体要求确定，实验室洁净室〔无菌操作间洁净度应达到7（万级），超净台洁净度应达到5（百级）〕。对温湿度无工艺要求时室温度为20～26℃，湿度小于70％，或根据校方要求。一些实验室工艺对冬季温度有特殊要求的房间，考虑冬季供热；对于其他普通舒适性空调房间，原则上不单独考虑冬季供热。

空调冷热负如下：生物系统工程与食品科学学院和环境与生物国家实验室冷负荷6616kW，热负荷2043kW；动物学院冷负荷3200kW，热负荷1550kW；农学院冷负荷4060kW，热负荷2230kW；环资学院冷负荷2940kW，热负荷1600kW。蒸汽用量：负担国家实验室空调与新风热量2043kW，用于所有空调机组加湿用量约2.9t/h蒸汽，合计约6.5t/h蒸汽。

四、空调冷热源及设备选择

采用多种冷热源形式。国家实验室采用集中空调冷热水系统，冷源为冷水机组，热源为校园热网配热交换器；农学院、环资学院、动物学院均采用直接蒸发（热泵）新风空调系统，及可变制冷剂流量多联分体式（热泵）空调系统。各实验室使用的冷藏室与恒温室采用分体式制冷机组配拼装式冷库。农学院、环资学院、动物学院的小开间办公室空调采用分体式空调。

洁净室使用HEPA过滤器，用碳吸附或相似功能的合成过滤器处理吸附，静电过滤箱等。使用的循环风空调箱由高效离心式风机、过滤器和湿热（干）冷盘管组成。附加用于局部温度控制的再热盘管、用于局部湿度控制的蒸汽加湿器、风量恒定控制箱。提供了节约成本和充分使用能源的选择。循环风空调箱通过送风管，再经过ULPA过滤器或HEPA过滤器，将空气送入洁净室，气流向下通过洁净间，再通过垂直回风夹道向上进入吊顶回风。空气再次进入循环风空调箱。以上的空气循环再次重复。如果是使用吊顶风机过滤器，在风机过滤器上面的吊顶空间里，可以安装水或直接交换冷却风机盘管实现表面冷却。

冷室采用分体式制冷机组配拼装式冷库，库板为聚氨酯夹心板，蒸发器的风扇为低速风扇，风冷冷凝器安装在屋顶上。

有恒温恒湿要求的房间采用带独立冷源的风冷（热泵）恒温恒湿空调机组。恒温室墙体采用聚氨酯夹心板，室内送风机内设置电加热器。对温湿度精度要求不高的场所可采用多联机系统。

五、空调系统形式

空调系统形式包括全空气系统、热回收新风系统，多数情况采用风机盘管（或多联机室内机）加新风的空调形式。基本每栋楼层均有按功能划分、集中供给的新风机组，新风分别送至各实验室和办公室。对一般实验室采用新风加风机盘管（或多联机室内机）空调系统。有恒温、恒湿要求的房间采用恒温恒湿空调机组。机组辅助电加热器，或房间设移动式除湿机，保证房间温湿度及干燥度的要求。有洁净等级要求的实验室采用带有两级过滤处理的净化空调机组，粗效空气过滤器采用易清洗更换的合成纤维过滤器，中效空气过滤器集中设置在空调机组的正压段，送入房间时再增加高效空气过滤器或亚高效空气过滤单元在净化空调送风装置中。空调设备布置在洁净室的周围的机房内。

有洁净等级要求的正压实验室，送风与排风管上安装变风量（VAV）装置，控制房间的压力梯度，洁净区压差5Pa，与室外压差10Pa。

有洁净等级要求的负压实验室（例如病毒实验室），送风与排风管上安装定风量（CAV）装置，严格控制送入室内的新风量，使用（CAV）阀门，平衡风量，并且当排风机不开时，新风管应联锁电动阀关闭，保证污染源不泄露。

对一般实验室内布置有洁净要求的小房间（有局部百级）时，采用为小间洁净室设置的小型空调净化机组（安装于吊顶内），再选用超小型净化单元与洁净层流罩的组合体，满足局部洁净度要求。

低温库房是实验室的一部分，有制冷设备、除霜设备、恒温控制器和高温报警器。围护结构有保温层、隔汽层、护墙板和库门。还有缓冲间、门口设风幕机。

六、通风、防排烟及空调自控设计

实验室通风根据工艺要求设计独立或集中的通风系统，实验室使用通风柜的目的是排出实验中产生的有害气体，要求通风柜应具有排放功能、防倒流功能、隔离功能、补风功能等。对室外环境造成影响的排风根据其性质设置相匹配的过滤装置，对排放气体进行污染控制。使实验室空气平衡，满足使用。多数实验室要求房间相对其他辅助区域为负压，所以实验室的新风量设计为排风量的 70%～80%，另外 20%～30% 的新风送至实验室辅助房间、办公、管理用房、内走道等，再由门窗缝隙补充到实验室。

通风柜排风机分档设风量，高档保证通风柜与房间排风同时排放，低档仅为房间平时排风。一些有特殊排风要求的实验室（例如有药品柜、安全柜），其排风机可变频运行，实现 24h 不间断、不同排风量的排放。没有正压要求的一般实验室房间排风均为负压，压差约 5Pa。

有空调的普通实验室，为节约能源，通风柜使用了带补风的通风柜，风柜运行时，直接由室外空气引至通风柜，补风管装有电动风阀，与通风柜排风电动风阀及排风机联锁；房间平时排风的补风来自空调系统直接送入实验室的新风，此时房间增加的空调负荷要在计算空调负荷时考虑。当通风柜设置于供暖或对温湿度有控制要求房间时，为降低供暖、空调能耗，采用从室外取补风在柜内后侧补风腔，关闭通风柜门时，补风阀开启，此方式称为补风式通风柜。

对于特殊负压实验室，在空调新风与排风管上安装定风量（CAV）阀，控制房间的压力梯度。对于正压洁净实验室，实验室送风采用全新风系统，对于排风量远大于最小通风量要求的房间采用两段式通风控制系统保证风量平衡，即根据通风柜门的位移信号，排风机、送风机设有两种送风工况，低风量工况应用于维持最小换气次数的要求，节约能耗。此时采用了变风量（VAV）控制系统。通风柜风量变化时，屋顶排风量也会相对变化，则要求屋顶的排风机随着通风柜柜门的位置变化而变频，降低风量，保证通风柜面风速恒定。通风柜的位移信号加大，排风机也增大风量，此时需要部分送风通过带有变风量装置的通风管道至室内，利用压差值自动补充室内不足的空气。

对于有洁净等级的负压实验室，则通过控制送、排风风量和送排风口的布置将空气送入非实验室区域的走道、房间，再通过实验室的门缝补给，使气流流向从安全区到产生危险物质的实验房间，与这些实验室房间相邻的其他辅助区域也为负压。

在不能扩大使用化学药品的基础上，对废气，主要是酸雾的排放进行处理。酸雾主要有硫酸、盐酸、硝酸等气体，其中强酸气体占 1/5。另一部分是醇类、氯化氢、二甲苯、甲醇、氯仿、丙酮、乙醇等有机气体，对这些气体采用末端 HEPA 过滤器或 ULPA 过滤器进行过滤，控制污染源，通过排风井集中至建筑的屋顶排放。对应于实验室通风柜，在屋顶设置了 500 台以上的排风机，但同时使用率不会大于 18%，防止对环境的污染。每台排风机入口根据排出气体的成分采取吸附、过滤、净化处理，使排出气体有害成分低于国家环保卫生要求。

有可燃气体的实验室无可开启外窗时需要设置事故排风处，控制开关设在实验室内、外便于操作的地点，并与空气调节系统联锁，在室内设报警装置，还对地下室设备机房等设置通风系统。

主要自然排烟场所有动科院报告厅、国家实验室报告厅、环资学院报告厅、门厅（环资学院）、土壤标本室（环资学院）、多功能电化教室（环资学院）、模拟装置实验室（环资学院）、农学院报告厅门厅（农学院）、工会活动室（农学院）、植物功能成分提取实验室（农学院），有可开启的外窗且开启面积满足规范要求。

地下车库设 2 个排烟系统（设对应的补风系统）；设 19 个内走道排烟系统（地下室排烟有补风）；中厅设 1 个排烟系统。所有排烟风机均设在楼顶。

全楼共设机械加压送风系统 16 个，防烟楼梯间加压送风（前室不送风）1 个，防烟楼梯间采用自然排烟，前室或合用前室加压送风 1 个，防烟楼梯间及合用前室加压送风 14 个，所有加压风机均设在一层。

空气中含有易燃易爆物质的房间内的通风设备以及输送含易燃易爆气体的通风设备均采用防爆型风机。

工程设楼宇自控系统（DDC 系统），排烟系统的状态显示及与消防控制中心的通信等，以及通过中央控制器对运行设备进行远距离起停等控制，实现楼宇自控室对设备进行的远距离启停控制。

七、动力系统

气源设计：在国家实验室地下一层设置了真空泵站房（包括真空罐、真空机两台、真空电控柜、不锈钢水箱、气水分离器、过滤器、消声器等）。还设置了空气压缩机站房和氮气站房，2 台压缩空气机组，2 台循环再生空气干燥器，一组储气罐。储气罐出口分两路：一路经精密过滤后送至实验室提供压缩空气至用气点；另一路经制氮机，氮纯化机至储气罐，再经过吸附过滤器，送至实验室提供氮气。其他气体（氧气、氩气、高纯度的氦气、二氧化碳气体、氩气、乙炔，氢气），瓶装供应，按压力调整供气。值得注意的是，氢气、乙炔火灾危险性类别为"甲"类，氧气类别是"乙"类。使用房间应设泄漏报警，有良好通风。

压缩空气取风来自发电机房进风井（确保空气洁净），真空泵排气经水箱过滤及消毒至发电机房排至安全处。

压缩空气管道、真空管道材料：主干管采用无缝钢管，焊接连接；末端支管用橡胶管。氮气及蒸汽管材选用同压缩空气。

真空系统采用镀锌管：真空管道系统的阀门采用带 O 形密封圈的真空阀门。

安全技术，各种气体管道应设明显标志。

蒸气来自学校为本工程预留的热力管网。一部分减压至热交换站，一部分送至各实验室用汽点。凝结水作好回送，但校方不要求回收。

真空系统采用单一管道供气。主干管由站房接出，分成若干支管供至各栋楼用气点。管道在楼内吊顶敷设。

压缩空气系统采用单一管道供气，管道在各用气建筑物入口处设置切断阀门、压力表和流量计。对输送饱和压缩空气的管道，应设置油水分离器。

氮气系统管道敷设与压缩空气管道相同。

蒸汽管道与压缩空气及氮气管道共架敷设，管道设统一坡度，低点设疏水器；走廊设方形补偿器。

其他气体瓶装供应，但气体送洁净室的管道要在洁净室外预留进房间的管道。需用的气体管道干管，敷设在技术夹层、技术夹道内。氢气和氧气管道为明装敷设；当敷设在技术夹层、技术夹道内时，应采取良好的通风措施。引入洁净室的支管为明装敷设，穿过洁净室墙壁或楼板的气体管道，应敷设在预埋套管内，套管内的管段不应有焊缝。管道与套管之间应采取可靠的密封措施。氢气和氧气管道末端或是高点宜设放散管。放散管应高出屋脊 1m，并应设在防雷保护区内。

采用气体汇流排系统的房间，需要明确各楼用气量后，再选择汇流排房间。

八、心得与体会

（1）本项目实验室类型繁多，使用功能复杂，各种实验室的空调及通风要求均不相同，在设计前须详细了解各房间的不同需求，如正压实验室和负压实验室应采用不同的送风方式。

（2）结合不同的建筑特点，空调冷源采用集中式系统与分散式系统相结合，风冷式系统、水冷式系统与直接蒸发式系统相结合等多种形式，可缩小水系统的供冷半径，减少输送能耗，也解决了实验室同时使用率不高，如使用集中系统会使设备大部分时间在部分负荷下运行，能效比较低的问题。

（3）不同种类的气体需要分类处理，分别排放。实验室局部排风和全面排风也需分别设置。

深圳市世界大学生运动会体育中心主体育馆的空调设计①

- 建设地点　　深圳市
- 设计时间　　2007 年 9 月～2008 年 1 月
- 竣工日期　　2011 年 4 月
- 设计单位　　中国建筑东北设计研究院有限公司
　　　　　　　[518040] 辽宁省沈阳市光荣街 65 号
　　　　　　　3085 号
- 主要设计人　金丽娜　何延治　姜军　兰品贵
- 本文执笔人　何延治
- 获奖等级　　二等奖

作者简介：
　　何延治，男，1973 年 11 月出生，高级工程师，1996 年毕业于同济大学暖通空调专业，现在中国建筑东北设计研究院有限公司。主设计代表作品有：深圳市会展中心、郑州新郑国际机场航站楼、沈阳桃仙国际机场 T3 航站楼等。

一、工程概况

　　本体育馆位于深圳市龙岗区，是 2011 年世界大学生运动会的主赛场，是集羽毛球、体操、篮球、排球、室内短道速滑等比赛于一体的多功能体育场馆，能举办各类国际综合赛事和专项锦标赛，赛后也能举办大型演出、集会和小型展览。

　　体育馆总建筑面积 73761m²。地下 1 层，地上局部 3 层，由比赛大厅、前厅、热身馆、附属用房等组成，看台最多可容纳观众 17964 人。体育馆立面采用镀膜夹胶玻璃，屋面采用聚碳酸酯实体板，呈现为一个巨大的水晶体。

　　2011 年 8 月，该馆为世界大学生篮球比赛的主要场馆，男篮、女篮的四强赛、半决赛和决赛都在此馆举行。

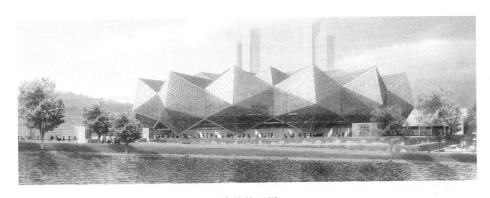

建筑外观图

二、工程设计特点

　　比赛馆采用置换通风的空调方式，在保证人员舒适度和良好卫生环境的条件下，大大节省了空调能耗。

　　采用 CFD 模拟技术，与深圳市建筑科学研究院合作，对比赛大厅和热身馆的气流组织效果进行了模拟。通过对几种空调方案的模拟计算，得到了典型截面的温度等值线图和速度矢量图。通过对模拟结果的分析，温度分布符合设计的要求，室内风速也能满足各种比赛对风速的要求，证明

---

　　① 编者注：该工程设计主要图纸参见随书光盘。

采用的空调方式满足设计要求。

三、设计参数及空调冷热负荷

1. 室外计算参数（见深圳市气象参数）
2. 室内空调设计参数（见表1）

室内设计参数　　　　　　　表1

	温度（℃）	相对湿度（%）	新风量［m³/（人·h）］	空气流速（m/s）	噪声标准［(dB)A］
比赛大厅热身馆	26～28	55～65	20	≯0.5 ≯0.2①	45
前厅	25～27	55～65	20	0.25	45
运动员休息	25～27	55～65	40	0.20	40
贵宾接待	25～27	55～65	50	0.20	40
办公	25～27	55～65	30	0.20	40

① 气流速度指乒乓球、羽毛球比赛时的风速。

　　本工程地处夏热冬暖地区，采用夏季供冷、过渡季增大新风比例的空调方案。体育馆各区域夏季空调冷负荷见表2，总冷负荷为10208kW。

夏季空调冷负荷　　　　表2

	比赛大厅	前厅	热身馆	热身馆（展览）	附属用房
冷负荷（kW）	6473	1332	962	1964	1441

四、空调冷热源及设备选择

　　通过对体育馆比赛、赛后的空调系统各种运行模式的分析，设计采用大、中、小冷机搭配的方式，选用2台制冷量为3868kW的离心式冷水机组、1台制冷量为2110kW的离心式冷水机组和1台制冷量为823kW的螺杆式冷水机组，总装机制冷量为10669kW。

　　运行模式分析如下：

　　（1）当体育馆用作比赛时，全部冷水机组投入运行；

　　（2）当只有热身馆用作展览时，中型冷水机组投入运行；

　　（3）当只有部分附属用房使用时，小型冷水机组投入运行。

五、空调系统形式

1. 比赛大厅

　　比赛大厅由比赛场地和观众席组成。比赛场地最大尺寸为70m×40m，观众席由14941个固定座椅和3023个活动座椅组成。比赛大厅采用置换通风，固定看台阶梯侧面设圆形旋流送风口，活动座椅后侧设百叶送风口，空调送风低速进入室内后，扩散并下沉到比赛场地内。送风遇到人体等热源后产生向上的对流气流，使室内热浊的空气抬升到工作区上部，一部分由回风口吸入，一部分由设在屋面夹层的排风机排出。室内散湿随对流上升的热气流升至房间顶部，由屋顶排风排走。回风口设在工作区或接近工作区的上部，回风的温度和相对湿度与工作区相近，空气处理仅需消除工作区余热的显热负荷和少量的潜热负荷。

　　根据上述空调方式的分析，比赛大厅的空气处理过程采用二次回风，如图1所示。送风温差为5℃，比赛大厅总送风量为1200000m³/h，其中阶梯旋流风口送风量为996000m³/h，活动座椅后百叶风口送风量为204000m³/h。

　　另外，考虑平时场馆的使用，当有演唱会等大型活动时，比赛场地设喷口送风，喷口设置在观众看台的后部，在同侧活动座椅后侧设百叶回风口。总送风量为100000m³/h。

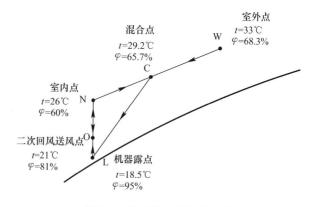

图1　二次回风空气处理过程

2. 热身馆

　　热身馆长65m，宽40m，平均高度约14.5m。不仅可以满足运动员赛前热身的需要，赛后还可举办展览和全民健身运动。空调采用旋流风口顶送风，百叶下回风。每个热身馆设两台空调机组，当用作运动员热身时，一台空调机运行；当用作展览用途时，两台空调机组同时运行。通过旋流风口上的电动执行器改变风口的送风角度，满足各种热身运动和展览等工况对风速的要求。

3. 其他区域

前厅、运动员接待区、热身馆和比赛馆的连接区、混合区、－4.00m层贵宾接待区等采用单风道低风速全空气空调系统。＋3.00m和＋8.00m层贵宾接待区、运动员休息、裁判员休息、媒体办公、赛事办公等采用风机盘管加新风系统。

六、通风、防排烟及空调自控设计

1. 空腔通风

比赛馆外立面及屋面采用玻璃和聚碳酸酯板，玻璃内侧设一层张拉膜，聚碳酸酯屋面下侧为比赛馆的金属保温屋面。前厅立面玻璃和张拉膜之间、比赛大厅上部聚碳酸酯屋面和金属保温屋面之间形成一个连通的空腔。在阳光的照射下，空腔内的空气温度上升，形成向上运动的气流。室外空气由玻璃立面下部百叶进入空腔后，由于热压作用在空腔内上升，并从屋面较高处的排风口排出，带走空腔内的热量，降低空腔内的温度，减少体育馆的空调冷负荷。屋面上部较平缓，形成的热压较小，空气流动减弱，积聚的热量不易排出，故设轴流排风机强制排风（见图2）。

利用CFD模拟技术，得到了空腔典型截面的温度等值线图和速度矢量图，通过多次调整进排风口的开口位置、通风面积、机械排风量和外围护结构的参数，取得了满意的通风效果。

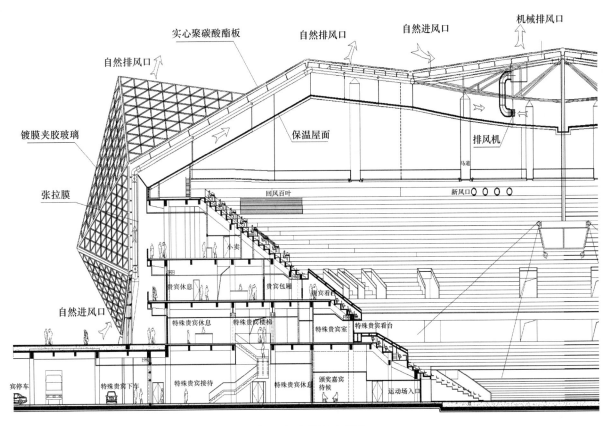

图2　空腔通风示意图

2. 排烟系统

由于体育馆功能上的需求，比赛大厅、前厅、热身馆等大空间的面积远大于现有的建筑设计防火规范所要求的最大防火分区面积。因此本工程由国家消防工程技术研究中心对不满足现有国家消防规范的部位进行了消防性能化设计，并给出了评估报告。报告通过对典型的火灾场景的设置，结合火灾时采用各种防火消防设施（自动报警、自动喷淋、消防水炮、防排烟设施），运用计算机火灾模拟技术，对火灾的危险性进行了分析和评估。性能化设计结果也证明，上述部位所设计的排烟措施能够保障火灾时人员疏散对能见度的要求，保证人员有足够的时间疏散到安全地点。

（1）比赛大厅

比赛大厅的排烟量按 $60m^3/(h \cdot m^2)$ 计算，总排烟量为 $840000m^3/h$。排烟口设在比赛大厅的上方，排烟风机设在聚碳酸酯屋面和金属保温屋面之间的空腔内。利用比赛大厅的空调系统兼作比赛大厅火灾排烟时的补风系统，即火灾时，由消防中心控制关闭空调系统回风管道上的防火阀，新风管道上的电动风量调节阀打至全开，通过空调机组的变频器来调整空调机组送风机的转速，使座椅送风的总补风量达到 $600000m^3/h$。

（2）前厅

比赛大厅外侧的前厅是观众进入比赛大厅的环形区域，外围直径达 140m。排烟量参照中庭按 $4h^{-1}$ 计算。由于建筑专业的要求，无法设置防烟分区分隔。如果火灾时开启前厅所有的排烟风机，会造成烟气扩散速度加快，很快蔓延到前厅其他未发生火灾的区域，从而对未发生火灾区域的人员造成威胁。为减缓火灾时烟气蔓延的速度，把烟气控制在一定的范围内，将前厅划分为 4 个逻辑排烟区域，火灾时只开启着火部位所在区域的排烟风机，当烟气蔓延到其他区域时，再开启其他区域的排烟风机。排烟时由外门自然补风。

3. 自动控制

（1）冷水机组群控

制冷系统设电气联锁，系统启动时，应先开电动阀、冷却水泵、冷水泵、冷却塔、然后再启动冷水机组；系统停止时，上述顺序相反。

（2）比赛大厅空调系统

空调系统启动时，先开启新风调节阀和一、二次回风调节阀至指定位置，再开启送风机，通过回风温度与设定值相比较，控制变频器调节空调机组风机的转速，达到控制室内温度的目的。通过送风温度与设定值相比较，用 PI 方式调节冷水电动二通调节阀的开度，控制冷水流量，使送风温度达到设定值。当空调机组停止运行后，新风调节阀、回风调节阀和冷水电动阀回复至全关位置。当比赛大厅进行运营前的预冷时，关闭新风阀门，关闭二次回风电动风阀，解除对送风温度的控制，全回风工况下预冷。

（3）热身馆空调系统

先开启新风调节阀和回风调节阀至指定位置，再开启送风机，通过回风温度与设定值相比较，控制变频器调节空调机组风机的转速，达到控制室内温度的目的。通过送风温度与设定值相比较，用 PI 方式调节冷水电动二通调节阀的开度，控制冷水流量，使送风温度达到设定值。当空调机组停止运行后，新风调节阀、回风调节阀和冷水电动阀回复至全关位置。

七、心得与体会

（1）体育馆冷源方案的选择要根据体育馆比赛、赛后运营的方式来合理确定。

（2）比赛大厅采用置换通风的空调方式，使工作区得到较高的空气品质和热舒适性，节省空调耗能。

（3）消防性能化设计为建筑防火消防设计带来了新的思路，并提供了科学的技术支持。

丹东金融大厦带水处理及换能设备的水源热泵系统①

- 建设地点　　丹东市
- 设计时间　　2009 年 3 月～2011 年 5 月
- 竣工日期　　2010 年 8 月
- 设计单位　　大连市建筑设计研究院有限公司
　　　　　　　[116021] 大连市西岗区胜利路 102 号
- 主要设计人　刘洋　叶金华　杜以臣　刘晓杰　祝金
　　　　　　　张志刚　郝岩峰　孙薇莉
- 本文执笔人　刘洋
- 获奖等级　　二等奖

作者简介：

刘洋，1978 年 11 月，高级工程师，院副总，2004 年毕业于天津大学供热、供燃气、通风及空调工程专业，研究生学历。现就职于大连市建筑设计研究院有限公司。主要代表作品：大连万达中心、大连机场扩建工程·航站楼、丹东金融大厦、大连市公安局综合楼、旅顺文体中心等。

一、工程概况

　　丹东金融大厦东临鸭绿江，规划总用地面积为 20147m²，项目总建筑面积为 55069.5m²，建筑总高度为 95.65m。地下一层为地下车库和设备用房。裙房一～四层为营业大厅、会议室及办公区。塔楼为五～二十二层设有办公室及会议室。屋顶设有室外运动场地和观景平台，可以尽揽鸭绿江的壮美景色。建筑结构形式为框剪-核心筒结构。主要功能为银行及政府的办公楼，属于丹东市新城区的标志性建筑。本工程末端采用中央空调系统，空调形式为风机盘管＋新风系统。冷热源均采用地下水水源热泵系统，夏季供冷、冬季供热。

二、工程设计特点

　　（1）作为地源热泵工程项目，本工程前期调研充分，严格遵照国家相关规范国家标准《地源热泵系统工程技术规程》GB 50366—2005 开展工作，对水质进行化验分析，通过抽水及回灌实验，确定 Q-S 曲线，及单井抽水及回灌量。

　　（2）由于水源方面的原因，水质超标腐蚀机组、含砂量高、难以回灌等问题，地下水的水质并不能满足直进热泵的要求，设计中采用中间换热池的解决方案，设置间接系统，引入中介水系统进行换热，针对性地解决了上述问题。

　　（3）中间换热池的设计方案具有钛管换热器、沉沙池、排污泵、扰动泵等设施，一池多用具有蓄水、换热、沉砂、排污、防微生物滋扰等多重作用；已运行两个供暖季和一个制冷季，现场实测数据表明该间接换热系统运行状况良好。

　　（4）末端采用中央空调系统，设计多项节能

建筑外观图

措施,如双风机全空气系统、全热回收新排风系统、空调水系统按阻力划分环路,系统平衡性能好;楼内的末端空调设备均已纳入中央群控系统之中,可进行集中调控,主动节能措施运行较好。

三、设计参数及空调冷热负荷

1. 室外计算参数

夏季:空调室外计算干球温度29℃,空调室外计算湿球温度25.1℃,通风室外计算干球温度27℃,室外风速2.5m/s。冬季:空调室外计算干球温度-17℃,空调室外计算相对湿度58%,通风室外计算温度-8℃,室外风速3.8m/s。供暖室外计算温度-14℃。

2. 室内设计参数

营业大厅:夏季26℃,相对湿度≤65%,冬季18～20℃,新风量10m³/(h·人)。办公室:夏季25℃,相对湿度≤65%,冬季20～22℃,新风量30m³/(h·人)。会议室:夏季25℃,相对湿度≤65%,冬季20～22℃,新风量30m³/(h·人)。

本工程采用鸿叶软件对夏季空调逐时冷负荷和冬季热负荷进行计算,结果如下:空调面积冷指标为97.7W/m²;空调面积热指标为72.6W/m²。

四、空调冷热源及设备选择

(1)经查勘,本工程地下水质的CaO(217mg/L>200mg/L)和Fe^{2+}(8.56mg/L>1mg/L)的含量及含砂量(1/10万>1/20万)超标,水温基本维持在12～13℃。

本工程采用中间换热水池,在地下水与系统水中间引入了中介水循环解决了地下水Fe^{2+}腐蚀性和微生物堵塞的难题,既保证了换热效率又提高了系统的稳定性和安全性。换热池的整体设计构思与管壳式基本相同,四壁为钢筋混凝土浇筑而成的封闭结构,内壁铺设钢板,在换热池中采用抗腐蚀材料钛管作为换热器。中介水在换热池中换热器内与热泵机组间循环,钛管换热器作为管程;地下水侧从抽水井上来后进入到换热池里,经过沉淀、换热后,再回流到回灌井里,作为壳程。

每个换热系统的底部设集水坑及排污泵,排污泵定时运行对沉积在底部的泥沙进行清除,且

换能池内设有一台扰动泵并连接三根喷射管,喷射管与系统钛管换热器平行布置,扰动泵连续运行使铺设在池底部的喷射管向四周喷射,使池水产生扰动,以便增加换热效率及防止换热器外表面微生物堆积问题。

(2)抽灌管井布置:根据项目的地下水温情况及计算负荷,室外地下水侧循环温差冬季按5.5℃考虑,夏季按10℃考虑,根据之前的抽灌实验,设计井数为七抽八灌,并设置三口备用抽水井;其中抽水井平行布置在场地远离江边的一侧,各井间距为25m,回灌井平行布置在场地靠近江边的一侧,各井间距为19.5m,该种布置方式与场地地下水向江边的径流方向一致,有利于地下水的回灌。

(3)本工程选择3台单螺杆水源热泵机组(环保冷媒R134a),单台机组额定工况制冷量为1944kW,$N=264kW$;制热量1952.4kW,$N=374.6kW$。地下井水循环系统运行参数:冬季运行时供/回水温度12.5℃/7℃;夏季运行时供/回水温度12℃/22℃。中介水循环系统:冬季运行时供/回水温度8.5℃/5℃;夏季运行时供/回水温度24℃/34℃。热泵机组—末端循环系统:冬季运行时供/回水温度45℃/40℃;夏季运行时供/回水温度7℃/12℃。机组与末端采用4台循环水泵,三用一备,系统采用密闭膨胀罐定压。

五、空调系统形式

(1)裙楼一～四层大堂、营业大厅、会议室等大空间采用双风机空调系统,末端为全空气系统。过渡季可以使用全新风,减少开冷冻机的时间,节省运行费用。

(2)办公室等采用风机盘管+新风的空调系统;楼内的末端空调设备均已纳入中央群控系统之中,可进行集中调控,主动节能措施运行较好。

(3)新排风系统均设有专用管道集中输送至屋面,在屋面设集中热回收机组,有效回收空调排风中的能量;在屋面根据不同朝向塔楼部分需经热回收处理的新排风管在竖井内均采用铁皮风管并作保温处理。

(4)一层大厅采用地板辐射供暖系统;分集水器设置电动恒温控制阀,配合室内感温器,可保证分区自动室温调节。

六、通风、防排烟及空调自控设计

（1）防烟楼梯间及前室均设置正压送风系统，裙楼设置机械排烟系统，塔楼部分走廊采用可开启外窗自然排烟。

（2）本工程的空调自动控制系统采用直接数字控制系统（DDC系统），由中央电脑等终端设备加上若干现场控制分站。风机盘管采用联网控制方式，远程中控室联网控制，就地面板控制。温控器配温控开关及三档风速开关，回水管设电动二通阀。空调及新风机组采用远程集中控制，机房设就地检修开关。空调机组采用比例积分温度控制系统，根据回风温度控制水管电动调节阀开启大小。

七、心得与体会

本工程和常规地下水水源热泵系统比较，具有比较鲜明的设计特点：

（1）采用中间换热水池的方案，针对本项目主要有三方面的技术优势：1）地下水不直接进入热泵机组，通过室外换热系统进行隔绝传热，解决了地下水质 Fe^{2+}，CaO 等元素超标的情况对热泵机组及系统管件的腐蚀，有效延长了系统的使用寿命，提高了运行效率；2）室外地下换能池底部设积沙坑和排污泵，减少回灌水中的含沙量，减轻回灌井的堵塞；3）换热系统采用钛管材质，防腐蚀性好，换热系数高，中介水系统侧设分集水器和平衡阀，准确分配进入各换热器流道的流量，地下水侧设扰动泵，使铺设在池底部的喷射管向四周喷射，以便增加换热时扰动及防止换热器外表面微生物堆积问题。

（2）本工程自2012年秋季投入使用后，至今已运行两个供暖季和制冷季，目前系统运行状况良好。笔者在2013年冬季1月3日～1月10日一周内对该项目进行了运行数据收集。整体办公楼的使用率已达到 $60\%\sim70\%$，室内实测温度为 $21℃$ 左右，室内环境较为舒适。地下水在运行期间取水量为 $240\sim320m^3/h$，回灌井的回灌状态一直良好。

由于系统运行较稳定，测试数据差别不大，本文选取某典型日（2013年1月3日）的实测数据，对中间换热池及热泵系统的运行效果进行分析计算。图1所示地下水及中介水两侧的换热温度非常稳定。

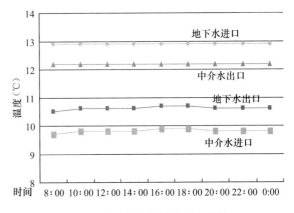

图1　冬季中间换热池温度变化

（3）根据头两年的运行经验来看，冬季供/回水温度为 $40℃/35℃$ 已能达到预期的舒适度。典型日数据表明：在回水温度为 $35℃$ 的设定温度下，热泵机组主机的COP在5.2以上。和仅含抽水泵的水源直接进入机组的常规地下水源热泵系统相比，本项目由于采用间接换热，增加中间水循环泵、喷淋泵等设备，其额定功率占机房设备总额定功率10%；典型日实测数据表明，将抽水泵、中间水循环泵、喷淋泵的耗电功率加上热泵主机耗电功率综合计算后，热泵主机对应系统的COP值在3.5以上，仍具有较好的换热效率，详见图2。

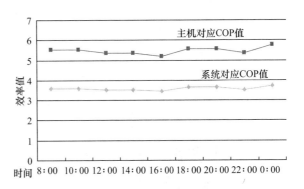

图2　单台热泵主机制热COP变化与对应系统COP值变化

（4）对于地下水资源较丰富的地区进行合理规范的勘采，利用水源热泵技术作为制冷供暖方式，COP值高，可产生较好的节能效益；本工程采用中间换热池换热系统的解决方案，针对性地解决水质不达标、减轻回灌堵塞等问题，实际运行效果表明可以满足设计要求。

蛋白质科学研究（上海）设施——国家重大科技基础设施项目暖通设计①

- 建设地点 　上海市
- 设计时间 　2009 年 08 月
- 竣工日期 　2012 年 12 月
- 设计单位 　华东建筑设计研究总院
　　　　　　[200002] 上海市汉口路 151 号
- 主要设计人 　左鑫　吴国华
- 本文执笔人 　吴国华
- 获奖等级 　二等奖

作者简介：

　　吴国华，1971 年 7 月生，1994 年毕业于同济大学暖通专业学士，高级工程师，注册公用设备工程师。华东建筑设计研究总院第四事业部-机电副主任。主要作品：南昌绿地中央广场、绿地南昌紫峰大厦、虹桥商务区核心区 08 号地块-D13、天津滨海金融街二期、中洋豪生大酒店等。

一、工程概况

　　本项目是中国科学院上海生命科学研究院在浦东新区张江高科技园区中新建以蛋白质结构解析能力为主的蛋白质科学研究上海设施，具体包括：依托第三代同步辐射装置——上海光源，建设用于蛋白质三维结构测定、蛋白质结构的动态过程研究和功能成像分析等所需的光束线站；加强蛋白质修饰和互相作用的活体分子成像研究；阐释蛋白质与化学小分子之间的相互作用机理；研究新的蛋白质药物靶标及其结构特征，获取药物作用下蛋白质相互作用网络的时空变化规律。

　　本项目主要包括 4 单体：A、B 楼（B 楼为 A 楼的裙房部分）、C 楼、D 楼（核磁电镜楼）、E 楼（动物房）。另外附建有门卫、垃圾房、液氮房和库房等附属设施。总建筑面积 33550m²，其中地上建筑面积为 30022m²，地下建筑面积为 3528m²。

建筑外观图

---

① 编者注：该工程设计主要图纸参见随书光盘。

二、工程设计特点

带有通风柜的标准实验室采用带自动控制的实验室变风量系统，通风柜的排风量随柜门的开度而变，补风量随排风量而变（见图1）。通风柜的排风面风速维持不变。

传统的通风柜和设有通风柜的实验室是定风量运行的，与通风柜的调节门位置以及实验室使用情况无关。在空调通风系统运行时，由于排风量的选择是按照设备峰值负荷选择的，所以会使系统的运行能耗偏高。

若设计有实验室变风量（VAV）系统，就使得通风柜的排风量根据通风柜调节门位置的改变而改变。

动物饲育室及试验区为屏障环境（SPF 动物

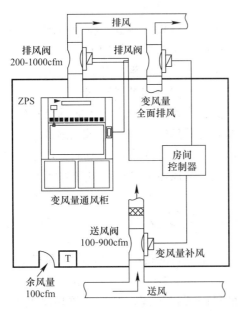
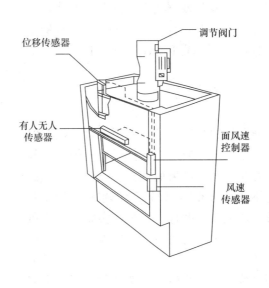

图1 通风柜原理图

实验室），其小鼠饲养区都设置有独立通风笼具（IVC）。空调采用洁净空调系统，空气经过粗效、中效、高效三级过滤后送入室内。由于屏障环境区域内的空调设施为 24h 不间断运行，为其服务的空调箱和排风箱都设置了备用风机，确保其运行的可靠性。

本项目在空调机房面积受限的情况下，专门设计了一款非标空调箱，并已申请了国家实用新型专利。

病毒表达培养室和哺乳表达培养室为 7 级洁净室，采用洁净空调系统，空气经过粗效、中效、高效三级过滤后送入室内。

核磁电镜实验室需要恒温恒湿环境，采用全空气定风量系统。为确保室内温湿度的精确控制，送风状态点采用定露点送风，辅助再热。

质谱仪器室和数据中心采用双冷源恒温恒湿机组，空调室内机分别设置有表冷盘管和压缩机。当大楼主机处于供冷工况时，恒温恒湿机的冷源由大楼主机提供。当大楼主机处于停机或供热工况时，恒温恒湿机自带的压缩机提供冷源。

三、设计参数及空调冷热负荷

A、B 楼夏季计算冷负荷 1696kW，冬季计算热负荷 990kW，单位建筑面积冷负荷指标 116.0W/m²，单位建筑面积热负荷指标 70W/m²。

C 楼夏季计算冷负荷 1067kW，冬季计算热负荷 722kW，单位建筑面积冷负荷指标 119.0W/m²，单位建筑面积热负荷指标 80.8w/m²。

D 楼夏季计算冷负荷 273.0kW，冬季计算热负荷 130.0kW，单位建筑面积冷负荷指标 112.0W/m²，单位建筑面积热负荷指标 58.0W/m²。

四、空调冷热源及设备选择

通用实验 A，B 楼采用空气源热泵空调冷热水机组，机组置于 B 楼楼顶。计算总冷负荷为 2070kW，采用制冷容量为 690kW 的螺杆压缩式机组 3 台。

蛋白技术实验楼 C 楼采用空气源热泵空调冷热水机组，机组置于楼顶。计算总冷负荷为 1022kW，采用制冷容量为 511kW 的螺杆压缩式机组 2 台。

核磁电镜实验楼 D 楼采用空气源热泵空调冷热水机组，机组置于楼顶。计算总冷负荷为 375kW，采用制冷容量为 187kW 的涡旋压缩式机组 2 台。

动物实验楼采 E 楼用空气源热泵空调冷热水机组，机组置于楼顶。计算总冷负荷为 810kW，采用制冷容量为 405kW 的螺杆压缩式机组 2 台。

五、空调系统形式

带有通风柜的标准实验室采用带自动控制的实验室变风量系统，通风柜的排风量随柜门的开度而变，补风量随排风量而变。通风柜的排风面风速维持不变。新风机组设置变频调速装置。

传统的通风柜和设有通风柜的实验室是定风量运行的，与通风柜的调节门位置以及实验室使用情况无关。在空调通风系统运行时，由于排风量的选择是按照设备峰值负荷选择的，所以会使系统的运行能耗偏高。

动物实验室区域采用全空气定风量空调系统，空气经过粗效、中效、高效三级过滤后送入室内。排风经过中效过滤，活性炭过滤后排至室外大气。室内气流组织采用上送下侧回的方式。为了节约空调使用能耗，空调箱采用回风和排风灵活切换的管道布置，即可以全新风运行，也可以回风运行。在新风和排风管路上设置全热回收装置，最大限度地回收排风中的冷量和热量。为了保障屏障环境设施区域室内的温湿度，空调箱和排风机都设置了配用设备，以确保环境温湿度的可控性。

病毒表达培养室和哺乳表达培养室为 7 级洁净室，采用定风量全空气空调系统，空气经过粗效、中效、高效三级过滤后送入室内。室内气流组织为上送下侧回。

六、通风、防排烟及空调自控设计

标准实验室（有通风柜）结合空调新风系统分层或分区设置实验室变风量通风系统。新风机组同时承担所有房间内的人员新风需求、无通风柜实验室或通风柜不开启时的全室送风需求以及通风柜开启时的补风需求；排风机组承担无通风柜实验室或通风柜不开启时的全室排风需求以及通风柜开启时的排风需求。因此，新风机组、排风机组都考虑为变频调节的变风量机组，根据实际送、排风需求量动态调整系统运行风量。

七、心得与体会

本项目的最终用户是中国科学院上海生命科学研究院的各个课题组。由于每个课题组所承担的科研项目不同，对于建筑环境的要求也不同。所有的课题组专家都有海外留学经历，有的目前海外和国内兼顾，他们对于室内环境的要求也各有差别。虽然在施工图时有所沟通，但还是造成了二次装修的修改和返工，对工程的建设周期和造价控制带来一定影响。

今后在此类型的项目设计过程中，一定要和最终用户沟通讨论。并且不是一次、两次，需要反复多次，这样设计建造出来的建筑才能符合用户的需求。

上海港国际客运中心商业配套项目暖通设计①

- 建设地点　　　　上海市
- 设计时间　　　　2006 年 5 月～2008 年 10 月
- 工程竣工日期　　2009 年 12 月 31 日
- 设计单位　　　　上海建筑设计研究院有限公司
　　　　　　　　　[200041] 上海市石门二路 258 号
- 主要设计人　　　朱学锦　赵霖　沈彬彬
- 本文执笔人　　　朱学锦
- 获奖等级　　　　二等奖

作者简介：

朱学锦，1969 年 1 月生，高级工程师，1995 年毕业于东华大学暖通专业，研究生学历。现就职于上海建筑设计研究院有限公司。主要代表作品：上海植物园展览温室、邓小平故居陈列馆、上海浦发银行信息中心、厦门长庚医院、上海港国际客运中心等。

一、工程概况

　　上海港国际客运中心商业配套项目位于上海虹口区黄浦江以北，东大名路以南，高阳路以西的地块内。项目基地沿江长度达 850m，用地面积 13 万 m²，总建筑面积 35.3 万 m²，容积率 2.7。包括国际客运站、办公楼、艺术画廊、地下商业步行街以及文化休闲等相关建筑共 12 幢。地下室共设 3 层，地下三层及地下二层均为停车库、设备用房，地下一层设有国际邮轮客运站、办公、会议、商业、休闲等功能区域，地上功能以办公为主。地上建筑均为高层建筑，最高为 100m。

建筑外观图

---

① 编者注：该工程设计主要图纸参见随书光盘。

二、工程设计特点

1. 采用直供式区域供冷供热

　　在基地负荷中心设置一个集中能源中心为 12 栋建筑提供空调供冷供热，以节约机房面积，提高设备利用率。采用直供式水系统为各单体提供空调冷热水，以节约制冷机组和水泵能耗。

2. 采用江水源热泵系统

　　本项目基地位于黄浦江北外滩，与黄浦江相邻，并设置有邮轮码头，取水便利。采用江水源离心式制冷机组＋螺杆式水源热泵机组，为整个项目提供空调冷热源。冬季采用水源热泵机组代替热水锅炉供暖，热泵机组 COP 可达到 4.0 左右，一次能源利用率约 1.2 左右，比燃油/燃气锅炉高 30% 以上。

3. 热泵机组采用间接换热式冷却水循环系统

　　在热泵机组冷凝器与江水侧之间采用板式换热器进行换热，以保证冷凝器的清洁，恒定流入机组冷凝器水流量，换热铜管可采用高效螺纹管，提高机组的 COP 和供冷供热的可靠性。板式换热器采用宽流道板片，并在分流集管内设置笼式不锈钢过滤网进行杂质过滤，便于维护管理。

4. 采用乙二醇防冻冷却水循环系统

　　根据历史水文资料，黄浦江江水冬季温度在

4～8℃之间，2008年初实测得取水口位置江水最低温度为2.5℃。为防止热泵机组冷凝器侧结冰，机组冷却水管路中设置乙二醇溶液储存罐，在冬季水温较低时，在冷凝器与换热器之间的水管路中加入乙二醇溶液，热泵机组可继续供热。

5. 采用江水变流量输送系统

江水输送水泵采用变频控制，根据热泵机组冷却水回水温度调节水泵转速，节约水泵能耗。

6. 采用大温差二次泵变流量系统

能源中心供水半径为400m，为兼顾冷水主机能耗和水泵输送能耗达到最优，冷冻水供/回水温度确定为6.5℃/12.5℃。水泵为二次泵系统，初级泵为定流量水泵，设于能源中心，为各单体建筑服务的二级泵为变频水泵，根据单体建筑的负荷变化进行变流量运行，以节约水泵输送能耗。

7. 地板变风量空调系统

办公建筑均采用主动式地板送风系统，利用架空地板作为送风静压箱，架空地板内安装有带送、回风口的地台风机，将处理后的空气从房间下部送入房间内。地台风机具有三档及以上风量调节功能，并设有一次风电动阀门进行连续调节一次风风量，以控制室内设定点温度。根据地台风机一次风阀开度，空调箱采用变频控制调节总风量。

8. 地道新风预处理系统

办公楼在地下三层设有一台新风空调箱，空调箱将经过地道降温或升温的室外新风进行冷热处理，再送至每层空调机房内，以节约新风处理能耗。并设有纳米光子空气净化装置对新风进行净化、杀菌处理，以提高新风的空气品质。

三、设计参数及空调冷热负荷

1. 室外空气计算参数

夏季：空调计算干球温度34℃，湿球温度28.2℃，空调计算日平均温度30.4℃，通风计算干球温度32℃，平均风速3.2m/s，大气压力100530Pa。

冬季：室外空调计算干球温度－4℃，相对湿度75%，通风计算干球温度3℃平均风速3.1m/s，大气压力102510Pa，主导风向WN。

2. 室内设计参数（见表1）

室内设计参数　　　　　表1

房间名称	夏季		冬季		新风量	人员密度	噪声
	干球温度（℃）	相对湿度（%）	干球温度（℃）	相对湿度（%）	[m³/(h·人)]	(m²/p)	NC
办公室	25	55	20	40	30	6	40
会议	25	55	20	40	30	2	40
餐饮	25	60	20	35	20	1.5	45
门厅	27	65	18	35	10	20	50
商业	26	65	18	35	20	3	50
消控中心	25	55	20	35	30	10	50

3. 冷热负荷

根据负荷计算，总空调冷负荷为21853kW，单位建筑冷负荷指标为62W/m²；总空调热负荷为15093kW，单位建筑热负荷指标为43W/m²。

四、空调冷热源及设备选择

1. 空调冷热源方案

本项目基地位于黄浦江边，并设置有码头，取水便利。对黄浦江水温、水质进行了近一年的监测，水温测试结果表明：一年中水温的日平均值在6.4～32.1℃之间变化，适合采用水源热泵系统。

对水资源利用、热污染等方面进行了研究，结果表明：江水设计最大小时用水量为1.3m³/s，设计最高日用水量为9.5m³/s，排水对基地所在的黄浦江段温升为0.37℃。水源热泵对黄浦江的环境影响甚微。

根据以上分析，采用江水源热泵系统作为冷热源。考虑到江水水质较差，为确保热泵机组正常运行，在江水侧采用了板式热交换器进行间接换热。

2. 设备选择

冷热源设备配置由螺杆式水源热泵机组和单冷离心式制冷机组组合而成，螺杆式热泵机组按空调热负荷进行配置，不足冷负荷由供冷COP较高的离心式冷水机组承担。此配置具有以下优点：

（1）螺杆式热泵机组的压缩机调节范围及对冷却水水温变化适应性均优于离心式热泵机组，制热效果能够得到保证；（2）离心式冷水机组在额定负荷范围内运行性能较高，在负荷需要较大时可满负荷运行，螺杆式机组则作为调节用，从而实现优化运行。

配置 2 台离心式冷水机组和 6 台螺杆式水源热泵机组，离心式冷水机组单台制冷量为4563kW；螺杆式水源热泵机组中，其中 5 台单台制冷量均为 2572kW，制热量为 2522kW，1 台制冷量为 1286kW，制热量为 1261kW。冷冻水供/回水温度分别为 6.5℃/12.5℃，空调热水供/回水温度分别为 45℃/40℃。

配置 5 台板式热交换器与江水进行换热，为热泵机组提供冷却水和热源水，单台换热量为5713kW。制冷制热工况时，换热器端差均按1.0℃设计，冷却水进出水温差为 5℃，冬季江水温度高于 6℃时，温差亦为 5℃，当江水温度低于6℃时，为避免进入热泵机组的水温过低，5 台板式热交换器全部工作，此时温差为 3℃。

为尽量降低江水杂质对系统的影响，设置了五道水质过滤：（1）引水口设置一粗过滤格栅和一道细过滤格栅，防止鱼类和漂浮垃圾进入；（2）设有水池进行沉淀，以去除泥沙；（3）板式热交换器入口设 Y 形过滤器；（4）板式热交换器分水器设笼式过滤器进行精过滤。

热泵机组冷凝器与板式热交换器之间的冷却水管路中设置一个乙二醇溶液储存罐，当冬季江水温度较低，导致热泵机组无法开机供热时，管路中加入乙二醇溶液，热泵机组可继续供热。

五、空调系统形式

（1）空调水系统为二管制二次泵系统，各单体建筑各设有 1 套二次泵（变频变流量控制）。

（2）地下一层办公区、会议、餐厅均采用全空气低速风道送风系统，空调箱设有中效过滤、湿膜加湿等功能，送风总管上设纳米光子空气净化装置。空调箱均为变频控制，气流组织为上送上回。

（3）商业采用风机盘管加独立新风系统，新风空调箱采用粗效过滤等功能，风机盘管送风管设纳米光子空气净化装置。

（4）地上办公区采用地板送风变风量空调系统。办公区分内外区，内区全年需要空调，地板送风装置带有送风机，气流组织为下送上回，外区地板送风装置设有辅助加热器，空调箱设中效过滤、湿膜加湿等功能，每层设一套空调箱。地上二层以上新风由地下三层新风机组集中供给，室外新风经过地下层夹墙引入，经过地下风道自然降温或升温后再由新风机组处理，并送至地上各层空调机房内，送风管设纳米光子空气净化装置对新风进行净化处理。

（5）安保监控室采用分体式风管机空调；电梯机房采用单冷分体空调器；中央控制室采用风冷型恒温恒湿空调机组。

（6）变电所采用单冷空调箱定风量低速风道系统，冬季则切换为通风方式运行。

六、通风、防排烟及空调自控设计

1. 通风系统设计

（1）设置地下机动车库通风系统兼排烟系统，风机为双速风机，可根据室内废气浓度进行变速运行。排风口应距离地面 2.5m 以上。

（2）卫生间、开水间、浴室、更衣等设置机械排风系统。

（3）垃圾房设置独立排风系统，并采用除臭装置。

（4）变配电机房采用机械通风系统与空调箱供冷相结合的方式，以排除设备放出的余热。

（5）水泵房、冷冻机房等设备用房均设有机械通风系统，以排除设备放出的余热。

（6）厨房设油烟排风系统，油烟气经带有集油功能的排气罩、带有自动水洗功能静电净化装置处理后屋面高空排放。为维持厨房负压，另设机械补风系统，风量按排风量的 80% 计算。并设有岗位新风系统，将冷热处理后的新风送至大灶工作区域。无外窗厨房另设有平时通风系统和事故排风系统。

2. 防排烟设计

（1）地下汽车库，利用平时机械排风系统作火灾时机械排烟系统，有直通室外车道时采用自然补风，否则采用机械补风。

（2）地下室面积大于 50m² 的房间、长度大于 20m 的内走道均设机械排烟系统。

（3）办公走道采用机械排烟系统，排烟风机置于屋面，各单元办公利用开启外窗进行自然排烟。

（4）办公中庭高位设自动排烟窗进行自然排烟。

（5）地下所有防烟楼梯、消防电梯前室，以及地上无外窗防烟楼梯和消防前室均设机械正压送风系统。

3. 空调自控设计

（1）设有楼宇自动控制系统（BAS）、通风设备、空调机组、冷热源设备等的运行状况、故障报警及启停控制均可在该系统中显示和操作。

（2）冷冻机房设有机房群控系统，根据冷热负荷的需要进行冷热源机组的运行台数控制、优化启停控制，启停联锁控制，以及所有空调通风设备的运行状态和非正常状态的故障报警等。

（3）空调冷冻水二次循环泵根据最不利回路的压差信号进行变频调速和台数控制。

（4）风机盘管由房间温度控制回水管上的双位二通控制阀，并设有房间手动三档风机调速开关。

（5）定风量空调箱由回风温度控制空调回水管上的电动调节阀的开度进行调节，停机时该阀关闭，温控器设有冬、夏季节转换开关。

（6）地板送风装置根据室内设定温度控制一次风阀的开、闭，并输出风阀开、闭信号。

（7）变风量空调箱根据所有地板送风装置风阀开、闭状况，进行变风量运行；并根据回风温度控制空调回水管上的电动调节阀的开度进行调节，停机时该阀关闭，温控器设有冬、夏季节转换开关。

（8）空调机组新风入口的开度可调风阀与该机组联动，根据室内二氧化碳浓度进行调节控制。

（9）风机均设有就地、远程控制、故障报警等控制。

七、心得与体会

本项目是上海市第一个利用黄浦江水的水源热泵工程，空调系统从 2009 年运行至今，供冷和供热效果均达到设计要求。根据运行情况，设计时应注意以下问题：

（1）江水杂质较多的问题　在江水引入系统设置的五道过滤已有效去除了大部分垃圾和泥沙，在运行一段时间后板式热交换器的换热端差由 1℃增加到 2℃，导致热泵机组效率下降。板式热交换器每年需清洗两次，换热片上粘有渔网纤维和泥浆沉积物（见图 1），笼式过滤网上则有大量的塑料片、渔网短纤维和泥浆附着（见图 2）。沉淀池每两年抽取一次泥浆。五道过滤措施对江水过滤起到一定的成效，但还需进行优化改进，如将 Y 形过滤器改为自动除污过滤器，将自动清除塑料片、渔网短纤维等垃圾，改善热交换器的换热效率。

（2）江水水温问题。夏季江水温度的选择关系到热泵机组能否正常运行，在确定热泵机组冷却水温度时，需考虑历年极端高温数据的影响。水文站提供的水温一般为历年最高日平均温度，热泵机组的最高冷却水温度可在最高日平均温度上增加 1～2℃。

图 1　板片清洗

图 2　热交换器过滤器

（3）江水换热方式。江水换热方式有直接换热和间接换热两种。当水质清澈、杂质少时，可采用直接换热方式，江水直接通过机组冷凝器换热，提高机组的制冷制热效率。鉴于黄浦江水比较浑浊，本项目采用了间接换热方式，虽然存在间接换热温损和增加换热循环水泵能耗的问题，但机组换热器依然可采用高效螺旋铜管以提高冷凝器换热效率，同时保证机组冷凝器换热铜管内的清洁和机组的正常运行。

（4）冬季供热问题。2009 年运行至今，江水冬季水温一直高于 4℃，冷却管路没有换用乙二醇溶液，热泵机组供热正常。当江水温度低于 4℃时，冷却管路加入乙二醇溶液的措施能否保证热泵机组正常供热有待检验。

天津滨海高新区研发、孵化和综合服务中心空调设计①

作者简介：

江漪波，工程师，2007 年毕业于同济大学建筑环境与设备工程专业，同年进入上海建筑设计院工作至今。主要设计作品有：上海东方体育中心、游泳馆、旗忠网球中心二期、潍坊市体育中心－体育场、沈阳奥体中心综合体育馆、沈阳文化艺术中心等。

- 建设地点　　天津市
- 设计时间　　2007 年 9 月～2009 年 12 月
- 竣工日期　　2009 年 12 月
- 设计单位　　上海建筑设计研究院有限公司
　　　　　　　[200041] 上海市石门二路 258 号
- 主要设计人　乐照林　姜怡如　毛大可　江漪波
　　　　　　　高永平
- 本文执笔人　江漪波
- 获奖等级　　二等奖

一、工程简介

本工程位于滨海高新区起步区核心地段，是一个综合了服务、办公、研发、孵化等多功能的建筑群。具体包括：一栋 15 层的行政办公楼、一栋 3 层的综合楼、一栋 6 层的科研楼及三栋孵化楼，分别为 4 层、5 层和 6 层。其中，科研楼、综合楼及三栋孵化楼相连为一个多层建筑结合体。多层总建筑面积为 39990m²，高度为 23m；高层行政楼总建筑面积为 22360m²，建筑高度 70m。

在科研楼、综合楼及行政办公楼下部设有地下一层，主要为车库、冷冻机房、变电间、厨房等。其中，部分车库为人防，行政办公楼及综合楼在地面以上互不相连。

根据本工程功能及业主经营使用需求，1 号

建筑外观图

办公楼和综合楼设集中式空调系统，根据基地条件，采用土壤源地源热泵系统，冷热两用。2 号科研楼（一层属综合楼部分采用集中空调系统）与 3 号孵化楼均采用结合土壤源埋管的水环热泵空调系统；4 号孵化楼与 5 号孵化楼采用直接蒸发式分体多联机空调系统；用于水环热泵系统的

---

① 编者注：该工程设计主要图纸参见随书光盘。

土壤源埋管与用于办公楼综合楼地源热泵系统的土壤源埋管系统合并，分设水泵。埋管换热器数量确定与布置设计按热响应试验报告、埋管换热模拟报告及有关规范要求进行。消防安保弱电机房另设分体空调器满足其独立使用要求。

二、工程节能设计与特点

1. 节能新技术

（1）冷却塔、地埋管联合运行地源热泵系统：电力利用效率高，冬季无直接一次能源消耗，实现节能减排。同时另设冷却塔，在平衡冷热量的同时，通过冷却塔先运行，地源埋管后运行的时间先后控制，进一步提高系统运行效率，节省能耗。

（2）结合地源埋管的水环热泵系统：与风冷多联机系统相比，夏季制冷效率高，电力利用效率高；冬季利用地热，制热效率也高，有效减少一次能源消耗，实现节能减排。

（3）新风回流旁通系统，可提高各类新风空调器新风入口温度与送风温度，避免设电加热防冻，节省大量运行电耗。

（4）一次泵变流量系统，系统能根据末端负荷的变化，调节负荷侧与机组蒸发器侧的水流量，从而最大限度地降低水泵的能耗。

2. 其他节能措施

（1）风机变频控制：部分舒适性集中式全空气系统的风机，设变频控制。在部分负荷时，通过恒定送风温度，变风量运行，适应空调负荷变化，节省运行能耗。

（2）冷却塔风机台数控制：冷却水系统设冷却塔风机台数控制，节省风机能耗。

（3）办公楼新、排风设热管显热回收：节省新风能耗

三、空调冷热源设计及主要设备选择

1. 地源热泵系统

本工程办公楼、综合楼及科研楼一层的局部采用土壤源地源热泵系统为空调冷热源。本工程在总体北侧水景下部设地埋管换热器，水平连接干管于建筑总体中直埋敷设接至综合楼地下室地源热泵机房。设计采用螺杆式地源热泵冷热水机组，系统设辅助冷却塔散热以便控制冷热平衡。冷却水系统用板式热交换器经一、二次水系统换热，实现机组散热运行，避免开式冷却水系统污染地源水系统。4台螺杆式地源热泵冷热水机组制冷量为1470kW、制热量为1332kW，夏季制冷，冬季制热。地源热泵系统空调热水供水温度最高为60℃，相应回水温度为55℃，根据室外温度情况，主机与系统可降低供水温度运行，以节省运行电耗。空调冷冻水供水温度为7℃，回水温度为12℃；冷却塔一次水供水温度为30℃，回水温度为35℃。机组二次冷却水供水温度32为℃，回水温度为37℃。

2. 结合地源埋管换热器的水环热泵空调系统

2号科研楼其余部分（除一层属综合楼的部分采用集中空调系统外）与3号孵化楼采用结合地源埋管换热器的水环热泵空调系统。根据建筑物类型特点，水环热泵系统的独立性与控制的灵活性都适用于此类办公性质的建筑，同时以土壤作为水环热泵系统的低位热源，水环热泵机组在内部热源不足的情况下仍能保持较高运行效率，达到节能的目的。两单体水环水系统相对独立，分别经板式热交换器与埋管换热水系统进行热交换及系统隔离。

3. 直接蒸发式分体多联机

4号、5号孵化楼均为办公楼，房间功能多为办公室与会议室，考虑到出租需求，采用直接蒸发式分体多联机空调系统，提高了使用的独立性和灵活性。

四、空调系统形式

1. 办公楼、综合楼及科研楼一层

办公楼与综合楼根据各功能场所的特点，采用集中式全空气系统或空气—水系统以适应不同类型功能场所特性。

（1）按业主要求，综合楼主要采用特殊空调末端，根据展示厅、业务受理大厅、办公、会议等平面功能大小、气流组织要求，分别采用不同类型规格、不同安装方式的末端形式。

（2）办公楼门厅、咖啡休闲、餐厅等大空间功能场所，采用集中式低速风道空调系统，各集中式全空气空调系统的气流组织，一般均采用顶部均匀送风，下部集中回风的方式。

（3）其他各办公用房及会议室等，各房间设风机盘管，另设集中的新风空调器处理新风，新风送入各房间风机盘管送风管，新风量较小的房间采用渗透排风，部分房间设排风机排风，办公楼卫生间排风与新风之间，设热管显热交换器进行隔绝式热回收。

（4）孵化楼与科研楼新风空调器考虑当地实际使用情况，不设热回收装置，采用新风回流旁通方式防冻和提高送风温度，另设高压喷雾加湿器，用于冬季加湿和过渡季蒸发冷却。

（5）地下车库出入口，设具备风机延时关机功能的电加热风幕机，必要时，开启运行以防冻。

2. 2号科研楼上部及3号孵化楼

（1）科研楼各办公、会议等功能用房均采用分体式水环热泵机组，内机采用暗装型水环分体风机盘管内机，顶送顶回，外机置于走廊吊顶内。

（2）走廊采用整体式水环热泵吊顶卡式机组。

（3）办公等按层设集中的水环新风机组，大会议室、资料室设独立的水环热泵新风机组。

（4）各层新风机组均设回流旁通，用于冬季提高送风温度，提高机组运行效率，送风至各功能用房或内机出风口，各新风机均自带湿膜加湿器或另配加湿箱。

3. 4号、5号孵化楼

（1）4号、5号孵化楼采用直接蒸发式变频多联机空调系统，各功能房间均设吊顶暗装风机盘管型分体内机，顶送顶回。

（2）走廊等采用吊顶卡式内机。

（3）各层设独立的新风机组，新风机内机均设新风回流旁通，用于冬季提高送风温度，提高机组运行效率。送至各功能用房或内机出风口。

五、空调自控设计

（1）同类设备运行控制、状态显示、参数设定、运行参数监测等，设列表集中显示界面，以方便维护及运行操作。

（2）本工程空调为两管制水系统，冷热两用，相关控制需设季节工况转换。

（3）各集中式全空气空调系统水路均设电动二通调节阀调节水量，控制回风温度。部分集中式全空气空调系统风机设变频器调节风量，恒定系统送风温度，变风量运行，适应负荷变化，节省运行能耗。经常运行的集中式空调系统，设冬、夏季定时预热、预冷模式，预热、预冷时关闭新风阀与房间排风机。

（4）新风空调器系统水路均设电动二通调节阀调节水量，控制送风温度。各电动二通阀均需考虑采取有效控制措施，确保在夜间不运行时，足以防冻。新风管入口和排风管出口均设电动风阀防冻，风阀与风机联动启闭。所有新风空调系统的送、吸风管间，均设回流旁通管，并设电动调节旁通风阀，冬季根据新风机入口或新风送风温度调节旁通阀开度。新风机启动时，关闭新风入口电动风阀，全旁通运行，达到送风温度后，再开启入口电动风阀，旁通阀进入运行控制。

（5）各装配式空调器与新风空调系统空气过滤器，设压差报警装置。

（6）各新风空调器所设高压喷雾加湿器或设高压喷雾加湿器箱，根据代表房间相对湿度，控制高压喷雾加湿器启停，并联动其电磁阀启闭。

（7）风机盘管水路均设电动二通双位阀，由带风机三挡风速调节开关和季节转换开关的恒温控制器进行控制，调节室温。

（8）空调冷热水泵、埋管系统循环泵均设变频控制，适应季节运行工况的变化；控制系统供回水温差和末端压差，调节水量，适应系统负荷变化，节能运行。调试限定最低运行频率。空调水系统供、回水总管设压差旁通阀，在水泵变频控制至频率低限时，调节旁通水量，适应系统水量变化。

（9）各水环系统的水泵设集中控制，定流量运行。

（10）空调水系统设供、回水温度计，回水总管设流量计，计算系统负荷，进行地源热泵机组、冷热水泵、冷却塔等相关用电设备的启停控制。地源热泵机组冷热水管路中均设水流开关，对地源热泵机组进行连锁控制。

（11）2号科研楼及3号孵化楼水环热泵系统各水环热泵机组自带独立控制，各机组均自带或配置水流开关，并与压缩机联动。设计量和集中控制系统。4号、5号孵化楼直接蒸发式变频多联机系统，各内机自带独立控制，设遥控或线控等控制方式及计量及集中控制系统。

六、心得与体会

该项目结合基地条件，在办公楼及综合楼采用了冷却塔、地埋管联合运行的地源热泵系统，利用了土壤源温度较恒定的特点，通过地埋管，夏季向土壤放热，冬季向土壤取热。地源热泵系统属可再生能源应用，冬季可取代锅炉，减少了燃气等一次能源的消耗，节能环保。同时将冷却塔作为辅助冷却装置，解决了热平衡问题，并且通过合理控制冷却塔与地源热泵的先后运行时间，有效解决土壤热堆积现象，同时在较大程度上提高了系统夏季的运行效率。

2 号科研楼与 3 号孵化楼采用的水环热泵系统，具有计费简单方便、运行管理灵活等特点，适合有出租考虑的办公类建筑。该水环热泵系统又与地埋管相结合，将可再生资源作为低位热源，很好地解决了科研楼与孵化楼内热不足的问题，

保证了水环热泵机组的高效运行，拓宽了水环热泵系统的应用范围。

对于一次泵变频系统，适应了系统在实际运行过程中绝大部分时间均处于部分负荷运行状态的情况，可有效节省水泵能耗，其节能效益有目共睹。但对水环热泵空调水系统，水泵采用定流量设计，以确保各水环机组压缩机的可靠运行。

新风回流旁通系统不但解决了冬季防冻问题，避免了常用的电加热防冻的不节能应用方式，相应节省了传统电加热的运行电耗，也有效提高了水环热泵新风机组与直接蒸发式多联机新风机组的新风送风温度。

对于空调绿色节能技术和系统的运用，根据各个地区、各个建筑物的特点，将各种冷热源技术合理结合，取长补短，合理设计，同时合理制定运行策略，才能提升系统整体的运行特性，充分发挥各系统优点，真正实现绿色、节能、环保的目的。

普陀区长风地区 3D 地块商业办公楼综合项目暖通设计①

- 建设地点　　上海市
- 设计时间　　2010 年 10 月
- 竣工日期　　2013 年 8 月
- 设计单位　　同济大学建筑设计研究院（集团）
　　　　　　　[200092] 上海市四平路 1230 号
- 主要设计人　钱必华　谭立民　徐旭　潘涛
- 本文执笔人　钱必华
- 获奖等级　　二等奖

作者简介：
　　钱必华，1968 年 11 月生，高级工程师，同元分院暖通副总工程师，1991 年毕业于同济大学暖通专业。现就职于同济大学建筑设计研究院（集团）有限公司。代表作品：上海世博会临时展馆及配套设施、长风跨国采购中心、西安中国银行客服中心、上海自然博物馆、郑州中央广场等。

一、工程概况

　　本工程位于上海市长风生态商务区 3D 地块，是由上海长风跨采投资有限公司投资兴建的集会务、展览、办公、商务于一体的建筑综合体。

　　项目建成后成为普陀区乃至上海西部的会务展示商务中心，成为长风生态商务区的标志性项目。基地形状为长方形，场地平整，南临光复西路、东临中江路、北面是长风主干道云岭东路，毗邻苏州河与长风公园，环境优美、交通便捷。

　　项目总用地面积为 38364.5m²，建筑总面积为 141702m²。其中地上建筑面积为 95912m²；地下建筑面积为 44562m²。地上部分主要功能包括：

会展中心，共 6 层，总建筑面积 40218m²；写字楼分东西两幢，西楼为 7 层（79.7m），东楼为 20 层（92.3m），总建筑面积 48033m²；配套商业：7661m²；地下部分为二层，主要为职工食堂、设备用房、储藏室、物业管理及停车库等。项目总投资约 8 亿元。

二、工程设计特点

　　本项目采用节能技术较多，诸如冰蓄冷、空调水系统大温差、二级泵变频、全热回收、过渡季节全新风以及 VAV 低温送风等。并获得 2013 年度中国绿色建筑设计二星级标识。

三、设计参数及空调冷热负荷

1. 室外气象参数（见表 1）

室外气象参数　　　　　　　　表 1

	大气压力（hPa）	空调计算干球温度（℃）	空调计算湿球温度（℃）	相对湿度（%）	通风计算干球温度（℃）	风速（m/s）
夏季	1005.3	34	28.2	—	32	3.2
冬季	1025.1	−4	—	75	3	3.1

建筑外观图

---

2. 室内设计参数（见表 2）

室内设计参数　　　　　　　　　　　　　　　　　　表 2

房间名称	夏季		冬季		新风量 [m³/（h·人）]
	温度（℃）	相对湿度（%）	温度（℃）	相对湿度（%）	
办公	25	≤65	20	≥30	≥30
会议	25	≤65	20	—	≥20
大厅	27	≤65	18	—	≥20
咖啡	25	≤65	20	—	≥20
银行	26	≤65	20	—	≥20
会展	26	≤65	18	—	≥20
餐厅	25	≤65	18	—	≥20

3. 冷热负荷及指标（见表 3）

冷热负荷　　　　　　表 3

总冷负荷（kW）	13873	总热负荷（kW）	8400
冷耗指标（kW/m²）	0.145	热耗指标（kW/m²）	0.09

注：指标中的建筑面积已扣除地下车库及设备用房的面积。

四、空调冷热源及设备选择

1. 冷热源设计

系统配置两台双工况离心式冷水机组，标准工况下制冷量为 4233kW，两台双工况螺杆式冷水机组，标况下制冷量 1000kW。设计日工况下，在 22：00～06：00 谷价电时段以制冰模式下运行。热源采用 3 台无压燃气热水机组，制热量为 2800kW。

图 1 为建筑物全年逐时负荷情况，能源中心系统图详见图 2、图 3。

2. 蓄冰装置

冷机处于蓄冰装置上游，系统按三种模式运行：冷水主机与蓄冰装置联合运行；蓄冰装置单独供冷；冷水机组单独供冷。蓄冰装置采用上下双层纳米导热负荷蓄冰盘管，下层蓄冰量共有 12750RTh，上层蓄冰量 4250RTh，总蓄冰量可达 17000RTh。

3. 冰蓄冷系统运行策略

冰蓄冷运行策略一般分为制冷机组优先与蓄冷设备优先两种模式。本工程提出基于电价时段的运行策略，即制冰所得冷量最大可能地用在白天电价峰值时段，在电价平时段，尽量充分利用冷机制冷。且考虑在 100%、75%、50% 及 25% 部分负荷工况下的运行策略（见图 4）。

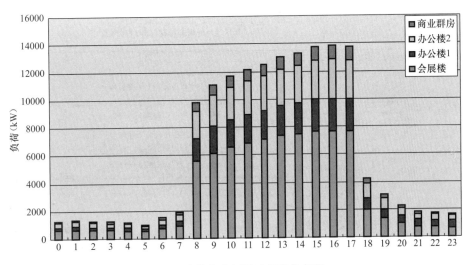

图 1　建筑物全年逐时负荷分布图

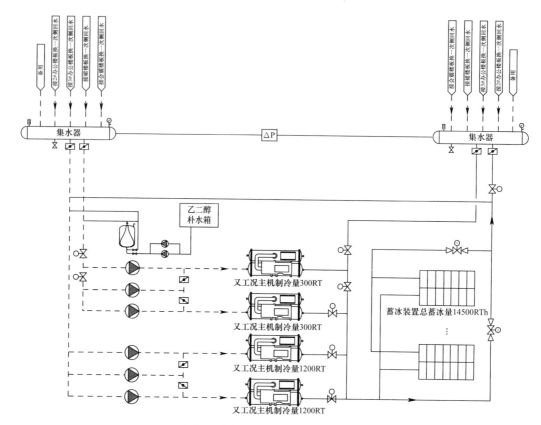

图 2   蓄冰系统主机侧系统流程图

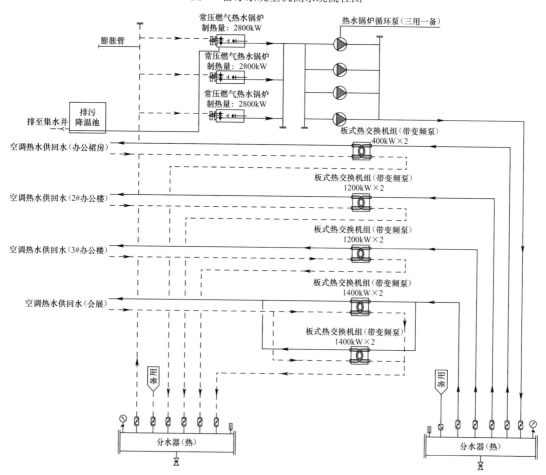

图 3   热源侧系统流程图

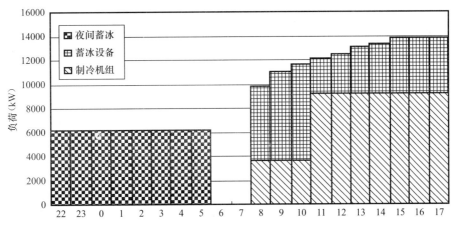

图 4　基于电价的 100％设计日负荷运行策略

五、空调系统形式

1. 空调风系统

（1）会展楼空调风系统

一层展厅和二层展厅采用全空气低速管道系统，气流组织为旋流风口上送侧回，空调机组分设在相应夹层的空调机房内。三层临展厅因高大空间，结构特殊，故气流组织为喷口侧送侧回，喷口分上下 2 排，并可根据供暖和冷却要求手动调节。展厅空调箱采用变频控制，过渡季节 50％全新风运行。气流组织详见图 5。

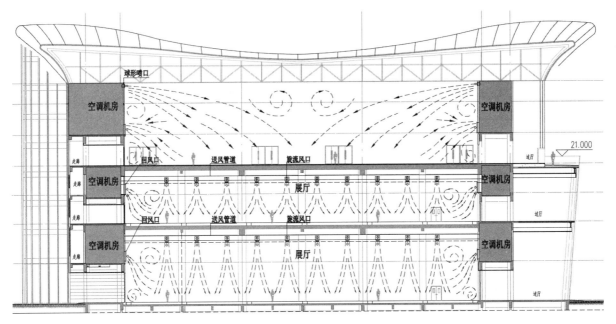

图 5　会展楼气流组织示意图

（2）办公楼空调风系统

办公标准层采用变风量全空气系统，末端为压力无关单风管型送风装置。空调箱根据建筑内外区分设两台，可较好地满足不同的负荷需求。单风管型末端系统初投资低、运行噪声低，同时避免了水管进入吊顶所产生的漏水以及易滋生霉菌的隐患。

为充分利用冰蓄冷所产生的低温冷冻水，本项目采用低温送风方式，空调箱送风出口温度为 11℃，大幅降低了风系统的输送能耗且减少末端设备投资、减小风管尺寸、降低室内相对湿度并可提高舒适度。

屋顶设置转轮式全热交换器，利用空调室内排风集中预冷预热室外新风，节省运行能耗。

2. 空调冷热水系统

（1）本工程由于采用冰蓄冷系统，能源中心（制冷机组）产生的载冷剂乙二醇经分水器分为 4 路，通过板式换热器将冷冻水分别供给会展楼、1

号办公楼、2号办公楼和商业裙房。

（2）板换一次侧乙二醇进出口侧温度均为3.8℃/11.5℃，会展与商业裙房冷冻水设计供/回水温度为6℃/13℃；办公塔楼冷冻水设计供/回水温度为5℃/15℃；冷冻水大温差设计减少了水流量；冬季空调热水板换一次侧供/回水温度为85℃/65℃，二次侧供/回水温度为60℃/45℃。

（3）会展及裙房采用二管制异程式系统，末端空调箱设置动态平衡电动二通阀，风机盘管采用开关式电动二通阀；

由于办公塔楼采用 VAV BOX 送风末端，系统分内外区，故水系统为垂直同程四管制。

六、通风、防排烟及空调自控设计

1. 防烟正压送风系统

按照上海市《建筑防排烟技术规程》DGJ 08—88—2006）中的有关规定和计算方法，地下室及裙房满足条件的封闭楼梯间采用建筑开窗自然通风防烟方式，其余楼梯间及合用前室均设有加压送风系统。在大楼发生火灾时，保证前室有25Pa 正压值，楼梯间有50Pa 正压值。正压风机设在主楼机房层专用风机房内或室外屋顶，合用前室每层设一常闭风口，火灾时打开着火层风口，楼梯间每隔2～3层设一常闭风口，剪刀楼梯每层均设风口且正压送风量是单个楼梯的2倍，风口按地下及地上分别控制，并在总管上设置旁通阀。该系统由消防中心集中控制。

2. 机械通风与排烟系统

（1）地下车库分若干个防火分区，每个防火分区按小于 2000m² 设置防烟分区，采用机械排风兼排烟系统，排风兼排烟风机设置在通风机房内，排风量和排烟量均按6h⁻¹换气次数计算。火灾时由车道自然补风或机械送风。

（2）厕所设置集中垂直机械排风系统，排风机置于屋顶，每层排风水平管上设防火调节阀。

（3）地上走道采用不燃材料装修，且房门至安全出口的距离小于20m，故走道不设排烟系统。

（4）地上需排烟的房间若不满足自然排烟条件的均设置机械排烟系统，排烟量根据房间面积或火灾规模计算确定，大于 500m² 的防烟分区设自然补风系统，补风量不小于排烟量的 50%；采用自然排烟的房间开窗面积大于房间面积的 2%。

（5）设备用房均设置机械通风系统。

（6）地下一层厨房采用自然进风机械排风系统，排风量按 40h⁻¹换气次数计算，设计预留土建排油烟竖井，具体设备由厨房工艺承包商负责，并保证达到净化要求后方可排放。

3. 自动控制

（1）末端空调箱回水管上设置比例式动态平衡阀，根据回风温度，调节机组回水管上的电动二通阀的开度，以维持室温不变。末端风机盘管回水管上设置开关式动态二通平衡阀，根据回风温度，打开或关闭回水管上的动态二通阀，以维持室温不变。通过供回水总管上的压差旁通装置，对冷冻机组及空调水泵进行台数控制，所有控制系统均接入 BAS。空调的回水总管上设置冷热量计量装置。

（2）变风量 AHU 控制：

送风温度控制：根据送风温度与设定值的偏差，用比例积分控制来调节电动二通阀的开度，以保证送风温度恒定，从而达到最佳工作状态。

风机风量控制：为了达到最佳节能效果，AHU 将采用变静压控制方式：

1）设定风机频率的上限和下限，当需求频率位于设定频率的上、下限之间时，风机进入调节状态。

2）对风管静压与设定值的差值进行比较，通过比例积分方式调节风机频率，并且通过计算不断重置风管静压设定值，使风量达到最低水平并避免风量不足，确保 VAV BOX 的开度在 70%～90% 之间。

七、低温送风风口实测

为保证低温送风的效果，防止风口凝露的产生，本工程对选用的低温风口进行了实测比较（见图6）。

凝露性能实验中，取相对湿度 55%、60%、65% 以及相应的设计风量 360m³/h、620m³/h 六种工况。每一工况运行约 2h，观察风口表面凝露状况。实验发现，风量大小对凝露特性基本无影响。在相对湿度为 60% 时并无凝露产生，当相对湿度为 65% 时，面板无凝露产生，风口边条产生凝露。

根据实测结果，在设计工况下运行不会出现

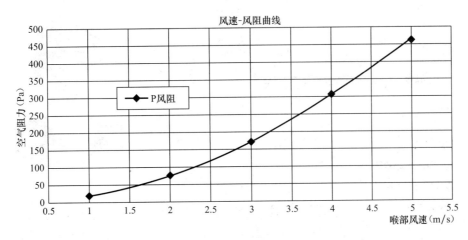

图 6　低温风口阻力随喉部风速变化曲线图

凝露情况。考虑到空调系统在开始启动阶段，室内相对湿度较大，易出现凝露工况，故在风口边条贴保温材料，防止凝露产生。

八、设计体会

上海长风跨国采购中心现已通过竣工验收，空调系统运行良好。该工程运用较多的暖通节能措施，如：冰蓄冷系统及其运行策略的优化、水系统大温差设计、VAV BOX 低温送风系统、办公塔楼风系统全热回收装置以及大空间会展过渡季节 50％全新风运行等措施。在设计阶段，详细比较方案与计算参数，且通过实测验证相关设备性能。对今后的工程设计具有一定的指导意义。

盐城工学院新校图书馆空调工程①

- 建设地点　　盐城市
- 设计时间　　2008 年 4～8 月
- 竣工日期　　2010 年 11 月
- 设计单位　　南京市建筑设计研究院有限责任公司
　　　　　　　[210005] 南京市中山南路 189 号
- 主要设计人　张建忠　陈瑾　杜铭珠
- 本文执笔人　张建忠　陈瑾
- 获奖等级　　二等奖

作者简介：
张建忠，教授级高级工程师，1987 年 4 月同济大学暖通专业研究生毕业，任南京市建筑设计研究院有限责任公司暖通总工程师。代表工程：南京德基广场、南京图书馆、海信黄岛工业园区域空调、南京工程学院图书信息中心、鼓楼医院南扩工程等。主编《江苏省地源热泵系统工程技术规程》等。

一、工程概况

盐城工学院新校区图书馆工程位于江苏省盐城市希望大道盐城工学院新校区内，建筑功能主要以阅览室、图书库、办公室为主。建筑有地下 1 层、地上 8 层、局部 9 层，总建筑面积 38462m²，占地面积 6972.3m²，为一类高层建筑。该图书库的建成，为全校师生提供了高质量、高效率、人性化的文献信息服务平台，满足了全校教学、科研、管理的文献需求。项目因地制宜地采用复合（地埋管、地表水换热器、冷却塔）地源热泵空调系统。该项目为 2008 年住房和城乡建设部绿色建筑和低能耗建筑"双百"示范工程，获 2008 年度江苏省节能减排（建筑节能）专项引导资金 296 万元资助。该项目于 2010 年建成并投入使用，具有显著节能减

排效果，取得了良好的社会经济效益。

二、工程设计特点

在围护结构 50％节能指标体系基础上，选择性强化部分围护结构保温隔热性能、灵活利用建筑形体，产生有效的外遮阳效果。充分分析研究项目可再生能源资源条件，综合考虑功能、节能、节水、经济、可靠等因素，因地制宜确定了空调方案，首次采用地埋管换热器、地表水换热器与冷却塔复合地源热泵空调系统，优化常规室内系统设计。经计算，项目综合节能率大于 65％。

1. 设计特点

（1）环绕图书馆有一条天然光荣河和一条人工河湖，分别从图书馆东北侧和西北侧流向南侧汇合。湖面宽度在 6～40m 不等，可利用湖水面积约为 17840m²，水深 2～3.5m 不等，其中水深 3.5m 的湖面面积约 3280m²。水体蓄水体积 33180m³。结合当地气候、地质与地表水水文条件，本项目采用地埋管换热系统＋闭式地表水换热系统与冷却塔相结合的复合地源热泵空调系统。为确保冬季供暖效果，以冬季设计计算热负荷设计地埋管换热系统，充分利用地表水资源，采用 U 形闭式地表水换热系统，夏季辅助冷却，初冬可以辅助供暖，具有很好的调节岩土体热平衡能力。闭式地表水换热系统规模充分考虑了水体的

建筑外观图

① 编者注：该工程设计主要图纸参见随书光盘。

有效承载能力与水体环境保护要求。闭式地表水换热系统的应用，既提高了岩土体的热平衡能力与地源热泵系统能效，同时最大限度地节省自来水，改善图书馆外部热环境。

（2）地埋管换热系统各换热器单元直接与设于窗井内的分集水器连接，进出水管同程布置，提高了系统可靠性。U形闭式地表水换热器20个单元同程并联为一组，各换热器单元组以同程方式与集管连接，便于水力平衡。

（3）设计采用空气处理机组、新风机组变水量与风机变频控制结合方式，最大限度地减少末端设备能耗；

（4）结合项目管理等条件，空调水系统供回水设计温差取6℃，比传统设计减少水泵额定功耗16%，同时可较好地满足水力调试与平衡等要求。

（5）排风能量回收、人员密度变化大的公共场所新风量按需（根据CO_2浓度）控制技术应用。

（6）冷却塔冷却系统独立对应一台冷水机组，保证地埋管、地表水换热系统水质，避免采用中间换热或闭式冷却塔，减少中间能耗，节省系统造价。

2. 创新性

（1）综合分析项目浅层地热、地表水、空气源资源条件，合理评估地表水热利用资源量，优化组合地埋管、地表水换热器、冷却塔复合换热系统，首次采用地埋管、地表水换热器、冷却塔复合地源热泵空调系统，最大限度节能、节水、改善建筑外部热环境。复合换热系统具有灵活可靠的岩土体热平衡调节能力，保证系统持续高效运行。

（2）在试验与数值模拟计算分析的基础上，选用U形地表水换热器单元，以提高系统换热效率，同时最大限度地减少对水体的热环境影响；制定了闭式地表水换热系统敷设安装工艺。

（3）以系统能效与岩土体热平衡为目标，制订复合地源热泵系统运行策略。

三、设计参数及空调冷热负荷

1. 室外计算参数（参见盐城地区气象参数）

2. 室内设计参数（见表1）

3. 空调冷热负荷

盐城工学院新校区图书馆空调工程总建筑面积38462m²，夏季空调设计计算冷负荷为3742kW，冬季空调设计计算热负荷为2268kW，上述空调冷热负荷考虑了不同功能房间空调使用时间的差异性，计算时取负荷系数为0.8。

室内设计参数　　　　　　　　　　表1

空调房间	室内温度（℃）		相对湿度（%）		新风量 [m³/（h·人）]	噪声指标 [dB(A)]	空气含尘溶度 (mg/m³)
	夏季	冬季	夏季	冬季			
图书阅览	26	20	40～65	>30	30	40	≤0.15
办公	26	20	40～65	>30	30	45	≤0.15
书库	27	18	40～65	>30	10	45	≤0.25
电子教室	26	20	40～65	>30	20	45	≤0.15
门厅	28	18	40～65	>30	10	50	≤0.25

四、空调冷热源设备与复合换热系统

1. 冷热源主机

该项目采用复合地源热泵空调系统，冷热源主机总装机容量（设计工况）：制冷量为3830kW，制热量为2700kW。选用2台高效螺杆式水源热泵机组和1台高效螺杆式冷水机组，水源热泵机组额定制冷量为1230kW，制热量为1350kW，冷水机组额定制冷量为1370kW。设计工况条件下，夏季空调供/回水温度为6℃/12℃，冷凝器进/出水温度分别为30℃/35℃；冬季空调供/回水温度为45℃/39℃，蒸发器进/出水温度分别为10℃/5℃。

2. 复合换热系统

项目源侧换热系统由地埋管换热系统、地表水换热系统与冷却塔换热系统复合组成。

（1）地埋管换热系统

地埋管换热系统规模以满足项目冬季热负荷为依据。根据地质勘查与岩土体热响应报告分析，采用垂直单U埋管换热器形式，换热器单元采用公称直径为32mm的HDPE-SDR11系列优质高密度PE管制作。换热井钻孔设计有效深度为80m，实际钻孔深度为81.6m，换热井间距为4m×6m。换热器单元每延米冬季计算取热量为$q_0=43$W/m，夏季计算释热量为$q_k=55$W/m。地埋管换热器单元数量为590个，地埋管换热系统占地近15000m²。换热器水平集管埋深为−1.6m。各换热器单元直接与设于窗井内的分集水器连接，进出水管同程布置。地埋管换热系统分两个回路与热泵机房内地源侧分集水器连接。

（2）地表水换热系统

建筑相邻有既有河道与人工湖（邻近区域水面约5000m²，水深3.5m左右的区域3280多m²，夏季水温24～31℃，冬季水温4～12℃），取水深3.5m左右区域水体作为有效低温热源体。出于时水环境保护与便于学校日常管理需要，采用U形闭式地表水换热器形式，每个换热器单元由长75m、公称直径为32mm的HDPE-SDR11系列优质高密度PE管制成，锚固于距离湖床200～300mm位置。每20个换热器单元同程并联为一组，每8个换热器单元组以同程方式与集管连接形成一回路连接至地下热泵机房地源侧分集水器，地表水换热系统由两个独立回路组成，共有320个换热器单元，换热管长度达24000m，设计最大释热能力达912kW（地表水温度26℃、换热器出水30℃）。另外，地表水换热系统在湖水温8℃以上可有效取热。地表水换热系统规模按人工湖体条件与岩土体热平衡需要确定。

本项目地表水换热器释热量夏季引起湖水最大计算周温升为0.375℃，符合《地表水环境质量标准》GB 3838中人为造成的环境水温变化限制在周平均最大温升<1℃的规定。

（3）冷却塔辅助冷却系统

项目设计计算冷负荷约为设计计算热负荷的1.6倍，系统夏季设计计算排热量约为冬季设计取热量的2.5倍，系统设1台额定冷却水量为300t/h的开式冷却塔直接与一台冷水机组冷凝器对应，保护地面管、地表水换热器内水质，又避免中间换热损失，节省系统造价。

（4）复合换热系统运行策略

冬季原则上全部依靠地埋管换热系统取热，根据历年运行数据，在有利提高系统整个冬季制热效率的前提下，在初冬可以启用地表水换热系统取热；根据主机冷凝器进水温度及系统能效，确定地埋管换热器、地表水换热器、冷却塔运行的时段。夏初优先运行冷却塔与地表水换热系统，根据换热器出水温度与系统能效优先原则确定启用冷却塔还是地表水换热系统，盛夏一般优先启用地埋管换热系统。系统运行控制策略的目标是系统全年能效最高与岩土体热平衡。

五、空调系统形式

1. 空调风系统

空调系统原则上按使用功能及防火分区划分为若干系统，其中入口门厅、过厅、阅览室及书库等大空间采用低速风道送风空调方式，新风及回风混合后经末端空调器处理送至室内，气流组织采用上送上回方式，办公室、会议室、研究室及教室等房间采用风机盘管加新风系统，新风经各层新风机处理后送至室内。

2. 空调水系统

空调水系统为一次泵二管制变水量系统。通过设置在冷冻机房内的集分水器将水系统分为4个独立的子系统，冷热媒水立管异程布置，水平管同程布置。于集水器汇合的各路回水管均设平衡调节阀与温度计，便于系统平衡调节和各管路流量检测。空调系统循环水采用循环水旁流处理器进行水质处理。采用设置于热泵机房内的自动补水、排气定压装置实现空调水系统定压和补水。

六、通风、防排烟及空调自控设计

1. 通风系统

各房间通过送新风及排风实行通风换气，以满足新风量要求与卫生标准，设备用房根据降温、降湿及卫生要求确定通风换气量。具体各房间通风换气量如表2所示。

主要房间通风换气次数　　　表2

房间名称	送风量	排风量	房间名称	送风量	排风量
汽车库	自然进风	6h⁻¹	一层书库	2h⁻¹	2.8h⁻¹
制冷机房	自然进风	4h⁻¹	消防水泵	3h⁻¹	4h⁻¹
电梯机房	自然进风	10h⁻¹	变配电间	6h⁻¹	8h⁻¹

2. 防排烟及防火设计

（1）空调通风系统按使用功能及防火分区划分为若干系统，风管穿越防火分区及变形缝等处设防火阀。

（2）不满足自然排烟条件的楼梯间及合用前室均按规范要求设置机械加压送风。

（3）防烟楼梯间加压送风口采用自垂式百叶风口，隔2层布置。火灾时，根据消防信号，启动正压送风机进行送风。前室加压送风口采用多叶送风口，每层设置，常闭，火灾时，电信号打开着火层及其上下层的多叶送风口，联动开启正压送风机，维持一定正压。正压送风机均布置在主楼屋面。

（4）不满足自然排烟条件的内走道采用机械排烟。设两个竖向排烟系统，多叶排烟口设于排烟竖井侧壁上，平时关闭，火灾时，根据消防信号打开着火层排烟口，并联动排烟风机排烟。排烟温度＞280℃时，排烟防火阀联动排烟风机关闭。就近离地1.5m处设置手动开启装置。

（5）中庭采用机械排烟，其排烟量按其体积的$6h^{-1}$换气次数计算。

（6）地上其他房间和走道均采用自然排烟，可开启外窗面积大于房间面积的2%。

七、心得与体会

（1）运行效果。根据江苏省民用建筑能效测评机构测评报告，水源热泵机组实测制冷能效比（EER）为5.66，制热系数（COP）为4.55，夏季系统能效比3.41，冬季系统制热系数3.15。建筑综合节能率为68.86%。项目已通过住房和城乡建设部和江苏省住房和城乡建设厅组织的专项验收。

（2）江苏省境内及类似气候区，公共建筑地源热泵系统设计工况计算释热量明显大于取热量，全年累计计算释热量与取热量差值更多达3倍左右。除非建筑规模小（单体别墅等），宜采用复合地源热泵系统，并以冬季制热需要确定岩土体换热系统规模，采用地表水、冷却塔等方式作为夏季辅助冷却措施，可以显著减少地源热泵系统造价，又容易实现岩土体热平衡，实现可持续高效运行。复合地源热泵系统是江苏省及类似气候区较合理的技术选择。

（3）江苏境内地表淡水资源丰富，但除水深达5～6m以上的湖体、长江水以外，一般水体水温难以适应整个冬冷供热需要，除非闭式换热器内加注防冻液。由于存在泄漏危险，一般水体不允许使用闭式地表水换热器内加注防冻液的方法。也有许多地表水体适合作为地源热泵系统夏季冷源及系统初冬或冻末的辅助热源。单一的地表水地源热泵系统，必须对地表水体作充分的勘察评估，既要满足全年高效制冷供热需要，又要满足水体环境保护的要求。

（4）地源热泵系统水侧工况切换（供冷、供热）阀门的密闭性是保证系统运行效率的关键因素之一，较大工程由于操作空间限制，难以安装关闭性较好的闸阀或截止阀，选择具有双向密闭功能的蝶阀或设两道关闭阀，可以提高工况切换的可靠性，而单一的电动蝶阀难于长期满足密闭要求。

（5）地源热泵系统一般冬夏季采用同一组水泵，选用变频水泵可较好地适应不同工况条件下不同循环水流量需要，可以明显减少水泵功耗，提高系统全年能效。

东丽织染（南通）有限公司 W 工场恒温恒湿空调设计①

- 建设地点　　南通市
- 设计时间　　2010 年 5 月～2010 年 8 月
- 竣工日期　　2011 年 6 月
- 设计单位　　南通勘察设计有限公司
　　　　　　　[226006] 南通市洪江路 168 号
- 主要设计人　杨晓宏　吴志华　纪铭敏
- 本文执笔人　杨晓宏
- 获奖等级　　二等奖

作者简介：

杨晓宏，1963 年 10 月生，高级工程师，1984 年毕业于西北建筑工程学院（现长安大学）供热及通风专业。现工作于南通勘察设计有限公司。主要代表作品：南通文峯大世界、南通电视台、南通国宾馆、南通汇金国际、五洲国际（南通）、东丽 TSD 等。

一、工程概况

东丽 TSD W 工场恒温恒湿空调项目位于南通国家经济开发区。总建筑面积约 22000m²，车间为单层大型厂房，恒温恒湿空调面积为 11310m²，东丽公司为全球 500 强企业，是世界第一的纤维公司，W 工场的织布及织准车间年产 1300 万 m 东丽高技术产品 TOREX（东丽特丝），伦敦奥运会中国代表团"冠军龙服"面料即为该工厂生产，其织机及其他设备均为代表当今世界最先进水平的丰田和津田驹电脑全自控机型。喷

建筑外观图

水织机所用的材料为 7d～20d 的超细特丝，为 100％再生纤维，对温湿度特别敏感，要求温度偏差≤1.5℃，相对湿度偏差≤2％，否则易出现次品，织机报警自动停机。由于该工场一年四季全

天 24h 不停运转，工艺对温湿度要求严格，一旦大面积停机将造成巨大损失。

W 工场分织布、织准车间及配套办公室、检查室、原料库等附属用房，织布、织准设置全空气淋水式恒温恒湿空调系统，其冷、热源由设在工厂其他区域冷冻站和自备热电厂供给；办公室及附属用房面积小而分散，使用时间不一，故设置局部空调。

二、工程设计特点

1. 解决了大空间厂房高精度恒温恒湿的难题

本次设计的 W 工场项目恒温恒湿空调面积达 1 万 m² 以上，车间最高处为 9m（准备车间不吊顶）左右。车间以轻型围护结构钢构为主，热惰性较小，过渡季大量使用室外空气除湿降温，这些因素都对温湿度控制产生极为不利的影响，而该工场每天 24h 运转，每年仅有春节 3～4d 停机时间，要求在生产期间任何时候其温湿度必须满足：温度要求偏差小于±1.5℃，湿度偏差要求小于±2％以内，一些专业公司在之前同类型的车间只能将相对湿度控制在±3％左右，在气候改变时（尤其在过渡季节大量使用新风时）温、湿度严重失调。此次空调设计人员认真研究了以往失败的控制案例，改变了"恒定机器露点控制空气含湿量，再通过变频器调节送风量从而控制室内温度、相对湿度自动耦

合"的控制方案。经现场 4 个季节反复试验，收到了预期的效果，在织布车间设置 4 个测点、织准车间设置 2 个测点，实测表明温度偏差均小于±1.2℃、湿度偏差均小于±2%，从根本上解决了这类生产工艺要求的尤其是湿度精度过高的难题。

2. 节能

恒温恒湿车间往往既需要除湿，又同时要满足升温要求，所以很多类似项目只好一边不停制冷，一边又要不停加热，造成了冷、热抵消，很不节能。本项目既充分利用新风自然能除湿降温，又使用变频及旁通装置调节室温，避免在人工制冷除湿时还需使用再热器升温造成的双重能源浪费。

3. 其他设计特点

（1）春秋季节不使用制冷和加热装置，仅通过调节新、排、回风窗的开度就能实现温湿度调节，这一思路以前往往较多地停留在理论上，工程实践中很难实现，此次使用气—电比例调节器和气缸式气动执行机构产生 $F \geqslant 50$kg 的推力，改变了传统做法上使用扭转式电动（气动）执行机构扭矩不足，容易卡死的问题、使得大面积风阀（$F \geqslant 9m^2$）实现 PID 调节变得现实可靠。

（2）由于东丽 TSD W 工场供冷站设在其他区域，冷水管道输送距离较远（单程达 1km），故采用双级四排喷淋泵，提高喷淋效率，增大供回水及送风焓差，供回水温差夏季高温季节实测达 10℃ 以上。大幅减少了水风系统输送能耗，并节省了管路材料。

（3）送风段使用离心风机，改变了纺织厂送风段使用轴流风机较多的传统做法，降低了噪声、便于维保，提高了风机效率、离心风机 4-82 型 $\eta \geqslant 85\%$，而轴流风机一般为 75%，考虑到回风段压差较小，以及轴流风机作回风机便于排风和回风调节的有利因素，当然更主要的是由于占地面积的限制，回风段使用轴流风机。

三、设计参数及空调冷热负荷

1. 室内计算参数（见表 1）

室内计算参数　表 1

房　间	冬夏相对湿度（%）	夏季室内温度	冬季室内温度	春秋季室内温度
织布室	78±2%	(22~24)℃±1.5℃	(18~22)℃±1.5℃	(20~24)℃±1.5℃
织布准备室	73±2%	(22~26)℃±1.5℃	(18~22)℃±1.5℃	(20~26)℃±1.5℃

2. 系统风量、冷热负荷、水量指标（见表 2）

系统风量、冷热负荷及水量指标　表 2

项　目	织布间	织布准备间	备　注
（1）给定条件			
空调面积（m²）	5870	5440	
（2）动力负荷	960	250	
（3）夏季室内冷负荷湿负荷			
室内冷负荷合计（kW）	1031.46	239.01	风机负荷在 h-d 图上以风机温升表示
室内湿负荷（kg/h）	688.58	6.5	
（4）冬季室内热负荷湿负荷			
室内热负荷合计（kW）	−533.16	+89.2	
湿负荷（kg/h）	687.26	4.73	
（5）送风量、冷热量、水量计算	织布间	织布准备间	
送风量（m³/h）	267586	149698	详见附表 h-d 图计算结果
耗冷量（kW）	1230	421.5	详见附表 h-d 图计算结果
耗热量（kW）	492	312.5	详见附表 h-d 图计算结果
冷水量（m³/h）	67×2	36	详见计算书
夏季喷淋水量（m³/h）	157×2	177	详见计算书

四、空调冷热源及设备选择

1. 冷源

本项目（W 工程）空调冷负荷为 1651.5kW；Y 工厂及工艺用冷负荷为 3945kW。总耗冷量为 5596.5kW，设计选用 2 台 750USRT、10kV 离心机组，选用高压离心冷水机组主要有以下两个原因：

（1）W 和 Y 工厂织机发热形成的冷负荷均占总冷负荷 80% 以上，工场 24h 满载运行，冷量稳定，即使在过渡季节也没有部分负荷低于 30% 的现象，而这正是离心式冷水机组发挥高效运转的场合。

（2）10kV 的高压对工厂来说无论从管理还是使用上均不困难，而高压离心式机组可以大幅度降低电机运转电流、减少电气设备发热，降低开关触点温度、减少故障率，其节电和可靠性十分明显。

2. 热源

由东丽 TSD 内部热电厂提供 0.6MPa 的余压蒸汽。

五、空调系统形式

该项目每个季节工况变化均较复杂，单独使用表冷装置无法满足要求，且由于织布和织准车间内使用的超细特丝原材料中浆料过多，不宜使用表冷器。

故本设计采用全空气淋水式恒温恒湿空调系统，设置双级 4 排喷淋室 3 座，通过调节水温不仅可以满足除湿和加湿等工况需求，而且双级 4 排喷淋系统提高了喷淋效率，增大供回水温差（实测达 10℃以上）及送回风焓差，减少了水风系统输送能耗。因温湿度控制精度较高，空调室中还设置了二次回风，新、回、排风系统控制阀比例调节，送、

回风机变频等众多节能和满足工况需求的调节手段。冬季热量不够时由设置的加热器补充。

六、通风、防排烟及空调自控设计

（1）车间内设置新风、排风系统、织布车间最小新风保证量为总送风量的 6%，织准车间因为有局部排风，故为 12%，过渡季节为节省制冷能耗，在保证温湿度的前提下大量使用新风除湿降温。

（2）防排烟系统单独设计，由于本建筑为丙类封闭式无窗厂房且人员及可燃物较多，两个车间面积均超过 5000m²，故厂房内均设置机械排烟系统，织布车间防烟分区采用吊顶下凸出 500mm 不燃烧体分隔。织准车间高度超过 6m 不划分防烟分区，排烟量按相关规范执行。

（3）空调自控系统。制冷站采用西门子 PLC 控制器，根据工艺和自控编程人员确定的控制逻辑分别对水泵、主机、冷却塔运行台数实现自控，对水池水位设置报警及停机、停泵等联锁功能。空调室采用瑞士 saia DDC 控制器，所有空调室 DDC 控制器与值班室内总控制器实现通信、报警等功能，其控制逻辑见表 3。

自控和系统节能设计特点说明　　　　　　　　　　　表 3

季节划分	控制手段	图解	节能方法
由新风温湿度传感器测定室外温湿度后，系统自动计算新风焓值和露点温度，作为工况区域划分和控制的条件	项目设计有室外新风温湿度检测传感器、室内温湿度检测传感器；新风、回风、排风采用气动风阀执行器自动控制；蒸汽采用气动二通阀 PID 调节；冷冻水采用电动二通阀 PID 自动控制；送、回风采用变频器进行控制等		由于该车间常年散热散湿量较大，为解决工艺性恒温恒湿空调易出现冷热抵消问题，利用自然能除湿、降温
夏季 室外高温高湿，外气焓值明显高于室内，$h \geqslant h_N$，此时认为进入盛夏	新风阀及排风阀开启至最低限度 10%，回风阀开启 90%。首先控制程序通过车间温湿度算出露点温度，此温度与设定的温湿度对应的露点比较，通过冷水阀的开度调节使其接近，当测得的车间露点落在设定值的有效区域内时，冷水阀的开（闭）度变成通过测得的室内相对湿度与设定的相对湿度直接比较来确定，根据生产工艺的要求，均按湿度优先的原则控制，当湿度已满足要求、温度仍然过高时，通过增大送、回风变频器频率来实现调节；当温度过低时，则增大二次风阀（旁通阀）开度以及降低风机频率来实现		1. 夏季高温季节 $h \geqslant h_N$ 时，新风量在只保证卫生和调节精度要求的前提下降到最低 2. 当为了除湿而导致车间温度过低时，降低送、回风机频率或使用二次旁通，避免使用再热器而引起冷热抵消并大幅减少风系统输送能耗

续表

季节划分	控制手段	图　解	节能方法
过渡季节 当室外焓值明显低于室内设定值，且露点温度≤室内露点设定值时，即认为室外空气具有明显降温降湿功能，则按过渡季节程序执行温湿度控制	充分利用新风去湿降温功能，室内湿度决定新风阀的开度（回风阀、排风阀连锁动作），若新风阀开度达到100%仍不能满足温湿度要求时，则冷水阀再根据车间湿度需求 PID 调节开启度，送、回风机根据设定的温度要求自动改变频率，但最低频率必须保证工艺性空调所要求的换气次数（本项目按≥5h^{-1}），同样亦可改变旁通阀开启度满足室温要求，织布车间仍然以去湿为主、织准车间需适当开启喷淋泵加湿	变频频率 100% · 70% · 40% SP—设定值　PB—调节带 SP-PB/z　SP　SP+PB/z　车间温度	1. 尽量利用过渡季节的低温干燥空气除湿，减少冷冻水使用量，充分利用自然能。 2. 温度过低时二次旁通或变频，避免使用再热器
冬季 室外温度及焓值低于冬季室内设定值，当新风阀开度加大时，温湿度明显下降，则按冬季控制程序执行	新风阀、排风阀开度最低（10%），回风阀（90%），循环水绝热加湿，喷淋泵开停由室内湿度大小决定，加热器气动阀开度由车间温度 PID 控制。对于织布车间冬季较多时间余热余湿仍然存在，故当室内温度比设定值高时，首先确认蒸汽阀已关闭，其次新风阀根据温度偏差自动调节开启度。对于准备车间在室内温度较低时，风阀关到最低限，仍然下降时再开启蒸汽阀	气动阀开度 100% · 50% · 0% SP-PB/z　SP　SP+PB/z　车间温度	1. 织布车间尽量使用室外干风降温，控制喷淋泵开停台数调节湿度（水泵如果变频时，其雾化压力不够，效果不理想）。 2. 准备车间冬季减少新风使用，以少开蒸汽阀。控制喷淋泵开停台数调节湿度

七、心得与体会

（1）该项目 2011 年运行至今已 4 年，期间每天均 24h 运转，实际运行效果理想，车间温度偏差≤±1.2℃，相对湿度偏差≤±2%。

（2）根据建设方提供的该项目各部分耗电量及耗冷量的实际计量值，通过表 4 分析可以看出，该项目空调系统及自控模式在满足工艺严格的温湿度要求条件下均实现了大幅节能。

能耗分析表　　　　　　　　　　表 4

W 工场（织、准）空调用风机、水泵耗电量分析	夏季最热月（7 月）风机、水泵总理论电耗（kW）	$N=(37+30+18.5+11)+(37+30+15+11)\times2=282.5$kW $N'=0.8N=226$kW，其中 0.8 为风机、水泵电机功率安全系数 耗电量 $=226\times31\times24=168144$kWh	织布、织准车间 24h 使用，由于送、回风机、回水泵均采用变频方式，喷淋泵也采用了台数控制（为保证雾化效果，不宜变频）故实际耗电量仅为理论值的 $81224/168144=48.3\%$，可见变频器的使用，使得节能效益明显
	夏季最热月（7 月）风机、水泵实际电耗（kW）	来源于实际电表计量 织布：54902kWh 准备：26322kWh 合计：81224kWh	
W 工场（织、准）耗冷量分析	夏季最热月理论计算耗冷量	织布：1230kW 准备：421.5kW 合计：1651.5kW	7 月份（最热月）实际使用冷量基本等于理论计算最大值但由于围护结构传热形成的冷负荷远小于机器发热形成的冷负荷，故 5、6、7 月份车间冷负荷变化不会太大，而根据东丽 TSD 提供的数据显示，5、6 月份需冷量明显低于 7 月份，显然是由于使用了大量新风去湿、降温所致
	夏季最热月实际（平均值）耗冷量	按使用方的计量方法平均折合为 $14330/31=462.3$USRT $462.3\times3.52=1627.30$kW	

结论：上述分析中采用的建设方 W 工场各部分耗电量及耗冷量完全来源于实际计量值，真实有效。从中可以看出，该空调及自控模式在满足工艺严格的温湿度要求条件下均实现了大幅节能。

（3）项目实际运行状态下遇到的问题及其解决办法：

1）调试初期 K2 空调室（织机车间）温湿度漂移现象严重，反复检查空调工艺和控制系统无果，后将温湿度传感器屏蔽线屏蔽层从接地排上拆下，该现象即消失。原因为工厂电气接地系统复杂，接地后反而对温湿度传感器造成干扰，后单独重做接地系统，问题解决。

2）准备车间部分设备排风系统工艺图设计时单独隔开封闭，但实际运行时并没有实施，造成车间补风量过大，尤其是冬季原设计加热器加热量不够，车间温度偏低，将该部分重新封闭、与大车间隔断后单独送排风，冬季织准车间温度达到工艺要求。

山东交通学院长清校区图书馆一区的空调设计①

- 建设地点　　济南市
- 设计时间　　2008 年 1～6 月
- 竣工日期　　2011 年 2 月
- 设计单位　　山东建大建筑规划设计研究院
　　　　　　　[250013] 济南市历山路 96 号
- 主要设计人　王光芹
- 本文执笔人　王光芹
- 获奖等级　　二等奖

作者简介：

　　王光芹，1970 年 4 月生，工程技术应用研究员、设备专业总工程师。1994 年毕业于山东建筑工程学院（现山东建筑大学）供暖通风与空气调节专业。现就职于山东建大建筑规划设计研究院。主要设计作品：威海职业学院体育馆、游泳馆空调设计、第十一届全运会辅助用综合训练馆空调设计、山东交通学院长清校区图书馆一区的空调设计、东明县人民医院新院区门诊办公综合楼、医技楼、病房楼的空调设计等。

一、工程概况

　　本工程为山东交通学院长清校区图书馆一区，位于山东交通学院长清校区中轴线上，东侧为校园景观的中心主题广场，西侧为滨水广场与人工湖。本工程由阅览、特藏文献室、网络机房、会议室及设备用房组成，图书馆藏书量为 90 万册。

　　本工程总建筑面积 22658.54m²，建筑基底面积 3956m²，建筑高度 31.65m。地下 1 层，地上 6 层，局部 7 层。建筑类别为二类；其耐火等级为地上二级，地下一级。建筑结构形式为混凝土框架结构；建筑结构的类别为丙类；合理使用年限为 50 年；抗震设防烈度为六度。

建筑外观图

二、工程设计特点

　　本工程按绿色生态建筑设计，考虑了多种节能和环保措施，不仅仅有自然通风，而且引入了地道风，考虑了天然采光和遮阳措施；地道风夏季送风温度（考虑风机温升）范围 22～27℃，绝大部分时间均满足新风送风温度要求；冬季地道风送风温度范围为 8～12℃，地道风只能起到新风预热的作用；过渡季地道风的送风温度 13～20℃，可以通过加大地道新风量来进行室内降温。这样可大大节省新风能耗。中庭部位采用盆栽及地表直接种植方式将绿色植物引入室内，增加人的绿视率，调节空气湿度，净化室内空气，有利于人体健康。

　　本项目采用地源热泵系统加电制冷方式，制冷机房位于报告厅地下一层，设置两台地源热泵机组和一台螺杆式冷水机组，夏季提供 7℃/12℃ 的冷冻水，冷却水温度为 30℃/35℃，冬季地源热泵机组提供 40℃/45℃ 的热水。该机房为图书馆一区、报告厅、文体馆共用。文体馆为十一届全运会拳击比赛场馆，全运会比赛结束后文体馆作普通文艺及体育场馆使用，其大空间空调在非重大比赛或重大活动时不会开启，周边办公区域的空调平时也基本不会使用。因此，若单独给文

---

①　编者注：该工程设计主要图纸参见随书光盘。

体馆一套冷热源系统，势必造成较大的资金浪费，而且使用率极低。在这种特殊情况下，考虑文体馆和图书馆共用一套冷热源系统，重大活动时尽量避开图书馆开放时间，也可关闭部分图书馆冷水供给文体馆，这样工程总负荷可去除文体馆负荷，使得主机装机容量有所降低，室外地埋管量也可节省一大部分投资。

地源热泵冷热平衡规划合理。根据建筑逐月负荷特性，报告厅及图书馆在4、5月份及9、10月份时冷负荷相对较小，且基本无供暖负荷，故可采用自然通风策略保证室内的舒适。则地源热泵在寒暑假各停用一个月（2月、8月）的基础上，同时在4月、5月、9月、10月利用自然通风，尽量停用热泵机组。为了达到冷热平衡的目的，关键是要减少过剩的冷负荷，加强自然通风，减少空调时间及稍延长暑假停机时间是解决问题的最可行办法。同时，夏季地道风的使用以及在设备选型时考虑更多的空调不保证小时数可以进一步减小冷/热负荷比。同时，为了实现更好的平衡性，本建筑使用普通冷水机组进行调峰，将夏季部分热量通过冷却塔散到空气中去，冷水机组的容量占总装机容量的1/5。另外，在地下装温度表逐年反馈地温变化情况，以便及时对冷却塔机组的运行时间进行调整。

室外地埋管埋设在西侧滨水广场下，场地面积较大，足够进行地下埋管，根据地质、位置情况采用水平埋管和垂直埋管相结合的地下耦合系统。西侧人工湖为天然大坑，作为水平埋管区域，在大坑内湖底标高之下水平埋设换热管，省去了大量开挖

工作量，有效利用现有资源，节约了初投资。

自然通风设计：减少冬季供暖与夏季空调能耗，在过渡季节通过自然通风改善室内舒适性是设计解决的主要问题。

图书馆中庭的四周，二层以上设防火玻璃隔断，二、三、四层防火玻璃隔断上部设电控通风百叶，百叶斜向上开，图书馆中庭的屋顶上设有采光天窗，天窗采用外百叶遮阳。天窗侧面设有电动开启的高窗，天窗上部设有可电动开启的拔风烟囱，图书馆中庭东侧两部楼梯的顶部，各设一个可电动开启的拔风烟囱。

运用热压原理，在过渡季开启门窗，使用拔风烟囱引入室内新风，创造良好的自然通风效果，夏季关闭窗户，将温度较低的地道风引入室内，利用拔风烟囱将图书馆中庭顶部的热空气导出，为学生创造宜人的读书环境。

三、设计参数及空调冷热负荷

1. 室内外设计参数

夏季：空调计算干球温度：34.8℃，湿球温度：26.7℃，通风计算温度：31℃，大气压力：998.5hPa。

冬季：空调计算温度：−10℃，相对湿度：54%，供暖计算温度：−9℃，通风计算温度：−2℃，风速：3.2m/s，大气压力：1020.2hPa，最大冻土深度：44cm。

2. 室内设计参数（见表1）

室内设计参数   表1

房间名称	夏季		冬季		新风量 [m³/(h·人)]	排风量或新风小时换气次数（h⁻¹）
	温度（℃）	相对湿度（%）	温度（℃）	相对湿度（%）		
教室	25~27	≤65	18~20	≥30	20	
办公区	26~28	40~65	18~20	40~60	30	
阅览室	26~28	40~65	18~20	40~60	20	
会议室	26~28	40~65	18~20	40~60	20	
大厅、大堂	24~28	40~65	18~20	40~60	15	
走道	25~27	≤65	18	≥30	15	
公共卫生间	27~28		16~18			5~10
特藏库	12~24±2	45~60	12~24±2	45~60		
网络机房	26~28	40~65	18~20	40~60	20	

本项目图书馆一区设计冷负荷为1574kW，设计冷指标为76W/m²；设计热负荷为776kW，设计热指标为37W/m²。

四、空调系统形式

本工程一～六层采用风机盘管加新风系统，每层设置两台新风机组，分别负担两个防火分区，在防火分区两侧均设70℃的防火阀。其中一～三层新风系统采用地道风系统，夏季地道风送风温度范围为22～27℃，绝大部分时间均满足新风的送风温度要求；冬季地道风送风温度范围为8～12℃，地道风可以起到新风预热作用，通过新风机组加热满足送风温度要求，过渡季地道风的送风温度13～20℃，可以通过加大地道新风量来处理室内冷负荷。四～六层新风系统直接从室外取新风，通过和室内排风热交换后经新风机组处理满足室内温度要求后送入室内。

七层大会议室采用全空气系统，采用卧柜式空气处理机组，直接从室外引新风和回风混合，气流组织为双层百叶顶送，单层百叶回风口顶回。考虑过渡季节，采用双风机。

特藏文献室和网络机房设独立冷源的恒温恒湿空调机组。

消防控制中心设分体式空调。

五、通风、防排烟及空调自控设计

1. 通风

中庭利用拔风烟囱自然通风；卫生间的排风设集中排风竖井；在排风竖井的上方（七层屋面）设有P-3排风机；房间内设金属排气扇接镀锌铁皮风管至竖井，机械排风，走廊补风；电梯机房设机械排风系统P-1和P-2，换气次数为10h⁻¹；地下室人防平时设P-1，P-2两套排风系统。战时设两台DJF-1型电动脚踏两用风机，滤毒通风时用一台。

2. 加压送风

仅对防烟楼梯间加压，设SJ-1，SJ-2，SJ-3，SJ-4，共4个系统；楼梯间加压送风口为自垂百叶，每隔一层设一个送风口。送风机出口处设止回阀，火灾时由消防中心开启加压送风机，风由加压竖井进入楼梯间。

3. 排烟系统

在长度超过20m的内走道、净空高度超过12m的中庭及面积超过50m²的地下室均设置机械排烟系统。排烟风机设在七层屋顶上。当某处失火后，由消防中心发出信号打开该处的排烟口（也可手动就地开启）；联锁排烟风机启动进行排烟，当温度达到280℃时，排烟防火阀熔断关闭并发出联锁信号停止对应的排烟风机；地下室人防设PY-1，PY-2两套排烟系统，设SY-1补风系统；通风空调系统横向均按照防火分区设置。风道穿越防火墙、机房、变配电等重要房间及垂直风道与每层水平风道交接处，设70℃熔断关闭的防火阀；发生火灾时，消防中心应能立即关停着火区域所有的通风空调设备（火灾时补风用除外），启动相关的防排烟系统。

六、心得与体会

本项目设计认真贯彻国家有关方针政策，特别是为贯彻执行节约资源和保护环境的国家技术经济政策，采用了可再生能源地埋管地源热泵系统、地道风设计、自然通风塔设计等绿色设计节能措施，为推进建筑行业的可持续发展做出了表率。

本工程自2011年02月投入运行以来，空调系统运行正常，运行能耗较同类建筑降低40%以上，年耗电量仅为14kWh/(m²)，供暖耗煤量为7.8kgce/(m²·a)。

但是在运行过程中，为满足卫生要求，地道本身必须保持清洁，防止污染，送往房间的地道风要事先经过过滤或通过活性炭吸附装置再送到房间。要时常清洗过滤网或活性炭，否则会恶化室内空气条件。

实际运行中应加强管理，做好防护工作。一次济南下雨，雨水通过地道灌入地下室，结果配电室被淹，造成了极大的损失。

南宁青少年活动中心（一期）的空调设计①

- 建设地点　　南宁市
- 设计时间　　2012 年 10 月
- 竣工日期　　2013 年 8 月
- 设计单位　　悉地国际设计顾问（深圳）有限公司
　　　　　　　深圳市南山区科技中二路 19 号
- 主要设计人　秦腾芳
- 本文执笔人　秦腾芳
- 获奖等级　　二等奖

作者简介：

　　秦腾芳，1983 年 5 月生，工程师，2007 年 7 月毕业于广东海洋大学建筑环境与设备工程专业。现工作于悉地国际设计顾问（深圳）有限公司。主要代表作品：东莞市民艺术中心、青岛卓越世纪中心、深圳软件产业基地等。

一、工程概况

　　南宁市青少年活动中心（一期）位于南宁五象湖公园的东南角，西面与北面被五象湖环绕东面为平乐大道；南低北高，并与北面规划道路存在较大高差，西北部有部分自然山体。总用地面积 60690.90m²，总建筑总面积 41686.29m²，由体育馆、管理用房组成一栋综合楼，其中地下 2 层（地下一层为半地下室），地上 4 层，建筑密度 10.25%，容积率 0.379，绿地率为 35%。

　　项目建成后将成为广西园博会主场馆，足球场与入口广场一起将成为大规模人流集散的前区，参观流线从一层进入，环绕一圈参观一层展厅，然后下到地下一层的全天候广场，参观周围展厅，当上到二层体育馆，将是空间最大的展厅，整个流线完整顺畅。

　　整个项目完成后，将犹如五象湖边的一段"绿竹"，俯卧于山水之间，与环境共生，节节生长的"绿竹"也寓意着青少年的茁壮成长，这里将成为他们的乐园。

建筑外观图

二、工程设计特点

　　为倡导绿色环保及南宁市当地可再生能源政策，空调系统的节能方案设计就显得尤为突出，成为本次设计需要重点解决的问题。冷热源设计采用暖通与给排水冷热联供系统，既能充分利用空调主机制冷时散热的回收（给排水生活热水的制热），又能充分利用风冷主机对泳池的初次加热及维温，在项目的实际预算非常紧的条件下实现。表 1 为空调冷热源方案的选择。

空调冷热源方案　　　　　　　　　　　　　　　　　　　　　　　表 1

	方案一：风冷热泵冷热水机组，机组带热回收	方案二：地源热泵系统，机组带冷凝热回收	方案三：制冷系统＋锅炉
优缺点	属于可再生能源利用，高效节能； 初投资较方案二低；	属于可再生能源利用，高效节能； 初投资较方案一高； 机组运行效率较方案一高，运行费用更低；	初投资校方案一高，低于方案二； 机组运行效率较方案一高；

---

① 编者注：该工程设计主要图纸参见随书光盘。

续表

	方案一：风冷热泵冷热水机组，机组带热回收	方案二：地源热泵系统，机组带冷凝热回收	方案三：制冷系统＋锅炉
优缺点	机组运行效率高，运行费用低；无需设置制冷机房，机组室外安装	需设置制冷机房；系统设计前期，需要业主方提供地勘资料；地下室换热孔施工与项目地下室基础施工相互影响，施工配合难度大，施工周期长	需设置制冷机房、锅炉房；非可再生能源，锅炉运行时产生锅炉排烟对环境产生影响；系统常规，运行管理可靠
推荐方式	可以采用	推荐采用：经与南宁市节能办、业主方的充分沟通，认为作为 2013 年南宁园博会的主场馆，设计应贯彻桂建科〔2009〕1 号文《关于加强我区新建建筑节能工作的通知》的精神，充分利用符合南宁地区地质条件的地源热泵空调系统	不推荐采用
注意事项		工期方面：南宁市青少年文化中心是 2013 年 9 月份南宁园博会的主场馆，采用地源热泵空调系统，项目施工阶段工期将会延长。因此，施工单位应充分优化施工组织设计，保证项目在园博会期间的使用	
最终选用	采用		

三、设计参数及空调冷热负荷

本工程总空调面积 18563m²，空调逐时计算总冷负荷为 3130kW（890RT），单位面积冷负荷为 168W/m²，泳池区域计算热负荷为 495kW，池岸地板供暖 47kW；游泳馆生活热水负荷 203kW，体育馆生活热水负荷 84kW，泳池池水维温负荷 393kW，游泳池初次加热耗热量 1138kW（48h）。热水系统与给排水专业的太阳能热水系统相结合。

四、空调冷热源及设备选择

游泳馆、体育馆、五馆合一等区域采用 17 台全热回收型风冷涡旋式热泵机组（已将泳池恒温及初次加热热量包含在内）和 13 台风冷涡旋冷水机组，带全部热回收型的单台制冷量 65kW，制热量 69kW，全热回收量 86kW；单冷型的每台制冷量为 130kW。全热回收型风冷涡旋式热泵机组夏季提供 7℃/12℃的冷冻水的同时产生 45℃/40℃的热水供给排水专业初次加热生活热水（泳池水初次加热）、泳池维温、空调末端再热负荷以及游泳馆低温地板辐射供暖系统；冬季采用热泵模式运行，产生 45℃/40℃的热水直接供给排水专业加热生活热水（泳池水初次加热）以及游泳

馆冬季热负荷。冬季不运行 13 台风冷涡旋冷水机组，产生 45℃/40℃的热水直接供给排水专业加热生活热水（泳池水初次加热）以及游泳馆冬季热负荷。冬季不运行 13 台风冷涡旋冷水机组。

五、空调系统形式

1. 空调水系统

空调冷热水系统采用分区二管制一次泵定流量系统，风冷涡旋带全热回收热泵机组夏季提供 7℃/12℃冷冻水，热回收系统提供 40℃/45℃热水，冬季提供 40℃/45℃低温热水供暖。工况转换采取在空调总管上设手动阀，供回水主管间设电动差压旁通装置。空调水系统立管为异程，各层水平干管同程、异程布置相结合，水平干管回水管上加装静态平衡阀，以保证水系统的平衡；空调机组和新风机组回水管上均安装电动二通调节阀，通过室温设置要求改变水流量，风机盘管回水管上均安装电动二通阀，通过室温设置要求控制开关阀门。

2. 空调风系统

（1）游泳馆空调系统采用一次回风全空气系统，组合式空调机组设在机房内，组合机设混风粗中效段、表冷加热段、再热段和送风机段。池区采用旋流风口下送，门铰式百叶回风口回风，

池岸采用单层百叶送风，冬季防结露系统与空调系统共用。过渡季节全新风运行。

（2）篮球馆空调采用低速全空气系统，气流组织为上部送风，集中回风，组合式空调机组设在机房内，组合机设混风粗中效段、表冷段和送风机段。当可用新风作为冷源的过渡季节时，全新风状态运行。新风进风口按过渡季节最大新风量设计，同时设置排风机。

（3）壁球馆、乒乓球馆空调采用吊顶式风柜加新风系统，新风机组设在吊顶内或空调机房内，新风处理到与室内点的等湿点送进空调房间。

（4）其他活动性用房采用风机盘管加新风系统，新风机组设在空调机房内，新风处理到与室内点的等湿点送进空调房间。

六、通风及防排烟

1. 通风系统设计

（1）篮球馆部分：篮球馆、壁球室、休息厅等均设有独立的排风系统。

（2）体育馆和游泳馆等空间顶部设排风系统用于排风换气。

（3）设备用房的通风量根据以下原则确定：

变电房，按设备发热量计算换气；

高、低压配电间、冷冻机房，$6h^{-1}$换气；

柴油发电机房，按设备发热量计算换气。

（4）水泵房，$5h^{-1}$。

（5）地下汽车库排风量按$6h^{-1}$计算，排风机（高温排烟型）兼作消防排烟风机。

（6）各公共场所为排除室内污浊空气，结合空调系统设机械排风系统。

（7）厨房结合厨房工艺设送风及排风系统，（按$50h^{-1}$估算），炉灶排风经净化达标排放。

（8）各公共厕所设排风机，排风量为$15h^{-1}$。

（9）游泳馆设置8台排（烟）风机集中排风，与排烟系统相结合以排除余湿，在该区域屋顶上部设空气湿度传感器，在玻璃幕墙及天窗处设置百叶风口，在池区上方设旋流风口。夏季开2台排风机与3台空调机组结合排风排湿换气，过渡季节时当室内湿度超过85％时，3台空调机组全新风运行，开启6台排风机，实行直流式置换通风，防止结露现象的发生；冬季运行4台空调机组及2台排风机，空调机组给泳池区、幕墙及天窗送热风，防止结露现象。

2. 防排烟系统

（1）篮球馆、壁球室均设有独立排烟系统。

（2）游泳馆等空间顶部设排风排烟系统，平时可用于排风换气，火灾时排烟。

（3）防烟楼梯间、合用前室、前室设机械加压送风系统。

（4）进、出空调机房的送回风管上设70℃熔断的防火调节阀；在与穿楼层主风道相接的支风道上设70℃熔断的防火调节阀；厨房炉灶的排风管上设150℃熔断的防火调节阀。

（5）有可开启外窗房间，满足开启面积和作用距离要求的房间作自然排烟。

（6）需设机械排烟的中庭、内走道及面积超过规定面积、无自然排烟条件的房间设机械排烟系统。并按要求设补风系统。

（7）地下车库设机械排风兼排烟系统。

七、心得与体会

本项目虽然建筑面积不大（41686m²），但是项目设计至竣工日期非常紧（一年的时间）。同时项目为限额设计，前期的预算非常紧张，但这并不等于空调系统的设计不能做好；相反，只要设计人员肯动脑筋，善于挖掘潜力，不断创新和突破，小工程也是能够大文章的。本设计采用了一系列的节能技术，节能效果明显，很好地说明了这一点。

深圳北站的空调设计①

- 建设地点　　深圳市
- 设计时间　　2007 年 6 月～2009 年 8 月
- 竣工日期　　2011 年 6 月
- 设计单位　　深圳大学建筑设计研究院
　　　　　　[518057] 深圳市南山区高新科技园科技
　　　　　　南八路 2 号
- 主要设计人　郑文国　曾志光　闫利
- 本文执笔人　郑文国
- 获奖等级　　二等奖

作者简介：
　　郑文国，1965 年 1 月生，高级工程师，副总工程师，1988 年 7 月毕业于沈阳建筑工程学院暖通空调专业。现工作于香港华艺设计顾问（深圳）有限公司。主要代表作品：深圳北站、烟台世贸中心洲际酒店、深大图书馆二期、深圳市软件产业基地三标段、深圳湾科技生态园四区等。参与《中央空调水系统节能控制装置技术规范》、《城市居住建筑集成技术研究》的编制、编导。

一、工程概况

　　深圳北站是广深港高速铁路与厦深客运专线的交汇点及客运枢纽站，是深圳地铁龙华线、环中线、6 号线和深莞城际线的经停站，是深圳唯一的特等站，占地 240 万 m²，于 2007 年动工，2011 年 6 月 22 日试运营，2011 年年底正式投入运营。深圳北站是深圳铁路"两主三辅"客运格局最为核心的车站，也是我国当前建设接驳功能最为齐全的特大型综合交通枢纽。该工程荣获第十一届中国土木工程詹天佑奖、2013 年广东省优秀工程设计一等奖、2013 年度中国铁道建筑总公司优秀工程设计一等奖等。

　　深圳北站共设 20 个股道，11 个旅客站台面，站房分为主站房和无柱雨棚站台两部分，占地面积约 9 万 m²，建筑总面积 18.2 万 m²，国铁房屋建筑面积 74573m²。设计使用年限：房屋结构按 50 年、耐久性 100 年。主站房屋盖东西长 413m，南北宽 208m，总高 43.6m，钢结构最大跨度 86m，最大悬挑 63m。总用钢量约 6.5 万 t。站房主体为大跨度异型钢结构设计，采用国内外首创的结构体系。高峰小时旅客发送量 10420 人，预测远期最高聚集人数为 3500 人、2030 年客运日均发送人数 94794 人。防火设计建筑分类为高层二类民用建筑，耐火等级不低于二级。设有太阳能光伏发电系统、大空间分层空调系统、空调主机智能模糊控制系统等。无人防工程。该工程地上 2 层，地下 1 层。地下层面积很小，全部为水泵房。首层为旅客站台、设备用房、职工休息室、贵宾厅、场站办公室、基本站台候车室以及售票厅等，首层建筑总层高为 9.162m，在 4.25m 处设有夹层。2 层中部为旅客候车大厅，南北两侧为旅客出站通廊，出站通廊不设空调，通廊与候车厅之间设有 2 层的房中房建筑，房中房一层设有商务候车室、小型设备房、小型办公用房以及卫生间等，层高 6m；房中房的一层为商业开发区域，主要是旅客餐饮服务用房，层高为 5m。2 层中部候车大厅约 3.5 万 m²。候车厅室内吊顶为波浪式造型，净高 14～27m 不等。

二、工程设计特点

　　本工程对于空调通风系统的设计来说有着以下特点：单层建筑面积大，高架候车厅已达 5.5 万 m²，采用房中房方式，建筑未划分防火分区，

---

　　①　编者注：该工程设计主要图纸参见随书光盘。

建筑外观图

建筑层高高，最高处接近 35m，体积更是高达 160 万 m²；人员密度大，尤其是节假日期间，客流量会突然加大。防排烟系统设计无法按照现行规范对号入座，室内层高高，空调系统采用分层空调方式，进行计算机模拟。

1. 空调通风系统的设计难点

（1）因高架候车厅的面积很大，而建筑未划分防火分区，也就是说防火分区的面积远远突破了现行国家有关规范的限定要求，对排烟系统的设计也就带来了很大的挑战。

（2）高架候车厅的体积很大，人员密集，且人员数量变化也很大，导致空调系统冷负荷及新风量的需求均变化很大，这就对空调控制系统提出了更高的要求：如何做到既实用又节能。

（3）由于该建筑南北向长 210m，东西向长 330m，而制冷机房又必须布置在建筑的西南角，不在负荷的中心区，使得空调水系统的输送距离明显加大，供回水干管水平投影环路长度达 800 多米，且分支管路众多，给系统水力平衡造成很大麻烦。

（4）高架候车厅的面积大、层高高，建筑设计的理念是尽可能保持候车厅内的视野开阔，不能在候车区域内设置空调机房。

（5）高架候车厅、售票室等为人员密集场所，一旦有传染病源，病菌易扩散，要求空调系统能够及时有效的杀灭空气中的病原菌，减少或减缓疾病的传播。

2. 空调通风系统设计要点

针对前述特点，暖通专业采取了如下方案措施，圆满解决了工程中的设计难点，空调系统自 2011 年底正式投入运行至今已有两年半的时间，运行状况良好，业主非常满意。

（1）采取消防性能化设计手段

本工程高架候车厅层单层建筑面积已达 5 万多 m²，建筑防火分区面积及排烟分区面积均已超出了国家规范的限定标准，传统的消防系统设计是按照相应规范中规定的方法及设计指标等进行"处方式"的设计，是一种"规定动作"，无法适应那些功能复杂、体量庞大且现有规范无法涵盖的现代建筑。利用消防性能化设计技术，在保证建筑物安全使用的前提下，合理设计建筑内各功能区域的排烟量，简化了设计程序和系统配置，加强了危险区域的消防措施，使得建筑物更安全，通风措施更简洁、实用、有效。利用消防性能化设计技术圆满解决了本工程的消防防排烟的技术难点。

（2）系列节能技术的应用，有效提高空调系统节能率

由于交通建筑客流量大、空调房间内人员数量波动大等特点，导致空调冷负荷及新风量的需求变化较大，故而设计时制冷机组的群控采用了智能模糊控制技术、冷冻及冷却水泵均采用变频控制、末端空气处理机组采用变频控制技术等，可以根据房间负荷的需求随时改变系统的出力，以实现按需供给，避免大马拉小车的现象。

空调系统的运行能耗主要来自于制冷站设备和末端空气处理设备的能耗，在空调系统的冷负荷和装机容量确定以后，空调节能措施的关键就在于运行控制技术和设备的选择，它直接影响到空调系统建成后寿命周期内长期运行的经济性和稳定性，因此对空调系统而言至关重要。空调系统模糊控制是以现代模糊控制理论为指导，以计算机技术、系统集成技术、变频技术为手段，以多年丰富的实践经验和数据为基础，科学地实现变负荷工况下中央空调系统的高效率运行，最大限度地减少空调系统的能量浪费，实现中央空调系统控制与管理的现代化和智能化。

对于高大空间的高架候车厅层采用分层空调的喷口送风方式，单侧送风距离达 40m。高大候车厅底部人员活动区为空调控制区域，房间顶部设排风系统，有效导出上部的热空气，使新风可以顺利补入。为检验空调系统的设计是否合理实

用，进行了 CFD 模拟，验证了设计方案的可行性、合理性，现场实测结果与 CFD 模拟数值及设计参数一致性很好。

冷却水系统采用了自动在线清洗装置，有效提高机组的换热效率。

一系列节能技术的组合运用大大提高了空调系统的节能效果，经测算，空调系统综合节能率比普通系统节约 20% 左右，效益相当可观。

（3）有效解决空调水系统水力平衡问题

本工程空调冷冻水供回水干管水平环路长度达 800 多 m，且分支管路众多，设计通过采用同程布置方式、动态平衡比例积分调节阀及压差控制阀等，有效地解决了系统水力平衡的问题，系统运行 2 年多来，业主没有反应过有过冷过热现象。

（4）配合建筑解决室内美观性

建筑设计理念要求候车厅内视野开阔，不能设置空调机房。针对此要求，将空气处理机吊装在候车厅楼板下的站台上空梁格内，在候车厅内只布置体型较小的送风单元，送回风管穿过楼板引至送风单元内，送回风口均布置在该送风单元内，采用喷口送风方式，低位孔板回风，既满足空调效果，又不至于对建筑室内景观造成大的破坏，且消声效果很好。

（5）空气净化系统的应用

本工程为大型高铁站房，人员聚集量大，为防止和减少疾病的传播，空调系统加装光氢离子空气净化装置及高压静电除尘灭菌装置，有效杀灭空气中的细菌，提高空气品质。

三、设计参数及空调冷热负荷

本工程地处夏热冬暖地区，冬季无供热需求，空调系统按单冷方式设计。

1. 室外气象参数（见表 1）

室外气象参数　表 1

参数\季节	空调室外计算干球温度	空调室外计算湿球温度	空调室外计算相对湿度	通风室外计算干球温度	室外平均风速	大气压力	最多风向
夏季	33.0℃	27.9℃	68.2%	31.0℃	2.1m/s	1003.4hPa	ES E
冬季	6.0℃	3.8	70%	14.0℃	3.0m/s	1017.6hPa	N NE

2. 室内主要设计参数（见表 2）

室内设计参数　表 2

房间名称	室内温度（℃）	相对湿度（%）	新风量［m³/(h·人)]	人员密度（人/m²）	冷负荷指标（W/m²）
候车厅	26	≤65	10	0.67	231
售票厅	26	≤65	10	0.91	320
贵宾厅	25	≤65	20	0.25	140～196
办公室	26	≤65	30	0.20	135～180
间休用房	26	≤65	40	2p/间	130
信息用房	25	≤60			350

集中空调系统总冷负荷指标为：230W/m²，出现在 16：00

3. 通风换气次数（见表 3）

通风换气次数　表 3

房间名称	换气次数（h⁻¹）	房间名称	换气次数（h⁻¹）	房间名称	换气次数（h⁻¹）	房间名称	换气次数（h⁻¹）
候车厅	1	变配电所	15	吸烟室	20	卫生间	40m³/h.蹲位
发电机房	12	储油间	12	制冷机房	6	水泵房	6

根据与建设单位商讨的结果，本工程空调采用集中冷源与分散式冷源相结合的空调方式，弱电信号用房采用数码变容量空调系统与分体空调相结合的方式，贵宾厅采用独立的数码变容量空调系统，其余办公用房及候车室和售票厅等采用水冷集中式空调系统。集中空调系统计算冷负荷

为14600kW（4152RT），单位冷指标为230W/m，出现在16:00。

四、空调冷热源及设备选择

由于本工程不享受分时电价政策，故不考虑蓄冷空调系统的方案。根据本工程的使用性质及冷负荷计算数值，本设计选用三台1200RT（4220kW）的水冷离心式冷水机组和一台410RT（1441kW）的水冷螺杆式冷水机组，并配置五台冷冻水泵及五台冷却水泵，均为四用一备。410RT的螺杆机主要用于夜间值班及小负荷时的情况，有利于节能运行。

五、空调系统形式

1. 空调风系统

公安办公区和间修间等小房间采用新风加风机盘管的水—空气系统；候车厅及售票厅等大空间区域采用变风量的全空气系统，分层空调方式，采用喷口送风。

2. 空调水系统

采用一级泵变流量水系统，高位膨胀水箱定压方式，空调水干管基本为同程式布置。

六、通风、防排烟及空调自控设计

1. 通风系统

本工程设备用房设有排除余热的通风系统，卫生间设有排风系统，高架候车厅顶部设有排风系统，与分层空调系统联合运行。

2. 防排烟系统

本工程的防烟楼梯间均设有加压送风系统，售票厅、商务候车室、高架旅客候车厅等均设有机械排烟系统，排烟量均是按消防性能化的设计

指标取值。气体灭火房间尚设有事故通风系统。

3. 自控系统设计

本工程的防排烟系统要求能在消防控制中心集中监控并能远程启停，所有普通通风系统均要求能在楼宇自控中心远程监控和启停，所有通风排烟系统均要求能在现场控制开启以便于检修和试验。

集中空调通风系统的末端设备采用直接数字式控制系统（即DDC系统），它由中央电脑及终端设备加上若干DDC模块组成，在空调控制中心能显示并自动打印空调制冷通风系统设备及附件的运行状态及各主要运行参数并进行集中监控。制冷主机、水泵及冷却塔等的集中控制采用节能型模糊控制系统集中控制。

七、心得与体会

本工程人员密集、单层面积大、层高高，空调送风风口布置受限，为设计增加了很多难度。经CFD模拟试验，对空调送风的喷口数量、位置及角度进行了多次调整，以满足空调区的温度场及速度场的使用要求。

对于防排烟系统的设计，经消防性能化反复模拟试验，找出了适合本工程的设计方法，在满足人员安全疏散要求的同时简化了系统设计，做到安全经济。

本工程已经投入使用多年，室内温湿度指标与设计值非常吻合，达到设计要求。

该空调系统试运行时，候车厅的喷口周围曾出现结露现象，是由于进出站旅客通道的电动门没有及时关闭导致大量室外潮湿空气非组织的侵入室内，且空调系统初期运行时因候车厅空间较大，空气含湿量很大，导致喷口周围结露，经有效控制电动门开启时间及空调系统运行稳定后，喷口周围再无结露现象。所以，空调系统设计很重要，但运行调试同样不可忽视。

工行知音联体营业办公大楼空调设计①

- 建设地点　　武汉市
- 设计时间　　2008 年 8 月～2009 年 1 月
- 竣工日期　　2012 年 8 月
- 设计单位　　中南建筑设计院股份有限公司
　　　　　　　[430071] 武汉中南二路十号
- 主要设计人　王当瑞　王春香　刘华斌　马友才
- 本文执笔人　王当瑞
- 获奖等级　　二等奖

作者简介：
　　王当瑞，中级工程师，2008 年毕业于哈尔滨工业大学，现在中南建筑设计院工作。主要代表性工程：工行知音联体营业办公大楼、襄阳东站、中南财经政法大学武汉学院、协和医院综合楼等。

一、工程概况

　　工行知音联体营业办公大楼位于武汉市武昌区中北路 19 号，毗邻武昌汉街，为中国工商银行湖北省分行和湖北知音期刊出版实业集团有限责任公司的联体办公大楼。地下 2 层，地上 24 层，建筑高度 96.2m，总建筑面积 89698m²，总占地面积 15873m²。建筑容积率 4.88，建筑密度 30%，绿化率 35.2%。本次只含工行部分。

　　地下二层为设备用房，主要包括制冷机房、配电间、消防水池（兼蓄冷水池）及水泵房；

　　地下一层为机械停车库，建筑面积 2895m²，总停车位 104 个；

　　一层为工行营业大厅，局部为中庭，高度 13.5m；

　　二、三层为理财办公及 VIP 服务办公；

　　四层为银行系统内部中心机房；

　　五层为工行档案室；

　　六～十一层为个人金融业务部办公区，内区为开敞办公，外区为部门领导办公及小会议室、咖啡吧等；

　　十二层为主要功能会议，共 4 个会议室；

　　十三层为运行管理办公区及保卫部办公区；

　　十四层为健身活动区及电子阅览室；

　　十五～十八层为内区为开敞办公，外区为部门领导办公及小会议室、咖啡等；

　　十九～二十一层为公司主要领导办公区；

　　二十二层为多功能活动厅；

　　二十三～二十四层为工行陈列展厅。

建筑外观图

二、工程设计特点

1. 空调冷源

　　夏季采用水冷冷水机组供冷，冬季采用室外热网供热。冷源设计利用消防水池作部分水蓄冷，蓄冷供/回水温度为 4.5℃/11.5℃。本大楼夏空调冷负荷为 4240kW（含预留酒店负荷），空调设计日冷负荷为 36917kWh，冬季空调热负荷为 2974kW

---

　　① 编者注：该工程设计主要图纸参见随书光盘。

（含预留酒店负荷）。消防水池容量为2082m³，水深3.5m，设计蓄冷温度为4.5℃，放冷终温为11.5℃，水池蓄冷量为16892kWh。蓄冷时段为0：00～8：00，共8h；全天空调供应时间为8：00～18：00，共10h。选取两台额定制冷量为1263.3kW的螺杆式冷水机组用于夜间蓄冷，白天供冷时的额定冷量为1330kW（6℃/13℃）。选取一台额定制冷量为1330kW的螺杆式冷水机组与夜间蓄冷主机和水池放冷共同用于白天供冷，供/回水温度为6℃/13℃，供冷水泵与机组一一对应。

本项目附近有城市热网，冬季采用室外热网通过板式换热机组供热，一次侧供/回水温度为110℃/80℃，二次侧供/回水温度为60℃/45℃。选用两台板式换热机组。

说明：冷热源包含附近的江鹰酒店，面积10000m²。

2. 水蓄冷大温差水系统

空调水系统采用水蓄冷大温差供水技术，空调供/回水温度为4.5℃/11.5℃，温差7℃。

与常规空调水系统（空调供回水温差5℃）相比，空调水流量减少28%，空调水管占用空间约减少15%，空调水循环泵功耗约减少27%（见表1）。水管管径也相应减小，占用建筑空间也减少。

不同温差的冷水系统对比 表1

冷负荷（kW）	水温差（℃）	冷水量（m³/h）	总管管径（mm）	水泵功率（kW）	ER（冷水系统输送能效比）（水泵扬程34m时）
4240	5	730	300	30×3	0.0212
4240	7	521	250	22×3	0.0152

水系统采用一次泵变流量系统，在水泵台数控制的基础上，通过供回水管间的压差调节水泵的流量。水系统采用异程式。

末端均为全空气空调系统，通过送回风的温度传感器，控制机组空调回水管上比例积分电动调节阀调节空调水量及压力。

3. 变风量低温送风系统

每层内区面积较大，每层内外区各一个空调系统。每个空调系统设一台变风量空气处理机组及一台全热回收新风换气机组。新风与排风经热交换后，在与回风混合后经空调机组处理后送至室内，风机变频。空气处理机组表冷器出风温度为10℃，通过计算，得出管道及风机温升1.3℃，所以送风温度为11.3℃，送风温差约15℃（常规送风温度约10℃）（见表2）。表冷器迎面风速平均值为2m/s，不大于2.3m/s。内外区空调机组分别在内外区空调机房内。

不同送风温差的风系统对比 表2

室内显热负荷（kW）	送风温差（℃）	风量（m³/h）	总风管尺寸（mm）	风机功率（kW）
68	10	20000	1250×500	7.5
68	15	13500	1250×400	5.5

系统作用半径（m）	风机全压（Pa）	风机单位风量耗功率[W/(m³·h)]		
180	900	0.375		
210	900	0.407		

空调系统为变风量低温送风系统，选用无动力型变风量末端，无动力型变风量末端噪声低，室内声环境好［噪声值不高于35dB（A）］。采用专用低温送风口。风口根据装修要求合理布置。考虑室内空气品质的要求，在空调机组内设置了电子除尘净化杀菌装置，在新风出口的风管上设置了纳米触媒净化杀菌装置，同时在每个变风量的末端也设置了此装置，以保证室内空气品质。

4. 全热回收系统

本工程二层以上均设置了全热回收系统，换热机组的温度效率＞70%，焓效率＞60%，新风经换气机组与排风进行换热后进入空气处理机组，与回风混合后再进行热湿处理。对70%的排风进行了热回收，节省空调冷量20%以上，减少空调冷源系统的功耗，节省运行费用。

根据室外空气焓值情况，充分利用室外新风。在空气处理机组上增设新风口，当室外空气焓低于室内空气设计焓点一定值时，空调系统转换为全新风运行，利用室外新风对空调房间降温除湿，满足使用要求。尤其对于内区房间，过渡季节、冬季充分利用室外新风供冷，节省运行费用。

5. 高大空间采用分层空调系统

一层营业大厅层三层通高，高度为 12m，为高大空间，高度高，体积大，全空间空调能耗高。根据人的活动区域在地面上 2m 内的特点，确定地面上 2m 内为空调保证区，采用分层空调系统，空调送风方式采用一层梁下侧送风。减少空调负荷，减少空调系统运行功耗，节省运行费用。考虑武汉地区冬季的空调效果，一层大厅冬季辅助地板辐射供暖。

6. 空调系统设有完备自动控制系统

空调系统设置完备的自动控制系统，对相关

的温度、湿度、压力等自动检测并进行相应的控制，确保使用要求，实现经济节能运行，对相关的设备自动监测，确保设备正常、高效运转。

7. 采用高效空调设备及优质材料

设计选用高效率的风机、水泵等运转设备，减少运行功耗；采用隔热效果好的闭孔橡塑保温材料对空调风管及水管保温隔热，减少冷耗；采用气密性好的空调送风管道，减少空调系统漏风量；采用低阻力的系统过滤设备，减少系统阻力。

三、设计参数及空调冷热负荷

室外计算参数参见武汉市气象参数。
室内设计参数（见表3）。

室内设计参数　　　　　　　　　　表3

房间名称	夏季		新风量 [m³/(h·人)]	工作区风速 (m/s)	噪声 [dB (A)]
	温度（℃）	相对湿度（%）			
门厅	26	≤60	20	≤0.3	50
会议室	26	≤65	25	≤0.25	45
办公	26	≤60	30	≤0.25	45
陈列室	26	≤60	30	≤0.25	45

空调冷热负荷：采用浩辰软件计算。夏季空调逐时冷负荷：空调逐时冷负荷综合最大值为 3440kW，冬季空调热负荷为 2424kW。空调冷指标为 112W/m²，空调热指标为 78W/m²。

四、空调冷热源设计及主要设备选择

（1）选取两台额定制冷量为 1263.3kW 的螺杆式冷水机组用于夜间蓄冷，白天供冷时的额定冷量为 1330kW（6℃/13℃）。选取一台额定制冷量为 1330kW 的螺杆式冷水机组与夜间蓄冷主机和水池放冷共同用于白天供冷，供/回水温度为 6℃/13℃，供冷水泵与机组一一对应。

（2）本项目附近有城市热网，冬季采用室外热网通过板式换热机组供热，一次侧供/回水温度为 110℃/80℃，二次侧供/回水温度为 60℃/45℃。选用两台板式换热机组。

五、空调冷冻水系统设计及计算

采用二管制一次泵变流量系统，空调水系统

由地下室接至各空调机房。管道异程敷设。

空调水系统环路阻力计算：

（1）水管的摩擦阻力损失 $\Delta P = \lambda \cdot \dfrac{L}{d} \cdot \dfrac{\rho v^2}{2}$

而 $\dfrac{1}{\sqrt{\lambda}} = -2.0\lg\left[\dfrac{K}{3.71d} + \dfrac{2.51}{Re\sqrt{\lambda}}\right]$　$K = 0.2$（镀锌钢管）

（2）水管的局部阻力损失 $\Delta P = \xi \cdot \dfrac{\rho v^2}{2}$

（3）以空调水系统最不利水管环路为例计算其阻力损失，最不利环路为地下室至二十四层空调机房。

$\sum \Delta P = 20.95 \text{mH}_2\text{O}$（含机房内除制冷机组外的阻力），制冷机组：$8\text{mH}_2\text{O}$；

$\sum \Delta$ 总水阻 $= 28.95\text{mH}_2\text{O}$，考虑 1.2 系数，则为 $34\text{mH}_2\text{O}$。

冷冻水泵为：210m³/h，34mH₂O，30kW，1450rpm，共 3 台。

六、空调风系统设计及计算

根据区域负荷计算的结果，用室内显热计算

风量：

$$G = \frac{Q_x}{1.01(t_N - t_0)} \text{kg/s}$$

式中　Q_x——室内显热负荷，W；

　　　t_N——室内设计温度，℃；

　　　t_0——送风温度，℃。

冷冻水供/回水温度为6℃/13℃，

空调按照内外分区，内区、外区各一台空调机组。

七、通风、防排烟、防火设计及计算：

1. 通风系统设计

（1）地下室汽车库按 $6h^{-1}$ 换气计算机械排风（兼排烟系统），冷冻机房按 $6h^{-1}$，高低压配电按 $15h^{-1}$、水泵房按 $8h^{-1}$ 计算风量。

（2）卫生间按 $10h^{-1}$ 计算排风量。

2. 防排烟系统设计

（1）机械加压送风系统：不能自然排烟的防烟楼梯间、防烟楼梯间前室、消防电梯前室、合用前室设机械加压送风系统。

（2）机械排烟系统设计：

1）地下室车库排烟按 $6h^{-1}$ 计算，风机入口处设一280℃排烟防火阀（常开），垂直风管与水平风管接管处设一防烟阀（常开）。

2）地下室设备用房设排风兼排烟系统，按照各用房换气次数计算排风量，按最大防烟分区 $120\text{m}^3/(\text{m}^2 \cdot \text{h})$ 计算排烟量，取二者大值选风机，风机入口处设一常开280℃排烟防火阀。

3）地上长度超过60m的内走道及内区房间设机械排烟系统。

4）高度超过12m的中庭。

八、空调运行效果

经过两年的运行，各区域的空调效果良好，温度、湿度以及噪声均能满足设计要求。大部分区域的相对湿度保持在60%以下，室内的热舒适性良好。

九、主要经济指标

空调耗电指标为：41W/m²（建筑面积）。

空调计算冷负荷指标为：112W/m²（建筑面积）。

空调造价经济指标为：418元/m²（建筑面积）。

武汉地铁 2 号线一期工程集成冷站及其节能控制系统设计①

- 建设地点　　武汉市
- 设计时间　　2006 年 08 月～2012 年 04 月
- 竣工日期　　2012 年 12 月
- 设计单位　　中铁第四勘察设计院集团有限公司

　　　　　　[430063] 湖北省武汉市武昌区和平大道

　　　　　　745 号铁四院城地院暖通所
- 主要设计人　陈耀武　车轮飞　蔡崇庆　李森生

　　　　　　刘　俊　林昶隆　付维纲　赵建伟

　　　　　　夏继豪　胡清华　周　强　李香凡
- 本文执笔人　李森生
- 获奖等级　　二等奖

作者简介：

　　陈耀武，1969 年 11 月，高级工程师，项目部副总工。1995 年毕业于西南交通大学供热通风与空调专业，大学本科。现就职于中铁第四勘察设计院集团有限公司。主要代表作品：武汉轨道交通 2 号线一期工程全线通风空调、给排水及消防系统，武汉轨道交通 4 号线一期、二期工程全线通风空调、给排水及消防系统，郑武客运专线通风空调工程，扬州火车站通风空调工程等。

一、工程概况

　　武汉地铁 2 号线一期工程线路全长 27.73km，设站 21 座，均采用地下线路敷设方式。换乘站 8 座，分别在汉口火车站、青年路站、循礼门站、江汉路站、积玉桥站、洪山广场站、中南路站和街道口站与其他线路换乘。

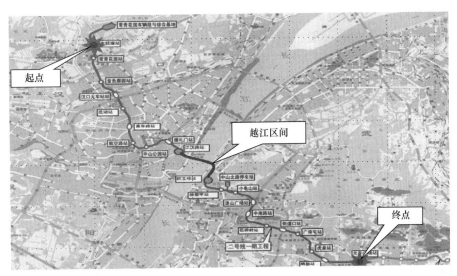

2 号线一期工程线路走向示意图

　　本线初、近、远期行车组织按 6、6、8 辆编组运行。通风空调系统按 8 辆编组预留土建条件，设备按分期进行设计。车站一般分为车站公共区（乘客购票、乘车区）和车站设备区（设备机房及管理用房）。以一个标准站远期高峰小时负荷组成为例，车站公共区空调面积约 3142m²，空调负荷约 780kW，其中站厅公共区空调面积 2022m²（不含出入口），冷负荷为 380kW，出入口冷负荷

---

　　① 编者注：该工程设计主要图纸参见随书光盘。

约50kW；站台公共区空调面积1120m²，冷负荷为350kW。车站设备及管理用房的空调面积约1000m²，冷负荷约为364kW。车站总冷负荷约为1144kW，选择2台690kW水冷螺杆冷水机组，2台冷冻水泵（$Q=131m^3/h$）、冷却水泵（$Q=160m^3/h$）、冷却塔（$L=200m^3/h$）与冷水机组一一对应。

本线21个车站的空调系统冷源均采用预制式集成冷冻站的形式。所谓预制式集成冷冻站主要是将水冷螺杆冷水机组、冷却水泵、冷冻水泵、控制系统、水处理设备、定压排气补水装置、管道、阀门、压差传感器、温度传感器、流量传感器、功率传感器等传统冷水机房设备通过三维模拟、工厂最优模块预制、调试完毕、现场拼装而成。

车站空调水系统采用集成冷站招标确定的地铁车站环境控制及能源管理系统（以下简称节能控制系统），其主要测控对象如下：冷水机组、冷冻水泵、电动阀门（包括冷水机房内电动蝶阀、旁通电动比例调节阀和冷却塔电动蝶阀）、冷却水泵、冷却塔、末端压差传感器、供回水干管温度传感器、室外温度传感器、流量传感器。该控制系统通过对冷水机组、冷冻水泵、冷却水泵、冷却塔、系统管路调节阀进行实时控制，能实时连续监测冷水机组、水泵和冷却塔的功耗值，在设备安全运行范围内自动调整各单体设备的功率消耗，使冷水机组、水泵和冷却塔综合运行效率最高，整体冷冻站电能消耗最低。控制目的是在满足末端空调系统要求的前提下，使整个系统达到最经济的运行状态，使系统的运行费用最低，并提高系统的自动化水平、管理效率，从而降低管理人员劳动强度。

二、工程设计特点

1. 设计特点

2号线一期工程采用的预制式集成冷冻站及其节能控制系统相比传统冷冻站形式有以下特点：

（1）预制式集成冷冻站一般由三维模拟优化、二次深化设计、工厂预制、现场拼装等几步组成。传统的冷冻站，一般由分散的设备提供商供货，供货到现场后，由施工承包方进行安装施工。设备各方、施工方各司其职。这种模式下，设备供货周期存在不确定性，施工方往往无法有效安排安装工期。各责任方仅对自己范围的内容负责，在接口衔接上经常有相互推卸的现象。同时，产品在施工中遇到的损坏、安装后调试中出现的问题也经常出现相互责怪、推脱责任的现象。而采用了集成冷冻站形式后，由中标的集成制造商统一安排设备采购，工厂内预先模块化预制，调试完成后再送往施工现场拼装。大大地减少了施工交叉、接口扯皮现象。且系统调试也由一家单位独立完成，责任主体明确。

（2）集成冷冻站节能控制系统对冷水机组和相关设备的运行参数进行监测与控制，实现系统中各相关设备及附件与冷水机组实现顺序启停，整个自动控制过程由节能控制系统自身完成，同时提供与第三方管理系统（BAS）接口，实现远程控制与信息共享。

2. 创新点

集成冷冻站是在传统冷冻站技术和工程建设的基础上，对核心技术和施工管理模式的不断创新和应用，而形成的机电一体化系统性产品。它由集成制造商在设计院设计蓝图的基础上展开二次深化设计和三维布局优化，以高效节能控制系统为核心，进行设备选型匹配。集成冷冻站在工厂进行模块化预制，并进行预先安装和调试后运输到现场进行拼装。实现工程项目到系统产品、从现场施工到工厂预制、从独立控制到关联控制并实现全变频控制的创新和改进。

集成冷冻站及节能控制系统在武汉地铁2号线一期工程中的应用，是落实国家节能减排的政策性需求，推动了我国地铁建设的发展，为后续地铁线路的建设提供了有力的技术支撑。

三、设计参数及空调冷热负荷

1. 室外计算参数

（1）站厅、站台公共区：空调室外计算干球温度（采用近20年夏季地铁晚高峰负荷时平均每年不保证30h的干球温度）为33℃，空调室外计算相对湿度为75%，夏季通风室外计算温度为31℃。

（2）车站设备管理用房：空调室外计算干球温度为34℃，空调室外计算相对湿度为75%，夏季通风室外计算温度为31℃。

2. 室内外设计参数

（1）室外设计参数

大系统：空调室外计算干球温度为 32.2℃，空调室外计算湿球湿度为 26.5℃，夏季通风室外计算温度为 32.1℃。

小系统：空调室外计算干球温度为 35.4℃，空调室外计算湿球湿度为 28.5℃，夏季通风室外计算温度为 32.1℃。

（2）室内设计参数

站厅：$t=30℃$，$\varphi=55\%\sim65\%$；站台：$t=28℃$，$\varphi=55\%\sim65\%$；管理及设备用房：$t=25\sim36℃$，$\varphi=45\%\sim60\%$。

3. 空调冷负荷

本工程全线仅考虑夏季制冷负荷。以一个标准站远期高峰小时负荷组成为例，车站公共区空调面积约 3142m²，空调计算负荷约 780kW，其中站厅公共区空调面积 2022m²（不含出入口），冷负荷为 380kW，出入口冷负荷约 50kW；站台公共区空调面积 1120m²，冷负荷为 350kW。车站设备及管理用房的空调面积约 1000m²，冷负荷约为 364kW。车站总冷负荷约为 1144kW。

四、空调冷热源及设备选择

（1）全线 21 个车站的空调水系统均采用分站供冷模式，车站内大、小系统的冷源设备合用，末端水管系统分开设置。

（2）以前述标准站为例，该站选择 2 台 690kW 室外水冷螺杆冷水机组，2 台冷冻水泵（$Q=131m^3/h$）、冷却水泵（$Q=160m^3/h$）、冷却塔（$L=200m^3/h$）与冷水机组一一对应。

五、空调系统形式

（1）车站大系统按全空气双风机一次回风变风量系统设计。回排风机入口侧的排风管路可与排烟管路合用，出口侧的排风管单独接入排风道。全年按小新风空调、全新风空调和全通风三种运行工况运行。

（2）车站大系统气流组织方式采用上送上回方式，站厅、站台均按均匀送风设计，回排风管兼排烟风管，站台回排风口尽量靠屏蔽门侧设置，送风口尽量沿站台纵向均匀布置，且避免直接吹向屏蔽门。

（3）车站小系统空调系统一般根据房间功能、运营使用时间分为变电所空调系统、弱电房间空调系统级管理用房空调系统。一般采用全空气双风机一次回风定风量系统。

六、通风、防排烟及空调自控设计

1. 隧道通风系统

根据隧道通风系统要求，车站轨行区设置有轨顶轨底排热风系统，车站对应于每一条隧道设置有隧道通风系统。通过风机及相应风阀的开闭满足正常、阻塞、火灾工况运行模式下的通风量的需求。车站隧道风机的布置既可满足两端的隧道风机独立运行，又可以相互备用或同时向同一侧隧道送风或排风。在隧道风机旁留有面积不小于 16m² 的活塞风道，保证正常运行时活塞风的进出。轨顶排热风道和轨底排热风道均采用土建式风道，轨顶和轨底风道按 6∶4 比例分配风量。

2. 车站防排烟系统设计

（1）车站站厅、站台排烟量按防烟分区每分钟每平方米建筑面积 1m³ 计算，排烟设备按同时排除 2 个防烟分区烟量配置，并考虑 10% 漏风量。

（2）站台层发生火灾时，保证站台与站厅间的楼梯、扶梯内向下的迎面风速不小于 1.5m³/s。

（3）设备管理用房区超过 20m 的封闭内走道有排烟设施，排烟口距最不利排烟点不超过 30m。

（4）隧道风机及其气流流经的辅助设备（风阀、消声器等）必须保证在 150℃ 能连续有效工作 1h，车站隧道风机和车站大、小系统排烟设备必须保证在 250℃ 能连续有效工作 1h。

（5）同一个防火分区的地下车站设备及管理用房区总面积超过 200m²，或面积超过 50m² 且经常有人停留的单个房间需设置机械排烟设施。

（6）地下站车站控制室在车站车控室以外的其他区域发生火灾时应相对周边区域保持正压。

（7）地下车站设备管理用房区超过两层的封闭楼梯间设置加压送风系统。在小系统排烟时应能提供不小于排烟量 50% 的补风量。

（8）设备管理用房的排烟量按各排烟系统所负担的排烟分区域中最大防烟分区面积 120m³/（m²·h）计算，排烟设备考虑 10% 的漏风量。

（9）只考虑车站一处发生火灾。

（10）车站公共区排烟模式：

站厅层公共区发生火灾时：车站两端小新风机、空气处理器、回排风机均关闭，排烟风机启动，站厅层回排风兼排烟风管上的电动阀全开，站台层回排风兼排烟风管上电动阀关闭，两台排烟风机同时启动对站厅公共区排烟，补风由出入口进入。

站台层公共区发生火灾时：车站两端小新风机、空气处理器、回排风机均关闭，排烟风机启动，站台层回排风兼排烟风管上的电动阀全开，站厅层回排风兼排烟风管上电动阀关闭，两台排烟风机同时启动对站台公共区排烟，补风由出入口通过中板楼扶梯开孔进入。此时屏蔽门端门打开，对应隧道风机打开，对站台辅助排烟。

（11）车站设备区排烟模式：

走廊设排烟系统：该走廊发生火灾时排烟系统开启对走廊排烟，同时对走廊进行补风。

房间未设排烟口：如该房间相邻走廊设有排烟系统，房间火灾时关闭其进、排风管上的防火阀，人工进入灭火，走廊同时开启排烟及补风；如该房间相邻走廊未设排烟系统，房间火灾时关闭其进、排风管上防火阀，人工进入灭火。

气体灭火房间：气体灭火房间发生火灾时，对该房间进行气体灭火。如该房间相邻走廊设有排烟系统，则走廊同时开启排烟及补风。房间灭火完成后，由相应风机对该房间进行全通风以排除灭火后烟气。

车站任一小系统发生火灾时，车站大系统、水系统停运，小系统与排烟无关的设备停运。

车控室正压：车控室的加压送风与走道排烟补风系统合用，车控室内的加压送风口平时关闭，火灾时开启，保证房间足够的正压。

3. 车站空调系统控制及其设计

（1）空调风系统控制设计

当空调季节室外新风焓值大于车站回风点焓值时，采用空调新风运行。全新风阀关闭，小新风机打开，回排风机排风风阀关闭，回风风阀打开，回风与小新风混合后经处理后送入公共区。

当室外新风焓值小于车站回风点焓值且其温度大于空调送风点温度时，采用空调全新风运行。全新风阀打开，小新风机关闭，回排风机回风风阀关闭，排风风阀打开，回风经回排风机直接排到排风道，室外新风经空调器处理后送至公共区。

当室外新风焓值小于空调送风焓值或其干球温度小于15℃时，室外新风不经冷却处理，利用空调器直接送入车站，系统冷水机组停止运行。

（2）空调水系统的控制设计

车站通风空调系统运行于小新风及全新风空调模式时，空调水系统运行，通过管路上设置的各类阀门调节供水量，水系统采用一次泵变流量系统，水泵均采用变频泵，在最不利末端供回水处设压差传感器，通过变频控制水泵流量，保证末端流量，维持末端压差；在分集水器或供回水之间设连接旁通管和旁通阀，其流量按单台机组允许的最小流量设计，在冷冻水回水干管装设流量传感器，以控制旁通阀开闭。车站通风空调系统运行于通风模式时，空调水系统停运。

车站任一区域发生火灾时，空调水系统停运。夜间车站大系统空调水支路的动态流量平衡阀关闭，部分小系统维持运行。

本工程全线车站均采用地铁站环境控制及能源管理系统（简称节能控制系统）对中央空调系统进行控制，利用模糊预期算法模型控制冷冻水系统；利用模糊优化算法控制冷却水系统；同时系统提供基于能量平衡的动态水力调节功能控制冷冻水区域管路流量，对末端空气处理装置控制，并设计中央空调设备管理软件平台；在系统实现全面控制的同时优化运行过程，提高能源使用效率，实现系统最大节能。

七、心得与体会

预制式集成冷站在武汉地铁2号线一期工程的运用，经过项目建设、设计配合施工的总结情况来看是非常成功的，作为设计负责人有以下三个主要的切身体会：

（1）预制式集成冷站采用的采购安装模式与传统制冷站有着本质的不同。它统一由中标商进行设备采购，并在工厂进行模块化预制，调试成功后再送往现场拼装，大大地节省了安装时间和施工作业占地面积。

本工程工期紧张，2012年12月28日的通车时间是板上钉钉的要求，但土建施工进度不一，不少车站的冷水机房直到2012年10月底才陆续完成土建施工。于是预制式集成冷站正好弥补了无现场施工条件的缺陷。经过提前采购、拼装并调试合格后封装于工厂厂房内，待现场土建交付后，再大规模全部运往车站，快速完成拼装，切实地为建设方取得了宝贵的时间。

（2）该模式的采用极大地减少了系统调试的协调工作量。由于集成冷站由一家承包商统一采购和安装，调试工作也集其一身，基本没有与其他外部专业、设备的接口，大大减少了传统模式下不用专业、设备厂家之间的扯皮推诿，提高了调试效率，方便业主的管理。

（3）集成冷站及其节能控制系统的使用，切实提高了系统的节能效果。通过对全线 21 个车站空调水系统运行比较测试发现，采用节能控制系统后节能率平均达到 25%～30%。

深圳福田综合交通枢纽大型地铁换乘车站通风空调系统设计①

- 建设地点　　深圳市
- 设计时间　　2007 年 11 月～2010 年 6 月
- 竣工日期　　2011 年 6 月
- 设计单位　　中铁第四勘察设计院集团有限公司
　　　　　　　[430063] 湖北省武汉市武昌区和平大道
　　　　　　　745 号
- 主要设计人　邱少辉　车轮飞　林昶隆　付维纲
　　　　　　　蔡崇庆　李香凡　刘　俊　赵建伟
　　　　　　　夏继豪　胡清华　周　强　陈耀武
- 本文执笔人　邱少辉
- 获奖等级　　二等奖

作者简介：
　　邱少辉，1982 年 1 月生，高级工程师，注册公用设备工程师（暖通空调），2008 年毕业于西安建筑科技大学供热、供燃气、通风与空调工程专业，硕士研究生。现就职于中铁第四勘察设计院集团有限公司。主要代表作品：深圳福田综合交通枢纽大型地铁换乘车站通风空调系统、给排水及消防系统设计，广深港客运专线深圳福田火车站及相关工程通风空调系统、给排水及消防系统设计等。

一、工程概况

　　福田综合交通枢纽位于深圳市福田中心区，汇集了深圳城市轨道交通 2、3、11 号线（含机场线功能）以及城市地面交通系统，并且通过地下通道与深圳轨道交通 1、4 号线以及广深港客运专线福田地下火车站相连，是集高速铁路、城际铁路、城市轨道交通、公交、出租以及社会车辆等多种设施为一体的综合交通枢纽，是我国最大的中心城区地下综合交通枢纽工程。整个枢纽工程包括：地铁车站工程、广深港客运专线深圳福田站、地铁与国铁节点、商业配套设施、交通配套设施等。

　　福田综合交通枢纽地铁车站工程位于整个福田综合枢纽工程西北，是地铁 2、3 和 11 号线的换乘体，其中 2 号线为深圳市从东到西的干线；3 号线连接龙岗与市中心区，为 2011 年"大运专线"；11 号线与穗深莞城际线相连接，同时承担机场快线功能。整个地铁车站工程通过地铁与国铁节点由地下一层与广深港深圳福田站换乘，实现无缝接驳。

建筑外观图

　　地铁 2、11 号线，沿深南大道北侧绿化带东西向平行布局，为地下两层岛式车站；2、11 号线东西向外包总长 712.09m，南北向标准段宽 45m。地铁 3 号线沿民田路南北向布局，与 2、11 号线垂直立交，为地下三层侧式站；3 号线南北向车站外包总长 200.20m，东西向外包总宽 26.40m，如上图所示。

　　福田枢纽地铁车站工程地下一层为三线车站的公共站厅层；地下二层为 2、11 号线站台层及 3 号线部分设备层；地下三层为 3 号线站台层。

---

　　①　编者注：该工程设计主要图纸参见随书光盘。

地铁车站工程主体建筑面积 73551.7m²，附属建筑面积 7543.2m²，总建筑面积 81094.9m²，地铁车站最大埋深为 25.62m。

二、工程设计特点

1. 设计特点

福田综合交通枢纽作为三条地铁线汇合的大型地下换乘车站，规模巨大，具有诸多独特之处，但同时也给车站通风空调设计、消防设计带来挑战；其烟气控制模式、人员疏散路线、消防联动措施等相对复杂，因此车站防火分区、防烟分区、烟气控制模式等根据车站特点及消防性能化设计要求进行合理划分，车站通风空调系统采用分区空调的形式进行设计。

2. 创新点

（1）车站的通风空调系统可以实现分区域、分系统控制、自动调节室内温度；冷水机组、冷冻水泵、冷却水泵、冷却塔风机及其进水电动蝶阀可以进行电气联锁启停。冷水系统根据负荷变化来控制冷水机组及其对应的冷却水泵、冷冻水泵及冷却塔的运行台数，提高了供冷系统的能效比，能够有效实现节能。

（2）车站空调系统节能控制系统分为中央控制、车站控制、就地控制三级自动控制，就地控制优先。车站所有冷水机组、水泵、空调器、风机、电动风阀、电动水阀、防火阀等均在车站通风空调集中控制室有启停控制及运行状态显示、故障报警等控制功能。

（3）车站空调通风系统根据不同季节室外空气温湿度的变化，实行三种运行工况：小新风空调工况、全新风空调工况、通风工况，控制系统根据检测到的室内外空气状态参数，控制相关设备及风阀，实现不同运行工况的转换，最大限度地节约能源。

（4）车站空调通风大系统中应用了空气净化装置，具有强大的消毒杀菌功能，同时亦能除去臭味、烟味、宠物气味及各种顽固异味，还可以除去悬浮微尘，全面提高了车站公共区的空气品质。

三、设计参数及空调冷热负荷

1. 室外设计参数

（1）站厅、站台公共区：空调室外计算干球温度（采用近 20 年夏季地铁晚高峰负荷时平均每年不保证 30h 的干球温度）为 33℃，空调室外计算相对湿度为 75%，夏季通风室外计算温度为 31℃。

（2）车站设备管理用房：空调室外计算干球温度为 34℃，空调室外计算相对湿度为 75%，夏季通风室外计算温度为 31℃。

2. 室内设计参数

（1）按远期 2036 年夏季晚高峰运营条件计算站内空调负荷；按远期 2036 年早高峰运营条件计算新风量。

（2）室内设计参数

站厅：$t = 30℃$，$\varphi = 40 \sim 65\%$；站台：$t = 28℃$，$\varphi = 40\% \sim 65\%$；管理及设备用房：$t = 25 \sim 36℃$，$\varphi = 45\% \sim 60\%$；车站隧道、区间隧道：正常运行时 $t \leqslant 40℃$，阻塞运行时 $t \leqslant 40℃$，$v \geqslant 2\text{m/s}$。

3. 空调冷负荷

根据计算，枢纽车站大小系统空调冷负荷总计为 4170kW，其中大系统空调总冷负荷为 3230kW，总送风量为 790000m³/h，总回排风量为 711000m³/h；小系统总冷负荷为 940kW。本站站厅层 C 端设冷水机房，供车站空调大小系统冷冻水。

四、空调冷热源及设备选择

（1）车站空调水系统采用分站供冷模式，车站大、小系统的冷源设备合用，末端水管系统分开设置。根据计算，枢纽地铁车站空调总冷负荷为 4170kW［其中公共区（大系统）空调总冷负荷为 3230kW，设备区（小系统）总冷负荷为 940kW。］。综合考虑车站总冷负荷及设备区冷负荷（约为总冷负荷的 1/4）情况，为提高空调水系统的综合能效比及系统互备性，选择 4 台 1088kW 水冷螺杆冷水机组，4 台冷冻水泵（$Q = 200\text{m}^3/\text{h}$）、冷却水泵（$Q = 250\text{m}^3/\text{h}$）、冷却塔（$L = 300\text{m}^3/\text{h}$）与冷水机组一一对应。

（2）车站空调水系统设计采用一次泵末端变流量系统，冷冻水的供水温度为 7℃，回水为 12℃，冷冻水供水由设置的分水器通过 4 个支路对车站末端空调器供水，其中支路 A、B、C 对车站公共区末端空调器供水，支路 D 对车站设备及管理用房区末端空调器供水。采用异程供回水，回水集中至集水器,再回至制冷机。

(3)车站空调水系统循环水泵(冷冻水泵及冷却水泵)出水主管路上安装直流式全程水处理器,共设置两台。

五、空调系统形式

(1)针对车站公共区面积过大的特点,为了有效降低送风管尺寸以降低建筑的层高,节省土建工程的造价,公共区空调根据建筑特点灵活进行分区划分,将车站分为A、B、C、D、E五个区域进行分区空调送风,共设置11台组合式空调器。其中组合式空调器AHU-A101、AHU-B101为3号线站厅层、转换层及站台层公共区(位于A、B区)服务,担负总面积为6864m²,总风量为208759m³/h,总冷量为914kW;组合式空调器AHU-C101、AHU-D101为2号线站厅层、站台层公共区(位于C、D区)服务,担负总面积为4850m²,总风量为164219m³/h,总冷量为802kW;组合式空调器AHU-C201、AHU-D401为11号线站厅层公共区(位于C、D区)服务,担负总面积为4800m²,总风量为115706m³/h,总冷量为469kW;组合式空调器AHU-C301、AHU-D501为11号线站台层公共区(位于C、D区)服务,担负总面积为2125m²,总风量为95081m³/h,总冷量为519kW;组合式空调器AHU-D201、AHU-D301、AHU-E101为2、3、11号线公共站厅层(位于D、E区)服务,担负总面积为8700m²,总风量为209718m³/h,总冷量为849kW。

(2)车站大系统按全空气双风机一次回风定风量系统设计。回排风机入口侧的排风管路可与排烟管路合用,出口侧的排风管单独接入排风道。全年按小新风空调、全新风空调和全通风三种运行工况运行。

(3)车站大系统气流组织方式采用上送上回方式,站厅、站台均按均匀送风设计,回排风管兼排烟风管,站台回排风口尽量靠屏蔽门侧设置,送风口尽量沿站台纵向均匀布置且避免直接吹向屏蔽门。

(4)车站设备管理用房空调通风系统分为A、B、C、D、E五端,共22个系统。其中A端3个系统,B端4个系统,C端4个系统,D端8个系统,E端3个系统。车站设备及管理用房区送排风系统均采用上送上回的形式。

六、通风、防排烟及空调自控设计

1. 隧道通风系统

根据隧道通风系统要求,车站轨行区设置有轨顶轨底排热风系统,车站对应于每一条隧道设置有隧道通风系统。通过风机及相应风阀的开闭满足正常、阻塞、火灾工况运行模式下通风量的需求。车站隧道风机的布置既可满足两端的隧道风机独立运行,又可以相互备用或同时向同一侧隧道送风或排风。在隧道风机旁留有面积不小于16m²的活塞风道,保证正常运行时活塞风的进出。轨顶排热风道和轨底排热风道均采用土建式风道,轨顶和轨底风道按6:4比例分配风量。

2. 防排烟系统设计

本车站设备管理用房区(小系统)与公共区(大系统)分别为独立的防火分区。

(1)大系统排烟设计

针对车站公共区面积过大的特点,公共区防排烟系统充分利用空调回排风系统进行设计,防烟分区根据建筑特点结合空调分区进行划分,其中3号线公共区分为8个防烟分区,2号线、11号线公共区分为17个防烟分区;由于车站面积过大,根据"着火及相邻区域排烟"的原则,车站按区域进行排烟设计,共分为18个区域。车站轨行区、公共区火灾运行模式分区如图1所示。

当火灾发生在站厅层时,关闭回排风机及站台回排风管上的电动阀,站厅层着火区排烟风管电动风阀切换至全开状态,同时开启车站该端的排烟风机利用站厅的排烟风管进行排烟,同层另一端排烟风机也同时开启,对其服务的各防烟分区全部排烟,起到辅助排烟的作用,车站各出入口补入新风,乘客迎着新风方向疏散。

当站台层发生火灾时,利用站台层排烟系统排烟。在确认相邻区间没有后续列车进入本站后,打开屏蔽门两端端部靠近端门附近各一对滑动门(其余滑动门均仍然保持关闭状态),开启车站隧道排风机和区间隧道通风机辅助排烟,车站两端组合式空调器启动向站厅楼梯口送风,乘客迎着新风方向从站台经站厅疏散至地面。车站轨行区、公共区火灾运行模式情况见表1。

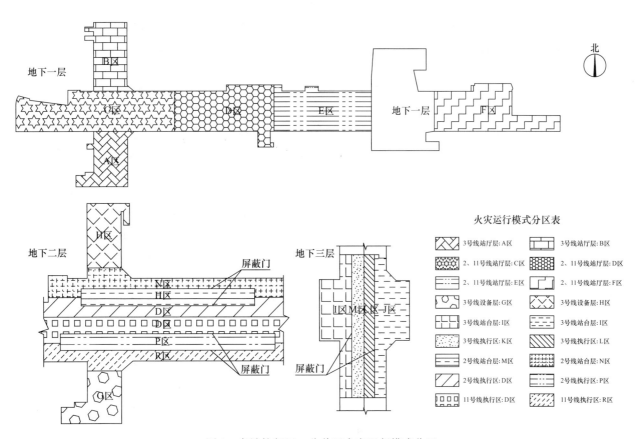

图1　车站轨行区、公共区火灾运行模式分区

车站轨行区、公共区火灾运行模式简表　　　　　　　　　　　　　　表1

车站轨行区、公共区火灾运行模式简表								
运行工况及适用条件		模式编号	排烟区域	补风区域	运行工况及适用条件		模式编号	排烟区域	补风区域
火灾运行	3号线站厅层：A区	F1	A区	B区	火灾运行	3号线站台层：J区	F10	J区	A、B、G、H、M、P区
	3号线站厅层：B区	F2	B区	A区		3号线轨行区：K区	F11	I、K区	A、B、G、H、M、P区
	2、11号线站厅层：C区	F3	C区	A、B、D区		3号线轨行区：L区	F12	L、I区	A、B、G、H、M、P区
	2、11号线站厅层：D区	F4	D区	C、E区		2号线站台层：M区	F13	M区	C、D区
	2、11号线站厅层：E区	F5	E区	D区		2号线轨行区：N区	F14	M、N区	C、D区
	2、11号线站厅层：F区	F6	F区			2号线轨行区：O区	F15	M、O区	C、D区
	3号线设备层：G区	F7	G区	A区		11号线站台层：P区	F16	P区	C、D区
	3号线设备层：H区	F8	H区	B区		11号线轨行区：Q区	F17	P、O区	C、D区
	3号线站台层：I区	F9	I区	A、B、G、H、M、P区		11号线轨行区：R区	F18	P、R区	C、D区

（2）小系统排烟设计

当车站设备管理用房发生火灾时，大系统停止运行，小系统转入到设定的火灾模式运行。即根据小系统的既定模式立即排除烟气或隔断火源和烟气，与着火区相邻的内通道设有排烟系统的立即进行排烟，同时车站控制室立即进行加压送风（指火灾发生在车控室端），合用风井端的大系统和其他小系统全部关闭。

3. 车站空调系统控制及其设计

（1）车站控制模式设计内容包括车站通风空调大系统、小系统和水系统三个部分的控制模式设计，供低压、BAS、FAS 自动灭火等专业使用，以实现对环控设备以及各种阀门的控制，满足运营功能的要求。车站大、小水系统原理图中设备及各种阀门均需按工艺图要求进行监视或控制；设计图包括环控电控室，车站控制室的显示量与控制量设计及各种工况下的控制设计。

（2）车站 A、B、C、D、E 端分别设有空调电控室，向其所在端的空调设备提供动力，显示设备阀门状况，以及对设备和阀门实行直接控制（其操作点数称为控制量）。车站控制室将东西两端的显示量与控制量汇总集中，实现车站一级的监控管理。

七、心得与体会

目前全国各主要城市都在积极开展城市轨道交通建设，已经建好的地铁工程的经验，一定会对后续工程有着非常重要的实际指导意义。福田枢纽地铁车站，目前是亚洲最大的地铁换乘站之一，将此项目的施工设计经验总结归纳，对于我国地铁建设具有重大意义，并可以作为后续参考。

（1）车站的空调系统是以站台安装屏蔽门，且屏幕门与土建同期安装完毕为前提进行计算负荷的。

（2）考虑到人员在地铁内部停留时间短，从列车到站台再到站厅，然后出到室外停留大约 3min，故在确定室内设计参数时，站台到站厅会有约 2℃ 的温差，以便形成从室外—站厅—站台的合理温度梯度，让乘客体感舒适，且起到节能的作用。

（3）通风空调系统实现分区域、分系统控制、自动调节室内温度；冷水系统根据负荷变化控制冷水机组及其对应的冷却水泵、冷冻水泵及冷却塔的运行台数，提高了供冷系统的能效比，能够有效实现节能。

（4）车站空调通风大系统中应用了空气净化装置，具有强大的消毒、杀菌、除味、除尘功能，全面提高了车站的空气品质。

江宁织造府项目暖通空调设计 ①

- 建设地点　　南京市
- 设计时间　　2006 年 3 月～2007 年 4 月
- 竣工日期　　2009 年 11 月
- 设计单位　　北京市建筑设计研究院有限公司
　　　　　　［100045］北京市南礼士路 62 号
- 主要设计人　胡育红　刘晓茹　韩欢
- 本文执笔人　胡育红
- 获奖等级　　三等奖

作者简介：

胡育红，1961 年 11 月生，教授级高级工程师，三院设计总监（设备专业），1984 年 7 月毕业于北京工业大学，本科，现就职于北京市建筑设计研究院有限公司。主要代表作品：亚运村北京剧院、中国工商银行总行营业办公楼一期（合作设计）、华普中心大厦（中汇广场）、盈创大厦、主语城等。

一、工程概况

本工程位于江苏省南京市玄武区，毗邻总统府、江苏省美术馆、人民大会堂、中央饭店等历史建筑。工程用地为原江宁织造府遗址，项目于 2002 年立项，由两院院士吴良镛先生担纲，自 2004 年开始方案设计，并与建筑大师何玉如共同主持设计。项目定位为体现红楼文化为主的展览及进行各类文化活动的综合文化建筑。工程用地面积 18786m²，总建筑面积 37106m²，其中主体建筑 35198m²，古建 1908m²，地下两层，面积 24026m²，全部为人防，地上 4 层，面积 11172m²；外立面为现代建筑风格，内庭院立面为中国古典建筑风格。各层建筑面积及主要使用功能见表 1。

建筑外观图

建筑面积及使用功能　　表 1

	建筑面积（m²）	使用功能
地下二层	13090	藏品库、办公、职工餐厅、库房、汽车库、机电用房
地下一层	10936	展厅 6 个、附属用房
首层	4788	书店、大厅、展厅 2 个、休息厅、园林博物馆
二层	3574	办公、小剧场、餐厅、操作间
三层	2438	办公、多功能厅、沙龙、研究室
四层	372	礼仪厅、消防水箱间

二、工程设计特点

空调冷热源、末端均为常规系统，主要特点：

（1）在保证本专业系统合理的前提下与建筑功能、古建、园林景观尽量完美的结合。

（2）地下空调、通风系统要满足人防工程战时及平时使用功能的要求。

三、设计参数及空调冷热负荷

室外设计参数：

夏季空调室外计算干球温度：35℃；

夏季空调室外计算湿球温度：28.3℃；

夏季通风室外计算温度：32℃；

冬季空调室外计算温度：－6℃；

冬季空调室外计算相对湿度：73%；

---

① 编者注：该工程设计主要图纸参见随书光盘。

冬季通风室外计算温度：2℃；

供暖室外计算温度：−3℃；

室内设计参数见表 2，冷热负荷指标见表 3。

主要功能房间室内参数　　表 2

房间名称	夏季		冬季		新风量〔m³/(h·人)〕
	温度（℃）	相对湿度（%）	温度（℃）	相对湿度（%）	
展厅、园林博物馆	25	60	18	—	15
办公室	26	60	18	40	30
营业餐厅	25	≤65	20	40	30
职工餐厅	26	≤65	18	40	15
藏品库房	22	55	20	45	30
多功能厅	26	≤65	20	40	25
书店	26	60	18	40	20
厅堂	27	≤65	16	—	12

冷热负荷指标　　表 3

建筑面积	35198m²	空调面积	24400m²
空调冷负荷	3375kW	空调冷指标	95.9W/m²（建筑面积）
			138.3W/m²（空调面积）
空调热负荷	2529kW	空调热指标	71.8W/m²（建筑面积）
			103.6W/m²（空调面积）

四、空调冷热源及设备选择

夏季、冬季空调采用 4 台制冷量为 889kW 的电制冷螺杆式风冷热泵冷热水机组，冷水机组设在三层屋面，冷水机组安装裕量为 5.4%。空调冷热水循环泵位于地下二层空调水泵房。空调冷水温度为 7℃/12℃，热水温度为 45℃/40℃。空调冷热水系统采用带压差旁通的一级泵定流量闭式二管制异程系统，系统变流量，水泵定流量，水泵与冷水机组之间通过共用集管连接，冬夏合用循环泵；水系统采用带气压罐的补水泵定压。

五、空调系统形式

不同功能区的空调方式见表 4。

空调方式　　表 4

功能区	空调方式
地下展厅	双风机一次回风全空气定风量定新风比（带混风箱的 BFP 新风机组＋排风机）
地上展厅、园林博物馆、小剧场、沙龙	双风机一次回风全空气
办公、书店、对外餐饮、图书室等	风机盘管＋新风
厨房操作间	全面通风＋局部排风（全新风直流＋油烟净化）
藏品库房	恒温恒湿机（可分期投入）＋新风

几点说明：

（1）地下展览厅采用双风机一次回风全空气定风量定新风比系统，排风机按最小新风量和最大风量分别设置；冬、夏季按最小新风量工况运行，过渡季可全新风运行。优点：只需一台新风机组和排风机，机房面积小，排风机位置可灵活布置，解决组合式空调机组占地大且新、排风口距离过近难于布置问题，过渡季可采用全新风方式为内区降温；缺点：过渡季不能通过调节新回风比保证室温，季节转变时，会有一段时间，不开排风机室温偏高，开排风机室温偏低。

（2）调研阶段了解到博物馆不属于国家级，展品、藏品均匮乏，建成后要从民间征集或从其他博物馆调集，能收藏到国家级珍贵文物的可能性不大，考虑藏品等级及近期数量，为避免建成后相当一段时间内藏品不足，库房闲置造成运行费用过高的问题，采取按房间设置恒温恒湿机组，一次设计到位，可分期购置投入使用，降低运行能耗。

六、心得与体会

根据项目所在地的气候条件及负荷特征确定冷热源形式，末端设备的形式、控制方式应综合考虑运行管理的简单、实用及投资的经济性，外表的完美与功能的满足需要有关专业的设计师共同努力。

首都图书馆二期暨北京市方志馆空调设计①

- 建设地点　　北京市
- 设计时间　　2006 年 8 月～2007 年 11 月
- 竣工日期　　2011 年 12 月
- 设计单位　　北京市建筑设计研究院有限公司
　　　　　　　[100045] 北京市南礼士路 62 号
- 主要设计人　王毅　乔群英　王思让　刘宁　赵彬彬
- 本文执笔人　王毅
- 获奖等级　　三等奖

作者简介：

　　王毅，出生于 1974 年 10 月，高级工程师，2001 年 04 月毕业于天津大学供热通风与空调工程专业，硕士研究生学历。工作单位：北京市建筑设计研究院有限公司第一建筑设计院。主要设计代表作品：商务部办公楼维修改造工程、北京景山学校大兴实验学校、雁栖湖国际会都会议中心、北京怀柔雁栖湖国际会展中心等。

一、工程概况

　　首都图书馆二期暨北京市方志馆工程位于北京市朝阳区东三环南路，为综合性的文化场所。总用地面积 1.8210hm²，总建筑面积 66980.7m²，其中地上 55481.8m²，地下 11498.9m²。包括首都图书馆二期和北京市方志馆两部分，其中首都图书馆二期约 5.7 万 m²，地下 1 层，地上 10 层，建筑高度 49.5m。地下设有六级人防，战时为物资库，平时为汽车库；地下一层设有直燃机房、空调泵房、水泵房、消防泵房、中水处理机房、自行车库等。地上设有各类借阅中心、开架阅览、

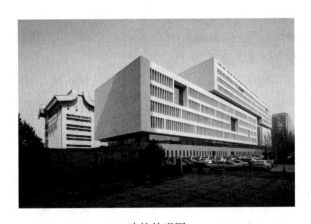

建筑外观图

书库、数字图书馆、办公、报告厅，另按要求设有厨房及餐厅。北京市方志馆建筑面积约 1.0 万 m²，地上 6 层，设有展厅、地方志编修、地情研究、北京年鉴编辑出版发行等用房。两馆合建，统一设计、统一建设、统一投资、统一管理。

二、工程设计特点

　　本建筑内部设有高约 25m 的中庭，面积约 900m²，该中庭空调系统采用分层空调的设计方式，将人员活动的下部区域设计为空调区，上部的大部分区域为非空调区，空调直接送至人员活动区，排风系统设于中庭的顶部，中庭设置地板辐射供暖系统作为冬季空调供热的补充。

　　开架阅览等进深较大的空间进行空调分区，按内外区分别设置空调系统，内区全年供冷，外区夏季供冷，冬季供热，提高空调房间的舒适度。为减少水渍污染的发生，本工程书库、开架阅览等区域均采用全空气系统。全空气系统均设置了可调新风比的措施，冬夏季采用最小新风运行（冬季内区利用室外新风供冷），过渡季可实现全新风工况，利用室外新风消除室内余热，减少制冷机的使用时间。结合本建筑人员流动性大、负荷变化较大的情况，全空气系统采用不设变风量

---

① 编者注：该工程设计主要图纸参见随书光盘。

末端的区域变风量空调系统,空调机组根据空调回风温度变频运行,满足室内舒适度的情况下节能运行。

部分空调排风设置了全热回收系统,对空调排风进行冷、热回收,以达到节能运行的目的。新风机组及空调机组设置了电子净化段,达到对处理空气消毒、过滤的作用。

与建筑师充分协调,结合外立面设置了一定的外遮阳措施,减少太阳辐射热,降低夏季空调能耗。

空调用冷热源均由设于地下一层的直燃机供给,本工程采用高发加大型直燃机,燃料为天然气。冷却塔设于十层屋面,与直燃机一对一配置,冷却塔风扇采用变频控制。空调水采用一级泵变流量系统,风机盘管设电动两通阀,空调机组、新风机组设比例积分电动调节阀。空调水循环泵根据负荷侧空调末端的负荷变化变频运行,节省水泵用电。

三、设计参数及空调冷热负荷

1. 室外设计参数（见表1）

室外设计参数　表1

冬季室外供暖计算温度	−9℃
冬季室外通风计算温度	−5℃
夏季室外通风计算温度	30℃
冬季室外空调计算温度	−12℃
冬季室外空调计算相对湿度	45%
夏季室外空调计算干球温度	33.2℃
夏季室外空调计算湿球温度	26.4℃

2. 室内设计参数（见表2）

室内设计参数　表2

房间名称	夏季		冬季		新风量（m³/人）	排风量或小时换气次数（h⁻¹）
	温度（℃）	相对湿度（%）	温度（℃）	相对湿度（%）		
阅览区	26	40～60	20	≥30～50	25	—
编修室	26	55～65	20	—	25	—
研究室	26	40～60	20	—	25	—
办公室	26	50～65	20	≥30	25	—
会议室	26	50～65	18	≥30	30	—
中庭	26	60～65	16	≥30	20	—
目录及出纳	26	55～65	20	≥30	20	—

续表

房间名称	夏季		冬季		新风量（m³/人）	排风量或小时换气次数（h⁻¹）
	温度（℃）	相对湿度（%）	温度（℃）	相对湿度（%）		
工作区	26	50～65	20	≥30	25	
开架书库	24	40～65	16	≥30		
电子文献库	21±1	50～60	21±1	≥40	送风量15%	
报告厅	26	55～65	18	≥30	20	
餐厅	26	55～65	18		25	
公共卫生间			16			10

本工程总冷负荷为 4760kW,总热负荷为4595kW。

四、空调冷热源及设备选择

本工程在地下一层设置直燃机房,提供冷热源。选用高发加大型直燃机 3 台。单台供冷量为 1745kW,总供冷量 5235kW;单台供热量 1614kW,总供热量 4842kW。直燃机燃料为天然气。空调冷冻水供/回水温度为 7℃/12℃;空调温水供/回水温度为 60℃/50℃;冷却水进/出水温度为 32℃/37.5℃。

五、空调系统形式

空调水采用一级泵变流量系统,风机盘管设电动二通阀,空调机组、新风机组设比例积分电动调节阀。空调水循环泵根据负荷侧空调末端的负荷变化变频运行。

中庭空调系统采用全空气定风量系统,设计为分层空调的方式,空调送风直接送至人员活动区,排风系统设于中庭的顶部,并设置地板辐射供暖系统作为冬季空调供热的补充。开架阅览等采用不设变风量末端的区域全空气变风量系统,按内外区分别设置空调系统。展览大厅、报告厅等采用全空气系统。全空气系统均设有变新风量调节功能。办公、会议等采用风机盘管加新风系统,部分空调排风设置了全热回收系统。电子文献库、信息网络中心等区域设置了恒温恒湿空调。

六、通风、防排烟及空调自控设计

厨房、制冷机房、水泵房、变配电室、地下汽车库等采用直流式通风系统。各卫生间设排气扇，卫生间排风通过竖井由屋顶集中排风机排放。

各层靠近外墙的阅览室、书库、办公用房、走廊等部位采用可开启外窗自然排烟。面积超过 $100m^2$ 的阅览室书库等地上无窗房间，大于 20m 的内走道设置机械排烟系统。地下无可开启外门窗时，设置消防补风。车库消防排烟与平时排风合用风机，分别设置风道。楼梯间及消防电梯前室等按照规范设置加压送风系统。

单独办公间及房间的风机盘管采用风机就地手动控制、盘管水路二通阀就地自动控制。直燃机组由设备所带自控设备控制，集中监控系统进行设备群控和主要运行状态的监测。恒温恒湿机组的制冷、加热、加湿及温湿度控制和监测系统，由机组生产厂负责设计制造，房间温湿度由楼宇自动化管理系统监测。其余暖通空调动力系统采用集中自动监控，纳入楼宇自动化管理系统。

七、心得与体会

首都图书馆二期暨北京市方志馆工程自 2011 年底竣工使用以来，总体运行情况良好。但实际使用中也遇到了一些问题：

（1）中庭主入口的外门常开，与中庭相通的阅览区读者随意开窗，造成主入口大量无组织进风，导致室内温度波动，部分区域室温达不到设计温度。

（2）部分读者自行调整公共区域风机盘管温控器的设置参数，造成局部区域温度不均匀。

作为暖通空调设计师，上述情况在设计阶段是无法预料的。这就需要设计师在调研阶段充分与使用者沟通，并在竣工后给物业管理团队技术交底。这样才能做到合理设计、合理使用。

鼎嘉恒苑住宅小区一期工程暖通设计①

- **建设地点**　　北京市
- **设计时间**　　2008 年 3～12 月
- **竣工日期**　　2011 年 3 月
- **设计单位**　　[100005] 北京市东城区东总布胡同 5 号
- **主要设计人**　李庆平　袁艺　苗维　王国建　崔学海
- **本文执笔人**　王国建
- **获奖等级**　　三等奖

作者简介：

李庆平，高级工程师，1993 年毕业于北京工业大学暖通专业，本科学历。负责"澳洲康都居住区"项目，荣获全国优秀工程勘察设计行业奖三等奖；负责"澳林春天高层住宅"项目，荣获北京市第十二届优秀工程设计评选三等奖；负责"九龙家园 B 地块设计"项目，荣获北京市第十届优秀工程设计评选二等奖。

一、工程概况

本项目位于北京市海淀区，总建筑面积 102309m²，总用地面积 4.77hm²，容积率 1.67；由 18 栋 6 层的住宅建筑组成。该项目冷热源采用地下水地源热泵系统，空调系统形式为：夏季风机盘管加新风系统；冬季供暖系统为低温热水地板辐射供暖及风机盘管辅助供暖加新风系统。

建筑外观图

二、工程设计特点

（1）总能耗：利用能耗模拟软件 Dest-h 对项目进行能耗特性分析，达到综合节能 80% 的标准，其中外围护结构节能 72% 以上，系统节能 10% 以上。

（2）冷热源选择：本项目对地下水地源热泵系统和地埋管地源热泵系统从能耗特性、初投资、水文地质条件的依赖性、能效特性以及后期运行管理进行冷热源方案对比分析，最终选用地下水地源热泵系统。

（3）空调末端选择：本项目对地板供暖和风机盘管加新风系统与水环热泵系统从初投资、运行费用、舒适性、后期运行等方面进行方案对比，最终采用地板供暖和风机盘管加新风的末端形式，并且空调系统设分室温调节和热量计量设施。

（4）小区风环境及室内自然通风：采用 CFD 技术对建筑外环境进行模拟分析，从而设计出合理的建筑小区风环境，通过屋顶绿化等措施降低热岛强度，住区室外日平均热岛强度不高于 1.5℃；采用 CFD 技术对建筑内环境进行模拟分析，使建筑设计满足过渡季节室内自然通风的要求。

（5）水资源的利用：屋面雨水收集用于景观用水，绿化灌溉采用喷灌、微灌等高效节水灌溉方式；绿化用水、洗车用水等非饮用水采用再生水和雨水等非传统水源。最终器具节水达到

---

① 编者注：该工程设计主要图纸参见随书光盘。

12％，非传统水源的利用率达到 30％，透水地面面积比不小于 45％。

（6）其他节能技术：使用太阳能庭院灯和风力发电路灯；地下车库使用导光管自然采光；采用家居智能管理系统。

三、设计参数及空调冷热负荷

室内设计参数见表 1，供暖空调参数见表 2。

室内设计参数 表 1

	卧室、起居室（℃）	卫生间（℃）	厨房（℃）	餐厅（℃）
夏季	25	—	—	25
冬季	20	25	16	18

供暖空调参数 表 2

	供暖	空调	新风
户型面积（m²）	5636	5636	5636
总热/冷量（W）	174321	253395	4900/3180（每户）
耗热/冷指标（W/m²）	30.9	44.9	26.4/17.2
热/冷媒参数（℃）	45/35	7/12	45/35；7/12
系统形式	共用立管分户系统	双管异程风机盘管	每户一套系统

四、空调冷热源及设备选择

该项目冷热源采用地下水地源热泵系统形式。对冷热源形式进行了方案对比（见表 3）。

冷热源形式对比 表 3

	方案一：地下水地源热泵（万元）	方案二：地埋管地源热泵（万元）	说明
地下部分初投资（打井或打孔埋管）	225	746	方案一优于方案二
机房设备投资	1340	1340	—

五、空调系统形式

空调系统形式为：夏季风机盘管加新风系统；冬季供暖系统为低温热水地板辐射供暖及风机盘管辅助供暖加新风系统。

空调系统形式对比 表 4

	方案一：地板供暖+风机盘管+新风（万元）	方案二：水环热泵系统（万元）	说明
初投资	3340	3800	方案一优于方案二
运行费用	略低	略高	

六、通风、防排烟及空调自控设计

1. 机房设备基本控制

空调主机的运行台数根据末端负荷的变化而发生变化，本系统以系统的回水温度来控制机组、压缩机运行的数量。

夏季：当系统回水温度高于 14℃时，逐台开启压缩机。当系统回水温度低于 10℃时，逐台关闭压缩机。

冬季：当系统回水温度低于 38℃时，逐台开启压缩机。当系统回水温度高于 42℃时，逐台关闭压缩机。

井水系统潜水泵运行的台数与空调主机的运行台数相匹配。潜水泵开启的数量以机组出水的温度来控制。

夏季：当机组出水温度高于 28℃时，逐台开启潜水泵，井水回水直接回灌到井里。当机组出水温度低于 24℃时，逐台关闭潜水泵。

冬季：当机组出水温度低于 5℃时，逐台开启潜水泵，井水回水直接回灌。当机组出水温度高于 10℃时，逐台关闭潜水泵，井水回水进入沉沙池，循环使用。

2. 末端水路的基本控制

在加热管与分水器、集水器的接合处，分路设置远传型自力式或电动式恒温控制阀，通过各房间内的温控器控制相应回路上的调节阀，控制室内温度保持恒定。

3. 住宅每个卫生间设排气扇进行通风换气，换气次数为 $7h^{-1}$。

七、心得与体会

通过本项目的设计，发现前期方案阶段准备工作越充分，后期遇到的问题就越少。方案阶段的定量化比选工作是一个设计优劣的关键环节。随着计算机技术的发展，计算机模拟在方案比选中所起的作用逐渐加大。风环境模拟、光环境模拟、噪声环境模拟、能耗模拟等一系列模拟计算成为项目设计的重要依据。

　　一个项目设计好不等于可以用得好。衡量一个建筑节能与否，关键还得看实际运行数据如何。前期的计算机仿真模拟技术是为了最后实际运行能耗降低来服务，而后期运行管理的精细化是能耗降低最直接的因素。

　　该项目采用了能源管理平台，通过后期回访物业，该项目的实际运行状况比较好。

南昌国际体育中心暖通空调设计[①]

作者简介:
　　程新红, 1966 年 8 月生, 暖通总工程师、设计副总裁。1988 年毕业于同济大学暖通专业, 学士。现就职于悉地(北京) 国际建筑设计顾问有限公司。主要代表作品: 山西体育中心、南昌体育中心、中国人寿研发中心、青岛海天中心、济南汉峪金融商务中心等。

- 建设地点　　南昌市
- 设计时间　　2008 年 8 月～2009 年 12 月
- 竣工日期　　2011 年 9 月
- 设计单位　　悉地(北京) 国际建筑设计顾问有限公司
　　　　　　　[100013] 北京市朝阳区东土城路 12 号
- 主要设计人　程新红　易伟文　黄艳　汪丽莎　张士花
　　　　　　　耿永伟　许新艳
- 本文执笔人　程新红　易伟文　黄艳
- 获奖等级　　三等奖

一、工程概况

　　南昌国际体育中心位于江西省南昌市红谷滩新区, 生米大桥北引桥以南, 东至赣江、西到丰和大道, 南至规划路。南昌国际体育中心由体育场、综合体育馆、网球中心、游泳跳水训练馆及综合训练馆(全民健身中心) 等 5 个主要单项建筑物组成,

使用年限为 50 年, 主要用于举办全国第七届城市运动会, 并可举办其他全国性和单项国际比赛。

　　南昌国际体育中心分为南区和北区两大片区, 南区总用地面积 25.828hm², 总建筑面积 88345m², 包括综合体育馆、网球中心、游泳跳水训练馆及综合训练馆, 绿化面积 111, 037m², 容积率 0.34。北区总用地面积 35.56hm², 总建筑面积 95292m², 包括体育场、室外中心平台及室外训练场(见表 1)。

各场馆建筑概况　　　　　　　　　　　　　　　　表 1

场区	场馆名称	建筑类别	建筑概况
北区	体育场	甲级大型体育建筑	建筑面积 82742m², 其中酒店部分建筑面积为 16292m²; 座席数 57195 席, 地上 6 层, 建筑高度 51.85m
南区	综合体育馆	甲级大型体育建筑	建筑面积 39693m², 座席数 11731 席, 地上 4 层, 建筑高度 33.50m
	网球中心	乙级体育建筑	建筑面积 9811m², 座席数 2136 席, 地上 2 层, 建筑高度 22.73m
	游泳跳水训练馆	丙级体育建筑	建筑面积 15064m², 座席数 960 席, 地上 2 层, 地下 1 层, 建筑高度 22.73m
	综合训练馆	丙级体育建筑	建筑面积 23777m², 地上 3 层, 地下局部 1 层, 建筑高度 18.75m

建筑外观图

二、工程设计特点

1. 冷热源设置

　　南昌体育中心考虑场地南北分区和体育场馆赛后运营分散等特点, 采用一个热源中心＋两个冷源中心的能源方案。

　　能源中心设置如图 1 所示。

2. 南区三馆空调水路二级泵系统

　　南区三馆制冷站集中设置在体育馆内, 考虑体育馆、综合训练馆、游泳馆相互独立, 赛后使

---

　　① 编者注: 该工程设计主要图纸参见随书光盘。

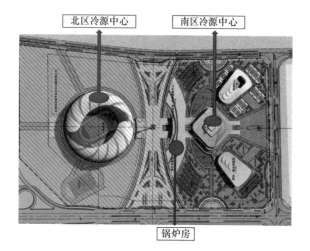

图 1 能源中心设置

用时间有可能不同，且系统较大，阻力较高，各环路负荷特性相差较大，压力损失相差悬殊，南区三馆空调水系统夏季采用二级泵系统，其中一级泵为定流量系统，台数调节；二级泵为变流量系统，变频调节运行；体育馆、综合训练馆、游泳馆各设计一套二级泵系统，二级泵均设在体育馆的集中冷冻机房内。

3. 体育馆比赛大厅分区空调系统

体育馆在空调系统设计时考虑赛后运营不同的比赛要求，观众上座率的差异性，体育馆比赛大厅、固定坐席以及临时座席区分别设置空调送风系统，可满足分区域空调系统控制，在后期赛后运营时实现空调系统的高效节能运行。

比赛大厅送风设置 4 套空调系统，送风干管

设置在检修马道下，球形喷口送风。比赛大厅观众看台（固定座椅）按照座席分区设置 8 套全空气系统系统，采用座椅送风，上部回风；临时座席设置 4 套空调系统，侧送风口设在比赛场地临时座椅后侧墙处。

4. 体育馆和综合训练馆冰场系统设置

体育馆比赛大厅区具有赛时冰场的功能，综合训练馆内设置为供运动员训练和赛后供娱乐用的永久性大众冰场，上述两个冰场的制冰机房集中设置在综合训练馆内，体育馆用冷媒管通过地沟由综合训练馆接至体育馆。

冰场供冷采用间接膨胀系统，冰场内冷媒管内为载冷剂（质量浓度为 40％ 的乙二醇溶液），载冷剂和制冷机内环保型制冷剂在蒸发器内热交换，再把冷量输送到冰场内冻冰。

冰场制冰系统分 3 个系统：冰场冻冰系统、冰场化冰系统、冰场防冻系统。

冰场冻冰系统由制冷机、冷却塔、冷却水泵、冷冻水泵、冰场盘管及附件组成。

冰场化冰系统和冰场防冻系统均由换热器、循环水泵及其附件组成。

体育馆设融冰池，融冰采用发热电缆地面辐射供暖系统。融冰池附近设热水管作为辅助融冰。

三、空调冷热负荷

空调冷热负荷如表 2 所示。

空调冷热负荷   表 2

序号	单体	建筑面积	空调冷负荷	空调冷负荷指标	空调热负荷	空调热负荷指标	生活热水负荷	池水加热负荷
		（m²）	（kW）	（W/m²）	（kW）	（W/m²）	（kW）	（kW）
1	体育场	82742	3453	42	2643	32	1704	—
2	体育馆	39693	6529	165	3549	90	718	—
3	游泳馆	15064	534	36	737	49	354	1914
4	网球馆	9811	—	—	—	—	140	—
5	综合训练馆	23777	2970	125	1480	62	830	—

注：1. 游泳馆夏季比赛大厅不设置空调系统，冬季设置供暖＋新风直流系统，供暖负荷331kW。
　　2. 网球采用变制冷剂流量分散式冷热源。

四、空调冷热源及设备选择

冷源：南区综合体育馆、游泳跳水馆及综合训练馆设置一个冷源中心，冷机采用大小搭配，

选用 3 台 600RT 离心式机组＋1 台 300RT 螺杆机组；北区体育场设置一个冷源中心，冷机采用 3 台 350RT 水冷螺杆式冷水机组。网球馆采用变制冷剂流量空调系统。

热源：南昌体育中心设置集中热源中心，在

室外单建燃气锅炉房，提供整个体育中心的空调用热、生活热水用热及池水加热用热，锅炉房设置 5 台 4t/h 的燃气热水锅炉，水温 95℃/70℃；一次热水经过室外管线送至各场馆区，在各场馆内分设空调换热、池水加热换热和生活热水换热。

五、空调系统形式

各场馆空调风系统设置如表 3 所示。

空调系统设置情况　　　表 3

场区	场馆名称	空调系统设置
北区	体育场	贵宾大厅、酒店运营用房等大空间用房设置全空气系统； 运动员休息等小空间用房设置风机盘管＋新风系统
南区	综合体育馆	比赛大厅、检录大厅、热身训练场等大空间设置全空气系统； 媒体办公、运动员休息等小空间用房设置风机盘管＋新风系统
	网球中心	VIP 室内网球场设置独立的屋顶热泵型空调机组； 小型附属用房采用变制冷剂流量多联空调系统＋新风换气系统
	游泳跳水训练馆	池区大厅夏季及过渡季设置通风，冬季设置热回收新风直流系统； 小型附属用房设置风机盘管＋新风系统
	综合训练馆	综合训练大厅等大空间用房设置全空气系统； 附属用房设置风机盘管＋新风系统

六、通风、防排烟及空调自控设计

防排烟系统设计执行《建筑设计防火规范》GB 50016—2006、《体育建筑设计规范》JGJ 31—2003 的有关规定。

体育场首层环行消防通道利用开向二层观众平台的开口自然排烟。

本工程采用直接数字式监控系统（DDC 系统），它由中央电脑及终端设备加上若干个 DDC 控制盘组成，在空调控制中心能显示打印出空调、通风、制冷等各系统设备的运行状态及主要运行参数，并进行集中远距离控制和程序控制。冷源、空调系统、通风系统纳入 DDC 系统。

七、心得与体会

体育中心冷热源采取一个热源中心＋两个冷源中心的配置方式，既充分发挥了集中设置能源中心可降低装机容量，节省初投资的优点，同时考虑了南北区场馆距离较远，不同体育场馆赛后运营时间不同等特点，分设南北两个冷源中心避免了距离过远导致输送能耗过大的问题，实现了冷源中心的高效配置和节能运营。

三馆冷源集中设置，采用二级泵系统，优化冷机配置的同时，节省末端的运行能耗，有利于场馆赛后独立和经济运行。

体育馆区分区空调系统设置实现了根据场馆的比赛要求和观众上座率开启空气系统的运营方式，在保证室内舒适性的同时节约运行能耗。

2011 年 10 月，第七届城市运动会在南昌国际体育中心举行，空调系统运行良好，满足赛时功能需求。

北京安贞医院门诊综合楼的暖通设计①

- 建设地点　　北京市
- 设计时间　　2008 年 2～6 月
- 竣工日期　　2011 年 12 月
- 设计单位　　中国中元国际工程有限公司
　　　　　　　［100089］北京市西三环北路 5 号
- 主要设计人　张立群　史晋明
- 本文执笔人　史晋明
- 获奖等级　　三等奖

作者简介：

史晋明，高级工程师，1999 年毕业于湖南大学暖通空调专业，现中国中元国际工程有限公司工作。主要代表工程：北京大学第三医院门诊楼、北京大学第一医院门急诊楼、财富中心二期工程、海口火车站、天域度假酒店二期工程、河南省人民医院住院楼、301 医院等。

一、工程概况

北京安贞医院集医疗、教学、科研、预防、国际交流五位一体，是以治疗心肺血管疾病为重点的大型三级甲等综合性医院。现已发展成为在国内外医学领域著名的医疗机构，为广大患者提供了一流的医疗服务。安贞医院门诊综合楼工程的建设将进一步完善与扩充医院的硬件设施，为医院搭建全新的发展平台。为充分利用医院丰富医疗资源，进一步提高医院技术水平和服务能力，提供高水准的坚实保障。

建筑外观图

本工程总建筑面积 58100m²，本工程限高

60.00m，地下 3 层，地上 13 层，地下建筑面积 17364m²，地上建筑面积 40736m²，建筑高度 59.95m，设计日门诊量 5000 人次。地下三层平时为库房，战时为物资库；地下一层、地下二层为设备用房，部分为机械车库，其中地下一层设置了机械车库出入口和停车、取车等待；一～十一层为一般门诊、急诊和急诊病房，其中三、四层为急诊手术和 ICU；十二、十三层为办公。

二、工程设计特点

1. 冷水机组采用双侧大温差技术的使用，减少空调水系统的初投资及运行能耗，节能且节省建筑空间

通过计算，满负荷运行时双侧大温差系统和单侧大温差系统运行能耗差距不大，但是要明显优于常规系统。大温差系统在部分负荷下的节能趋势与常规的定流量系统的相似，但节能效果更为显著。实际运行中，冷水机组多在部分负荷时运行，故部分负荷运行节能明显。

大温差冷水系统可以节约系统的循环水量，相应减少水泵的流量，减少管道的尺寸，减小水泵的尺寸、阀的大小、管道的直径及保温材料的用量等，节约系统的初投资。冷却水大温差设计时，可以减少冷却塔尺寸，节约冷却塔的占地面积，减少水泵的流量和水管的尺寸。当冷却水温度温差比常规水温高 2℃时，可减少水泵运行费

---

① 编者注：该工程设计主要图纸参见随书光盘。

用 3%～7%，节省一次投资 10%～20%。

大温差系统由于减少系统循环水量，减少管道的尺寸，故设计中可更好地保证建筑的使用空间，保证吊顶高度，有效减小管道井的尺寸，使有效的建筑面积得到更充分的利用。

2. 风机盘管水系统采用分区异程二管制系统，更好地保证不同季节不同区域的温湿度要求

由于建筑物体量大，内区面积大，而内区和外区在不同的季节对空调的运行有不同的要求，四管制系统可以完全解决此问题，但是投资高，且系统管道复杂，管线多。风机盘管分区二管制，即按照内区、外区分开设置，既解决了内区、外区不同季节的不同需求，同时，与传统二管制相比投资没有增加。既节省了投资，同时还达到了使用要求。

3. 电动动态平衡阀的使用，更好地确保了水系统运行的稳定

电动动态平衡阀是一种动态平衡与电动调节同步执行的特殊阀门，其阀芯也是由可调部分和水力自动调节部分组成。可调部分的开度依实际需要随时进行电动调节，水力自动调节部分可根据管道内压力的波动来自动调节阀芯的开度，稳定压差，以达到稳定流量的目的。这种类型的平衡阀经过简单的初始设定后，即可完全适应水力系统的变化，实现动态平衡水力系统的目的。既可就地控制，也可接驳楼宇 DDC 控制；它主要被应用在变流量系统中，控制诸如组合式空调箱—热交换器的一次水等需要根据负荷调整水流量的地方。它采用全新的设计理念，使得调节阀在系统实际工作过程中当压力波动时，能动态的平衡系统的压力变化。因此，这种动态平衡电动调节阀的调节只受标准控制信号的作用，而不受系统压力波动的影响，而且对应电动阀的任一开度位置，其流量都是唯一和恒定的。因此，这种动态平衡电动阀特别适用在系统负荷变化较大的变流量系统中，具有抗干扰能力强、工作状态稳定、调节精度高的特点。避免了传统的电动调节阀即使在同一开度位置，由于系统压力的波动，其流量也是变化的，电动阀输送热（冷）量不稳定，抗干扰能力差，调节精度低的缺点。

4. 手术部单独设置冬季冷源，冷却水系统设置旁通阀，保证冬季手术部供冷的需求

由于医院的特殊性，对冷源的运行时间及安全性有了特殊的要求。手术室在过渡季节、冬季均需要供冷，在屋面设置一台 20Rt 的风冷冷水机组，作为手术部的应急与备用冷源，以保证手术部的安全运行。

三、设计参数及空调冷热负荷

1. 室外空气计算参数（见表 1）

室外计算参数　　　　　　　　表 1

室外气象参数	夏季	冬季
大气压力（kPa）	1021.7	1000.2
空调日平均温度（℃）	29.6	—
空调温度（℃）	33.5	−9.9
供暖温度（℃）	—	−7.6
通风温度（℃）	29.7	−3.6
计算湿球温度（℃）	26.4	—
室外计算相对湿度（%）	61%	44%
室外平均风速（m/s）	2.1	2.6
最多风向及频率	C 18% SW 10%	C 19% N 12%
全年最多风向及频率	C 17% SW 10%	

2. 空调房间室内设计参数（见表 2）

室内设计参数　　　　　　　　表 2

房间名称	夏季 干球温度（℃）	夏季 相对湿度（%）	冬季 干球温度（℃）	冬季 相对湿度（%）	新风量 [m³/(h·人)] (h⁻¹)	噪声标准 [dB（A）]
诊室	26	50	20	40	(3)	≤55
候诊室	26	50	20	40	(3)	≤55
各种试验室	26	45	20	45	(4)	≤50
药房	26	45	18	45	(3)	≤50
X 光	26	50	22	40	(3)	≤55
办公室	26	50	20	40	30	≤45
管理室	26	50	20	40	(3)	≤45
会议室	26	45	20	40	30	≤45
急诊手术室	22	40	22	40	按规范	≤50
急诊病房	26	50	20	40	50	≤40
急诊 ICU	23	55	22	50	(3)	≤40

3. 空调计算负荷

本工程空调计算冷负荷 6300kW，空调计算热负荷 5800kW，总新风量 231000m³/h。

四、空调冷热源及设备选择

1. 冷热源设计

本建筑物设人工冷源，地下二层冷冻机房内

设置 3 台离心式冷水机组水机组，每台制冷量为 2100kW；设置 4 台冷冻水泵，三用一备；设置 4 台冷却水泵，三用一备；冷却水供/回水温度为 32℃/40℃；屋面设置一台风冷热泵冷水机组，作为手术室过度季节备用冷热源，自带水泵及定压补水装置；空调供冷时的冷冻水供水温度为 5℃，回水温度为 12℃，空调供热时的供水温度为 60℃，回水温度为 50℃。

2. 空调水系统设计

为提高手术部等净化空调系统可靠性的要求，设计专用立管供空调用水，为满足净化空调对冷热时间要求的特殊性，净化空调系统采用四管制异程系统。风机盘管系统为水平同程式，按照内外区设置。新风机组采用竖向异程式，立管敷设在机房内。

3. 空调系统设计

净化空调系统：三层Ⅲ级急诊手术室三间，每间设一个空调系统。器械、医生等房间与洁净走廊为Ⅲ级洁净辅助用房，设一个空调系统。三层、四层急诊 ICU 为Ⅲ级洁净辅助用房，设置两个净化空调系统。信息中心、MRI 等有特殊要求的房间设置专用空调系统。其余部分采用风机盘管＋新风系统。

五、通风、防排烟及空调自控设计

1. 通风系统设计

地下库房，设备用房按照 $6h^{-1}$ 设计；机械停车库按照 $100m^3/(h·台)$ 计算，通风系统与排烟系统共用。

地下一层休息室，一～十一层门诊和急诊，十二层和十三层办公分别设排风系统，排风量与新风量协调，排风经排风管由本层排出。

所有区域的公共卫生间、污洗间、消毒间设计排风机进行机械排风系统，排风量按 $10h^{-1}$ 计算。

四层洁净走廊、ICU、手术室设独立排风系统，排风量与空调新风量协调。手术室排风不小于 $200m^3/h$ 排风经高中效过滤后由本层排出。

2. 自动控制

冷冻机除本身自动调节控制外，根据负荷的变化进行台数和冷冻机群体控制；根据供回水温度及旁通水量确定冷冻机开启的台数，冷冻机与冷冻水泵联锁，并设冷却塔、冷却水泵、冷冻水泵、冷水机组顺序启停控制。

空气处理机组、新风机组在其回水管路上设置动态平衡电动调节阀，新风机组根据送风温度调节动态平衡电动调节阀的开度，空调机组根据回风湿度调节动态平衡电动调节阀的开度。

风机盘管装有温控器，室内安装风机三速开关，回水管上安装动态平衡电动二通阀；根据室内温度决定动态平衡电动二通阀的开闭。

六、设计体会

随着社会的发展，人们对生活环境越来越高的要求与日益紧张的能源不可避免地会出现相互冲突的问题，而空调能耗在建筑中所占比重是最大的，这对暖通设计工程师的要求也越来越高。不仅需要考虑各类房间对室内空气环境的要求，同时还要尽可能地节省投资及降低运行费用。因此，合理的暖通方案是一个建筑空调系统节能的保障与前提。希望以后的设计中可以越来越多地运用一些新的技术，使建筑内空调的能耗进一步降低。

成都凯丹广场空调设计①

- 建设地点　　北京市
- 设计时间　　2009 年 7 月
- 竣工日期　　2010 年 11 月
- 设计单位　　中国建筑科学研究院
　　　　　　　[100013] 北三环东路 30 号
- 主要设计人　冯帅　刘亮
- 本文执笔人　冯帅
- 获奖等级　　三等奖

作者简介：
　冯帅，1978 年 9 月生，高级工程师，2001 年毕业于重庆大学供热通风与空调专业，大学本科。现就职于中国建筑科学研究院。主要代表作品：中国国家博物馆改扩建工程、清华大学人文社科图书馆、珠海市博物馆和城市规划展览馆工程、成都东大街 9 号地等。

一、工程概况

该项目位于成都人民南路与三环路的交界处，总投资 7.3 亿元，总建筑面积 9 万多平方米，地上高度 28m，地上一～三层为商业，四层为电影院和美食街；地下二层为停车库，地下一层夹层为部分机房和停车库，地下一层为商业。凯丹广场是凯丹国际集团在中国开设的首家凯丹广场，也是西南地区首座具有国际标准的欧式购物中心，项目拥有 200 个商铺及千余个停车位。集时尚、服饰、家居、数码、餐饮、影院为一体，由国际化的团队设计、建造、运营管理，为成都提供国际化一站式购物新体验。开业没多久出租率已达到 100%。该项目由一家总部在荷兰在欧洲和中国从事房地产运作的控股公司投资，整个项目

从设计到运营管理都有外方参与，对机电设计提出了更高的要求。

二、工程设计特点

本项目为了最大可能地增加地下车位，将制冷机房及锅炉房设置在购物中心屋面；同时尽可能减少地下机房的设置；地上商业区域也将空调机房集中设置在屋面或者租金较低的三、四层，首两层无机房设置。项目建筑设计中设置了众多的中庭，将各区域商铺连接起来，因此在各层商业并没有设置集中的排风竖井，而是利用各层众多中庭将排风在屋面中庭排风窗排至室外。

三、设计参数及空调冷热负荷

设计参数及负荷指标如表 1 所示。

建筑外观图

室内空调设计参数　　　　　表 1

房间名称	夏季温度（℃）	人员密度（m²/人）	新风量指标（CMH/人）	照明指标（W/m²）	设备指标（W/m²）
商铺	24	4	20	60	—
商铺走廊	24	3	20	60	—
餐厅	25	3	20	60	20
电影院	25	1	20	—	—

---

① 编者注：该工程设计主要图纸参见随书光盘。

四、空调冷热源及设备选择

本项目考虑到日后运营情况，地下一层及地上四层采用中央制冷系统。系统选用 3 台 800USRT 的水冷离心式电制冷机组和一台 400USRT 的水冷螺杆式电制冷机组，对应 5 套冷冻水泵与冷却水泵（其中一套为备用）。为了满足楼体内区常年供冷需要，本系统预留 2 台板式热交换器，利用系统冷却塔冬季运行免费供冷。所有冷水机组、冷却塔、冷冻水泵、冷却水泵及膨胀定压补水装置都设置在屋顶。

在屋顶锅炉房内设置 1500kW 真空燃气热水锅炉 2 台，对应热水循环 3 台（2 用 1 备），锅炉的补水定压排气装置可与空调水系统共用。冬季空调供应 60℃/50℃ 的空调热水。

五、空调系统形式

商场，餐厅等大空间房间：采用一次回风全空气系统 AHU 类型的吊装风柜系统，低风速风道送风、回风，新风量按不同标准、不同季节作调整，同时设有排风，或采用处理新风加 CAU 类型的吊装风柜系统。

小型商铺，咖啡室等小房间：采用风机盘管加新风空调方式，新风系统集中设置。

有外窗的外区商铺空调水系统在冬/夏季冷热统一转换，夏季供冷冻水，冬季供空调热水，风机盘管为二管制单盘管；内区商铺及内走廊空调水系统常年供冷，风机盘管亦为二管制单盘管。为提高冬季商业区域的舒适性，地下一层、首层的走道、中庭区域的 CAU 机组，采用四管制双盘管供热。

地上部分的商业除有外窗区域、地下一层和首层走廊的 FCU 或 CAU，设置为双盘管四管制空调外，其余区域的风机盘管均为二管制单盘管全年供冷。

四层美食广场主要采用一次回风变风量系统为餐饮区域提供空调，空调机组为双盘管四管制。厨房有平时低风量通风和烹饪高风量通风两种方式（始终保持负压），餐饮区域的处理新风使用完毕后将流向厨房。

电影院每个影厅预留空调机房，空调按照过渡季全新风运行预留室外百叶。

六、通风、防排烟及空调自控设计

一般商铺和后勤服务区均采用风机盘管加新风系统；部分比较大的商铺及各层公共走廊为了减少风机盘管的安装数量，采用吊装吊顶型空调处理机组，这样也可以减少公共区吊顶上检修口的数量，并能满足公共区部分送风口对机组静压的要求，能够实现精装修风口更多的选择。

为了尽可能大地提高商业出租面积，除了部分区域分区设置了新风机房外，大部分商铺新风通过设置在屋顶上集中送风机房由竖井送至各层商铺内；还有部分风量比较小的新风机组按照业主要求吊装在商铺内或者公共走廊吊顶内。

地下一层及地上四层预留餐饮厨房排风系统。其中四层餐饮区厨房的排风采用排风立管至顶部屋面设置排风机，其余各层餐饮厨房通过预留通风竖井至屋面，各层租户内分设本地排风机。厨房排风须进行油烟净化器处理，并达到饮食业油烟排放标准的要求，再经厨房排风机排至室外。

七、心得与体会

凯丹广场自 2010 年开业至今，空调运行良好，满足了业主的使用要求。该项目 2010 年荣获由彭博电视台和国际房地产大奖联合授予的"2010 年中国最佳零售项目"五星级奖项。

在设计过程中，由于业主商业运行策略的调整，建筑平面布局出现几次大的颠覆性修改。业主招商过程中，由于招商的不确定性，希望机电专业能够做出一套应对不同业态调整的"万能"设计，我们理解业主这个要求，但实现起来是非常困难的。设计中在布置末端时尽量按照建筑平面的柱距来预留空调水管，并考虑了适当的余量，在后期的招商配合过程中，基本上能够适应各种业态的调整。

商业项目内区冬季空调以冷负荷为主，但在

运营初期，由于客流有限，还是有可能制热需要，设计中在地下一层、首层的走道、中庭区域的 CAU 机组，采用四管制双盘管供热，这些措施的实施，避免了冬季可能过冷的问题。

业主为了增加商业面积，本项目设置的空调机房比较少，部分机组吊装在公共区域甚至在商铺内，这些将给后期的维修带来困难，如果有条件，还是将空调机组设置在空调机房内，维护和管理便利。

天山米立方的空调设计①

- 建设地点　　天津市
- 设计时间　　2009 年 3 月
- 竣工日期　　2013 年 5 月
- 设计单位　　天津大学建筑设计研究院
　　　　　　　[300072] 天津市南开区鞍山西道 192 号
- 主要设计人　胡振杰　王建栓　涂岱昕
- 本文执笔人　涂岱昕
- 获奖等级　　三等奖

作者简介：
　　胡振杰，1962 年 7 月生，正高级工程师，毕业于天津大学供热通风与空气调节专业，工学硕士，现就职于天津大学建筑设计研究院。主要代表作品：青岛电力调度通信仪表修校生产楼、青岛第一百盛新建大厦、北京光彩中心、天津美院美术馆、滦州国际大厦等。

一、工程概况

　　本项目位于天津市津南区小站镇天山大道西侧，后营路北侧，笔架路南侧。建筑用地面积 86509.1m²，总建筑面积 37903m²，其中地上部分 29745m²，地下部分 8158m²。

　　本建筑主要功能：地下二层平时为汽车库及酒店的办公用房，部分地下二层战时为常 6 级乙类二等人员掩蔽所；地下一层为汽车库、KTV、桑拿、自助餐厅；一～三层为酒店的餐饮区及会议区；四层以上为酒店的客房，共 330 间，其中总统套房 1 套。建筑主要使用功能：本建筑以一个巨大的半椭球体，覆盖全部功能，椭球体内两个独立的三层单体建筑为服务休息用房、桑拿、洗浴等；西半部开辟满堂红的地下室作为更衣室、淋浴间等。主体建筑内的戏水大厅设有冲浪、情侣滑道、离心滑道游泳、海上造浪、温泉 SPA 等多种水上休闲项目，集服务、休闲、洗浴于一体，是一个大型综合商业配套项目。

　　本工程设计的使用人数：戏水大厅的同时最大使用人数为 2500 人，地下室最大同时使用人数 1000 人，A 座、B 座最大同时使用人数均为 100 人。

二、工程设计特点

1. 冷、热源设计

　　该项目为水上休闲项目，首先有较大的生活

建筑外观图

热水负荷；其次在空调负荷中，热负荷也远大于冷负荷。现有能源条件：地热井一口，流量 80t/h，出水温度 65℃。

　　结合负荷的特征和现有的能源条件，经分析论证，最终确定冷、热源形式采用梯级利用地热的方式，冷、热源主机采用燃气吸收式热泵＋燃气锅炉。

2. 戏水大厅空调系统设计

　　戏水大厅是该项目中最为重要的部分，空间大，冬季热负荷大。室内共设置了三种供暖方式：全空气空调热风＋地板辐射供暖＋局部立式空调器（落地安装），三种方式共同作用来保证室内温度要求；夏季尽量模拟室外自然环境，主要采用通风方式来处理室内热、湿负荷，必要时立式空调器可以供冷。戏水大厅上部送风管道采用织物风道，降低对结构荷载的影响。

---

① 编者注：该工程设计主要图纸参见随书光盘。

三、设计参数及供暖空调冷热负荷

1. 室外设计参数（见表1）

室外气象参数　　　表 1

	干球温度 （℃）	湿球温度 （℃）	相对湿度 （%）	通风温度 （℃）
冬季	−11.0	—	53%	−9.0
夏季	33.4	26.9	—	29.0

2. 室内设计参数（见表2）

室内设计参数　　　表 2

房间 名称	冬季		夏季	
	温度 （℃）	相对湿度 （%）	温度 （℃）	相对湿度 （%）
戏水大厅	—	—	25～27	60～70
入口大厅	26～28	<65	20～22	≥30
淋浴间	25～27	60-70	24～26	60～70
客房	25～27	50～65	20～22	≥30
卫生间	16	—	27	—

空调冷负荷 2300kW，空调热负荷 5500kW；生活热水热负荷 2700kW。

四、空调冷热源及设备选择

首先，65℃ 的地热水经换热器换热至 35℃，该部分热量用于加热生活热水；其次，35℃ 的地热尾水送入燃气吸收式热泵机组，释放热量后再回灌，回灌温度为 10℃。吸收式热泵供冬季提供 50℃/45℃ 的空调热水；夏季提供 12℃/7℃ 的空调冷水。

机组选型：燃气驱溴化锂热泵型冷、热水机组 2 台，单台制冷量 1150kW，制热量 2800kW。

在冬季个别时间段（18：00～23：00），地热水要为工艺蓄水，这一时间段内，不能为吸收式热泵机组提供低位热源，因此另设有一台燃气锅炉供暖。设燃气真空热水锅炉 1 台，制热量 2900kW。

五、空调系统形式

1. 空调风系统

（1）戏水大厅、接待大厅和 A 座一层商业等大空间采用全空气处理方式；

（2）其他房间采用风机盘管＋新风系统。

2. 空调水系统

（1）空调水系统采用二管制，冬夏共用一套管路；

（2）空调水系统采用一级泵系统：机组侧定流量；负荷侧变流量。

（3）戏水大厅、接待大厅和 A、B 座地下一层、一层辅以地板辐射供暖。

（4）戏水大厅局部设立式空调器（落地安装）。

六、通风、防排烟及自控设计

1. 通风系统设计

（1）地下一层浴室、更衣室及泵房等设机械通风系统，其中变电站和配电室单设机械通风系统。

（2）更衣室、浴室设机械排风，补风为新风机组补风，冬季补风做加热处理。

（3）卫生间及各处暗房间设置排气扇排风。

2. 防、排烟系统

（1）加压送风系统

1）防烟楼梯间设加压送风系统；

2）安全通道设加压送风系统；

3）楼梯间每隔一层设一个多叶加压送风口，火灾时启动风机向楼梯间送风。

（2）排烟系统

1）地下室设机械排烟系统，排烟量按最大防烟分区每平方米 120m³/h 计算。排烟及平时通风采用同一管路，并设不小于排烟量 50% 的补风系统。

2）地上走廊排烟：长度超过 20m 的内走道或虽有直接自然通风，但长度超过 60m 的内走道设机械排烟系统，每个防烟分区设排烟口。补风均采用机械补风，补风量不小于排烟量的 50%。

3）地上面积超过 100m² 且不具备自然排烟条件的房间设机械排烟系统，补风为机械补风。

4）戏水大厅和接待大厅采用电动窗自然排烟，可开启窗扇面积不小于地板面积的 5%。

（3）自控系统

1）设置风机盘管的房间，由室内温度决定动态平衡电动二通阀开启或关闭；

新风机组根据送风温度，组合式空调器根据

回水温度调节动态平衡电动调节阀。

2）地板供暖分配器设房间温控器，根据室温调整决定各自环路上电动两通阀的启闭。

3）全空气系统，过渡季当室外空气焓值低于室内空气焓值时，改为全新风模式。

七、心得与体会

结合项目负荷特点及现有的能源条件，选择最佳的冷、热源方案。

设计中：采用地板辐射供暖、织物风道、立式空调器（落地安装）等多种空调供暖形式，既满足使用功能要求，又保证了建筑的美观。

在设计中遇到的最突出的问题：该建筑以一个巨大的半椭球体，覆盖全部功能，所有送、排风及排烟等管线都需通过地下管道引至单体外。设计中认真进行水力计算，选择高效风机，尽可能保证使用效果。该建筑自投入使用以来，供暖空调系统运行平稳，节能效果良好，受到了甲方的一致认可和好评。

鄂尔多斯市第一中学图文信息中心
暖通设计①

- 建设地点　　鄂尔多斯市
- 设计时间　　2009 年 3～7 月
- 竣工日期　　2010 年 3 月
- 设计单位　　天津大学建筑设计研究院
　　　　　　［300072］天津市鞍山西道 192 号
- 主要设计人　张君美　胡振杰　王丽文
- 本文执笔人　张君美
- 获奖等级　　三等奖

作者简介：
　　张君美，1982 年 7 月出生，工程师，毕业于天津大学环境工程专业，硕士，现就职于天津大学建筑设计研究院。主要代表作品：鄂尔多斯市第一中学图文信息中心、天津市社会保障服务中心、中交第一航务勘察设计院颐航大厦、天津庆王府修缮工程、石家庄传媒大厦、石河子科技馆及青少年文化宫等。

一、工程概况

　　本项目用地面积为 3770m²，总建筑面积为 38800m²，容积率为 1.03。

　　本建筑地上 4 层、地下 1 层，分为 A 区和 B 区，A 区和 B 区均为矩形平面，中间以展厅连接。主体建筑地下 1 层，地上 5 层。建筑坐落在校区的中部，北面为运动场地，南面为教学区，中间以学校主干道分隔。图文中心作为学校标志性建筑正对着校区主入口，建筑醒目给人留下深刻印象。本建筑平行城市道路布置，方向为北偏西。

建筑外观图

　　本建筑主要功能如下：A 区地下一层平时为汽车库及设备用房，战时为常 6 级乙类二等人员掩蔽所；五层为图书阅览（设计藏书 5 万册）及

电子教室、语言教室、画室等功能；B 区主要功能为报告厅（1358 人）、舞蹈教室、音乐教室、琴房及附属用房，另设餐厅、厨房、会议及客房。

二、工程设计特点

　　本建筑冬季采用上供下回单管同程散热器供暖系统，散热器选用铝制柱翼型散热器；根据甲方要求，A 区主机房、展厅、入口大厅、超市和 B 区报告厅、餐厅、客房设空调系统，均采用变频多联中央空调。

　　本工程位于严寒 B 区，体形系数 0.16，采用外墙外保温体系。严格按照《公共建筑节能设计标准》GB 50189—2005 进行设计，各部分围护结构传热系数的限值均能满足相关规定。节能设计达到规定的节能标准，节能率为 50％。

　　各房间冷热负荷均按节能规范要求计算，传热系数满足规范要求。供暖系统尽可能按南北分环，以便于调节。每组散热器均设置跨越管并安装自力式三通恒温阀，可实现分室控制室温的要求。热力入口设置热计量装置并在回水总管上设置流量平衡阀。不供暖空间内水管和空调风管均做保温，以减少能量的损失。餐厅设热回收式新风换气机，以达到节能的目的。

　　A 区地下室平时为地下汽车库，战时为常 6 级乙类二等人员掩蔽所，掩蔽人数为 1425 人。设

　　① 编者注：该工程设计主要图纸参见随书光盘。

计滤毒式额定风量为 3000m³/h，清洁式通风量为 7125m³/h。通风系统采用电动、脚踏两用风机，战时停电后采用人力驱动。风机进行过滤式通风。平时和战时清洁式通风采用电动风机。通风方式可通过启闭密闭阀门相互转换。

三、设计参数及供暖空调冷热负荷

1. 室外设计参数（见表 1）

室外设计参数　　　　表 1

	大气压力 (hPa)	干球温度 (℃)	湿球温度 (℃)	主导风向	风速 (m/s)
冬季	856.7	−16.8	—	SSW	2.9
夏季	849.5	29.1	19	SSW	3.1

2. 室内设计参数（见表 2）

室内设计参数　　　　表 2

房间名称	冬季		夏季	
	温度 (℃)	相对湿度 (%)	温度 (℃)	相对湿度 (%)
教室	20	—	26	65
展厅	18	50	24	60
超市	18	50	24	60
报告厅	18	50	24	60
餐厅	18	50	24	60
客房	20	50	26	60
卫生间	15	—		

供暖总热负荷 2350kW，空调总冷负荷 1534kW。

四、空调冷热源及设备选择

鄂尔多斯一中新校区换热站设于图文中心地下室内。一次网由市政热网提供 110℃/80℃ 的热水，经换热站为校区各个单体提供 85℃/60℃ 的热水。换热站内设两台智能湍流换热机组，换热量依次为 3000kW 和 3600kW。每台换热机组配有各两台热水循环泵和补水泵，一用一备。热水循环泵水量分别为 131m³/h、200m³/h，扬程分别为 29.5m、32m。补水泵水量分别为 6.5m³/h、6.5m³/h，扬程分别为 30m、30m。

五、供暖空调系统形式

供暖系统采用上供下回单管同程散热器供暖系统，散热器选用铝制柱翼型散热器；空调系统采用变频多联中央空调，主机房、展厅、餐厅及入口大厅采用顶棚嵌入式（四吹风）室内机，客房及报告厅采用顶棚暗藏风管式室内机，室外机设置在相应的屋面上。

六、通风、防排烟及自控设计

1. 通风及防排烟系统设计

A 区地下室平时为地下车库，设机械排烟系统，排烟量按 6h⁻¹ 设计。A 区消防泵房、换热站和配电间设机械排烟系统，排烟量按最大防烟分区每平方米 120m³/h 计算。排烟及平时通风采用同一管路，并设不小于排烟量 50% 的补风系统。

B 区餐厅设热回收式新风换气机，换气次数按 3h⁻¹ 计。B 区厨房设全面排风（占总风量的 35%）和送风（占总风量的 80%）系统，厨房的局部排风（占总风量的 65%）。厨房的换气次数按 40h⁻¹ 计。

B 区超过 60m 的走道设机械排烟系统，排烟量按最大防烟分区每平方米 120m³/h 计算。各层设板式排烟口，火灾发生时由火灾区域报警器控制并打开板式排烟口实施排烟。

2. 自控设计

供暖系统对供回水管的热媒温度和压力、过滤器的进出口静压差及水泵等设备的启停状态进行检测与监控。

通风系统对通风机的启停状态进行监控，并根据房间内设备使用状况进行风量调节。

空调多联机系统对室内外空气温度、设备状态显示、自动调节与控制、自动保护等进行检测与监控。

七、心得与体会

该建筑结构复杂，设计中应充分考虑不同区域的使用功能及负荷特点，同时结合学校建筑不连续使用的特殊性，供暖及空调系统均采用分区域设置，以实现分区域、分时段调节，最大限度地降低初投资及运行成本。

该建筑自竣工使用以来，供暖空调系统运行平稳，节能效果良好，受到了甲方的一致认可和好评。

塘沽区残疾人综合服务中心空调设计[①]

- 建设地点　　天津市
- 设计时间　　2008 年 3～12 月
- 竣工日期　　2010 年 12 月
- 设计单位　　天津大学建筑设计研究院
　　　　　　　[300072] 天津市鞍山西道 192 号
- 主要设计人　张阳　胡振杰　王丽文　杨成斌
- 本文执笔人　张阳
- 获奖等级　　三等奖

作者简介：
　　张阳，1978 年 1 月生，高级工程师，2000 年毕业于天津大学建工学院供热通风空调专业，本科，现就职于天津大学建筑设计研究院。主要代表作品：天津美术学院美术馆、天津工业大学图书馆、后勤工程学院新校区行政办公综合楼、塘沽区残疾人综合服务中心、天津利顺德大饭店修缮改造等。

一、工程概况

塘沽区残疾人综合服务中心是一个为各类残疾人提供康复、教育、就业、文化、体育活动和培训的场所。属高层二类，地下 1 层，地上 8 层，建筑总高度 31.30m。总建筑面积 16962m²，总占地面积 6002m²。

整个建筑由三部分组成：培训服务区（北楼）、活动区（南楼）和办事大厅。其中，培训服务区 8 层。

主要功能房间为培训用房、盲人按摩培训、厨房、职工餐厅及残疾人用品用具服务、餐厅、按摩培训房间、残疾人培训住宿房间、文体综合馆、康复培训区、技能培训区、残联办公区等。地下一层为车库、设备用房。

二、工程设计特点

结合场地有限的情况，采用了以地埋管地源热泵机组为主，冷却塔、商用燃气热水器为辅助的空调冷热源和生活热水热源的复合节能型能源方案。

两台地埋管地源热泵机组作为夏季空调冷源，其中一台全热回收机组，作为夏季生活热水热源的同时供空调调峰使用。同时配置一台冷却塔，在不制备生活热水时供空调调峰使用。

过渡季地埋管地源热泵机组作为生活热水热源。

冬季地埋管地源热泵机组作为冬季空调主要热源和生活热水的辅助热源，商用燃气热水器作为生活热水热源和空调调峰热源。

通过冷热源节能技术的综合使用，降低了初投资实现了空调和生活热水节能、节电的合理运行。实现地埋管地源热泵系统放热、取热平衡。

三、设计参数及空调冷热负荷

1. 室外设计参数

夏季：空调干球温度 31.4℃，空调湿球温度 26.4℃，通风温度 28℃，室外平均风速 4.4m/s。
冬季：空调干球温度 -10℃，相对湿度 62%，通风温度 -4℃，室外平均风速 4.3m/s。

2. 室内设计参数（见表 1）

室内设计参数　　　　表 1

房间名称	夏季		冬季	新风
	t_n（℃）	φ_n（%）	t_n（℃）	[m³/(m²·P)]
办事大厅、文体综合馆等	28	60	18	25
餐厅、训练室等	26	65	20	25
培训住宿	26	60	20	25

本建筑物夏季空调冷负荷为 1152kW，冬季热空调负荷为 1455kW。

[①] 编者注：该工程设计主要图纸参见随书光盘。

四、空调冷热源及设备选择

（1）采用两台全封闭螺杆式地源热泵机组，设置在地下一层的制冷机房内，夏季提供7℃/12℃冷冻水；冬季提供50℃/40℃的热水；同时机组夏季和过渡季作为生活热水的热源。动力站内设置有软水设备及系统定压装置。地埋管系统取井209口（室内外满布，间距4.5m，双U埋深130m）；单井取热量5.2kW，放热量8.1kW，考虑取热量不能满足冬季热负荷要求，设置6台商用燃气热水器补充并作为冬季生活热水热源和冬季空调补充热源。

（2）夏季其中一台全封闭螺杆式地源热泵机组为全热回收型，可为生活热水提供45℃的热水。当夏季地埋管水不能满足冷凝要求时，其中非热回收型机组切换为冷却塔水供冷凝器。

（3）过渡季开启一台地源热泵机组制热工况为生活热水提供50℃的热水。

（4）冬季实际热负荷小于单台机组制热量时，可为生活热水提供50℃/40℃的热水；大于单台制热量时，由商用燃气热水器提供70℃/45℃的热水，换热后保证为生活热水提供50℃的热水；当机组制热量不能满足室内热负荷要求时，由用燃气热水器提供70℃/45℃的热水，换热后使空调热水提高5℃保证室内热负荷需要。

五、空调系统形式

（1）文体综合馆采用全空气系统，场地内采用纤维空气分布系统。根据纤维织物空气分布系统的特性，进行整体系统的设计。文体综合馆由壁式风机实现过渡季排风。

（2）其余房间采用风机盘管加新风系统。

（3）三层餐厅和二层餐厅排风作为主、副食精加工间部分补风；一层残疾人就业培训、文体综合馆、地下层变电站等排风作为地下车库部分补风，保证了能量的充分再利用。

六、通风、防排烟及空调自控设计

（1）地下汽车库设置机械诱导式通风系统，通风系统按防烟分区设置，并与排烟系统合用管路。坡道入口处采用热空气幕加热补风和其他房间的排风作为补风的方式相结合，在冬季使车库内的温度保持在5℃以上。

（2）公共卫生间吊顶内均设有排风管和吊顶式排风器，排气经排气竖井从屋顶矩阵屋顶通风器或从外气口排入大气。

（3）文体综合馆场均采用机械排风。

（4）北区公共卫生间屋顶设置矩阵屋顶通风器，保证排风通畅。

（5）燃气热水房设置事故排风机，排风次数12h^{-1}；厨房排风机可作事故通风使用，上述风机均为防爆风机，与燃气报警联锁。

（6）厨房设置罩口排风、全面排风。

（7）风机盘管配管上设有动态平衡电动二通阀，新风空调机和组合式空调器配管上设有动态平衡电动调节阀以平衡各支路阻力；风机盘管的控制由风机三速开关实现。

（8）新风空调机的风机、电动水阀及防冻保温阀应进行电气联锁。顺序为：水阀—防冻保温阀及风机，停车时相反。

（9）空调机组内含粗、中效过滤，过滤器设有超压报警装置。

（10）新风末端均设有风管内插式设定式定风量阀保证新风系统的平衡和末端新风量的稳定。

七、心得与体会

实际运行时，夏季全热回收型地源热泵机组基本可以满足生活热水需求，不需开启商用燃气热水器制备生活热水；过渡季使用地源热泵系统制备生活热水完全能够满足使用要求；冬季商用燃气热水器仅用于生活热水制备，地源热泵制热能够满足末端热负荷需求，不需要补热。系统冬、夏季运行两年后，地源侧供回水温度保持稳定，系统实际取热、放热总量平衡。

由于初投资限制，空调能源系统自控水平较低，未能将系统节能潜力充分发挥。

综合来看项目实际运行效果良好，将地源热泵系统和其他能源形式有机结合，减少地源热泵系统初投资，能源系统同时供应空调系统和生活热水，将能源和末端进行错峰组合，可以在满足使用要求的前提下，有效地较少能源设备的配置总量，提高节能环保地源热泵系统的有效使用率。

影人酒店暖通设计^①

- 建设地点　　北京市
- 设计时间　　2009 年 11 月～2011 年 3 月
- 竣工日期　　2012 年 6 月
- 设计单位　　中国建筑设计院有限公司
　　　　　　　[100044] 北京车公庄大街 19 号
- 主要设计人　郑坤　孙淑萍　徐俊杰　郭然
- 本文执笔人　郑坤
- 获奖等级　　三等奖

作者简介：
　郑坤，1982 年 11 月生，高级工程师，注册公用设备工程师，2007 年 6 月毕业于西安建筑科技大学供热供燃气通风与空调工程专业，研究生。中国建筑设计院有限公司机电院七室副主任。主要设计代表作品：海口国际会展中心、国家网球馆新馆、泰安文化艺术中心、北京浦项中心、专利技术研发中心研发用房项目等。

一、工程概况

　　影人酒店项目位于北京怀柔区杨宋镇，北侧为怀杨路，西侧为影视基地和杨雁路，南侧为高档别墅区，东侧为东怀新区和怀柔区凤翔环岛。本工程为五星级酒店，由影人俱乐部（A 区）、影人酒店（B 区）两部分组成。集酒店住宿、文化交流、商务会展、休闲娱乐多种功能于一体。B 区（影人酒店）地下 1 层，地上 20 层，地上部分包括裙房 3 层和 17 层的客房层，建筑高度 79.95m。A 区（影人俱乐部）地下 1 层，地上 6 层，地上部分包括裙房 3 层和 3 层的客房，总高

27.05m。建设用地面积为 65993.52m²，总建筑面积 49929m²，其中地上建筑面积 41179m²，地下建筑面积 8750m²。容积率为 2.5。

二、工程设计特点

　　（1）四管制水系统满足五星级酒店要求，冷/热管的设置减少管路。

　　（2）适当设置新风热回收系统，合理采用变频控制技术，以节省能源。

　　（3）尽可能利用天然冷源，全空气系统过渡季均可通过焓值控制技术实现不小于 70% 新风量的运行工况，冬季通过冷却塔换冷为内区提供冷水达到节能目的。

　　（4）大堂采用分层空调设计。

　　（5）为避免冷热抵消及尽可能利用新风降温，内区新风冬季送风温度设为 15℃。

　　（6）合理设置水路系统及平衡措施，避免水力失调。

三、设计参数及空调冷热负荷

1. 室外设计参数（北京市）

夏季：

空调计算干球温度：33.2℃；

建筑外观图

①　编者注：该工程设计主要图纸参见随书光盘。

空调计算湿球温度：26.4℃；　　　　　　　空调计算相对湿度：45%；

空调计算日均温度：28.6℃；　　　　　　　通风计算干球温度：−5.0℃；

通风计算干球温度：30.0℃；　　　　　　　采暖计算干球温度：−9.0℃；

平均风速：1.9m/s；　　　　　　　　　　平均风速：2.8m/s；

风向：N；　　　　　　　　　　　　　　　风向：NNW；

大气压力：99.86kPa。　　　　　　　　　大气压力：102.04kPa。

冬季：　　　　　　　　　　　　　　　　**2. 室内设计参数（见表1）**

空调计算干球温度：−12.0℃；

室内设计参数　　　　　　　　　　　　　　　　　　　　　　**表1**

房间名称	夏季		冬季		最小新风 [(m³/h·人)]	换气次数 (h⁻¹)	人员密度 (人/m²)	噪声 [dB(A)]
	温度 (℃)	湿度 (%)	温度 (℃)	湿度 (%)				
酒店二层大堂	26	≤60	18	≥35	20		5	45
宴会厅	25	≤60	20	≥35	20		2	40
全日餐厅	25	≤60	20	≥35	20		3	45
中餐厅及中餐包房	25	≤60	20	≥35	25		2	45
贵宾室、会议室、商务中心	25	≤60	20	≥40	30		3	40
职工餐厅	26	≤60	18	—	20		1	45
酒店客房	25	≤55	20	≥40	100m³/h.房		2人/房	35
客房卫生间					80m³/h.间			45
游泳池区	29	≤75	28	≤75		4		50
更衣、淋浴	≥25		25			10		50
工程部、管家部	26	≤60	18	≥35	30		5	45
洗衣房	28	≤60	15			20		55
俱乐部中餐大厅	25	≤60	20	≥35	30		2	45
俱乐部包厢、VIP及自助餐厅	25	≤60	18	≥35	25		2	40
俱乐部休息厅	26	≤60	22	≥35	25		5	40
俱乐部包房	25	≤60	20	≥35	120m³/h.房		2人/房	40
审片室	25	≤60	20	≥40	30		3	40
卫生间、淋浴、桑拿						10		
中餐厨房	28		15			40~50		55
西厨及职工厨房	28		15			25~30		55
消防控制室、通信机房、电梯机房	26		16					

3. 空调冷热负荷

总热负荷3276.6kW，冷负荷3799.2kW；建筑面积热指标65.6W/m²，冷指标76.1W/m²。局部地板辐射供暖热负荷175kW。

四、空调冷热源及设备选择

（1）冷源采用2台制冷量为1580kW（450RT）的电动水冷离心式制冷机组＋1台制冷量为700kW（200RT）的电动水冷螺杆式制冷机组，机型大小搭配有利于满足不同负荷时调配运行。冷冻水温度为7℃/12℃，冷却水温度为32℃/37℃。冬季及过渡季采用冷却塔作为冷源，通过板式换热器提供8℃/13℃的冷水供空调系统。冬季使用的冷却塔及室外管道有防冻措施。

（2）热源采用城市市政热力提供的95℃/70℃热水，在地下室设两套换热机组，分别交换为60℃/50℃、50℃/40℃低温热水供空调及地板辐射供暖系统使用。为酒店及俱乐部夏季、过渡季生活热水及过渡季空调系统用热设一座燃气锅炉房，内设两台容量为 2100kW 的燃气真空热水锅炉供生活热水及空调过渡季供热使用，供/回水温度为 85℃/65℃。同时设一台 1.0t/h、工作压力为 1.0MPa 的燃气蒸汽锅炉供洗衣房蒸汽。锅炉烟囱附酒店外墙上至酒店楼顶标高约 83m 高位排出。

五、空调系统形式

（1）俱乐部、酒店两区域在制冷机房分集配器处分别设环路及冷、热计量装置。便于俱乐部与酒店分别管理、核算。

（2）空调水系统：采用单级泵、四管制、负荷侧变流量、冷源侧定流量系统。在保证各区域供冷供热的同时为减少管路，从主机房接出单冷及冷/热共用两个环路，单冷管路仅接风机盘管，冷/热管接空调、新风机组及外区的风机盘管。空调冷/热共用管道在制冷机房设冬夏手动转换阀，通过手动转换实现夏季送冷水、冬季送热水。

（3）空调水管横水平向为异程布置；竖向除酒店四～十八层客房层为同程布置外，其他均为异程布置。酒店的十九层、二十层客房层平面、管井等与其他层错位，分设管路系统。空调及新风机组回水管均设电动平衡调节阀；风机盘管的空调水管按区域在其回水管上设压差平衡阀。

（4）定压采用囊式气压罐定压，定压值为 0.9MPa。系统补水为软化水。

（5）酒店大堂、中宴会厅及其前厅、全日餐厅及俱乐部一层中餐大厅分别设置全空气定风量空调系统，前厅外区辅以风机盘管夏季供冷、冬季供热。全空气系统可在过渡季加大新风量，为室内通风换气，消除内热。

（6）二层大宴会厅及前厅设两台全空气定风量系统。送风管按活动隔断设置的区域设分支及电动风阀，风机采用变频风机，便于分区使用、节能运行。并将大宴会厅的外区与前厅合设一空调机组，有利于满足不同负荷需求，并设排风系统维持风平衡。

（7）酒店的会议、办公区设置四管制风机盘管＋全热回收式新风系统；地下管理用房及员工餐厅、培训等用房设置新风系统＋风机盘管系统。

（8）为游泳池及健身、洗浴区的换气排湿设一台泳池除湿热泵热回收机组，夏季回收的热水可用于加热生活热水。

（9）四～二十层为酒店客房，新风系统集中设置，在三层设置一台新风机组供四～九层客房新风。在屋顶设置一台带显热回收的新风机组，回收四～十八层客房排风的能量供十～二十层客房新风。送风总管设于竖井，各层新风管为水平敷设方式。为保证新风不受污染，机组排风位于负压段。

（10）全空气空调系统均可通过焓值控制，调节新、回风的比例达 70% 以上。空调系统设防冻运行功能，以维持房间温度不低于 5℃。

（11）除泳池区、洗浴区外，内区及内外区合用的新风系统冬季送风温度取 15℃，尽可能避免冷热抵消。客房新风冬季送风温度比房间温度高 2℃，夏季送风参数取 18℃（与室内等含湿量）。

六、通风、防排烟及空调自控设计

（1）汽车库平时通风按 $6h^{-1}$ 设机械排风系统，平时补风由车库坡道自然补进，并辅以射流风机诱导。

（2）厨房设全面排风及局部排油烟净化系统，及其补风考虑一部分由餐厅的空调风补入，另外对应设置吊装式新风机组补风，其夏季适当降温，冬季将新风加热至 16℃ 后送入厨房，厨房补风量约为排风量的 70%。厨房排风主要由裙房屋顶排出，因此要求排油烟净化机组的过滤净化效率大于 85%，并具有除油除味功能。无窗厨房设事故排风。厨房的事故排风机为防爆风机，其电气开关分别设于厨房内外便于操作处。

（3）设备用房均设机械通风系统。换气次数：水泵房及制冷机房取 $4h^{-1}$，热水机房取 $12h^{-1}$，水处理机房取 $10h^{-1}$，配电室取 $12h^{-1}$。

（4）客房卫生间设集中排风系统，排风量为客房新风量的 70%～80%，并设显热回收装置，将其能量回收后排出。

（5）根据《高层民用建筑设计防火规范》设置防烟及排烟系统。

（6）本工程设集中控制系统：在控制中心能显示打印出空调、通风、制冷、换热等各系统设备的运行状态及主要运行参数，并进行集中远距离控制和程序控制。

七、心得与体会

（1）主热源采用业主提供的市政热力 95℃/70℃ 的设计参数在怀柔地区无法保证，后来的回访也证实了此情况，冬季一次网实际供水温度 60℃～65℃，换热后的二次水实际供水温度 38℃～43℃。由于二次空调热水水温较低，经冬季运行实测，客房竖向略有垂直失调，上部客房室温 21℃～24℃，下部客房室温 19℃～21℃，部分客房不满足酒店管理公司要求 20℃ 以上。由于房间面板温度设置在 22℃～24℃，末端电磁阀基本不动作，造成垂直失调。

（2）不同区域环路在机房分开有利于运行管理，四管制系统满足五星级酒店同时供冷热的需求，冷/热管的设置保证内区仅供冷，同时减少管路。冷、热计量便于管理、核算；各级平衡阀的设置保证管路动态水力平衡。客房竖向管道采用同程式可以在不增加管路的条件下保证各层末端平衡。

（3）大堂等高大空间采用分层空调方式、热回收、全空气系统过渡季的全新风模式以及部分风机变频有利于节能，内区及内外区合用的新风系统冬季送风温度取 15℃，尽可能避免冷热抵消。

（4）冷机大小搭配、冬季及过渡季冷却塔供冷技术有利于节能，自备燃气真空供热锅炉效率较高，安全性好。

文苑广场空调设计[①]

- 建设地点　　南京市
- 设计时间　　2007 年 8 月～2012 年 3 月
- 竣工日期　　2013 年 1 月
- 设计单位　　华东建筑设计研究院有限公司
　　　　　　　[200002] 上海市汉口路 151 号
- 主要设计人　周凌云　蒋小易　李传胜
- 本文执笔人　周凌云
- 获奖等级　　三等奖

作者简介：

　　周凌云，生于 1975 年 5 月，高级工程师，1997 年毕业于同济大学供热通风与空调专业，本科。工作于华东建筑设计研究院有限公司。主要设计项目：平安金融广场、福州世茂国际中心、昆明西城国际广场、国家电网世博园区办公楼项目等。

一、工程概况

　　本工程位于南京仙林大学城西部，是以商场餐饮娱乐为主，辅以商务办公的建筑。用地面积 32847.18m²，容积率 1.582。总建筑面积 87156m²，其中地上 6 层，共 51824.34m²，地下 1 层，共 35331.3m²。建筑总高度小于 24m。

建筑外观图

二、工程设计特点

　　（1）本工程主要功能为商业与餐饮。业主希望在过渡季节或冬季，在建筑内同时实现供冷、供暖功能，以满足租户不同的使用需求。而本建筑的特点是内区面积大，商业的室内负荷也比较大。根据以上特点，采用了水环热泵空调系统，并过渡季或冬季采用该系统，在外区供热、内区制冷时，其冷热量可互相利用，不需要运行冷却塔或锅炉，有利于节能。此系统分户设置、使用简便、灵活，完全实现分户使用计量，便于物业管理，在工程应用中也便于分期实施。

　　（2）新风系统采用整体式全新风水环热泵机组，同样可利用室内产生的热量在冬季或过渡季进行供热，机组设在机房内，隔绝噪声影响。

　　（3）空调水系统采用变频水泵，根据末端压差进行流量调节，供回水总管上再设置压差旁通装置，以适应小流量运行，达到节省能源、减少运行费用、方便管理、优化空调效果的目的。

　　（4）水环热泵机组要求设备水流量比较稳定，本工程水系统为垂直同程式，每个水平支路同程，并在地下室水路相差较远的立管上均设置了静态调节阀，以降低水系统的不平衡程度，保证设备水流量的稳定。

　　（5）所有带回风的水环热泵机组均加设空气净化装置，提高室内空气品质。

　　（6）结合大楼自动化管理系统，各区域的空调系统全部采用自动控制装置，根据需要进行变水量等的节能运行。并采用就地和集中控制相结合的方案，空调自控总监控室可以设置在地下冷

[①] 编者注：该工程设计主要图纸参见随书光盘。

冻机房内，便于集中监控和管理。

三、设计参数及空调冷热负荷

1. 室外设计参数

夏季空调计算干球温度：35℃；
夏季空调计算湿球温度：28.3℃；
冬季空调计算干球温度：−6℃；
冬季空调计算相对湿度：73%；
冬季供暖计算干球温度：−3℃；
夏季通风计算干球温度：32℃；
冬季通风计算干球温度：2℃；
夏季计算平均风速：2.6m/s；
冬季计算平均风速：2.6m/s；
冬季大气压力：1025.2hPa；
夏季大气压力：1004hPa。

2. 室内设计参数（见表1）

室内设计参数 表1

	夏季		冬季		噪声	新风量
	干球温度 $t_干$	相对湿度 RH	干球温度 $t_干$	相对湿度 RH	[dB (A)]	[m³/ (h·人)]
商场	25℃	50%	20℃	>35%	50	20
餐厅	25℃	55%	20℃	>35%	50	20
大堂	26℃	55%	18℃	>30%	50	10
娱乐	25℃	55%	20℃	>35%	50	20

空调总冷负荷为 10230kW，总热负荷为 4400kW。

四、空调冷热源及设备选择

（1）在地下室冷冻机房设置 3 台换热量为 4270kW 的冷却水板式换热器，通过与冷却塔换热，夏季供应各层水环热泵所需冷却水，水温为 33～38℃；

在地下室冷冻机房设置 3 台换热量为 1670kW 的热水板式换热器，通过与锅炉换热，冬季供应各层水环热泵所需热水，水温为 20～15℃；商业区域供热系统热源选用 2 台 2.1MW 全自动油气两用热水锅炉，为冬季供暖服务，锅炉设计压力为 0.6MPa。一次水补水先经离子交换器处理为软化水后再进入系统。

（2）空调冷热水泵合用，共 4 台，三用一备，位于地下室冷冻机房内，均采用卧式双吸离心泵，变流量运行。

空调水立管与水平管均同程设置。

（3）商务办公区公共区采用多联变冷媒流量空调系统，公共区总冷负荷为 100kW，总热负荷为 60kW，冷热源为屋面 3 台多联变流量空调室外机。各房间单独设置热泵型分体空调器。

五、空调系统形式

（1）商场、餐厅、娱乐空调采用分离式水环热泵加新风系统，新风由整体式全新风水环热泵机组处理后送入房间。高大空间区域采用整体式水环热泵机组。

（2）通信机房、安保控制、无线覆盖机房等房间设置多联变冷媒流量空调系统；值班室、控制室等单独设置热泵型分体空调器。

六、通风、防排烟及空调自控设计

（1）地下车库设机械排风兼排烟系统，排风量按 $6h^{-1}$ 换气量计，部分分区自然进风，部分分区设机械送风兼消防补风系统。

（2）地下自行车库设机械排风兼排烟系统，排风量按 h^{-1} 换气量计，自然进风。

（3）各设备用房的通风量根据以下原则确定：
变电站：根据发热量计算；
高、低压配电间：$8h^{-1}$；
冷冻机房：$5h^{-1}$；
水泵房：$5h^{-1}$；
库房：$5h^{-1}$；
柴油发电机房：根据发热量计算；
厨房：$50h^{-1}$。

（4）商场、餐厅、办公等结合空调最小新风要求设机械排风系统，过渡季节利用可开启外窗进行自然通风。

（5）公共卫生间设置机械排风系统，集中至高处排出，自然补风，换气次数为 $15h^{-1}$。

（6）厨房设置机械送排风系统和油烟过滤净化装置，经净化后在裙房屋面排放。根据业主要求，每个餐饮区域均需设置厨房送排风，小于$100m^2$的预留风机电源，大于$100m^2$的设置送排风机。多个房间共用排油烟管井的，在屋面预留集中排风机，保持管道负压；在每个房间的送排风支管上设置止回阀（此阀门平时需注意维护，以防油污堆积造成无法启闭）。

七、心得与体会

采用水环热泵空调系统，比较适合在各用户需要时分别供、冷供热的情况，不需要打开冷却塔或锅炉，运用灵活，节省能耗。

上海虹口区四川北路 178 街坊 21/2 丘地块项目空调设计①

- 建设地点　　上海市
- 设计时间　　2008 年 7 月～2009 年 10 月
- 竣工日期　　2012 年 2 月
- 设计单位　　华东建筑设计研究总院
　　　　　　　[200002] 上海市汉口路 151 号
- 主要设计人　蒋小易　陆亚妮
- 本文执笔人　蒋小易
- 获奖等级　　三等奖

作者简介:
　　蒋小易,高级工程师,1993 年毕业于同济大学暖通空调专业,现在华东建筑设计研究总院工作。主要代表性工程有: 北京华能大厦、北京中组部办公楼、上海六和大厦、上海衡山接待培训中心、上海南站北广场地下工程等。

一、工程概况

　　上海虹口区四川北路 178 街坊 21/2 丘地块项目(现改名为利通广场),紧靠四川北路公园,周边主要交通干道有吴淞路、四平路、海宁路及四川北路。项目距外滩、南京东路仅 3km 左右,大楼地下室联通地铁 10 号线,交通便利,办公位置好。本项目总建筑面积 80000m²,其中地上部分建筑面积 60000m²,地下建筑面积 20000²,分商业裙房和办公主楼两部分,地上共 22 层,总高度 99m。标准层为高 4.1m,裙楼为 4 层共 15.6m 高,地下 4 层,其中地下二层、地下一层为商业。大厦设计为 5A 智能化甲级写字楼,大厦建筑风格定位为纯美风格。

建筑外观图

---

① 编者注:该工程设计主要图纸参见随书光盘。

二、工程设计特点

　　(1) 本工程地下室与地铁 10 号线出站口相连,乘客出站后即进入大楼地下二层商业区,地下二层与地铁临近处区域又是人防区,因此本项目地下室设计和建造的过程中,与地铁、人防设计和施工人员需要密切配合,并随着地铁的建造在不断调整建筑设计,特别在人防区,还要满足平时商业功能,随业主的招商需求不断调整暖通设计,最终在大楼运营后获得业主认可。

　　(2) 地下室变电站采用空调送风,以更好地保证机房内夏季温度要求。目前上海的夏季室外温度越来越高,达到 39℃ 或 40℃ 的天数也不少。对于变压器,夏季高峰时节往往处于满负荷运行状态,排热量也相当大。如果仅采用通风,上海夏季通风温度为 31.5℃,则所需通风量为 65000m³/h,那么当夏季温度高于 20℃ 时,则采用空调送风后,则所需总通风量为 28000m³/h,同时减小建筑管井面积 56%,可增加一层宝贵的商业面积。

　　(3) 厨房设置机械排风系统和油烟过滤净化装置,净化后的油烟气再经除异味器经裙房顶排放。保证不影响周围居民和楼上办公层员工。

（4）空调箱出风管均设空气净化装置，大大提高室内空气品质。

三、设计参数及空调冷热负荷

室外计算参数：

夏季：空调计算干球温度 34℃，空调计算湿球温度 28.2℃；

冬季：空调计算干球温度－4℃，室外相对湿度 75％。

室内设计参数见表 1。

室内设计参数　　表 1

房间名称	夏季		冬季		新风量［m³/（h·人）］
	温度（℃）	相对湿度（％）	温度（℃）	相对湿度（％）	
办公	25	≤55	20	≥30	30
商场	25	≤55	20	—	20
大厅	26	≤60	19	—	20
餐厅	25	≤60	20	—	20

空调冷热负荷：采用华电源软件计算。夏季空调（建筑面积）冷负荷指标 121W/m²；冬季空调热负荷（建筑面积）指标 72W/m²。

四、空调冷热源设计及主要设备选择

本工程空调总冷负荷为 10926kW，选用 4 台离心式冷水机组，每台制冷量为 2650kW。夏季向大楼提供 6℃/12℃ 的冷冻水，冷冻水泵、冷却水泵各设置 5 台，四用一备，冷却塔设置在主楼屋面。

空调总热负荷为 6500kW，由锅炉提供的高温水经水—水板换，冬季向大楼提供 60℃/50℃ 的热水。热水板换设置 2 台，热水泵相应设置 3 台，二用一备。

冷水机组，冷热水泵，热交换器，闭式膨胀水箱等均设在地下室冷冻机房内。

五、空调水系统——四管制运用

本工程标准层为纯办公性质，且标准层层数较多（五～二十二层），每层平面为椭圆三角形，中间是核心筒，四周为办公，除心筒一圈走道外，室内办公幕墙至走道近 12m，进深比较大，内区和外区负荷特性相差较大，如果内外区都用一个空调系统，则冬季或过渡季节会出现内外区房间温差较大，内区人员会觉得过热。所以进行了内外分区，并采用四管制风机盘管加新风系统。距离外幕墙 4m 范围内划为外区，距离核心筒 9m 范围之内划为内区。这样保证在过渡季和冬季同时对外区供热和对内区供冷，满足办公人员的个性化需求并且最大限度地节约了能源。

本工程地下二层～地上四层为商业性质，对于地下商业和裙楼，商场面积较大，存在明显的内外区，为了消除过渡季节和冬季商场内区过热现象，也同样采用四管制风机盘管加新风系统，增加商场的舒适度。

六、主要节能技术运用

（1）冬季有冷负荷要求的区域设置免费冷却水系统，免费冷却系统水水换热器换热量为 1800kW，可减少冷冻机的运行。

（2）空调箱的回水管路上设动态平衡电动二通调节阀，根据回风温度调节水量；风机盘管的回水管路上设电动二通阀，根据回风温度开关水阀。

（3）本大楼办公四～十三层在新风空调箱内设新排风全热换热器，在空调季节实现新风和排风的全热交换，节省能源和运行费用。

（4）空调冷热水系统根据末端压差，进行变流量运行，热水泵为变频运行，降低能耗。

（5）办公为提高舒适度，冬季新风采用循环水湿膜加湿装置，既满足加湿需求，又节约了用水。

上海一七八八国际大厦的空调设计[①]

- 建设地点　　上海市
- 设计时间　　2006 年 10 月～2010 年 8 月
- 竣工日期　　2011 年 9 月
- 设计单位　　华东建筑设计研究总院
　　　　　　　[200002] 上海市汉口路 151 号
- 主要设计人　薛磊　叶大法　狄玲玲　王宜玮
- 本文执笔人　薛磊
- 获奖等级　　三等奖

作者简介：

　　薛磊，1968 年 4 月出生，高工，1991 年毕业于上海城市建设学院暖通专业，本科，就职于华东建筑设计研究总院。主要代表作品：上海港汇广场、上海久光百货、上海马戏城、上海东郊宾馆、武汉东湖宾馆、石家庄勒泰中心等。

一、工程概况

　　基地位于上海市南京西路 1788 号，靠近华山路路口，处于静安寺西侧。用地面积约 1.21hm²，可建建筑面积 81852.45m²（地上），建筑功能为商业和办公楼。大楼地处繁华的中心地段，同时又属于重要历史保护文物建筑区，紧邻静安寺市级交通枢纽，与东南侧时尚广场、静安城市公园、东侧的九光商业广场、南侧的会德丰商务广场共同形成了一个完整、连续的休闲娱乐商业带。

　　本项目地上共 29 层，其中一～四层主要功能为商业的裙房，以 5m 层高为主，各层面积范围为 4000～6000m²。塔楼五～二十九层主要是办公功能，以 4m 层高为主，各层面积 2000m² 左右。总建筑面积 112863.16m²，建筑高度 126.3m，容积率 6.69%。

二、工程设计特点

1. 节能技术措施

　　春秋季中庭可实现自然通风，最大限度地利用自然能。

　　春秋季各空调房间可利用空调器送入室外新风，最大限度地利用自然能。

建筑外观图

　　厨房可实现三工况运行：工作工况、值班工况及事故工况。

　　空调冷冻水系统实现大温差运行，供回水温差为 6℃。

　　冷冻机房内设置免费水冷却的板式换热器，过渡季利用冷却塔来免费水冷却。

2. LEED 绿色认证配合

　　能源利用最小化：空调系统满足 ASHRAE90.1-2004 规范有关 LEED 认证的强制性技术要求，区域温度调节控制、通风系统控制、风管漏风量控制、风管水管保温控制等。

①　编者注：该工程设计主要图纸参见随书光盘。

三、设计参数及空调冷热负荷

1. 空调室外设计参数（见表1）

室外设计参数　　表1

	干球温度	湿球温度	相对湿度	通风温度
夏季	34.6℃	28.2℃	—	30.8℃
冬季	−1.2℃	—	74%	3.5℃

2. 空调室内设计参数（见表2）

室内设计参数　　表2

房间名称	夏季		冬季		新风量［m³/(h·人)］
	干球温度温度	相对湿度	干球温度	相对湿度	
商业	24℃	60%	20℃	40%	20
回廊	24℃	55%	20℃	40%	20
餐饮	24℃	55%	20℃	40%	20
办公	25℃	60%	21℃	40%	30

3. 技术经济指标

空调总冷负荷 10530kW，空调总热负荷 5500kW。

建筑面积空调冷指标 95.7W/m²，建筑面积空调热指标 50W/m²。

四、空调冷热源及设备选择

为降低初投资及节省机房面积，并考虑系统运行的经济性与可靠性，采用以下冷热源方案：

冷源采用 3 台 3868kW 离心式电制冷变频冷水机组。总装机制冷量 11604kW，冷冻水供/回水温度为 6.0℃/12.0℃，上区板式热交换器换热后的水温为 7.0℃/13.0℃。热力交换站共设置 2 台板式热交换器，每台换热量 2750kW，总装机换热量 5500kW，锅炉房提供 95.0℃/70.0℃的热水，经板式热交换器后产生 60.0℃/50.0℃的空调热水。上区板式热交换器换热后的水温为 58.0℃/48.0℃。

五、空调系统形式

1. 空调水系统

空调水系统采用四管制系统。空调冷冻水系统采用一次泵变流量系统。

2. 空调风系统

裙房商业回廊采用集中低速风管系统，零售店铺采用风机盘管加新风系统。

塔楼办公层采用全空气变风量（VAV）系统，采用单风道型末端箱体。

根据办公楼层平面布置和朝向分布，本项目中在低区（L4～L14，L16～L20）设置 4 台空调箱，两台供给内区，两台供给外区办公楼层内区空调全年送冷风来消除室内热负荷，外区空调夏季送冷风来消除室内热负荷和通过幕墙的得热量，冬季送热风以补偿外区通过幕墙的热损失。

六、通风、防排烟及空调自控设计

1. 通风（见表3）

通风方式与换气量　　表3

通风场所	通风方式	排风换气量
公共卫生间	机械排风，自然进风	10～15h⁻¹
轻食厨房	机械排风，机械进风	平时 40h⁻¹，值班 3h⁻¹，事故 12h⁻¹
变压器室	机械排风，机械进风	按去除室内余热量计算
冷冻机房、水泵房	机械排风，机械进风	6h⁻¹
停车库	机械排风，机械进风＋诱导风机	6h⁻¹
锅炉房	机械排风，机械进风	按去除室内余热量计算，事故 12h⁻¹

2. 防排烟系统

按上海市工程建设规范《民用建筑防排烟技术规程》DGJ 08-88—2006 进行设计。

地下车库设置机械排烟系统及补风系统，排烟量按 6h⁻¹ 计算确定。

各层回廊及商铺分别设置机械排烟系统，大于 500m² 的商铺同时设置补风措施。

塔楼办公层大于 100m² 的房间设置机械排烟系统，各房间小于 500m²，不设置补风系统。

塔楼办公层的内走道设置机械排烟系统，排烟量 13000m³/h，不设置补风系统。

同一位置防烟楼梯间的地下部分及地上补风分别设置独立的机械加压送风系统。

地上防烟楼梯间及合用前室分高低区分别设置独立的机械加压送风系统。

控制：防烟分区内发生火灾时，仅开启该防烟分区的排烟设施与补风设置，及其加压送风系统。

3. 空调自控设计

空调系统自动化程度高，如冷热源开停机顺序控制、冷热源运行台数控制、一次变频泵控制、房间温度自动控制，办公 VAV 控制、空调器运转自动监控与故障报警等。

七、心得与体会

1. 办公标准层净高的保证

本项目办公标准层以 4m 层高为主，各层面积 2000m² 左右，分 2 个防火分区，空调系统采用内外分区的全空气变风量空调系统，每层共有 4 台 AHU 机组，且空调机房集中在结构核心筒内，同时室内净高要求高，给暖通设计造成很大困难，最终设计人员通过与建筑与结构专业密切配合，协调其他机电专业，精心设计，使净高达到 2.8m。

2. 动态平衡电动调节阀的应用

本项目采用动态平衡电动调节阀作为水力平衡措施，由于投入运行最初几年 BA 系统未调试好，动态平衡电动调节阀未起作用，给水力调试带来困难，建议其他项目有此情况时，同时在主要分支管上设置静态平衡阀。

3. 结论

该项目于 2011 年 10 月竣工验收，办公部分于 2012 年 8 月正式投入使用。得到了使用者的好评，同时获得 LEEDFORCS 金奖。

苏中江都民用机场航站楼的空调设计①

- 建设地点　　　扬州市
- 设计时间　　　2010 年 3 月～2011 年 9 月
- 竣工日期　　　2012 年 3 月
- 设计单位　　　华东建筑设计研究总院
　　　　　　　　[200002] 上海市汉口路 151 号
- 主要设计人　　沈列丞
- 本文执笔人　　沈列丞
- 获奖等级　　　三等奖

作者简介：

　　沈列丞，1980 年 9 月生，高级工程师，毕业于同济大学供热、供燃气、通风与空调工程，工学硕士。现就职于华东建筑设计研究总院。主要作品：公共服务中心大楼、南京禄口国际机场二期工程、苏中江都民用机场航站楼、温州永强机场新建航站楼工程等。

一、工程概况

　　本项目位于江苏省扬州市下辖江都市市中心东北丁沟镇境内，属于航站楼建筑，总建筑为 29977m²，地下 1 层，地上 2 层。地下一层主要建筑功能为设备机房；一层主要建筑功能为迎客厅、行李提取厅、行李处理机房、办公、政要贵宾区、TOC 区、远机位出发厅等；二层主要建筑功能为候机区、办票厅、头等舱候机、商业、办公等；局部夹层主要建筑功能为 VIP、CIP 区。

二、工程设计特点

　　（1）对内区办公、商业、政要贵宾区等区域设置了变制冷剂流量空调系统，解决了航站楼建筑内内区房间与特殊功能区域供冷供热需求与大空间公共区域供冷供热需求不一致的问题，并有效缩短了集中制冷供热站供冷、供热的时间，避免了大型制冷供热系统极低负荷率下运行的情况，减少了输送能耗损失，延长了集中制冷供热站内地源热泵系统土壤温度恢复的时间。

　　（2）通过分析计算，明确了本项目对于全空气系统空调箱的风机电机采用变频措施具有良好节能效益与经济效益：全年可节省风机电耗约 2279.782MWh，降低运行费用 187.62 万元，变频器设备投资增量约为 211.01 万元，投资静态回

收期约为 1.12 年。

三、设计参数及空调冷热负荷

1. 室外空调设计参数

　　夏季：夏季空调干球温度 32.8℃，湿球温度 28.5℃，夏季通风温度 31℃，风速 3.1m/s，风向：南。

　　冬季：冬季空调温度－6℃，相对湿度 73%，冬季通风温度 1℃，冬季采暖温度－3℃，风速 3.7m/s，风向：北。

2. 室内空调设计参数（见表 1）

室内设计参数　　　　　　　　　　　　表 1

主要房间	夏季		冬季	
	温度（℃）	相对湿度（%）	温度（℃）	相对湿度（%）
办票大厅	25	55	20	45
安全检查	25	55	20	45
迎客厅	25	55	20	45
行李提取厅	25	55	20	45
候机厅	25	55	20	45
公共通廊	26	55	20	45
商业	25	55	20	45
餐饮	25	60	20	45
贵宾用房	25	55	20	45
办公用房	25	55	20	45
联合设备机房	23±1	50±5	21±1	45±5

　　空调冷热负荷：冷负荷为 5048kW，热负荷为 3507kW。

---

① 编者注：该工程设计主要图纸参见随书光盘。

四、空调冷热源及设备选择

本项目主系统空调冷热源设于陆侧总体制冷供热站（冷热源形式为地源热泵系统＋水冷冷水机组），空调冷（热）水由设于制冷供热站内的空调冷（热）水泵直接供至航站楼内每个空气处理末端。

五、空调系统形式

1. 空调水系统

空调水系统为异程二管制系统，末端设置动态平衡电动调节（二通）阀解决末端动态水力失调的问题。

2. 空调（通风）系统

针对大空间采用全空气定风量空调系统，过渡季可实现可变新风比运行。二层与局部夹层大空间利用送风罗盘箱和办票商业岛设置喷口侧送，形成侧送侧回的分层空调气流组织方式。

针对小空间（如办公、商业等）采用风机盘管（或变制冷剂流量空调末端）＋独立新风系统的方式。

六、通风、防排烟及空调自控设计

1. 通风系统（见表2）

送排风量　　表2

部位	排风	送风
消防水泵房	6h⁻¹	5h⁻¹
隔油处理间	15h⁻¹	12h⁻¹
低压配电及变压器室	按设备发热量计算	排风量的80%
高压配电室	8h⁻¹	6h⁻¹
气体钢瓶间	5h⁻¹	—
卫生间	15h⁻¹	—

续表

部位	排风	送风
吸烟室	60h⁻¹	门百叶进风
配餐间	20h⁻¹	门百叶进风

2. 防排烟系统

由于本项目为高大空间，现行的消防设计规范无法涵盖全部内容，因此在项目设计建设阶段引入了消防性能化设计的概念进行设计。二层办票厅、候机厅等高大空间采用自然排烟方式，可开启自然排烟窗的面积与位置均有消防性能化设计确定。

3. 空调自控设计

（1）制冷供热站内二次冷（热）水泵组的变频控制以本航站楼内的最不利环路压差为控制信号进行变频调节以及台数控制。

（2）对于新风空调系统，以新风空调箱出风温度为控制目标，调节新风空调箱回水管上设置的动态平衡比例调节阀。

（3）对于定风量全空气空调系统，在室外设置和主回风管内设置焓值传感器。当焓值传感器判断系统处于空调工况时，新风阀、回风阀开度保持在最小新风比的状态下，以回风温度为控制目标，调节空调箱回水管上设置的动态平衡电动调节阀；当焓值传感器判断系统处于过渡季工况时，以回风温度为控制目标调节新风阀、回风阀开度，动态平衡电动调节阀关闭。

（4）空调系统温度设定值与航班信息联动，从而设置不同的系统工作模式，在无航班的时段及区域内调整相应空调系统的温度设定值，实现以需求为导向的控制目的。

七、心得与体会

（1）支线型机场内区空调处理方式。
（2）全空气系统风机变频措施的应用。

中国城市化史馆·清河文展中心的空调设计①

- 建设地点　　淮安市
- 设计时间　　2010 年 8~10 月
- 竣工日期　　2012 年 10 月
- 设计单位　　同济大学建筑设计研究院（集团）有限公司
　　　　　　　[200092] 上海市四平路 1230 号
- 主要设计人　郭长昭
- 本文执笔人　郭长昭
- 获奖等级　　三等奖

作者简介：

郭长昭，1972 年 7 月生，工程师，1996 年毕业于郑州纺织工学院，本科。工作单位：同济大学建筑设计研究院（集团）有限公司。主要代表作品：烟台财富中心、泰州中学保护性建筑设计等。

一、工程概况

项目名称：中国城市化史馆－清河文展中心。

建设地点：淮安市清河区。

总用地面积：24317.6m²。

总建筑面积：18114.1m²。

项目设计规模等级：中型。

建设等级：本项目为多层建筑，设计使用年限为 50 年，耐火等级为二级。

建筑层数：地上 3 层（层有夹层），地下 1 层（有夹层）。建筑高度 21.789m。

二、工程设计特点

本项目为展览类建筑，通过建筑语言及手段（主要通过屋顶、三段式立面、菱形图案等）表达中国传统建筑的意蕴，体现中国精神；设计理念：秉持当前可持续发展的理念，反映关注生态、关注低碳、关注绿色的时代特征，反映低碳时代的城市化模式。本项目为绿色示范项目，空调采用节能的地源热泵系统、采用与展厅采光顶棚一体化的太阳能发电技术提供照明用电，热水均采用太阳能热水系统。

---

① 编者注：该工程设计主要图纸参见随书光盘。

三、设计参数及空调冷热负荷

1. 室外气象参数（见表1）

室外气象参数　　　　　　　　　表 1

	大气压力（hPa）	空调计算干球温度	空调计算湿球温度	相对湿度
夏季	1003.40	33.8℃	28.3℃	—
冬季	1024.60	−8.0℃	—	73%

	通风计算干球温度	风速	主导风向	—
夏季	32℃	3.2m/s	ENE SE	—
冬季	2℃	4.6m/s	NW WNW	—

2. 室内设计参数（见表2）

室内设计参数　　　　　　　　　表 2

房间名称	夏季		冬季		新风量[m³/（h·人）]	允许噪声（dB）
	温度（℃）	相对湿度（%）	温度（℃）	相对湿度（%）		
展览厅、报告厅	26	<65	20	>30	30	<40
门厅、休息厅	26	<65	18	>30	10	<45
会议室	25	<65	20	>30	30	<35
办公	26	<65	20	>30	30	<35
多功能厅	26	<65	20	>30	30	<45

3. 通风换气次数（见表3）

通风换气次数　　　　　　　　　表3

房间名称	卫生间	水泵房及冷冻机房	
换气次数 h⁻¹	10	6	
房间名称	会议室	变配电房	多功能厅
换气次数 h⁻¹	1～3	15	5

4. 冷、热负荷

工程总建筑面积为18114m²，其中地上建筑面积14227m²，地下建筑面积6690m²。计算得到的冷、热负荷见表4。

冷热负荷　　　　　　　　　表4

总冷负荷（kW）	冷耗指标（kW/m²）	总热负荷（kW）	热耗指标（kW/m²）
1980	0.112	1128	0.064

四、空调冷热源及设备选择

（1）本工程空调系统冷热源选用高效地源热泵机组2台，名义制冷量为676kW，制热量为646kW。选用1台水冷螺杆式冷水机组，名义制冷量为694kW。热泵机组设置于地下室热泵机房内。热泵空调系统侧采用4台冷热水循环泵，热泵土壤侧采用与土壤换热的方式，并配备3台地源侧循环水泵。在主楼北侧广场内设置约500口地埋管井，采用100m深单U井，本设计暂按照设计工况下夏季55W/井深，冬季35W/井深设计，可根据测试数据进行调整。考虑到系统的热不平衡，采用一台处理水流量为200m³/h的闭式冷却塔进行调峰，并选配2台冷却塔循环水泵。冷却塔设置在室外绿化带。本工程冷冻水供/回水温度为7℃/12℃，冷却水供/回水温度为32℃/37℃；空调热水供/回水温度为50℃/45℃，机组与土壤侧循环水温度为5～10℃。

（2）消防控制中心、变配电室、弱电机房和电信机房等采用直接蒸发式变冷媒空调机组作为空调系统冷源。直接蒸发式变冷媒空调机组室外机设置在侧墙或屋顶设备平台上。

五、空调系统形式

（1）展览厅、报告厅：采用低风速全空气系统，上送下回。采用低噪声旋流风口的方式送风，回风口设置在送风口下方、集中回风。

（2）一层大厅：设置分层空调，采用低风速全空气空调系统。送风管设置在一层吊顶内，选用低噪声喷口送风。回风口设置在送风口下方、集中回风。

（3）其他办公、洽谈、贵宾休息室、辅助用房均采用风机盘管加新风的空气—水空调系统，新风机组根据就近的原则分别设置。新风机组采用新风箱。

（4）弱电间、电信机房：采用直接蒸发式空调系统，室内机安装在各机房内，但应避免安装在电力设备正上方。室外机组则分别安装在外墙或屋面的设备平台上。其中对设有通风系统的房间不再另配备用空调系统，对没有通风系统的房间均另外配置备用空调系统。

六、通风、防排烟及空调自控设计

1. 通风系统设计

（1）地下室冷冻机房设置机械通风系统。
（2）地下室水泵房设置机械通风系统。
（3）所有卫生间、会议室均设置机械排风。

2. 消防设计

（1）防烟楼梯间设置正压送风系统，地上、地下部分分别送风，风量根据《建筑设计防火规范》的相关要求计算确定。

（2）中厅设置机械排烟系统，排烟量根据《建筑设计防火规范》的相关要求计算确定。

（3）地下室内走道设置机械排烟系统，排烟量按60/120（两个分区）m³/(h·m²)计算。并按《建筑设计防火规范》的相关要求执行。对地下室的走道，同时设置补风系统，补风量为排烟量的50%。

（4）防排烟系统由消防控制中心集中控制。当大楼发生火灾时，关闭平时的空调、通风系统和相关的防火阀，并开启着火点所在防烟分区排烟管道上的排烟防火阀及排烟口，同时打开排烟风机及相应补风风机。

（5）靠外墙封闭楼梯间均自然通风、房间采用可开启窗自然排烟，可开启窗面积大于房间面积的2%。

（6）防烟与排烟风系统中的管道、风口及阀门等必须采用不燃材料制作。与可燃物保持不小于 150mm 的距离。

（7）排烟风机应能在 280℃ 的环境条件下连续工作不小于 30min。

3. 自控系统

本工程采用 BAS 系统实现对个空调系统集中监控、能量统计、台数控制、自动调节、实现节能运行管理。

七、心得与体会

通过这次设计，使笔者越发地意识到了绿色节能在暖通工程设计中日益重要的地位。选用可再生能源作为暖通工程的冷热源能够更好地节约能源、保护环境，取得显著的节能效果和社会、经济效益，值得在今后的工作中推广使用。

寿光市文化中心空调设计①

作者简介：

李伟江，1982 年 5 月生，工程师，1997 年毕业于同济大学工程热物理专业，硕士，现就职于同济大学建筑设计研究院集团有限公司。主要代表作品：寿光文化中心、昌邑文化中心、会议中心、G 建筑龙美术馆等。

- 建设地点　　山东省寿光市
- 设计时间　　2008 年 1～8 月
- 竣工日期　　2009 年 7 月
- 设计单位　　同济大学建筑设计研究院（集团）有限公司
　　　　　　[200082] 上海市四平路 1230 号
- 主要设计人　李伟江　邵喆
- 本文执笔人　李伟江
- 获奖等级　　三等奖

一、工程概况

本工程为寿光市文化中心项目，位于山东省寿光市南环路东环路西南地块，总建筑面积 38980m²，建筑基底面积 14700m²。主楼为框架结构，4 层，建筑总高度 29.18m。

建筑外观图

二、工程设计特点

在设计功能上，该工程由多功能剧场、中庭及主楼三部分组成。多功能剧场是一个由 50 根角度各异的清水混凝土柱支撑的架空椭球体，三层框架结构，其长、中、短轴分别为 60m、45m、

25.313m；主楼为框架结构，由围绕多功能剧场呈放射状排布的五部分组成，因放射形态而产生的二层屋顶庭院，在解决了大进深空间的采光和通风问题的同时，也增加了建筑的空间品质；中庭玻璃采光顶为统高悬索梁钢结构体系，平面呈牛角形，将多功能剧场及主楼五部分巧妙的联系在一起。主楼和剧场在二层通过天桥相连，地上 4 层。主要包括文化馆、图书馆、博物馆、展览馆、美术馆、音乐厅、青少年艺术培训中心及 D 影院等。

三、设计参数及空调冷热负荷

1. 室外气象参数（见表 1）

室外气象参数　　　　　　　　　　表 1

	大气压力(hPa)	空调计算干球温度(℃)	空调计算湿球温度(℃)	相对湿度(%)	通风计算干球温度(℃)	冬季供暖干球温度(℃)
夏季	1000	34	26.8	—	30	—
冬季	1021	−11	—	61	−3	−8

2. 室内设计参数（见表 2）

3. 冷热负荷

本工程总设计冷负荷设计值为 5770kW，总设计热负荷设计值为 4040kW。

① 编者注：该工程设计主要图纸参见随书光盘。

室内设计参数					表2	
房间名称	夏季		冬季		新风量 [m³/ (h·人)]	允许噪声 (dB)
	温度 (℃)	相对湿度(%)	温度 (℃)	相对湿度(%)		
办公	26	<65	20	—	30	45～50
会议室	26	<65	19	—	30	45～50
门厅	26	<65	18	—	30	45～50
展厅	26	<65	18	—	30	45～50

四、空调冷热源及设备选择

冷源采用两台制冷量为800TON的离心式冷水机组,其中一台为变频机组,冷冻水供/回水温度为7℃/12℃。冷冻水循环水泵的流量为500m³/h,扬程为32mH₂O,共选用3台,其中一台为备用水泵。冷水机组和冷冻水泵置于一层冷冻机房。对应每一台冷水机组各设置一台冷却塔,冷却塔的冷却水量为240m³/h,置于室外锅炉房屋顶。相应配置3台冷却水泵,水泵流量为600m³/h,扬程为30mH₂O,其中一台为备用水泵,置于室外锅炉房。冷却水管直埋进入一层冷冻机房内。

由于大楼周围无城市热网,周边用油用气不方便,因此空调热源采用电热水蓄热锅炉。为了最大限度节省运行费用,经过经济技术比较,采用承压电蓄热系统,根据大楼电力负荷情况,电蓄热采用2组蓄热量为5200kWh和2组蓄热量为3840kWh的系统,蓄热温度为150℃,总蓄热量为日空调供暖负荷的75%。蓄热机组系统自带一次热水泵和板式换热器。二次热水泵置于一层冷冻机房,共3台,两用一备,一台为变频机组。蓄热系统由承包商成套供应。

五、空调系统形式

1. 风系统

(1) 多功能厅、展厅、入口大厅、公共空间、休息厅等大空间采用低速全空气一次回风系统,并根据各功能场所的特点采用相应的气流组织形式。其中入口大厅采用鼓形喷口侧送风,其余大空间采用温控圆形旋流风口。

(2) 剧院部分由于其椭球性的造型结构,底部一层架空,无法设置静压箱,故未设置座椅送风系统,采用了顶送风的送风形式。根据空间不同的高度,选用了不同射程的旋流风口。剧院配

套的化妆、休息、耳光等小房间采用风机盘管加新风系统,便于室温独立控制。新风经空调箱处理后直接送入人员活动区域。

(3) 全空气系统采用带全热回收的空调机组,对新风进行预冷和预热处理,节约能源。空调季节按最小新风量运行,过渡季节新风旁通过热回收段,进行全新风运行,全新风风量为总风量的50%。

2. 水系统

本工程采用闭式二管制水系统,各个支路设立静态平衡阀调节水路水力平衡。水系统工作压力为0.6MPa。水系统采用全异程式布置,共分为3个环路,主楼部分为两个环路,剧场部分为一单独环路。各个分支路上设自力式流量控制阀。风机盘管回水管上设置电热式电动二通阀,空调箱回水管上设置电动二通调节阀。

六、通风、防排烟及空调自控设计

1. 通风系统

结合空调系统新风,设置了相应的通风系统,通风机变频调节,适应空调系统可以对新风量进行调节,过渡季节可以实现全新风运行。

2. 防排烟系统

所有疏散楼梯间均采用自然排烟的防烟方式,5层内楼梯间可开启外窗面积大于2m²,顶层不小于0.8m²。

大空间采用机械排烟,平时排风机兼排烟风机,在15s内切换至排烟状态。

中庭区域采用机械排烟,排烟风机布置于屋顶。无自然补风条件的排烟区域,采用机械补风,补风量不小于排烟量的50%。

3. 空调控制及节能措施

新风空调机的风机、电动水阀及电动新风阀应进行电气联锁。启动顺序为:水阀—电动新风阀及风机,停车时顺序相反。

新风空调机控制送风温度;送风温度通过控制冷热水回水电动二通阀来实现,电动二通阀的理想流量特性为等百分比特性。

所有设备均能就地启停。

采用能耗低、效率高的冷水机组。冷水机组综合能效比大于5.3。

全空气系统采用带全热回收的双风机空调箱,

对新风进行预冷和预热处理，节约能源。

七、心得与体会

　　剧场顶部有一设备夹层，周边有 3 个设备机房，整个中间区域于椭球体形成了一个夹层的空间，下方即为观众厅，起初设计时，忽略了其对空调效果的影响。在空调系统施工调试过程中发现剧场观众厅的温度高达 32℃，实测上方夹层空间的温度高达 40℃。分析原因，由于剧场顶部玻璃幕墙的辐射热量直接进入夹层空间，由夹层空间直接传入了观众厅。最后，结合现场情况，在闷顶空间布置了两台排风机，把通过顶部传入的热量直接排走，问题得到了很好的解决。整个空调系统经过几年的运行，运行正常。

嘉瑞国际广场的空调设计①

- 建设地点　　上海市
- 设计时间　　2011 年 12 月
- 竣工日期　　2012 年 2 月
- 设计单位　　上海中房建筑设计有限公司
　　　　　　　上海中华路 1600 号 19 楼
- 主要设计人　姚健
- 本文执笔人　姚健
- 获奖等级　　三等奖

作者简介：
　　姚健，1963 年生，高级工程师，1985 毕业于同济大学供热通风及空调专业，本科学历。工作单位：上海中房建筑设计有限公司。主要代表作品：鹏程大厦、九龙海关宝安办公楼、龙岗公安分局办公楼等。

一、工程概况

　　嘉瑞国际广场为一栋甲级办公大楼。位于上海浦东向城路，近世纪大道。总建筑面积 60779m²，地上 24 层，地下 4 层，屋面高度 99.7m。其中一层为大堂；夹层为商务办公；二～二十四层为办公；地下室为汽车库、自行车库、设备用房等。一～二十四层均设有中央空调系统。

建筑外观图

二、工程设计特点

　　（1）标准层空调内区采用 VAV 系统，外区采用风机盘管系统。

　　（2）采用变频水泵、变频 VAV 空调机组、新风排风全热交换、过渡季空调冷却水利用等节能技术。

　　（3）空调水系统全面采用动态平衡阀对系统进行流量平衡。

　　（4）空调、通风及防排烟系统分别设置了自控系统，并作为子系统接入 BA 系统。

三、设计参数及空调冷热负荷

1. 室外设计参数（上海）
冬季大气压力（Pa）：102510.0；
夏季大气压力（Pa）：100530.0；
冬季平均室外风速（m/s）：3.1；
夏季平均室外风速（m/s）：3.2；
冬季空调室外设计干球温度（℃）：−4.0；
夏季空调室外设计干球温度（℃）：34.0；
冬季通风室外设计干球温度（℃）：3.0；
夏季通风室外设计干球温度（℃）：32.0；
冬季供暖室外计算干球温度（℃）：−2.0；
夏季空调室外设计湿球温度（℃）：28.2；
冬季空调室外设计相对湿度（%）：75.0；
最大冻土深度（cm）：8.0。

2. 室内空调设计参数（见表 1）
空调总冷负荷：5342kW；空调总热负荷：3636kW。

---

① 编者注：该工程设计主要图纸参见随书光盘。

房间名称	夏季 设计温度 (℃)	冬季 设计温度 (℃)	夏季 相对湿度 (%)	新风供应量 [m³/(h·人)]
写字楼大堂	26～28	16～18	≤65	20
消防控制室	25～27	18～20	≤55	30
管理	25～27	18～20	≤55	30
走道	26～28	16～18	≤60	20
商务服务	26～28	18～20	≤65	20
办公	24～26	20～22	≤55	30

室内设计参数　　　　表1

四、空调冷热源及设备选择

冷源：设计选用3台1758kW的离心式冷水机组、1台1094kW的螺杆式冷水机组。

热源：采用3台1500kW的常压燃气热水锅炉作为全楼的空调热源。

根据甲方要求，预留部分负荷作为今后需求改变时的余量。

五、空调系统形式

（1）空调水管采用四管制异程式系统。

（2）空调风系统设计以竖向分层设置空调系统为原则。一层及夹层采用空调机组。二～二十四层采用VAV+风机盘管系统。每层楼的内区及新风负荷由VAV系统负担；外区由风机盘管系统负担。每层设有2个空调机房，分别设有一台空调处理机组。每层新风由全热换气机从每层室外直接引入。空调系统气流均采用上送上回的组织方式。

六、通风、防排烟及空调自控设计

（1）地下汽车库通风采用智能型诱导通风系统+机械排风的方式。

（2）自行车库、冷冻机房、弱电机房、变配电间、水泵房、用户变电站等均设有机械排风、自然进风系统。

（3）锅炉房设有机械送、排风系统。通过变频风机满足值班通风、平时通风和事故通风三种模式。

（4）二～二十四层空调区域每层设置排风系统，废气通过每层的全热换气机与新风热交换后排至室外。

（5）一～二十四层封闭内走道设有2套机械排烟系统，排烟风机设在大楼屋顶。

（6）消防楼梯间、消防合用前室均设有机械加压送风系统。

（7）大于100m²的房间均设置电控的自然排烟窗，开窗面积大于2%地面面积。火灾时由消控中心打开着火层的排烟窗进行自然排烟。

（8）锅炉房内设有燃气泄漏报警装置。报警装置与设置在锅炉房的事故通风机、燃气进口电磁阀、燃气放散管电磁阀连锁。

（9）所有空调通风设备均采用高效节能型产品。离心式冷水机组的COP>5.1；螺杆式冷水机组的COP>4.3。

（10）空调热水系统设有变频水泵。

（11）空调冷热总供、回水管上均设置压差旁通阀组。

（12）每台风机盘管均设有动态平衡电动二通阀。

（13）VAV系统的空气处理机组均采用变频调速风机。冷热水回水管上分别设有动态平衡电动调节阀。

（14）当室外温度低于15℃时，可启用冷却水利用系统，关闭制冷机组。冷却水通过板换作为空调冷源。

（15）地下汽车库每台智能型诱导风机上设有CO的浓度感应探头，与通风系统联动。

（16）空调冷热源系统、空调末端系统、通风系统及防排烟系统均采用直接数字式监控系统，并作为子项接入BA系统。

南京银城地产总部大楼空调设计[①]

- 建设地点　　南京市
- 设计时间　　2008 年 2～10 月
- 竣工日期　　2011 年 11 月
- 设计单位　　南京城镇建筑设计咨询有限公司
　　　　　　　[210036] 南京市集贤路 18 号
- 主要设计人　王琰
- 本文执笔人　王琰
- 获奖等级　　三等奖

作者简介:
　　王琰，高级工程师，1990 年毕业于西安冶金建筑学院供热通风与空气调节专业，现在南京城镇建筑设计咨询有限公司工作。主要代表工程：南京皇冠假日洲际酒店、银城广场、溧阳金陵饭店、南京市级机关游泳馆等。

一、工程概况

　　该项目位于南京河西新城区，是该区域内的标志性建筑之一。为一类高层综合楼，建筑总面积约 70827m²，其中地下室建筑面积为 21411m²。地上建筑面积为 49416m²，分为 A 座和 B 座两部分，其中 A 座部分建筑面积为 44136m²，建筑总高度 79.70m。地下一、地下二层为停车场及设备用房（其中地下二层部分战时作为核六级二等人员掩蔽部），A 座的一～四楼为商业及餐饮，其他部分及 B 座为办公建筑。标准层层高 3.7m。总用地面积 13800m²，容积率为 25.10，绿化率为 36%。

建筑外观图

二、工程设计特点

　　将桩基埋管的地源热泵及蓄冰空调两种空调形式结合，冬季仅热泵工作，夏季热泵和冰蓄冷空调共同运行，这样不仅可以降低地热换热器的初投资，还可以实现地源热泵机组的间歇运行，有利于土壤温度场的有效恢复。同时，该系统还具有削峰填谷的功能。

　　除最大限度地采用桩基埋管的地源热泵及蓄冰空调的方式外，对于负荷不足的部分，特别是对外出售或租赁的办公楼层采用的是多联机空调系统。

三、设计参数及空调冷热负荷

　　本设计根据逐时负荷计算，设计区域内空调夏季空调总冷负荷为 3347.99kW，冷指标为 92.16W/m²（总空调面积）；冬季供暖负荷为 2220.66kW，热指标为 64.13W/m²（总空调面积）。其中采用地源热泵＋蓄冰空调的冷负荷为 1170.66kW，供暖负荷为 962.38kW，其余采用氟冷媒集中式多联机空调系统。

四、空调冷热源及设备选择

　　采用地源热泵主机＋冰蓄冷的供能方式的空

调集中冷热源由设于地下室冻冷机房内的 1 台三工况 PSRHH1501-ST 地源热泵机组（制冷、制热、制冰）、1 台两工况地源热泵机组 PSRHH1501 地源热泵机组（制冷、制热）及两台蓄冰装置 ITSI-S305（总蓄冰量 610RTH）组成。冬季运行开启 2 台热泵机组制热模式满足供暖要求，夏季运行开启 2 台热泵机组制冷模式＋融冰模式来满足空调要求。空调供/回水温度：夏季为 7℃/12℃，冬季为 40℃/45℃，与之对应的夏季冷却水供/回水温度为 30℃/35℃，冬季加热供/回水温度为 10℃/6℃，与其配合使用的各类水泵，两用一备，共 9 套。

本工程在桩柱内径为 800mm，钢筋笼内径为 700mm 的灌注桩内采用的是垂直埋管的形式，根据热响应试验并参照国内外的一些桩内及土壤孔内的换热的经验数据，最终确定灌注桩埋管 254 个、均深 54m/口井，双 U（DN25）形埋管，设计取值：夏季放热 75W/m 桩深，冬季吸热 60W/m 桩深。

五、空调系统形式

1. 空调水系统

（1）空调水系统为一次泵定水量双管制机械循环系统。供回水管之间设压差旁通装置。横、立管均为异程（加平衡阀）布置。

（2）空调冷热水系统采用自动补水稳压罐定压，由稳压罐压力信号控制补水泵启停，补水水箱及自动补水稳压罐设在冻冷机房内。

（3）水循环采用全程水处理机进行杀菌、灭藻、过滤、防垢。

2. 空调风系统

（1）对于大空间（如入口大堂、食堂、报告厅）空调风系统采用定风量全空气系统。空气处理机组配以低速风管送风，配合装修作百叶侧送风口或方形、矩形散流器下送，回风靠负压吸入。

（2）对于办公区域，采用风机盘管＋新风的系统。

（3）新风采用全热交换器＋新风机组的方式处理，回收回风能量。在室内换热量不足的情况下，根据全热交换器进风侧风温来自动控制新风机组的供回水量。

（4）空气处理过程：室外新风与室内回风热交换→过滤→表冷→风机→消声→室内。

3. 多联机空调系统

（1）根据业主要求，主楼五～十九层、辅楼一～四层采用氟冷媒集中式变频多联机空调系统。其中主楼设置 72 台多联机外机，辅楼设置 21 台多联机外机。主楼内机采用暗装高静压风管机接风管，下送下回的方式，以方便用户在二次装修调整建筑布局时灵活布置风口。

（2）室内设置单独新风系统，共设置了 28 台新风室外机，配合单独区域的高静压新风内机来满足室内新风的需要。

（3）空调外机设置在室外或楼层的机房处，设置在楼层的外机需设置 90℃ 的出风罩。

六、通风、防排烟及空调自控设计

（1）本工程为一类高层公共建筑。防烟楼梯间、前室、合用前室采用机械加压送风系统防烟；无直接自然通风，且长度超过 20m 的内走道或虽有直接自然通风，但长度超过 60m 的内走道及中庭采用机械排烟系统排烟。风机设置在主楼屋顶。

（2）地面层的其他区域及房间，经计算长度不超过 60m 的内走道可开启外窗面积均大于走道面积的 2%；需要排烟的房间可开启外窗面积均大于该房间面积的 2%，且排烟窗设置在上方，并有方便开启的装置。均可采用自然排烟的方式。

（3）全楼地面部分共设置 7 个机械加压送风系统，4 个机械排烟系统。

（4）根据业主对本工程的使用要求及为更多地节省能源，本设计设有与本工程级别相适应的空调通风自动控制系统。

（5）有关空调控制系统的具体要求（包括设备的技术性能、控制功能及控制参数、管理功能等），由业主、设计单位和厂商三方共同协商而定，采用 DDC 控制系统。

七、心得与体会

目前，桩基埋管的地源热泵及蓄冰空调两种空调相结合的相关研究主要还是以各个院校、研究机构搭建的试验平台为主，不能完全反映实际工程中地下土壤温度变化、换热器井深换热量变化等相关特性。而已建成运行的工程中也相对缺少完整的测试数据。本项目的建成，结合实际运行的各项参数，可以为地源热泵＋蓄能空调的设计研究及运行能耗分析提供实际数据支撑。

在该建筑内除了采用地源热泵及蓄冰系统的楼层外，在其他几个已经入住的楼层均采用了美的 MDV 多联机空调系统，从 2011 年 11 月至 2013 年 10 月运行期间，选取安装在十五层（办公层）的多联机空调系统，把收取的电费同使用

空调的时间及建筑面积换算成单位面积及单位时间的电费，同地源热泵及蓄冰系统做比较。采用地源热泵及冰蓄冷系统，夏季节省电费 34％，冬季节省电费则高达 51.4％，整个运行期间省电 48.6％。根据权威机构的低能耗建筑应用示范项目测评报告，采用节能空调系统每年将节约用电 286403kWh，相当于节约标准煤 101.4t，减排温室气体 223t（与常规空调相比）。同时，夏季最高峰时可削峰 248860kWh。

烟台市福山商务宾馆水源热泵空调系统设计①

- 建设地点　　烟台市
- 设计时间　　2010 年 5～7 月
- 竣工日期　　2011 年 7 月
- 设计单位　　烟台市建筑设计研究股份有限公司公司
　　　　　　　[264003] 烟台市迎春大街 163 号
- 主要设计人　王志刚　崔恩富　付小平
- 本文执笔人　王志刚
- 获奖等级　　三等奖

作者简介：

　　王志刚，1971 年 4 月生，应用研究员，1994 年 7 月毕业于同济大学城市供热通风与空调工程专业，本科学历，现就职于烟台市建筑设计研究股份有限公司。主要代表作有：烟台市毓璜顶医院、烟台市福山商务宾馆、烟台市文化中心、烟台振华购物中心、烟台市检察院、烟台市老年大学、贝卡尔特（山东）钢帘线有限公司厂房等。

一、工程概况

　　福山商务宾馆是福山区政府重点建设项目，总建筑用地面积 39686m²，位于烟台市福山区，容积率 0.79，是按照五星级标准建造的集住宿、餐饮、商务会议、康体娱乐为一体的 4 层综合性涉外宾馆。项目西临文采厚重的青龙山文化广场，东接风景秀丽的烟台农博园，南眺湖波浩渺的门楼水库，地理位置十分优越。该项目充分利用新技术、新材料、新工艺，力求成为福山区标志性建筑。本项目包括商务宾馆及康乐中心两个单体工程。

　　商务宾馆总建筑面积 28139m2，地上 4 层，地下 1 层，建筑高度 23.3m。地下一层，功能：设备用房、员工宿舍及配套用房；地上 A 区 3 层，功能：客房；地上 B 区 4 层，功能：厨房、餐厅、会议室、多功能厅。

　　康乐中心总建筑面积 3329m²，地上局部 3 层，地下 1 层，建筑高度 17.3m。地下一层功能：游泳馆、设备及空调机房；地上 3 层，功能：游泳馆、网球馆、健身房。

建筑外观图

二、工程设计特点

　　本工程采用中央空调水系统，冷热源采用水源热泵机组，该系统充分利用地下水温四季相对稳定的特性，夏季制冷冬季供热；利用水源热泵机组提供泳池及生活的热水用热。

三、设计参数及空调冷热负荷

　　室内设计参数见表 1。

---

① 编者注：该工程设计主要图纸参见随书光盘。

室内设计参数　　　　表1

分项名称	夏季		冬季		最小新风量 (m³/h)	噪声标准 [dB(A)]
	温度 (℃)	相对湿度 (%)	温度 (℃)	相对湿度 (%)		
办公	25	60	21	40	30	35
会议	25	60	20	40	30	35
多功能厅	25	60	20	40	30	35
餐厅	25	60	20	40	30	40
客房	25	60	21	40	50	30
游泳馆	26	70	26	40	30	35
网球馆	26	60	18	40	30	35

本工程采用中央空调水系统，空调冷负荷指标82W/m²，热负荷指标74W/m²。

四、空调冷热源及设备选择

本工程地理位置远离城市集中供热主管网，且处于内夹河地下水源地，根据该区域水文地质资料和水文地质勘察报告，本工程所在区域场区及上游地段无大的工业污染源，地下水资源稳定，水文地质条件良好，满足水源热泵空调的建设。

冷热源采用水源热泵机组，采用3台螺杆式水源热泵机组提供空调冷热水，1台水源热泵机组提供泳池及生活热水用热。

五、空调系统形式

商务宾馆大堂、餐厅、多功能厅等大空间采用全空气系统，气流组织为上送下回形式，大空间大风量空调机组风机设变频调速；其余采用风机盘管加新风系统。接待室、大会议室、西餐厅、多功能厅、部分客房的排风采用全热回收。

康乐中心网球馆采用全空气系统，气流组织为下送上回，通过地沟送风；游泳馆采用热回收式空调，气流组织采用上送上回的形式，冬季利用盘管加热新风，夏季利用盘管制冷，过渡季全新风运行；其余房间采用风机盘管加新风换气系统。泳池四周、淋浴间及更衣室设地板辐射供暖系统补充冬季空调系统的不足。

六、通风、防排烟及空调自控设计

商务宾馆客房采用直流式通风方式，采用新风机组供给新风，每个客房卫生间均设排气扇排至共用排气竖井；会议室、餐厅均设独立排风；书吧、活动室采用新风换气机通风换气，既保证了室内空气质量，又达到了节能的效果。

康乐中心网球馆采用组合式空调，利用地沟送风，屋面排风机进行排风，保证室内舒适性；游泳馆采用热回收型空调器，既保证馆内空气品质，又有利于节能。

商务宾馆无直接自然通风，且长度超过20m的内走道或虽有直接自然通风，但长度超过60m的内走道设置机械排烟系统，地下室机械补风，地上有可开启的外窗自然补风；各房间总面积超过200m或一个房间面积超过50m，且经常有人停留或可燃物较多的地下室设置机械排烟、机械补风系统。

康乐中心防烟楼梯间设置加压送风系统，送风机设于屋顶，通过风井及自垂式百叶风口将风送至防烟楼梯间；网球馆设机械排烟系统，两台排烟风机设于屋面，利用网球馆的门窗自然补风。

空调系统的自控系统设在商务宾馆的地下一层，风机盘管均配液晶面板数字温控器；新风处理机组、空调机组配有温控器及比例调节式电动阀，可根据送风温度或回风温度自动调节通过表冷器盘管内的水流量，以保持室温在设定值上。电动阀与风柜的风机启动器联锁，当风机停止运行时，电动阀亦同时关闭，同时温控器断电停止工作；新风设电动风量调节阀与空调送风机联锁；组合式空调器过滤器两侧设压差报警；所有新风、空调处理机组既能在各自机房控制启停，又能在控制室启停，并设指示灯显示其运行状态：开停，或故障。

七、心得与体会

本空调系统夏季供冷运行时间：5月初～9月底，约运行150d，空调总运行费用约60万元。冬季供热运行时间、11月初～4月底，约运行180d，空调总运行费用约110万元。

水源热泵系统成败的重点是水源侧的设计，同时要严格保证水源井的施工质量。设计中重点把控的几个方面如下：（1）严格做好抽水量试验，合理选择单井的潜水泵流量和扬程，防止水泵选择过大，避免井水抽空，抽出井壁泥沙，井壁塌陷。（2）必须保证100%同层回灌，本工程根据地下水文地质情况，确定回灌井数量为抽水井的2倍。（3）井内设水质监测，随时掌握地下水质变化，防止地下水污染。（4）合理确定井与井、井与建筑物之间的安全距离，防止地面沉降，确保回灌效果，保证系统长期稳定运行。

本工程水源热泵系统投入使用以来，运行稳定可靠，能效比高，运行费用远低于常规空调系统，得到了用户的好评和认可。水源热泵系统不向城市排热，可以缓解城市热岛效应，没有污染物排放，环境效益突出。该工程已经成为本市代表性的可再生能源利用项目，对于可再生能源的推广应用有着巨大的示范带动作用。

武汉锅炉股份有限公司新建基地建设项目空调设计①

- 建设地点　　武汉市
- 设计时间　　2007 年 2～12 月
- 竣工日期　　2010 年 10 月
- 设计单位　　中国联合工程公司
　　　　　　[310052] 浙江杭州滨安路 1060 号
- 主要设计人　王宙平　赵红兵　傅清锋
- 本文执笔人　王宙平
- 获奖等级　　三等奖

作者简介：
　　王宙平，1963 年 8 月生，教授级高工，1985 年毕业于湖南大学供热与通风专业，学士。现供职中国联合工程公司。代表作品有：东方汽轮机有限公司灾后异地重建项目、国网超大型特高压输变电设备环境气候实验室、无锡透平叶片有限公司百万等级核电特大叶片制造基地及航空锻件技术改造项目等。

一、工程概况

　　ALSTOM 公司于 2006 年收购武汉锅炉集团有限公司，并提出了武汉锅炉股份有限公司新建基地建设项目，作为锅炉研发制造基地。项目建设场地位于湖北省武汉市，用地面积 586.7 亩，总建筑面积 16 万 m²。项目主要建设内容有：联合厂房一、联合厂房二、材料研究所、综合办公楼和生活生产配套设施等。

建筑外观图

二、工程设计特点

　　（1）联合厂房一以焊接工艺为主，通风量大。

　　（2）联合厂房一的 1 号、3 号办公楼、综合办公楼、食堂、材料研究所，冬夏需空调。

　　（3）材料研究所为物理化学实验室，空调系统需全新风运行，能量损失较大。

　　（4）武汉气温高，焊接工艺为主，工人需集中洗浴。

三、设计参数及空调冷热负荷

　　室内参数：夏季温度 26～28℃，相对湿度≤60%。冬季温度 18～20℃，相对湿度≥30%。

　　空调冷热负荷：夏季总冷负荷为 4083kW，冷负荷指标 120W/m²。冬季总热负荷为 3017kW，热负荷指标 89W/m²。

四、空调冷热源及设备选择

　　空调冷热源采用 2 台螺杆式土壤源热泵机组，每台制冷量 980kW，制热量 1089kW；1 台单冷螺杆冷水机组，制冷量 996kW。夏季空调冷水供/回水温度 7℃/12℃，冬季空调热水供/回水温度 45℃/40℃。

　　土壤源热泵不仅提高空调冷热水且免费提供生活热水。生活热水供水温度 52℃，生活热水箱总有效容积为 120m³。

五、空调系统形式

联合厂房 1 号办公楼、2 号办公楼、3 号办公楼、综合办公楼、食堂采用风机盘管加全热交换新风排风系统。

材料研究所为物理化学实验室，空调系统需全新风运行，能量损失较大，考虑排风污染新风问题，不能采用转轮全热交换回收，采用了折板密闭式显热回收空调系统。

六、通风、防排烟及空调自控设计

材料研究所全空气空调通风系统以通风柜帘门开启高度控制排风管风阀开度，保证通风柜罩面风速恒定。以排风管内静压控制排风机变频。以室内与走廊压差，控制空调排风管风阀开度，以空调排风管内静压控制空调排风机变频。以室内湿度并采用室外温度补偿方式控制空调机送风温度，以室内温度控制每个房间送风加热器的加热量，加热器控制采用可控硅无级调节，控制室内温度。电加热器的开关与风机的启停联锁控制。

风机盘管采用电动二通阀及三速开关，室内温度控制电动二通阀。

冷热水机组、水泵、冷却塔等采用群控。

上述空调机组、新风机组、冷热水系统均采用 DDC 控制且纳入楼宇控制管理系统。

七、心得与体会

化学实验室全新风系统采用密闭式显热回收，可回收排风能量且不会污染新风。

采用土壤源热泵要考虑土壤换热器安装面积，建议设置在绿化地带，检修方便。结合土壤吸排热平衡，宜与水冷冷水机组结合使用。

本工程自 2010 年投入使用以来，运行平稳，每年为项目单位节约费用 120 万元，项目单位非常满意。

厦门大学翔安校区实验动物中心通风空调工程设计^①

厦门大学翔安校区实验动物中心
通风空调工程设计①

作者简介：

杨勇，1977 年 3 月生，工程师，1999 年 7 月毕业于集美大学制冷与空调专业。现就职于厦门市闽工工程设备安装有限公司。主要代表作品：实验动物房通风工程设计等。

- 建设地点　　厦门市
- 设计时间　　2012 年 1 月
- 竣工日期　　2012 年 9 月
- 设计单位　　厦门市闽工工程设备安装有限公司
　　　　　　　厦门市思明区金尚路二号二层
- 主要设计人　杨勇
- 本文执笔人　李彩英
- 获奖等级　　三等奖

一、工程概况

厦门大学实验动物中心位于厦门大学翔安校区西部，中心设有模式动物室、实验动物室、繁殖室、质量监控室、胚胎净化室、细胞培养室、教学科研室以及办公室、供应室、后勤保障室等，主要用于实验动物生产、繁殖、寄养、采购等工作，为厦门大学的教学科研提供合格实验动物和饲料供应工作。建筑属于实验动物繁育、生产、实验设施，包含普通环境与屏障环境。

建筑占地面积 3775.60m²，总建筑面积 6964.32m²。地上主体 2 层，层高 5.0m，装修后净高 2.4m，建筑消防高度为 10.75m。一层总建筑面积 3519.19m²，设有正压屏障区域 1334.13m²、大动物环境区域 324.32m²、公共辅助区域 1860.74m²；二层总建筑面积 3387.99m²，设有正压屏障区域 1727.48m²、负压屏障区域 280.90m²、大动物环境区域 277.31m²、公共辅助区域 1102.30m²。

建筑分为生产和实验区、辅助区、前区。生产和实验区包括正压屏障环境 A、B、C、D 区，负压屏障环境 E 区，普通环境 F、G 区，即饲养豚鼠、兔、犬、猴、小型猪等；辅助区包括仓库、洗刷间、空调机房、配电室等；前区包括办公室、实验室、走廊等。

① 编者注：该工程设计主要图纸参见随书光盘。

项目的净化空调系统设计起始于 2011 年 12 月，2012 年 3 月完成设计，设计采用了溶液式全新风空调系统，项目于 2012 年 9 月竣工验收，2012 年 11 月开始投入使用，24 小时不间断运行，目前已稳定运行近 3 年。

建筑外观图

二、工程设计特点

本项目实验动物室属于生物洁净室，其中包括普通环境和屏障环境，净化空调系统设计涉及温度、相对湿度、气流速度、压强梯度、空气洁净度、菌落数、氨浓度、噪声标准等多项控制指标。同时，由于实验室为国家投资建设，校方自主承担运行费用，所以业主对空调系统能耗非常关注，要求通过采用环保节能措施降低运行费用。因此，设计时需要综合考虑温湿度控制、空气净化、微生物控制、压差控制、节能等多方面的因素。

根据国内实验动物中心运行情况及业主反馈经验，动物实验室普遍存在室内相对湿度控制不佳的问题，尤其是厦门地区湿度较大，黄梅季节和盛夏季节易出现湿度超标的现象，而实验小鼠由于体表无汗腺，对空气湿度非常敏感，因此湿度控制非常关键。目前国内动物实验室普遍采用冷冻除湿方式，少量采用转轮除湿方式。冷冻除湿方式受水温限制，除湿能力有限，而且除湿后送风温度较低，还需要将空气再次加热，能耗较大。转轮除湿方式除湿能力完全能够满足除湿要求，但转轮需要电或蒸汽来再生，能耗巨大，无法满足业主对节能运行的需求。因此，综合考虑，本项目考虑采用溶液式空调系统。溶液的除湿能力介于冷冻除湿和转轮除湿之间，可以满足动物实验室的新风除湿要求，而且除湿后送风相对湿度为60%～70%，非常适宜应用于动物实验室的新风处理。但是，溶液调湿技术是一项新的技术，目前主要应用于民用领域或少量工业领域，在国内生物洁净室尚无使用案例，也无设计参考资料

和经验，属于国内首次应用，需要详细了解溶液式空调设备技术特点，以及与传统空调设备的区别，并结合动物实验室的设计特点进行设计，在此对本项目的设计特点阐述如下：

1. 温湿度控制要求及方法

按照《实验动物环境及设施》GB 14925—2010，实验动物室的室内设计参数为：1）屏障环境空调系统：实验动物生产、动物实验、检疫设施室内温度20～26℃，相对湿度40%～70%；设施的辅助用房室内温度18～28℃，相对湿度30%～70%。2）普通环境空调系统：动物实验、检疫设施室内温度18～26℃，相对湿度40%～70%。与一般舒适性环境相比，实验动物室温度、湿度偏低，温度日波动允许范围为±2℃。

根据实验动物中心的温湿度控制要求，本项目采用溶液式空调系统（见图1）。采用溶液调湿的方式实现对空气湿度的严格控制，机组通过调节溶液浓度和压缩机投入冷/热量严格送风绝对湿度，含湿量控制通过机组内置控制器完成。溶液式空调机组可对含湿量严格控制，但无法对温度进行严格控制，仅能对温度进行初调节，因此针对动物实验室须增加电加热装置对温度进行微调精确控制，以满足±2℃的控制要求。

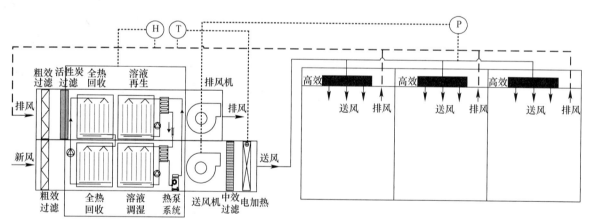

图1 机组温湿度控制与风压控制

2. 换气次数要求及控制方法

按照《实验动物环境及设施》GB 14925—2010，普通环境空调系统要求送风换气次数不小于8h^{-1}，屏障环境空调系统要求送风换气次数不小于15h^{-1}。

本项目中，采用定静压控制方法保证换气次数。以距离风管最不利末端1/3处为参考点，设置压力传感器；风机安装变频器，通过控制变频器的输出频率调节风机转速，将参考点风压值控

制在设定值。各末端送风管道均安装定风量阀，配合上述定静压控制策略，即可保证各房间的换气次数均满足设计要求。当部分房间不使用时，可关闭末端风阀，此时参考点的风压上升，风机就会降频运行，减少机组总送风量，从而减少风机能耗。

3. 压差控制要求及控制方法

合理的洁净室压差和压差梯度可以保证空气有序流向和流量，防止交叉传染的有效手段。对

于出、入口开启瞬间的气流干扰，设有缓冲间。根据《实验动物环境及设施》GB 14295—2010，实验动物生产间、实验间屏障环境与相通区域有最小静压差要求，最小静压差需≥10Pa。

本项目中采用送/排风量差值控制方式。在各房间送风管道与排风管道上均安装定风量阀，保证送/排风量满足设计要求。各房间均设置压差检测装置，原则上形成由洁净走廊—动物饲养室—实验室—污物走廊—外环境的压力分区，可防止室外或邻室的细菌经顶棚、墙壁、窗等缝隙侵入室内，也可防止动物房的臭气向外部散出。送、排风机联锁启停，保证室内正（负）压。对于正压房间，开机时先开启送风机，延时开启排风机，关机时，先关闭排风机，延时关闭送风机。负压房间相反，开机时先开启排风机，延时开启送风机，关机时，先关闭送风机，延时关闭排风机。

4. 排风能量全热回收方式的选择

实验动物中心采用全新风系统，新风负荷大、运行时间长，但考虑交叉污染问题，很难有效回收利用排风冷量来降低新风处理能耗。目前国内空调行业主要热回收设备有转轮式、液体循环式、板式、热管式、板翅式和溶液吸收式。转轮式全热回收方式新排风容易渗透，存在交叉污染风险；液体循环式、板式等仅能回收显热，回收效率低；溶液吸收式属于全热回收方式，新、排风通道独立，溶液本身属于高浓度盐溶液，具有较强的杀菌作用，因此杜绝了交叉污染，更适合于实验动物屏障环境的应用（见表1）。根据相关检测结果（见附件）溶液对大肠杆菌、金黄色葡萄球菌等常见致病菌杀灭率均在 99.9% 以上。

排风热回收方式比较 表1

项目	转轮式	液体循环式	板式	热管式	板翅式	溶液吸收式
能量回收形式	显热或全热	显热	显热	显热	全热	全热
能量回收效率	50%～85%	55%～65%	50%～80%	45%～65%	50%～70%	50%～85%
排风泄漏量	0.5%～10%	0	0～5%	0～1%	0～5%	0
适用对象	风量较大且允许排风与新风间有适量渗透的系统	新风与排风热回收点较多且比较分散的系统	仅需回收显热的系统	含有轻微灰尘或温度较高的通风系统	需要回收全热且空气较清洁的系统	需回收全热并对空气有过滤的系统

注：摘自《民用建筑供暖通风与空气调节设计规范》GB 50736—2012。

5. 空气过滤净化

本项目新风侧设置 3 级过滤：粗效过滤 G4 级，中效过滤 F8 级，各房间末端设置高效过滤送风口（对 0.3μm 颗粒过滤效率为 99.99%），满足动物房空气洁净度要求。排风中含有氨等有异味的气体，为保护环境，排风侧设置 2 级过滤：粗效过滤和活性炭过滤，且活性炭过滤器选择了针对动物臭味气体专用型。

6. 分区控制

项目存在多个功能分区，包括屏障环境 A、B、C、D、E 区，主要为大小鼠生产区和实验区；普通环境 F、G 区，主要为犬、猴、猪、兔和豚鼠实验区。各分区使用功能、使用时间均存在区别，要求对应空调系统能够分区控制、独立启停。本项目中，采用的溶液式空调机组自带冷热源，每台机组可单独负责指定区域的温湿度控制，可独立启停，实现分区控

制。例如，当控制区域内因清洁、消毒产生有害气体时，可独立控制负责该区域的机组，切换到通风工况，待室内有害气体浓度下降后，机组再切换为正常运行。溶液式空调系统具体应用形式如图 2 所示。

夏季工况，高温潮湿的新风进入机组，经过粗效过滤器初步过滤，然后通过溶液式全热回收单元，再通过溶液调湿单元进一步降温除湿。送风机后设置有中效过滤器和电加热，用于过滤和精确调节送风温度。室内排风进入机组后，首先经过粗效过滤器，然后通过活性炭过滤器吸收排风污浊气体，使排风满足排放标准，再通过溶液全热回收段和溶液再生段后，最终排至室外。溶液式空调机组自带模块化小型热泵系统，利用蒸发器冷量作为溶液除湿单元的冷源，用于新风的降温除湿处理，冷凝器排热量加热溶液实现溶液的浓缩再生。

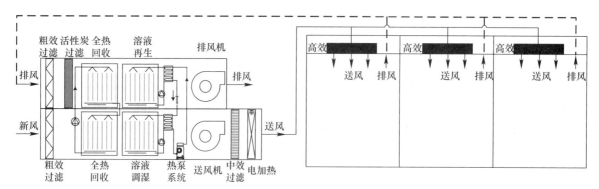

送风侧: 新风→粗效过滤→溶液全热回收→溶液调湿→送风机→中效过滤→电加热→高效过滤送风口→送风
排风侧: 排风→粗效过滤→活性炭过滤→溶液全热回收→溶液再生→排风机→排风

图2 溶液式空调系统原理图

冬季工况，热泵系统切换四通阀方向，便可运行加热加湿工况。低温干燥的新风进入机组，逐步经过粗效过滤器、溶液式全热回收单元、溶液调湿单元，处理至设定的送风参数。热泵系统冷凝器的热量用于新风的加热加湿，蒸发器的冷量由排风带走。

7. 实现 24h 不间断运行

本项目中，采用了独立备用风机的措施，两台风机位于互相独立的通道内，对应单独的风阀，通过切换阀门，使得两台风机运行时互不影响，可以单独维护及检修，同时设置备用电源，当断电时供电系统自动从市电切换到备用电源，并运行通风工况，实现机组 24h 不间断运行。

传统空调系统采用全新风机组的原理图如图3所示，机组温湿度控制策略为:

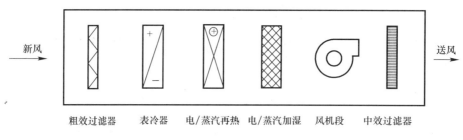

图3 传统全新风机组原理图

湿度控制: 需要除湿时，调节表冷器开度以控制除湿量；需要加湿时，调节蒸汽阀门开度/电加湿比例以控制加湿量。

温度控制: 需要制冷时，调节表冷器开度以控制制冷量；需要加热时，调节蒸汽阀门开度/电加热比例以控制加热量。

在上述控制策略中，由于表冷器兼顾了除湿与降温，因此常会出现表冷器降温除湿，而后加热器加热的情况，造成了能耗浪费。

传统空调系统按照冷热源的不同，分为风冷与水冷两种，这两种空调系统与溶液式空调系统的对比如表2所示。

与传统空调系统相比，本项目采用的溶液式空调系统优缺点如下:

三种空调系统对比 表2

	水冷式传统空调系统	风冷式传统空调系统	溶液式空调系统
系统构成	冷水机组、冷却水系统、冷冻水系统、蒸汽锅炉、净化空调箱、排风机	风冷热泵、冷冻水系统、净化空调箱、排风机	溶液式空调机组（内置热泵系统）
分区控制	不能实现	不能实现	可以实现
夏季除湿方式	冷凝除湿	冷凝除湿	溶液除湿
夏季再热量	高	高	低
冬季加湿方式	电/蒸汽加湿	电/蒸汽加湿	溶液加湿
全热回收装置	无	无	溶液式全热回收
运行能耗	较高	最高	低

（1）传统空调系统设备较多，需要设置风冷热泵机组、冷冻水泵、净化空调机组、排风机等，系统较复杂，运行管理灵活性相对较差，不利于实现分区控制；溶液式空调机组自带热泵系统，集传统空调设备于一体，独立运行即可实现冷却、除湿、加热、加湿等功能，利于实现分区控制、独立启停，便于运行管理并降低空调系统能耗。

（2）传统空调系统的空气处理原理为冷凝除湿，需要把空气降至露点以下才能达到除湿效果，除湿后空气相对湿度为 90%～95%，而实验动物屏障环境空调系统所需的送风相对湿度为 60%～70%，因此冷凝除湿后需要配置电或蒸汽再热以满足送风相对湿度要求，因再热带来的冷热抵消，是传统空调系统能耗高的重要原因；溶液式空调系统利用盐溶液（氯化钙）吸湿和放湿的特性来处理空气，而溶液有一个显著特性，即溶液浓度与送风相对湿度一一对应，因此通过调节溶液浓度可将送风相对湿度控制在 60%～70% 之间，这与实验动物屏障环境的使用要求契合，能够大幅减少空调系统过度冷却和再热带来的能源浪费。以一层某繁育室为例，传统空调系统与溶液式空调系统空气处理过程对比如表 3、表 4 和图 4 所示。

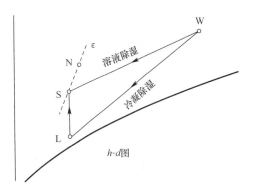

图 4　传统空调系统与溶液式空调系统空气处理过程对比示意图

一层某繁育室夏季空气处理过程（溶液式空调系统）

表 3

MCHF-R-15 夏季	风量 (m³/h)	温度 (℃)	相对湿度 (%)	含湿量 (g/kg)	焓 (kJ/kg)
新风	15563	33.6	63.8	21.1	87.8
溶液除湿	15563	21.8	65.6	10.7	49.0

一层某繁育室夏季空气处理过程（传统空调系统）

表 4

MCHF-R-15 夏季	风量 (m³/h)	温度 (℃)	相对湿度 (%)	含湿量 (g/kg)	焓 (kJ/kg)
新风	15563	33.6	63.8	21.1	87.8
冷凝除湿	15563	16.7	90.0	10.7	43.9
电再热	15563	21.8	65.6	10.7	49.0

（3）传统空调系统冬季一般采用电/蒸汽加湿方式，电、蒸汽属于高品位能源，电加湿 COP 小于 1，加湿能耗较大；溶液式空调系统利用热泵制热加热溶液，再通过热溶液实现对空气的加湿，加湿 COP 可达 5～6，远高于电加湿方式，能大幅节省加湿能耗。

（4）实验动物室采用全新风系统，传统空调系统由于担心交叉污染，通常不设置全热回收装置，新风能耗巨大；溶液式空调系统新风、排风不直接接触，溶液本身具有较强的杀菌能力，因此可设置溶液式全热回收装置，有效回收排风中能量，大幅降低新风处理能耗而不会造成交叉污染。

综合上述因素，溶液式空调系统相比传统空调系统而言，系统更简单，运行更便捷，可实现节能 40% 左右，非常适合应用于实验动物环境。但是，溶液式空调系统作为一种新型空调形式，其不足之处在于：溶液式空调机组集传统空调功能为一体，机组尺寸、重量相对较大，比传统空调对机房的要求高；溶液式空调机组单体最大风量为 12000m³/h，对于个别区域需采用机组并联的方式才能满足风量要求。

技术经济指标：

（1）运行费用

本项目总建筑面积 6964.32m²，总新风量 119913m³/h，目前已连续运行近 3 年时间。根据 2013 年 6 月至 2014 年 5 月份的实测数据，溶液式空调系统年耗电量为 3293MWh，折合单位风量耗电量为 27.5kWh/[m³·h·a]。

1）常规空调系统平均能效比 EER 为 1.4，溶液式空调系统平均能效比 EER 为 2.3，系统节能率约 40%；

2）溶液式空调系统年耗电量为 3293MWh，按电价 0.8 元/kWh 计算，溶液式空调系统全年运行费用约 263 万元，比常规空调系统每年可节约 175 万元；

3）若采用溶液式空调系统的实验动物中心建筑面积达 10m²，每年可节约电能 31520MWh，节约运行费用 2510 万元，按每天 24h 连续运行计算，5 年后运行时间总计 43800h，节约运行费用达 1.26 亿元。

（2）系统初投资

本项目净化空调系统工程总造价约 1300 万元，对应常规空调系统总造价约 945 万元，溶液式空调系统总投资增加 355 万元，考虑每年节约 175 万元运行费用，约 2.0 年收回初投资。

系统初投资　　　　　表 5

序号	项目内容	溶液式空调系统	常规空调系统
一	净化空调设备工程	930 万元	410 万元
二	水管工程	无	35 万元
三	净化风管工程	200 万元	200 万元
四	空调电气	90 万元	170 万元
五	净化空调自动控制系统	80 万元	130 万元
六	工程总造价	1300 万元	945 万元

（3）社会效益

近年来我国实验动物学发展迅速，实验动物的饲养规模也逐渐扩大，设施逐渐完善，对大面积实验动物中心的环境控制要求也越来越高。本项目所采用的溶液式空调系统是该技术在实验动物领域的国内首次应用，取得了节能 40% 的突破。如果按 10 万 m^2 建筑面积估算，每年可产生 31520MWh 电的节能效果，可减少二氧化碳排放量 8570t，达到节能减排的目的。

技术研究和实际工程应用效果证明，溶液式空调系统能有效降低实验动物中心的空调系统能耗和运行费用，推广应用后能产生巨大的经济和社会效益。

三、设计参数

1. 室外环境参数

冬季室外大气压力：101.38kPa；夏季室外大气压力：99.91kPa；

冬季空调室外计算干球温度：3℃；夏季空调室外计算干球温度：33.4℃；

夏季室外空调计算湿球温度：27.6℃；冬季空调室外计算相对湿度：73%；

冬季平均室外风速：3.5m/s；夏季平均室外风速：3.0m/s。

2. 室内设计参数

根据工艺要求分为屏障环境空调系统、普通环境空调系统、公共辅助区空调系统。

（1）屏障环境空调系统

1）实验动物生产、动物实验、检疫设施室内温度 20～26℃，相对湿度 40%～70%，换气次数≥15h^{-1}。

2）设施的辅助用房室内温度 18～28℃，相对湿度 30%～70%，换气次数≥15h^{-1}或 10h^{-1}。

3）按照空气净化的控制要求，分为正压和负压屏障环境。

4）屏障环境均采用全新风系统。

（2）普通环境空调系统

1）动物实验、检疫设施室内温度 18～26℃，相对湿度 40%～70%，换气次数≥8h^{-1}。

2）空调系统采用洁净型带热回收溶液调湿热泵机组。

（3）公共辅助区空调系统

采用 VRV 舒适性空调系统，室内温度 18～26℃。

3. 冷热媒来源及参数

负压屏障空调系统冷源采用 7℃/12℃的冷冻水作为预冷冷媒，采用风冷热泵系统，夏季制冷、冬季供热，其他空调机组均为全热回收型机组，自带冷热源。

四、空调冷热源及设备选择

（1）屏障环境区的洁净区全部为溶液调湿型全热回收机组

采用全送全排中央空调系统。为利于分区及节能，分多套系统设置。各房间采用压力无关型定风量阀控制送回风量，并设置电动风量调节阀来调节未启用房间的送排风量以利于节能。有 IVC 的房间，IVC 的进风取自房间，排风直接接至排风管道。

（2）普通环境区一层的动物饲养室设置一套溶液调湿型全热回收机组

采用全送全排中央空调系统。操作室、实验室、洗刷室、办公室等设置变频多联中央空调系统，其他辅助区设通风系统。

（3）普通环境区二层的兔、豚鼠实验区集中设置一套溶液调湿型全热回收机组

采用全送全排中央空调系统。负压屏障区设置一套溶液调湿型空调机组，不做热回收，采用

全送全排中央空调系统。办公室及负压屏障系统外区的洗刷室等设置变频多联中央空调系统，其他辅助区设通风系统。

（4）屏障环境区的洁净外辅助区设置变频多联中央空调系统加通风系统。

（5）公共辅助区一层的监控、值班室，物品准备室、维修室、操作培训室设置变频多联中央空调系统，笼具、垫料、饲料室及纯水机房设置通风系统，卫生间设排风系统。

（6）公共辅助区二层的办公室、休息室、会议室、实验室均设置变频多联中央空调系统，纯水机房设置通风系统，卫生间设置排风系统。

五、空调系统形式

（1）本项目空调系统形式采用全空气式全送全排中央空调系统方式，分区域设置空调系统，共计了 9 套系统，其中 8 套空调采用溶液调湿型全热回收机组，一套空调系统采溶液调湿型不带热回收机组（负压屏障区域）。

（2）不带热收回空调机组空气处理过程：

1）送风机组：送风侧：新风→粗效过滤段（G3）→表冷段（预冷除湿）→电再热→风机段（变频）→均流段→检修段→中效过滤段（F8）→出风段；排风侧：新风→粗效过滤段→再生段

（浓缩溶液）→风机段（变频）→出风段。

2）排风：室内排风→活性炭过滤→风机段→排风段。

（3）带热回收空调机组空气处理过程：

新风侧：新风→粗效过滤段（G3）→全热回收段→溶液调湿段（降温除湿）→风机段（变频）→均流段→检修段→中效过滤段（F8）→送风段；排风侧：排风→粗效过滤段→活性炭过滤段→全热回收段→再生段（浓缩溶液）→风机段（变频）→出风段。

六、空调自控设计

本大楼设置空调自控系统，空调机组的自控系统由机组厂家统一配置，满足每台不同工况下的控制需要，采用通信接口的形式接入大楼的自控系统；各净化区域温湿度、风阀和压差显示采用专门的 DDC 进行监测，以上各个监测点位均引入 DDC 现场控制器，各 DDC 控制器通过总线形式接入消控中心管理室，实现集中管理和分散控制的控制模式。在需要实时检测房间温度、湿度、压差的场所，设置温湿度变送器和压差变送器，接入自控系统。

1. MCHF－R 机组

其控制原理如图 5 所示。

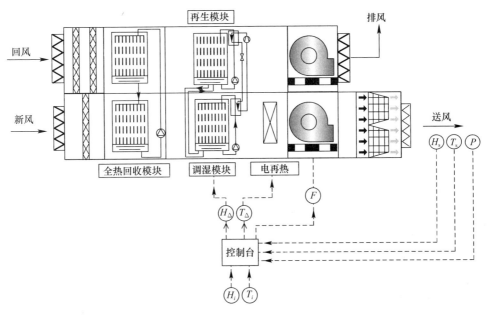

图 5 MCHF－R 机组控制原理图

注：H_i，T_i—室内相对湿度测量值，室内温度测量值；H_s，T_s—送风相对湿度测量值，送风温度测量值；
$H_\triangle$，$T_\triangle$—控制系统拟合的送风相对湿度，控制系统拟合的送风温度；P—送风定压点压力；F—送风风机频率

2. MCHF 机组

MCHF 机组的控制原理如图 6 所示。

（1）温度控制

电再热用于温度控制。

控制系统监控并记录室内温度 T_i 的变化情况，并与室内温度设定值进行比较，根据二者的差别拟合出目前所需的送风温度 T_Δ。

当 T_s（送风温度测定值）$<T_\Delta$ 时：增加电再热再热量。

当 T_s（送风温度测定值）$>T_\Delta$ 时：减少电再热再热量。

（2）湿度控制

机组溶液调湿单元负责湿度控制。

控制系统监控并记录室内相对湿度 H_i 的变化情况，并与室内相对湿度设定值进行比较，根据二者的差别拟合出目前所需的送风相对湿度 H_Δ。

根据 T_Δ 与 H_Δ 可确定出该点的含湿量 d_Δ。

当 d_s（送风含湿量测定值）$<d_\Delta$ 时，检测调湿模块运行模式，如果运行在加湿模式，则增加热泵制热量以增加加湿量；如果运行在除湿模式，则减少热泵制冷量以减少除湿量。

当 d_s（送风含湿量测定值）$>d_\Delta$ 时，检测调湿模块运行模式，如果运行在加湿模式，则减少热泵制热量以减少加湿量；如果运行在除湿模式，则增加热泵制冷量以增加除湿量。

（3）送风机频率控制

机组风机实时检测定压点压力 P，结合定压点压力设计值通过模糊 PID 算法计算出风机所需运行频率，根据计算结果对风机频率 F 进行调节。

（4）其他

机组开机时先开启送风机，再开启排风机；关机时先关闭排风机，再关闭送风机。上述风机启停顺序为维持室内正压而设置。

当控制区域内因清洁、消毒产生有害气体时，机组可手动切换为通风工况，待室内有害气体浓度下降后，机组再手动切换为制冷/制热模式正常运行。

供电系统在市电切换到备用电源时，给溶液调湿机组干触点信号（市电正常时常开），机组根据此信号切换为通风工况。

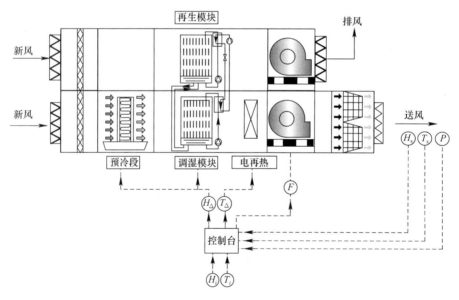

图 6　MCHF 机组控制原理图

注：H_i，T_i—室内相对湿度测量值，室内温度测量值；H_s，T_s—送风相对湿度测量值，送风温度测量值；
H_Δ，T_Δ—控制系统拟合的送风相对湿度，控制系统拟合的送风温度；P—送风定压点压力；F—送风风机频率

1）温度控制

电再热用于温度控制。

控制系统监控并记录室内温度 T_i 的变化情况，并与室内温度设定值进行比较，根据二者的差别拟合出目前所需的送风温度 T_Δ。

当 T_s（送风温度测定值）$<T_\Delta$ 时：增加电再热再热量。

当 T_s（送风温度测定值）$>T_\Delta$ 时：减少电再热再热量。

2）湿度控制

机组预冷段、溶液除湿单元负责湿度控制。

控制系统监控并记录室内相对湿度 H_i 的变化

情况，并与室内相对湿度设定值进行比较，根据二者的差别拟合出目前所需的送风相对湿度 $H_\triangle$。

根据 $T_\triangle$ 与 $H_\triangle$ 可确定出该点的含湿量 $d_\triangle$。

当 d_s（送风含湿量测定值）$<d_\triangle$ 时，检测调湿模块运行模式，如果运行在除湿模式，减少机组除湿能力，先逐渐减少机组热泵制冷量，再逐渐减少预冷段制冷量。如果运行在加湿模式（该模式下机组热泵处于关闭状态），则增加预热段制热量；

当 d_s（送风含湿量测定值）$>d_\triangle$ 时，检测调湿模块运行模式，如果运行在除湿模式，增加机组除湿能力，先逐渐增加预冷段制冷量，再逐渐增加机组热泵制冷量；如果运行在加湿模式（该模式下机组热泵处于关闭状态），则减少预热段制热量。

3）送风机频率控制

机组风机实时检测定压点压力 P，结合定压点压力设计值通过模糊 PID 算法计算出风机所需运行频率，根据计算结果对风机频率 F 进行调节。

4）其他

机组开机时先开启送风机，再开启排风机；关机时先关闭排风机，再关闭送风机。对于MCHF 机组而言，排风机并不在机组内，机组只提供一个干触点信号给排风机以控制其启停。

当控制区域内因清洁、消毒产生有害气体时，机组可手动切换为通风工况，待室内有害气体浓度下降后，机组再手动切换为制冷/制热模式正常运行。

以上所有监测点位均可以以图形界面的形式在电脑上显示。

本自控系统应用现代控制技术，在机电设备的控制和管理方面，为业主创造可观的经济效益，实现以下功能：

（1）舒适——提供舒适良好的空气环境。可根据季节、空气状态的变化、控制空调机组、新风机组的送风温度、使室内人员感到舒适；在中控室通过对空调机组的全方位控制，针对不同的区域提供最佳的温湿度控制、保证各区域环境参数。

（2）节能——降低能耗和管理成本。在满足舒适性的前提下，通过合理组织设备运行，使大楼的运行费用为最低，也就是进行系统优化控制，降低能耗值。系统软件设有节能程序，可以根据季节、人员和空气流动的变化，将各区域的温度加以合理调整，控制设备合理运行，使大楼的能耗降至最低。

（3）安全——提供突发故障的预防手段：

1）随时检查设备的实际负载和额定功率，一旦发现设备过载，立即自动卸载同时向中央控制室发出报警信号，以防损坏贵重设备；

2）监视设备运行状况，一旦发现其中某台设备运行异常，立即报警通知检修人员前去检查，以防引起更大范围的设备故障；

3）当一组设备中某台设备出现故障不能运行时，自动切换到备用设备。

通过上述检测、报警和处理方式，使楼内的机电设备突发故障具备有效的预防手段，以确保设备和财产的安全。

（4）高效——提高设备运行效率，减少管理人员数量。通过对设备运行状况的监测、诊断和记录，早期发现和排除故障，及时通知维护和保养，保证设备始终处于良好的工作状态；同时对设备的有效监控，可使设备故障率大大降低，减少维修人员数量。

七、心得与体会

（1）实验动物室空调区域室内温度控制在 $21\sim25℃$ 之间，相对湿度控制在 $50\%\sim65\%$ 之间，全年满足设计要求。

（2）35% 浓度氯化钙溶液对常见微生物，如大肠杆菌、金黄色葡萄球菌、白色念珠菌等具有杀灭功能。

（3）测试工况条件下，溶液式空调机组 EER 平均值为 2.3；相比常规冷冻除湿＋电再热机组，系统制冷 EER 提高 64%，节能 40%，具有良好的节能效果。

（4）本项目溶液式空调系统实测全年运行费用约 263 万元，年单位风量耗电量为 22.0 元/$(m^3\cdot h)$，与常规空调系统相比每年可节约运行费用约 175 万元，经济效益显著。

广东省反腐倡廉教育基地空调设计[①]

- 建设地点　广州市
- 设计时间　2011 年 5～11 月
- 竣工日期　2012 年 11 月
- 设计单位　广东省建筑设计研究院
　　　　　　[510010] 广州市流花路 97 号
- 主要设计人　陈东哲　李善满
- 本文执笔人　陈东哲
- 获奖等级　三等奖

作者简介：

陈东哲，1975 年 12 月生，高级工程师，部门副总工程师。1998 年毕业于同济大学供热通风与空调工程专业，工学学士。现任职于广东省建筑设计研究院。主要设计代表作品有：广东全球通大厦（新址）、广州市花都区亚运新体育馆、广州珠江新城核心区市政交通项目（花城广场）等。

一、工程概况

本项目位于广州市番禺区，是一栋集办公、会议及展厅于一体的教育基地，总建筑面积约 10127m²，地下室共 2 层，地上共 5 层，总建筑高度 27.9m。其中地下一层、地二层均为机动车库及设备用房；首层主要用途为办公、中小型会议室及贵宾接待厅；二～四层主要用途为综合展厅；五层主要用途为大型会议室及休息室。项目于 2011 年完成设计，2012 年底竣工投入使用。

建筑外观图

二、工程设计特点

空调系统设计结合项目的使用特点及管理需求，夏季采用多联机空调系统及板管蒸发式冷凝空调系统系统两种空调形式，冬季仅考虑通风。同时还综合使用了以下技术：

（1）蒸发式全热回收技术：大楼采用多联机空调系统的区域，集中设置两套蒸发式全热回收新、排风机组，并可根据新、排风的焓差控制，当有回收价值时，启动热回收机组内的喷淋、冷却循环泵，对排风进行全热回收，以预冷新风，达到节能的目的。

（2）冷凝水回收技术：本项目对空调末端的冷凝水进行了回收利用，系统于地下一层设置两个冷凝水收集箱，并作为蒸发式全热回收机组的补水，以进一步降低新风送风温度，以达到更加节能的目的。

（3）新风、排风层间分区域控制：本项目采用集中新、排风的区域，针对使用区域，设置了定风量箱，以便根据需求开启，达到新排风层间、区域控制的目的。同时，系统预留接口，以便运行后，实施可根据室内二氧化碳浓度对新、排风进行调节，达到进一步节能的目的。

（4）位于顶层的大型会议室采用了板管蒸发式冷凝屋顶机组，比常规干式冷却技术能有效提高机组效率。采用双风机全空气系统，可实现过渡季节/冬季全新风工况运行。

三、设计参数及空调冷热负荷

室外气象参数见表 1。

---

① 编者注：该工程设计主要图纸参见随书光盘。

室外气象参数　　　表1

	夏季	冬季
大气压力	100.45kPa	101.95kPa
干球温度	34.2℃	5.3℃
湿球温度	27.8℃	$\varphi=74\%$
通风温度	31.9℃	10.3℃

室内设计参数见表2。

室内设计参数　　　表2

参数 功能	夏季	
	干球温度	湿度
门厅	26℃	50%~60%
展厅	26℃	50%~60%
大会议室	26℃	50%~60%
办公室	26℃	50%~60%
休息厅	26℃	50%~60%

经逐时负荷计算，大楼空调系统夏季总负荷为1395kW，其中多联机部分的负荷为1217kW，板管蒸发式空调机组负荷为178kW。

四、空调冷热源及设备选择

大会议室位于顶层，且平时使用率较低，考虑到使用功能及时间的不确定性，兼从消声、节能角度出发，因此选择两套独立的板管蒸发式空调机组；展厅及办公室等区域采用15套多联机空调系统，多联机分层设置，以便灵活控制。

五、空调系统形式

大会议室采用双风机全空气系统，低速风管送风，送风方式为上送上回，并可实现过渡季及冬季的全新风工况运行。

展厅、办公室等区域采用多联机末端加新、排风系统。新排风通过蒸发式全热回收机组进行热回收处理后送入室内。

六、通风、防排烟及空调自控设计

本项目地下室车库及设备用房设置了全年的通风系统，并在中庭、内走廊、展厅等各个区域设置了排烟系统。

由于本教育基地的展厅主要针对预约团体观众，且每个团体接待时间控制相对严格，因此可实现空调新、排风系统按照各展厅设置定风量箱，并可根据参观人流的行程，预先开启和关闭新排风，并实现新排风机的变频。新风风机变频采用定静压模式运行。由于总造价的约束，新风系统同时预留接口，以便运行后可根据室内二氧化碳浓度对新、排风进行调节，达到进一步节能的目的。

多联机空调系统控制采用产品自带的集中控制器，各个系统的室内空调末端由设在区域内的遥控器（或线控器）根据室内使用人员的设定控制室内的温度；同时，室内末端还可接受设在集中控制器的远程控制，达到提前开机、监视末端运行工况的目的。在遥控器与集中控制器之间的协调上，对于内部人员使用的区域，在正常的工作时间，室内遥控器后介入而享有优先控制权；在非工作时间，集中控制器享有优先控制权。对于公共区，集中控制器享有优先控制权。以达到灵活使用的同时加强系统的管理。

七、心得与体会

本项目设计在空调系统选择中规中矩，但在新排风系统设计上结合建筑方案顺势而为，反倒成为本项目中的一个神来之笔。

在最初方案阶段，新排风系统考虑每层设置，后经过核实建筑效果图，每层的新排风百叶与建筑外立面的石材装饰格格不入，随着建筑方案的深化，空调系统结合顶层大会议室的双墙双梁设计，考虑设置统一的新风、排风及排烟竖井，并于天面设置统一的设备平台，以解决设备安装和维护问题。

同时，结合新、排风的集中设置，经过比较和论证，逐步考虑了新、排风热回收、冷凝水回收利用、展厅新排风开关控制（实际采用的定风量箱变为变风量箱）、新排风机变频等技术使用。比较遗憾的是，由于总造价控制的原因，新风量根据二氧化碳浓度进行调节的技术未能在项目投入使用时应用，但设计对此项功能进行了预留，以便运行后可根据需要进行改造。

东莞广盈大厦的空调设计①

- 建设地点　　东莞市
- 设计时间　　2006 年 06 月
- 竣工日期　　2012 年 11 月
- 设计单位　　广东省建筑设计研究院
　　　　　　　[518026] 深圳市福田区振华西路
- 主要设计人　浦至　朱少林　叶健强　江宋标
　　　　　　　何涛　陈伟漫　唐春成
- 本文执笔人　浦至
- 获奖等级　　三等奖

作者简介:
　　浦至, 高级工程师, 1993 年毕业于重庆大学供热、供燃气、通风及空调工程, 研究生学历, 现在在广东省建筑设计研究院深圳分院工作。主要代表性工程有: 华润万象城、昆明万达广场、招商局广场、中广核大厦、深圳希尔顿酒店、东莞广盈大厦等。

一、工程概况

　　广盈大厦是东莞农村信用合作社投资兴建的以银行营业和办公为主的超高层综合写字楼宇。总建筑面积约 12 万 m^2, 其中空调面积约 $63500m^2$, 空调面积占总建筑面积 53%。地下室 2 层; 地上分为营业办公楼和酒店楼两部分。酒店楼共 11 层, 总高度 47.6m; 主塔楼共 39 层, 总高度 177.700m。

建筑外观图

二、工程设计特点

　　(1) 根据建筑各功能性质、使用特点, 设置一套水冷中央空调冷水系统及多套多联分体空调系统, 既方便管理及使用, 又能有效节约能源及计量。营业办公楼地下一层至地上十五层采用中央空调系统, 其余区域均采用多联机空调系统。

　　(2) 营业办公楼十六～三十四层室外机分层设置在每层的设备平台, 进排风百叶分别开在不同的水平位置, 在满足冷媒管配管长度不超过 70m 的前提下, 最大限度地避免了进排风气流短路, 有效减少了多联机系统的衰减, 节能效果明显, 具有一定的前瞻性。三十五～三十九层室外机统一放置在屋顶, 副楼二～二夹层餐厅、五～十一层室外机统一放置在副楼屋面, 最大限度地减少了多联机管长, 且建筑外立面对多联机室外机进行美化隐藏, 经过厂家的模拟计算, 达到室外机散热要求。

　　(3) 根据业主需求, 仅对营业办公大堂、五～十一层会所、董事区等设置热水制热系统, 这些区域采用四管制, 既能有效地减少供暖期的初投资及运行费用, 又能较好地满足业主的舒适性需求。

　　(4) 采用电脑群控系统, 根据负荷情况, 对主机、冷却塔、冷冻冷却水泵进行最优化组合运行。高级的智能控制算法以最大限度地根据需求实现节能运行。

（5）营业办公楼十六～三十九层办公室，副楼二～二夹层餐厅、五～十一层房间设置新、排风全热交换器，回收部分排风能量，全热回收效率达到65％以上。

（6）计量系统：本工程中央冷水空调系统采用能量型计费系统，分区供回水支管之间设置，由能量积算仪、电磁流量计和高精度温度传感器组成的一套能量表，自动统计各计量区域的实际空调用量，为中央空调计量收费提供依据。

（7）广泛采用变频技术：采用变频多联机空调系统和变频分体空调；全空气低速空调系统采用变频式空调末端（风柜）。

（8）空调风系统及水系统输送能效均满足《公共建筑节能设计标准》的要求。

三、设计参数及空调冷热负荷

1. 室外气象参数（见表1）

室外气象参数　　　　表1

参数 季节	干球温度（℃）		湿球温度（℃）	相对湿度（%）	大气压力（hPa）
	空调	通风			
夏季	33.5	31	27.7	—	1004.5
冬季	5	13	—	70	1019.5

2. 室内设计参数（见表2）

室内设计参数　　　　表2

参数 功能	干球温度（℃） 夏季	相对湿度（%） 夏季	干球温度（℃） 冬季	相对湿度（%） 冬季	新风量（m³/h）	允许噪声标准[dB（A）]
大堂、电梯厅	26	50～65	—	—	10	≤50
营业厅	25	40～65	—	—	30	≤45
展览厅	25	40～65	—	—	30	≤45
餐厅、就餐区	25	40～65	—	—	30	≤45
活动室、阅览室	25	40～65	—	—	30	≤45
办公室、会议室	25	40～65	—	—	30	≤45
空中花园	28	40～65	—	—	20	≤50
电脑机房	24±2	50～65	21±2	>30	20	—

中央空调冷水系统总冷负荷6110kW，热负荷569kW。

四、空调冷热源及设备选择

（1）制冷系统：本大楼地下一层～地上十四层设置中央空调制冷水系统1个，冷冻水供/回水温度为7℃/12℃。选用2台700RT水冷离心式机组和1台300RT水冷螺杆变频机组。冷冻、冷却水泵及冷却塔与主机对应设置，其中冷冻、冷却水泵各设备用水泵。

（2）制热系统：本大楼营业办公大堂、五～十一层会所、董事区设置空调热水供暖系统，热水由给排水专业电热水锅炉提供。热水供/回水温度为60℃/50℃。

五、空调系统形式

（1）空调水系统采用一次泵定流量二管制系统，夏季制冷冬季制热。冬季制热时关闭无制热需求的区域供水立管阀门，仅对有制热需求的区域供暖。

（2）空调水系统供回水分为9只立管支路分别供给裙房及塔楼的营业办公，其中塔楼供回水立管采用同程式、六～十四层水平支管亦采用同程式，其余供回水立管及各层水平支管均为异程式，各水平和竖向支管回水管上均设置静态平衡阀。

六、通风、防排烟及空调自控设计

1. 通风

（1）各层公共卫生间：换气次数≥10h⁻¹，排风经排气扇或排风机排出室外。

（2）地下室设置机械排风系统，换气次数见表3。

地下一层进风则由通道自然补进或机械进风补进。

2. 防排烟

按照国家规范设计。

各房间换气次数   表3

房间功能	换气次数（h⁻¹）	房间功能	换气次数（h⁻¹）
高低压配电房	10	汽车库	6
变压器室	按实际计算	水泵房	6
发电机房	6（平时换气）	冷冻机房	7

海上世界环船广场空调设计①

- 建设地点　　深圳市
- 设计时间　　2009～2013 年
- 竣工日期　　2013 年 6 月
- 设计单位　　广东省建筑设计研究院
　　　　　　　［518026］深圳市福田区振华西路
- 主要设计人　浦至　朱少林　唐春成　陈崛
　　　　　　　张威　林广都　陈伟漫
- 本文执笔人　浦至
- 获奖等级　　三等奖

作者简介：

浦至，高级工程师，1993 年毕业于重庆大学供热、供燃气、通风及空调工程，研究生学历，现在在广东省建筑设计研究院深圳分院工作。主要代表性工程：华润万象城、昆明万达广场、招商局广场、中广核大厦、深圳希尔顿酒店、东莞广盈大厦等。

一、工程概况

本项目建设用地位于深圳市南山区蛇口海上世界，望海路与工业二路交汇处。总建筑面积约 86265m²，空调面积 46800m²，占总建筑面积 54.3%。本工程是海上世界明华轮环船商业服务项目，供蛇口片区乃至南山、深圳市区市民旅游、休闲、购物等使用的舒适、宜人的商业项目。其中环船广场共由三部分组成：

（1）船 A 广场：总建筑面积 18337m²，空调面积 10246m²。地下一层设有商业步行街、停车场及设备用房；地上为 3 栋建筑物，共有 3 层，设有餐饮、酒吧、商铺等。

（2）船 B 广场：总建筑面积 38706m²，空调面积 9833m²。共有 4 栋建筑物，其中 1 栋为地上 3 层，首层为商业及餐饮，二、三层为餐饮；2 栋～4 栋建筑物为地上 2 层，首、二层为餐饮。地下一层设有公共通道、商业步行街及设备用房，地下二层设有停车场及设备用房。

（3）船 C 广场：总建筑面积 29222m²，空调面积 8356m²。共有 1 栋建筑物，其中地上 3 层，首层为商业及餐饮，二、三层为 KTV、演艺吧。地下一层设有临街商业、停车车库及设备用房，地下二层设有停车场及设备用房，地下二层局部设置平战结合人防地下室。

建筑外观图

---

① 编者注：该工程设计主要图纸参见随书光盘。

二、工程设计特点

（1）根据房间功能、使用时间、使用性质和建筑特点，对空调系统进行了合理划分，达到节能的目的。系统具体划分如下：

1）船 A 广场的地下部分存在大空间商业和地下通道，以及 3 号楼存在中庭等大空间，设一套中央空调系统。

2）其余商业区域为小型出租商业，为计费及管理方便，采用较为灵活、方便的多联机系统。

（2）空调系统采用直流变频技术，有利于节约能源。采用 R410a 作为冷媒，减少对环境的破坏。

（3）变频多联机系统室外机设置在露台和屋顶，冷媒管路按配管尽量短的原则设计，冷媒管最远长度不超过 70m，有效减少了冷媒管长衰减；室外机摆放在空旷的位置，提高了换热效率，有效减少了温度衰减，达到节能的目的。因设备摆放在各商业屋面，为了控制室外机及风冷主机的噪声，设计采用了消声屏处理，有效地减少了对周边住户的影响。

（4）多联机系统末端采用嵌入式室内机＋多联新风处理机，室外新风经新风机处理后，通过水平风管送到空调房间，保证室内空气品质。同时考虑了方便控制室外新风量的措施，新风百叶装有调节阀。当夏季人员密度低的时候可以调低阀门开度。过渡季节，当室外空气焓值小于室内空气设计状态的焓值时，新风阀门开到最大，采用室外新风为室内降温，可减少冷机的开启量，节省能耗。

（5）地下停车库的送、排风系统根据各区域 CO 浓度控制对应区域送、排风机的启停，既能保证空气品质要求，又能够有效降低地下车库通风系统的耗电量，并尽量采用自然补风方式，达到节能的目的。

三、设计参数及空调冷热负荷

1. 室外气象参数（见表 1）

室外气象参数　　　　　　　表 1

参数\季节	干球温度（℃）		湿球温度（℃）	相对湿度（%）	大气压力（hPa）
	空调	通风			
夏季	33	31	27.9	—	1003.4
冬季	6.0	14.9	—	70	1017.6

2. 室内设计参数（见表 2）

室内设计参数　　　　　　表 2

参数\功能	干球温度（℃）	相对湿度（%）	新风量（m³/h）
	夏季	夏季	
商铺	26	50～65	20
餐饮	26	50～65	30
电玩城	26	50～65	30
歌厅	26	50～65	30

空调冷负荷详见"四、空调冷热源及设备选择"。

四、空调冷热源及设备选择

本项目设置一套风冷螺杆冷热水系统和多套多联机空调系统。根据逐时逐项冷负荷计算结果及同时使用系数选用冷热源设备，详见表 3。

空调冷负荷及冷热源设备　　表 3

负担区域	空调面积（m²）	总冷负荷（kW）	冷热源设备		
			形式	台数	单机容量
船 A 广场的地下室餐饮及 3 号楼的地上部分	8724	1729	风冷螺杆	4	600kW
船 A 广场 1 号、2 号楼的地上餐厅以及船 B 广场、船 C 广场的商业、餐饮部分	19711	4853	变频多联		空调室外机装机容量：5402kW 新风室外机装机容量：2053kW

风冷螺杆机组的冷冻水供/回水温度为 7℃/12℃。

五、空调系统形式

（1）中央空调水系统为一级泵系统。由冷水机组降温至 7℃的冷水经冷水泵加压送至各末端设备。12℃的回水经水过滤器及电子防锈除垢器后再返回冷水机组。每个回路立管及每层水平管均为异程式。

（2）空调末端及新风系统：船 A 广场的 3 号楼中庭采用定风量的低速风柜系统，室外新风与室内回风在风柜房经风柜回风进行混合后，经散流器送入室内；船 A 广场的地下室餐饮、3 号楼商铺、餐饮部分采用风机排管加新风系统。风机盘管暗装在吊顶内，上回侧送或散流器平送。并设新风处理机组，新风直接送至室内。

六、通风、防排烟及空调自控设计

1. 通风

（1）各层公共卫生间：换气次数≥10h⁻¹，排风经排气扇或排风机排出室外。

（2）地下室设置机械排风系统，换气次数见表4。

各房间换气次数　　　　表4

房间名称	换气次数（h⁻¹）		备注
	送风	排风	
汽车库	5	6	与排烟系统合用
高低压配电房	按实际发热量计算	按实际发热量计算	7
水泵房	5	6	—
柴油发电机房	自然补风	>6	气体灭火
储油间	自然补风	>6	气体灭火
卫生间	自然补风	>10	—

2. 防排烟及其自控

（1）当某层发生火灾时，该层（烟）温感器向消防控制中心输出报警信号，不需确认，由该中心自动（或手动）开启相应的多叶送风口及排烟口，并联动加压送风机及排烟机。涉及地下室时，还启动补风机。排烟风机入口管道上装有熔点为280℃的防火阀，并与排烟风机联锁。

（2）加压送风机、排烟风机、补风机、多叶送风口、防排烟系统及指定的70℃、280℃的防火调节阀的开、闭状态在消防控制中心均有灯光信号显示。

（3）加压送风机、排烟风机、补风机均需有备用电源。加压送风机、排烟风机、补风机、多叶送风口、多叶排烟口，除可在消防控制中心操纵外，也可就地操作。

（4）发生火灾时，按照《火灾自动报警系统设计规范》GB 50116—98第6.3.9条的规定进行控制。

天银国际商务大厦的空调设计①

- 建设地点　　广州市
- 设计时间　　2009 年
- 竣工日期　　2011 年
- 设计单位　　广州市设计院
　　　　　　　[510620] 广东省广州市体育东路
　　　　　　　体育东横街 3 号 9 楼
- 主要设计人　彭少棠
- 本文执笔人　彭少棠
- 获奖等级　　三等奖

作者简介：

彭少棠，1979 年 11 月生，高级工程师，2002 年毕业于广州大学建筑环境与设备工程专业。现就职于广州市设计院。主要代表作品：珠海十字门国际展览中心、珠海十字门国际会议中心、中国大酒店环境改造工程、天银国际商务大厦等。

一、工程概况

天银国际商贸大厦位于中山大道与北黄村西路的交汇处，塔楼 L 形平面处理正好与城市道路相呼应，在城市干道交汇处形成内凹式的空间，使得整个建筑在城市空间中更具亲和力，群房屋面设置屋面花园，提升了建筑周边的环境质量，为办公塔楼提供了良好的景观，使得天银国际商贸大厦成为广州东圃具有全新概念的综合性地标式建筑物，给予人们开朗而新鲜的生活体验，并使之成为具有地域特色的文化载体。

防火设计建筑分类为一类高层建筑，耐火等级一级，抗震设防烈度为 7 度，建筑物合理使用年限 50 年。层数为地上 26 层，地下 3 层，总建筑面积为 77957m²，其中地上 59710m²，地下 18247m²，建筑高度为 99.8m。天银国际商贸大厦由 26 层 L 形办公塔楼和 6 层商业群房组成，核心筒设在塔楼的中部，设置 6 台乘客电梯，以及 2 台消防电梯联通塔楼与群房。另设 5 台电梯连接群房商业，地下一层商业及地下二、地下三层停车库，七层设屋面园林和餐厅。

二、工程设计特点

本建筑分为塔楼及裙楼两部分，裙楼为大型

建筑外观图

商业，塔楼为小套间办公室；本项目有 3 层地下室，空调主机房设置在地下三层，地面建筑高度 99.8m，地下 3 层高度共 13.6m。

技术经济指标及技术特点：

（1）中央空调夏季装机冷负荷为 8601kW（2450RT）。冷源为 3 台离心式冷水机组（700RT）加一台螺杆式冷水机组（350RT），配置五台冷冻水泵及五台冷却水泵，水泵间并联设置，主机经济指标符合国家节能规范要求。

（2）冷冻水垂直管路超过 100m，采用一次泵系统一泵到底，中间层不设置板式换热器，供/回水温度为 7℃/12℃，冷冻及冷却水泵选用效率大

---

① 编者注：该工程设计主要图纸参见随书光盘。

于80％的高效水泵。

（3）大空间的大堂、大餐厅、商场等采用全空气式系统，新风量可根据需要进行调节，新风调节范围为15％～100％。

（4）塔楼小套间办公室设置风机盘管加新风系统。

（5）水系统设置全面水力平衡措施。

三、设计参数及空调冷热负荷

1. 室外设计参数（见表1）

室外设计参数　　　　　表1

	干球温度（℃）		湿球温度（℃）	相对湿度（％）	室外风速（m/s）	大气压（hPa）
	空调	通风				
夏季	33.5	31	27.7	—	1.8	1004.5
冬季	5	13	—	40	2.4	1019.5

2. 室内设计参数（见表2）

室内设计参数　　　　　表2

项目 房间类型	干球温度（℃）		相对湿度（％）		新风量［m³/（h·人）］	噪声标准［dB（A）］
	夏季	冬季	夏季	冬季		
餐厅	26	—	65％		25	≤50
商场	26	—	65％		20	≤45
会议室	26	—	65％		25	≤45
办公室	26	—	65％		30	≤45

根据逐时计算结果，中央空调夏季计算负荷为9254kW，装机冷负荷为8438.4kW。

四、空调冷热源及设备选择

中央空调夏季装机冷负荷为8438.4kW（2400RT）。冷源为两台离心式冷水机组（800RT）加两台螺杆式冷水机组（400RT），设在地下三层机房。

本工程冷冻/冷却水系统采用二管制。

本工程夏季冷冻水供/回水温度为7℃/12℃。

本工程冷却水进/出水温度为32℃/37℃。

地下三层冷冻水泵和空调主机均采用吸出式，并联式连接；冷却水泵和空调主机均采用抽出式，并联式连接。

空调冷冻水系统采用旁流综合水处理仪进行水质稳定，除藻及防水垢；冷却水系统采用旁流加过滤。

五、空调系统形式

大空间的大堂、大餐厅、商场等采用全空气式系统。回风由百叶集中回风后，经由回风管回至风柜房，回风与新风混合后，进入风柜，经风柜过滤、降焓除湿后，经送风管送至空调区域。过渡季节还可根据焓值控制进行全新风运行。

办公室、会议室等采用风机盘管加独立新风系统。新风从外墙百叶经由新风机吸入，经新风机过滤、降焓除湿后，由新风管送至风机盘管回风箱（送风），与风机盘管回风（送风）混合后送至空调区域。

气流组织：采用上（侧）送上回方式。

会议室、办公室、卫生间等场所设机械排风，排风量为新风量的70％～80％。

六、心得与体会

本项目为传统水冷中央空调的精细化设计、施工和调试、运行案例，由于在工程建设各方面、各阶段都采取了较全面质量管控措施，中央空调系统运行综合能效较高，冷冻供回水温差长期在4～6℃之间波动，主要设计技术体会：

（1）空调主机房设置在地下三层，邻近人防区，主要管路采取最近的路由进入管井，管井布置在建筑负荷中心，减少管路长度。

（2）机组大小搭配合理，容易使主机调整在较高效率区运行。

（3）冷冻水垂直管路长度114m，采用一次泵系统，中间层不设置板式换热器，减少了热力和水力损失，减少投资。

（4）按设计工况、阀门Kv值合理选择热力控制，阀门。

（5）在设计中，各层水平管设置全面的水力平衡阀门，裙楼大风柜分组设置独立立管连接，塔楼风机盘管及新风机分开设置独立的立管连接，各立管底部均设置水力平衡阀门，风机盘管按模块分组设置水力平衡阀，每个空调风柜设置水力平衡阀，实现二级平衡调节；审查厂家水力平衡调试报告，确保冷冻水系统水力工况已经调整至满足设计要求。

（6）全空气系统风柜设置最小新风阀和全新风阀，新风阀根据室内环境需求进行开度调节，过渡季节室外空气状态较适宜时全开启新风阀门进行全新风运行，降低能耗。

广州科学城综合研发孵化区 A 组团 A1～A4 栋空调设计①

- 建设地点　　广州市
- 设计时间　　2004 年 6 月～2008 年 12 月
- 竣工日期　　2008 年 12 月
- 设计单位　　广州市设计院
　　　　　　　[510620] 广州市天河区体育
　　　　　　　东横街 3 号设计大厦
- 主要设计人　曾庆钱
- 本文执笔人　曾庆钱
- 获奖等级　　三等奖

作者简介：
　　曾庆钱，1971 年 12 月生，高级工程师，室总工，1995 年毕业于同济大学供热通风与空调专业，现就职于广州市设计院。主要代表作品：珠海十字门中央商务区、广州东塔（周大福中心）、天河正佳商业中心、保利世界贸易中心、保利商业水城等。

一、工程概况

本项目位于广州市科学城中心区，为新型甲级写字楼，用地面积 19850m²，容积率 4.54，绿地率 30.5%。总建筑面积为 114,908m²，地下 2 层，建筑面积为 24827m²，主要功能为汽车库、机电设备用房等；地上 15 层，建筑面积为 90081m²，主要功能为：首层～三层为公共区，四～十五层为办公区，顶标高 69.95m。由 4 座 15 层办公楼组成，4 栋建筑分为两组；属于一类高层建筑。

建筑外观图

二、工程设计特点

（1）四～十五层办公室采用地板送风系统（UFAD），利用建筑的混凝土楼板和架空地板之间的开放空间作为静压腔，通过具有强诱导作用的地板送风口直接向工作区提供空调，保证室内空气质量及人体健康；空调空间热力分层，降低静压。

（2）四～十五层办公室的空调机组采用变频运行的二次回风的空调机组。

（3）建筑的玻璃幕墙上设计了幕墙层间通风器，空调系统正常运行和全新风运行时，作为室内自然排风口，节省排风机的能耗。

（4）空调冷冻水系统所有末端设备采用动态平衡比例式调节阀，有效地控制了流量分配，避免了系统水力失调，保证空调末端在设计流量范围内正常运行。

三、设计参数及空调冷热负荷

1. 室外设计参数（见表 1）
2. 室内设计参数（见表 2）
3. 空调总冷负荷为 9840kW（2800RT）。

---

①　编者注：该工程设计主要图纸参见随书光盘。

室外设计参数 表1

	干球温度（℃）		湿球温度（℃）	相对湿度（%）		室外风速	大气压力
	空调	通风		空调	通风	（m/s）	（hPa）
夏季	33.5	31	27.7		67	1.8	1004.5

室内设计参数 表2

房间名称	干球温度（℃）	相对湿度（%）	噪声值［dB（A）］	新风量［m³/（h·人）］	工作区风速（m/s）
大堂	26	≤65	≤50	20	≤0.3
电信、金融用房	26	≤65	≤50	25	≤0.3
商业用房	26	≤65	≤50	25	≤0.3
会议用房	25	≤65	≤45	25	≤0.3
办公用房	25	≤60	≤45	30	≤0.3
公共走廊	26	≤65	≤50	20	≤0.3

四、空调冷热源及设备选择

采用中央空调系统，空调总冷负荷为9840kW（2800RT），由于A1~A2、A3~A4之间地面部分不相连，距离超过60m，故划分两个系统（A1~A2、A3~A4）；其中A1~A2、A3~A4装机冷负荷均为4920kW（1400RT）。两套系统均采用4台350RT部分负荷性能较优的水冷螺杆式冷水机组的作为空调冷源。冷冻水供/回水温度7℃/12℃，冷却水供/回水温度32℃/37℃。空调冷冻水采用一级泵系统，空调冷冻水系统采用异程、闭式、二管制。

五、空调系统形式

（1）首层~三层公共区空调风系统大空间采用全空气式系统，小空间采用风机盘管加独立新风系统。

（2）四~十五层标准办公楼层空调风系统大空间采用地板送风系统（UFAD），小空间采用风机盘管加独立新风系统。

六、通风、防排烟及空调自控设计

1. 通风系统

汽车库、变配电房、发电机房、制冷机房、水泵房、电梯机房、卫生间等按规范要求设置机械通风系统。

2. 消防防烟系统

防烟楼梯间、消防前室、消防合用前室按规范的要求设置垂直正压送风系统，共8套。

3. 消防排烟系统

（1）地下一、地下二层车库设消防排烟系统，排烟量按6h⁻¹设计；根据需要采用机械补风和自然补风形式。

（2）地下一层空调主机房、水电设备房的内走道设消防排烟系统，排烟量按每平方米60m³/h设计；采用机械补风形式。

（3）首层~三层不具备自然排烟条件的房间设消防排烟系统，排烟量每平方米60m³/h设计；采用自然补风形式。

（4）首层~三层不具备自然排烟条件的中庭设消防排烟系统，排烟量按中庭体积6h⁻¹设计；采用自然补风形式。

（5）四~十五层塔楼内走道设置垂直机械排烟系统，排烟风机风量按最大内走道面积每平方米120m³/h设计；采用自然补风形式。

4. 空调自控

（1）制冷系统设置群控系统。

（2）首层~三层公共区空调机组控制：温控器根据回风温度与设定值的差值比较自动调节动态平衡比例式电动二通阀的开度来调节冷冻水流量，从而实现对房间温度控制。

（3）四~十五层标准办公层空调机组控制：温控变风量调节阀根据室内的温度传感器采集的数据与设定值比较，自动调节风阀的开度来调节送风量；变频风机根据压力传感器采集的数据与设定值比较，自动调节风机的转速来调节系统送风量；温度控制器根据送风温度与设定值比较，自动调节动态平衡比例式电动二通阀的开度来调节冷冻水流量，控制送风温度；从而实现对房间温度控制。

（4）新风机组控制：温控器根据送风温度与设定值比较，自动调节动态平衡比例式电动二通阀的开度来调节冷冻水流量，从而实现对新风温度控制。

（5）风机盘管控制：温控器根据回风温度与设定值比较，控制动态平衡电动二通阀的开关，从而实现对房间温度控制。

七、设计体会

（1）地板送风系统，由于送风直接进入人员活动区，送风温度不能太低，设计采用变频运行的二次回风空调机组，用节能方式控制送风温度。

（2）采用压力无关型温控变风量调节阀。

（3）地板送风系统空调送风主风道的密闭性很重要，采用轻质隔墙板围蔽、内贴橡塑保温材料的方法，大幅提高风道密闭性，实现空调风量按需供应，有利于风机变频器正常运行，节省能耗。

（4）所有空调静压腔内贴橡塑保温材料，有效减少地板蓄热对空调效果的影响。

（5）所有空调末端设备采用动态平衡比例式调节阀，有效地控制了流量分配，避免了系统水力失调，保证空调末端在设计流量范围内正常运行。

广州利通广场空调设计^①

- 建设地点　　广州市
- 设计时间　　2007 年 7 月～2010 年
- 竣工日期　　2012 年 8 月
- 设计单位　　华南理工大学建筑设计研究院
　　　　　　　[510640] 广州市天河区华南
　　　　　　　理工大学校内
- 主要设计人　陈祖铭　王钊
- 本文执笔人　陈祖铭
- 获奖等级　　三等奖

作者简介：

陈祖铭，1967 年 2 月生，教授级高级工程师/副总工程师，1989 年毕业于湖南大学供热通风与空气调节专业，现就职于华南理工大学建筑设计研究院。主要研究方向为体育建筑、超高层建筑、文化博览建筑（博物馆）、医院建筑暖通空调设计及节能研究。代表作有：广州国际金融中心、利通广场、广州财富中心、2008 年北京奥运会羽毛球和艺术体操比赛馆、南京大屠杀纪念馆等。

一、工程概况

利通广场是珠江新城城市中轴线北大门上收口的一个关键项目，位于广州市珠江新城 B2－4 地块，由广东利通置业投资有限公司开发建设。

利通广场总用地面积 9915.65m²，总建筑面积约 159717m²，塔楼总高度 302.7m，其中地上建筑总层数为 58 层，地下总层数为 5 层。地上部分主要功能包括超甲级写字楼、会议厅和少量辅助性的餐饮和商业，其顶部是高达 37.8m 的斜坡式屋顶花园，是举行特别活动的理想场所。地下室主要功能包括设备用房、地下车库、装卸货区和少量的餐饮设施。

本建筑强烈的视觉效果来自于其简洁的形体、脉络分明的结构系统以及富有表现力的带悬挑的幕墙系统，其层层玻璃营造出的雕塑效果，使塔楼更加轻盈、通透，并充分考虑了高效节能，这种造型特点使建筑犹如从一个有机自然的景观网络中生成的晶莹剔透冰晶体，其鲜明的几何造型及挺拔的斜屋顶将成为广州珠江新城壮阔天际线的一个重要组成部分。

利通广场获得美国 LEED 绿色建筑评价标准中金级设计认证。

建筑外观图

二、工程设计特点

1. 设计特点、技术经济指标

暖通空调冷源采用电制冷机，并根据水系统承压的不同采用两个系统，取消了中间板式换热器，比设置中间板式换热器其制冷效率提高3%～

---

① 编者注：该工程设计主要图纸参见随书光盘。

5%；同时冷冻水系统采用大温差供冷，降低水泵输送能耗，水系统采用异程式并在末端设动态平衡电动调节阀，保证水系统的水力平衡；空调末端采用可变风量（VAV）全空气空调系统，VAV末端根据负荷变化调节风量，空调器风机变频调节改变送风量，降低风系统能耗；风系统设光氢离子空气净化装置，保证室内空气品质；为保证首层大堂及顶部大堂高大空间的热舒适性，进行了温度场和速度场的模拟分析；为降低新风能耗，设计了新排风热回收轮，回收排风的能量，运行结果表明，空调系统高效节能，室内空气品质良好。

单位建筑面积耗冷量指标：99W/m²。

综合本专业设计特点以及运行表明，利通广场项目建筑设计完善合理，造型独特，富有标志性，其结构安全、经济，采用多项先进技术，符合国家相关的规范、标准的要求。项目取得了突出的社会效益与经济效益，达到了预期的设计目标，是一项优秀的暖通空调设计工程。

2. 利通广场空调系统绿色建筑认证工作内容

利通广场获得美国 LEED 绿色建筑评价标准中金级设计认证，对照美国 LEED 绿色建筑评价标准，根据广州的气候条件，利通广场空调系统作了如下的设计：

（1）空调风系统

1）空调系统采用 VAV 空调系统，各房间可方便调节温度、可提高人员舒适性。空调箱风机电机采用变频方式。

2）排风采用热回收方式：铝箔分子筛；显热、潜热回收效率不小于 70%。

3）考虑到热舒适的要求，新风采用预热/预冷方式；玻璃幕墙外区采用电加热器，提高人体热舒适的要求。

（2）空调水系统

1）空调排热设备采用天面冷却塔，冷却塔控制类型为变速。

2）冷冻水采用大温差，并采用一次泵变频方式（制冷机冷冻水变流量）。

3）冷水输送温度损失 0.12℃。

（3）空调系统的计量

空调系统可按层设置计量系统。

（4）空调房间室内空气质量监控

1）室内新风量采用 CO_2 浓度控制系统；人员密度按每人 10m² 设计，每人新风量为 36m³/h，室内正压 5Pa。

2）室内空气采用光氢离子杀菌消毒装置，去除室内有害物。

三、设计参数及空调冷热负荷

1. 室外设计参数

广州地区室外气象设计参数如下：

夏季空调室外计算干球温度：33.5℃；

夏季空调室外计算湿球温度：27.7℃；

冬季空调室外计算干球温度：5℃；

最热月月平均室外计算相对湿度：83%；

冬季空调室外计算相对湿度：70%；

夏季平均室外风速、主导风向：1.8m/s、SE；

冬季平均室外风速、主导风向：2.4m/s、NE；

夏季大气压力：1004.5hPa；

冬季大气压力：1019.5hPa。

2. 室内设计参数（见表1）

3. 空调冷负荷估算

空调冷负荷采用鸿业负荷计算软件逐时计算，全楼计算结果如表2所示

室内设计参数　　　　　　　　　　　　　　　　表1

房间名称	夏季		冬季		新风量[m³/(h·人)]	通风量(h⁻¹)	噪声[dB (A)]	备注
	温度（℃）	相对湿度（%）	温度（℃）	相对湿度（%）				
地下大堂	25～26	≤65	18～20	—	10	—	45	不设湿度控制
办公室	25	≤65	18～20	—	30	—	45	
餐饮	25	≤65	18～20	—	30	—	50	
制冷机房	<40	—	—	—	—	15	—	
变配电室	<40	—	—	—	—	15	—	
卫生间	25～26	—	—	—	—	≥10	—	
地下汽车库	—	—	—	—	—	6	—	

全楼负荷汇总　　　　表2

		单位冷负荷（kW）	层数	总冷负荷（kW）
标准层1	档案室	322	6	1932
标准层2	首层大堂	383	1	383
标准层3	顶层屋顶花园	751	1	751
标准层4	地下一层餐厅厨房	164	1	164
标准层5	办公室	262	48	12576
	总计			15806

系统分区负荷如表3所示。

系统分区负荷　　　　表3

建筑区域	空调面积（m²）	冷负荷（kW）
一～二十九层办公区	47697	7735
三十一～六十层办公区	50356	8087

四、空调冷热源及设备选择

根据本工程的特点及建设方提供的设计任务书的要求，本工程空调系统的设置形式如下：

空调系统共分两大部分：地下一层～二十九层为一个空调系统；三十一层～六十层为一个空调系统。

（1）地下一层～二十九层空调系统采用2台900USRT和1台400USRT离心式制冷机，制冷剂采用环保制冷剂，制冷机房布置在三十层设备层，冷却塔布置在六十层建筑天面，冷水供/回水温度为6℃/13℃，冷却水供/回水温度为32℃/37℃。

（2）三十一层～六十层空调系统采用2台950USRT和1台400USRT离心式制冷机，制冷剂采用环保制冷剂，制冷机房布置在三十层设备层，冷却塔布置在六十层建筑天面，冷水供/回水温度为6℃/13℃，冷却水供/回水温度为32℃/37℃。

五、空调系统形式

1. 空调水系统

空调水系统设计及分区：

为解决冷水的承压，空调冷水系统分为两个系统：地下一层～二十九层为一个水系统；三十一层～六十层为一个水系统，制冷机放置在三十层设备层，冷却塔布置在六十层天面。

（1）空调冷水系统采用一次泵闭式循环系统，一次泵采用自动变速控制方式，竖向及楼层水平方向均采用异程式布置，向各层空调末端设备供冷，供/回水温度为6℃/13℃。

（2）空调冷却水系统采用循环冷却水系统，冷却塔布置在六十层建筑天面，冷却水供/回水温度为32℃/37℃。

（3）为满足24h空调的需要，本设计按每层预留18kW制冷量预留冷却水，冷却水系统采用循环冷却水系统，按设备层分系统设置，冷却塔布置在十五、三十、六十层建筑天面，冷却水供/回水温度为32℃/37℃。

2. 空调末端设备选择及气流组织

（1）办公层采用变风量空调系统，每层设置2台空调器，办公层外区以每10m²为一基准单位，每基准单位配一台变风量末端装置并加以控制，由环形主送风管提供空调送风，并预留电源作外区可变风量末端装置安装电热器辅助供暖；而办公层内区则只由环形主送风管经可变风量末端装置提供空调送风。气流组织上送（散流器或条形风口）上回的方式。

（2）每办公层的新风量均按照国际标准要求的新风量计算，可变风量新风机均设于设备层内，由新风竖管供应新风至各楼层的空调机，并测量室内二氧化碳浓度来控制新风量的供应，以达到更佳的节能效果。新风空调机设新、排风全热热回收装置来回收排风的能量。

（3）大堂及小餐厅采用落地柜式空调机组，低速风管，气流组织采用上送（散流器或喷口）下回的方式。

（4）小库房及二～八层办公室采用风机盘管加新风的空调方式。

六、通风、防排烟及空调自控设计

1. 通风设计说明

通风换气量标准见表4。

通风换气量标准　　　　表4

序号	房间名称	换气次数（h⁻¹）	备注
1	汽车库	6	—
2	制冷机房	15	—
3	水泵房	5	—
4	变压器室	25	—

续表

序号	房间名称	换气次数（h⁻¹）	备注
5	配电间	8	—
6	发电机房（不发电时）	4	—
7	公用卫生间	≥12	—
8	电梯机房	1	设分体空调机组降温

2. 系统设置

（1）地下室排风系统

地下室按每层防火分区设置排风系统，车库设多个排风兼排烟系统，每个系统设一台排风机，排风机布置在风机房内，车库补风一层利用车道自然补进，地下二～五层补风由机械补进。机电设备用房设一个排风系统，机械补风。

（2）办公区的排风系统

排风量为新风量的80%。

（3）公共卫生间的排风系统

排风量按≥10h⁻¹的换气次数计算。

3. 防烟与排烟设计说明

（1）防烟、排烟简述

1）中庭及顶部大空间之净空高度超过12m，因此设独立排烟系统，其排烟系统按中庭排烟要求设计。

2）对不符合自然排烟条件的地下室及地上无窗房间设机械排烟系统，地下车库排烟量按6h⁻¹换气次数计算，库房按60m³/（m²·h）计算排烟量，中庭按6h⁻¹换气次数计算。

3）楼梯间及前室，消防电梯前室均设加压送风系统。

（2）地下室的防排烟系统设计

地下一～五层车库设多个排烟系统（该系统与平时排风同一系统），每个系统设一台或两台排风机，平时排风，火灾时排烟。每台风机入口风管装一个280℃排烟防火阀，并与风机联动。当烟温达到280℃后，此阀关闭，风机停止运转。地下室的排烟补风采用自然补风和机械补风。

（3）地上房间的排烟系统设计

1）一层中庭及顶部大空间之净空高度超过12m，设机械排烟，排烟量按6h⁻¹换气次数计算。

2）地上房间均为无窗房间，不符合自然排烟条件，故设机械排烟，排烟量按60m³/（m²·h）计算，自然补风。

4. 空调自动控制与监测

（1）24h空调的冷却水自动控制：根据需要自动控制冷却水泵及冷却塔的开启，同时可设开放接口给楼宇控制系统集中控制。

（2）中央空调自控采用集中监控系统，具体内容有：

1）联锁保护控制。每台冷水机组与相应的冷却泵，冷却塔，冷水泵联锁控制，亦可单独控制。开机顺序为：冷却泵→冷却塔风机→冷水泵→冷水机组，关机逆序。冻水泵和冷却水泵启动后，水流开关检测水流状态，如遇故障则自动停机，冷冻水泵和冷却水泵运行时如发生故障，其备用泵投入运行。

2）集中控制。冷水机组、冷却泵、冷却塔、冷水泵、新风柜、冷风柜及通风机均可在控制室遥控，亦可就地控制。

3）运行状态显示。每台在控制室控制的设备均设指示灯显示其运行状态：开停，或故障。

4）旁通控制。冷冻水供回水主干管之间装有电动流量控制平衡阀，以满足制冷机的最小流量要求；并装有电动压差旁通阀，用以稳定水系统压力。空调冷水管网和末端设备变流量运行。

5）设备运行台数控制。冷冻水系统设置冷量控制器，即在总供、回水管检测温度和系统水流量，电脑计算出冷量后自动控制主机开启台数和输出容量，根据系统中各台设备的运行时间（累计小时数）优先启动运行时间较少的设备，避免个别设备工作时间过长，延长设备使用寿命。

6）冷风柜的自动控制。在空调机房内设置比例调节式温控器，控制回水管上的电动二通调节阀，温控器的风管式感温器设置在回风管（口）内，自动调节进入盘管水量以控制室温。

7）新风柜的自动控制。新风柜的自动控制与冷风柜基本相同，但感温器置于新风柜下游的送风管内。装设在新风入口处的电动风阀与风柜风机启动器联锁，当风机启动时，新风阀打开；当风机停止运行时，新风阀关闭。空气过滤网的透气度由空气压差开关检测，当滤网两侧之压差超出设定值时，空气压差开关启动报警器，表明滤网须清扫或更换。

8）风机盘管的自动控制。在内墙回流区距地楼面（1.4m）处设置带三速开关的挂墙式温控器，控制装在风机盘管回水管上的双位式电动二通阀（常闭式），控制表冷器盘管内的水流量以保持室温在设定值上。电动阀与风机盘管风机启动器联锁，当风机停止运行时，电动阀亦同时关闭，末端风机盘管采用静态平衡调节阀替代传统闸阀，平衡、关闭功能均能实现。

5. 防排烟系统的自动控制

本楼防排烟系统由消防控制中心监控，防排烟系统对消防监控的要求如下：

（1）在消防控制中心的显示屏幕或模拟图上显示火灾位置、各防排烟风机的运行状态及排烟口的开闭状态。

（2）火灾时，开启着火区域的排烟风机和补风机，关闭空调系统的防火阀和空调通风系统设备。

（3）火灾时，可在消防控制中心或就近切断通风及空调的正常电源。

七、心得与体会

本工程暖通空调冷源采用电制冷机，并根据水系统承压的不同采用两个系统，并可部分互为备用，冷冻水系统采用大温差供冷，降低水泵输送能耗，水系统采用异程式并在末端设动态平衡电动调节阀，保证水系统的水力平衡；空调末端采用变风量（VAV）全空气空调系统，VAV末端根据负荷变化调节风量，空调器风机变频调节改变送风量，降低风系统能耗；风系统设光氢离子空气净化装置，保证室内空气品质。

2012年竣工后已安全运行3个供冷季，运行结果表明，空调系统运行稳定、高效节能，特别是部分负荷运行时节能，运行调节灵活，室内空气品质良好；运行过程中出现振动的情况，主要原因是减振没有做好，经整改后，达到设计要求。

辛亥革命博物馆暖通空调系统^①

- 建设地点　　武汉市
- 设计时间　　2009～2010 年
- 竣工日期　　2011 年
- 设计单位　　中信建筑设计研究总院有限公司
　　　　　　　[430014] 武汉市汉口四唯路 8 号
- 主要设计人　雷建平　陈焰华
- 本文执笔人　雷建平
- 获奖等级　　三等奖

作者简介：

雷建平，1971 年 2 月生，大学工学学士，正高职高级工程师，注册公用设备工程师，高级程序员。1994 年毕业于同济大学，工作于中信建筑设计研究总院。主要代表作品：湖北省图书馆新馆、武汉市民之家、辛亥革命博物馆、武汉国际证券大厦、天津滨海火车站、长江传媒大厦、武汉国际博览中心区域能源站等。

一、工程概况

辛亥革命博物馆（新馆）位于武汉市武昌区，北临彭刘杨路，东临楚善街，坐落在首义文化广场的中心位置，是一个历史主题鲜明、反映辛亥革命全过程的历史纪念馆；建筑设计以"勇立潮头、敢为人先、求新求变"为核心的首义精神为构思重点。

新馆总建筑面积 22142m²，地下 1 层，地上 3 层，建筑总高度为 22.5m；地下一层设序厅、车库、设备用房、藏品库房及馆方办公用房；地上每层设两个展厅，共 6 个，其中多功能展厅设在一层，一层同时另设有一座 200 人的学术报告厅；地上各层的核心区域为休息与交通空间。

建筑外观图

二、工程设计特点

本项目采用全变频集成式冷冻站，冷冻站配置 2 台单台制冷量为 900kW 的变频磁悬浮离心式冷水机组，冷冻水泵与冷却水泵为立式直接耦合型，冷却塔采用闭式横流塔，并安装于下沉坑井内；制冷系统所有设备的电机均按变频设计，并且分 4 个模块在工厂预制并调试完成后在现场组装而成，形成了国内首创的集成式冷冻站。由于建筑造型不允许有烟囱存在，本项目的功能特点也不宜以燃烧化石燃料作为空调系统的热源。集中空调热源采用电热水锅炉蓄热，省去了常规锅炉房的烟囱。

三、空调冷源及其控制系统

1. 全变频集成式冷冻站

集中空调冷源采用全变频集成式冷冻站，冷冻水泵与冷却水泵为立式直接耦合型，按两用一备的模式配置，冷却塔采用闭式横流塔；制冷系统所有设备的电机均按变频设计，冷冻水供/回水温度设计为 7℃/12℃，冷却水供/回水温度设计为 32℃/37℃。

2. 集成式控制系统

与传统冷源控制系统相比，本项目冷冻站所

---

① 编者注：该工程设计主要图纸参见随书光盘。

设控制系统有如下特点：

（1）传统冷源控制系统只能实现机组的群控与启停，本项目冷站控制系统还可以通过动态限制冷水机组的最大电流来控制冷水机组实际输出制冷量的大小，并能设定冷水机组内部的部分参数（要求冷水机组供应商公开其代码接口）。

（2）传统冷源控制系统是被动式"后馈"类控制系统，其信号不断反馈滞后会出现振荡不稳，本项目冷源的控制系统采用"前馈"模式，智能、主动地按需求来给建筑物供冷。

（3）传统冷源控制系统对冷冻站内各子设备的控制是一种简单的叠加关系，本项目冷源的控制系统是集成式的，冷冻站内所有设备均处于"统一指挥"之下，其控制逻辑的核心是在满足系统供冷的前提下，系统的总电力消耗量最小。

本项目采用全变频自控系统运用智能的数学模型和算法，实时协调冷冻站内各子设备的运行模式，调整其运行频率，实现全自动化操作：控制系统的电脑芯片中保存了冷水机组、水泵和冷却塔风机的"最高效率运行曲线"，随着系统负荷的变化而主动调整系统的供冷量，并实时比较系统的总综合效率线是否接近"最高效率运行曲线"，向冷水机组、水泵和冷却塔风机发出控制指令，使得整个系统在部分负荷时的性能系数值可以达到9.0以上。

3. 闭式冷却塔系统

本项目没有条件将冷却塔安装在高于地下层冷冻机房地面标高的屋顶或其他建筑物上，因此制冷系统的冷却塔采用方形闭式横流塔，并结合建筑单体及总平面布置，在室外采用地面下沉的方式安装，冷却塔共设2组，单组散热量为1400kW，其换热盘管采用磷脱氧紫铜管；每组冷却塔由3台小塔构成，每台小塔均设1m高的上出风式消声导风筒，避免噪声对周围环境的影响，同时可以改善冷却塔的通风环境。

冷却塔进风口距坑壁的距离均按塔体进风百叶高度的2倍设计，与《建筑空调循环冷却水系统设计与安装》07K203的要求一致。实际运行效果表明，这种下沉全埋式冷却塔的安装方式是基本可行的，可以满足使用要求。

4. 空调热源系统

本项目采用1台产热量为1050kW的常压电热水锅炉，按全量蓄热的模式设计，系统形式为电热水锅炉与蓄热水箱串联，蓄热水箱有效容积为220m³，蓄热量为9490kWh，利用板式换热器与末端设备隔开，热源侧的供/回水温度为90℃/50℃，二次侧供/回水设计温度为57℃/47℃。

蓄热系统可实行如下5种运行模式：（1）电锅炉蓄热；（2）电锅炉蓄热同时供热；（3）电锅炉与蓄热装置联合供热；（4）蓄热装置单独供热；（5）电锅炉单独供热。

四、技术经济指标

2012年9月，武汉市节能监察中心对本项目冷冻站运行参数进行了检测，出具了《武汉辛亥革命博物馆集成式冷冻站能效测试报告》，文件表明本项目集成式全变频冷冻站系统能效系数为5.14。

《公共建筑节能检测标准》JGJ/T 177—2009表8.6.3对配置额定制冷量为528～1163kW冷水机组冷源系统能效系数的限值为2.6，与此相比较，本集成式冷冻站节能率达49.4%，这表明在部分负荷下，变频磁悬浮离心式冷水机组的效率相当高。

地源热泵系统为目前相当节能的空调技术，国家标准《可再生能源建筑应用工程评价标准》中要求达到最高一级能效标准地源热泵制冷系统的能效比为3.9，与规范要求最节能的地源热泵系统相比，本项目空调冷源系统的节能率达了24.1%。

五、设计体会

该项目于2010年完成全部施工图设计，2011年项目施工完毕，现已正常运行多年，效果良好。

下沉式冷却塔的安装间距与埋深虽然优于标准图集的要求，但由于安装位置偏低，在无风时段，冷却水温度略偏高。

中海城南 1 号 B 地块一区办公楼暖通设计 ①

- 建设地点　　成都市
- 设计时间　　2010 年 3～7 月
- 竣工日期　　2010 年 11 月
- 设计单位　　中国建筑西南设计研究院有限公司
　　　　　　[610041] 成都高新区天府大道北
　　　　　　段 866 号
- 主要设计人　蔡静　陶啸森
- 本文执笔人　蔡静
- 获奖等级　　三等奖

作者简介：
　　蔡静，1971 年 12 月生，高级工程师，1994 年毕业于重庆建筑大学供热通风与空气调节专业，工学学士。现在中国建筑西南设计研究院有限公司工作。
主要代表作品：遵义市第一人民医院、中海城南一号 C、D 座办公楼、成都东客站龙之梦城 B 地块、成都世茂猛追湾二期、成都火车南站、达州市中心医院等。

一、工程概况

　　该项目整体定位为天府新城标杆商务区，由甲级写字楼、高端商务、高端商业三种业态组成。建设地点位于成都市南部新区站南组团，东距新益州广场约 400m，南临中海城南 1 号 A 地块高端住宅区，项目位于成都市南部新区核心地带，具有强劲的发展优势。B 地块总建筑面积为 40 万 m²。本工程为一区办公楼，由 A、B 两栋塔楼及两栋楼之间相连接的裙房组成，地下共 3 层，地下二、地下三层为汽车库，地下一层为汽车库及设备用房。地上由裙房和 A、B 两座塔楼组成。裙房地上 3 层，裙房中间部分为大堂、中庭，左右两侧为商业、办公及会议室，四～二十五层 A、B 塔楼均为办公用房，建筑面积为 13 万 m²，建筑高度 99.75m。

二、工程设计特点

　　该建筑是中海振兴（成都）物业发展有限公司在西南地区第一个自主拥有的高端综合写字楼。在设计的最初阶段，业主对该项目提出了明确的目标：（1）该项目需通过 LEED 银奖认证，争取通过 LEED 金奖认证；（2）装修完成后室内净高需保证 2.8m。该项目本专业设计重点在空调系统

建筑外观图

的节能措施以及空调系统管线的优化设计。

　　针对第一个特点，采取了以下几方面的措施：（1）在新风系统设计上采用了带旁通管的热回收的方式，这种形式在过渡季节通过旁通管，可实现全新风—排风的运行模式，在节约能量、降低运行费用的同时，为办公区提供良好的空气品质。（2）空调水系统采用内、外分区，外区四管制、内区二管制。冬季热水机组为外区供热，内区利用冷却塔"免费"制冷，为内区提供空调冷水。（3）在制冷机组、燃气真空锅炉、风机及其他空调设备的选型上均采用的高效节能产品。（4）制冷剂采用对大气污染较少的环保冷媒。（5）设置能量计量装置，便于对建筑物的能耗进行监测，为今后进一步的节能措施提供依据。以上各项措

---

① 编者注：该工程设计主要图纸参见随书光盘。

施的实施，使得暖通专业在能源效率、优化能源性能、制冷剂管理、基础建筑的计量与验证、室内空气质量等几方面对 LEED 的认证做出了积极贡献。

针对第二个特点，空调冷热水管布置在不同的竖井内，这样避免冷热水每层干管交叉，仅在末端支管有交叉现象，减少占用有限的走管空间。另外，排风采用吊顶集中排风的形式，排风管走在后勤通道内，排风口设置在后勤通道与走道的隔墙上，新风管、排风管从不同方向走管，避免和排风管、空调冷热水干管交叉，确保业主要求的净高。

三、设计参数及空调冷热负荷

1. 室外气象参数

夏季：空调计算干球温度为 31.8℃，空调计算湿球温度为 26.4℃，空调计算日平均温度为 27.9℃，通风计算干球温度为 28.5℃，大气压力为 948hPa，室外风速为 1.2m/s。

冬季：空调计算干球温度 1℃，最冷月月平均相对湿度为 83%，通风计算干球温度为 5.6℃，大气压力为 963.7hPa，室外风速为 0.9m/s。

2. 室内设计参数

按规范要求并结合成都地区具体情况确定室内空调参数如表 1 所示。

房间名称	室内温湿度设计参数				新风量 [m³/(h·人)]	噪声标准 [dB(A)]
	夏季		冬季			
	温度(℃)	相对湿度(%)	温度(℃)	相对湿度(%)		
办公室	25	55	20	自然湿度	35	≤45
商业	25	60	20	自然湿度	20	≤50
大堂	26	60	18	自然湿度	10	≤50

室内设计参数 表 1

3. 空调冷热负荷

该办公楼夏季空调负荷的综合最大值为 10700kW，冬季空调的总热负荷为 3872kW。空调面积约 99000m²，空调冷指标约为 108W/m²，热指标约为 39W/m²。

四、空调冷热源及设备选择

根据业主要求，在选择空调冷热源主机时，

需预留空调发展负荷。其增加的空调负荷为：冷负荷 836kW，热负荷 320kW。冷源采用三大一小共四台离心式冷水机组。离心机组的制冷量分别为 3516kW/台和 2110kW/台。燃气真空热水机组两台，单台制热量为 2100kW。板式换热器两台（冬季内区供冷用），单台换热量为 1500kW。夏季空调供/回水温度为 7℃/12℃，冬季空调供/回水温度为 60℃/50℃。燃气真空锅炉设置在地下一层锅炉房内，冷水机组、板换、水泵及水处理设备等设置在地下一层的冷冻站内。

五、空调系统形式

1. 空调水系统

空调冷冻水系统和热水系统分别设置。空调新风系统、全空气系统及建筑物外区风机盘管系统采用四管制，内区风机盘管系统采用二管制。新风机组及全空气系统的水环路单独设置。过渡季节及冬季工况时，冷却塔一次供水作为冷源，通过板式换热器提供供/回水温度为 9℃/14℃ 的冷冻水，为左右两侧裙房及塔楼内区风机盘管系统服务。

空调水系统均采用开式膨胀水箱定压及补水，空调水质通过设于管道上的水过滤器及水处理装置处理，膨胀水箱设置在屋顶屋架层。

空调风机盘管水系统竖向采用同程式，水平采用异程式。服务于新风机组及全空气系统的水系统均采用异程式。

2. 空调风系统

一～三层裙房中间部分大堂、中庭空调采用一次风定流量全空气系统，为其服务的两台空调机组分别设置在三层左右两侧的通风机房内。气流组织为大堂旋流风口顶送风、中庭喷口侧送风集中回风的方式。其余均采用风机盘管＋新风的空气-水系统。新风系统采用了带旁通管的热回收机组。在过渡季节，全空气系统可加大新风量运行，新风系统通过旁通管，可实现全新风—排风的运行模式。

六、通风、防排烟及空调自控设计

1. 通风系统设计

地下一、地下二、地下三层汽车库均按防火

分区设置机械送排风系统（利用汽车坡道自然进风的防火分区或防烟分区除外），排风机采用双速风机，平时通风低速运行，火灾时排烟高速运行。汽车库平时通风送排风口分别集中设置并设诱导风机，诱导风机控制模式采用智能型。

各设备用房设有机械送排风系统。

2. 排烟系统设计

整栋大楼（含地下层）不具备自然排烟条件的区域均设置机械排烟系统。

3. 加压送风系统设计

整栋大楼（含地下层）不具备自然排烟条件的防烟楼梯间及合用前室均分别设置机械加压送风系统。防烟楼梯间每隔一层设置一个自垂式百叶风口。合用前室设置独立的加压送风系统，每层设置一个电控多叶送风口。火灾时开启着火层及上下层合用前室的多叶送风口，同时分别开启为防烟楼梯间、合用前室服务的加压送风机。

4. 空调自动控制系统

空调、通风系统进行全面检测与监控，其自控系统作为控制子系统纳入楼宇控制系统。

七、心得与体会

在层高为 3.95m 的条件下，业主要求走道和办公区的净高均为 2.8m，这对暖通专业的走管带来了巨大的挑战。为满足业主的要求，各专业的管线主要集中在核心筒内，后勤走道上布置的管道较多，对后期的检查和维修带来了一定的困难。该栋大楼投入使用后，经和物管交流，认为层高提高 50mm 或后勤走道加宽 100mm，检修和维护都会便利很多。新的供暖通风与空气调节设计规范对维修空间的考虑提出了要求，这也是今后设计中应该多重视的部分。

成都华润万象城一期项目
暖通空调设计①

- 建设地点　　成都市
- 设计时间　　2008 年 10 月～2009 年 6 月
- 竣工日期　　2012 年 5 月
- 设计单位　　成都基准方中建筑设计有限公司
　　　　　　　四川省成都市锦江区琉璃路 8 号
- 主要设计人　吴斌
- 本文执笔人　吴斌
- 获奖等级　　三等奖

作者简介：
　　吴斌，1969 年 11 月生，暖通副总工程师，1993 年毕业于重庆建筑工程学院供热通风与空调工程专业。主要代表作品：成都万象城、重庆万象城、龙湖北城天街、棕榈泉国际等。

一、工程概况

　　华润成都万象城位于成都锦江区，在二环路东二段与双向路交叉路口，项目占地 46671.33m²，容积率 4.0，总建筑面积 317639.21m²，裙楼共 5 层，局部 6 层，功能为商业；塔楼共 39 层，功能为办公，办公楼高度为 173.70m，幕墙完成高度为 200.8m。功能上以商业、办公为主，集合了超市、百货、电影院、溜冰场、多种档次餐饮、零售等功能的规模庞大的城市区域标志性商业综合项目。

建筑外观图

二、工程设计特点

　　该项目在设计初期做了较为全面的技术经济

① 编者注：该工程设计主要图纸参见随书光盘。

方案比选论证工作，确保了该空调系统的舒适可靠，经济节能，同时突出了商业项目本身商业价值的体现，并为日后运营预留了调整及改造的灵活性。

　　商业综合体室内步行街作为重要的建筑功能，其空调负荷受到内区效应、温室效应及烟囱效应等影响，较为复杂。通过分区设置竖向空调系统，增加了竖向调节能力，并解决了顶层受热上浮及采光天窗负荷影响等问题。运行后通过实测，一层与顶层的温差小于 1℃。

　　商业综合体内商业单层层高较高，且如此大体量的建筑疏散楼梯较多等因素，本项目的空调机房多选择设于在疏散楼梯顶部或坡道上部等无用空间设置设备夹层内，此举有效减少了商业面积的占用约 400m²，较大提高了商业价值。

　　该项目写字楼获得 LEED 金奖。

三、设计参数及空调冷热负荷

1. 室外设计参数（见表 1）

室外设计参数　　　　　　　　表 1

东经：104°01′	北纬：30°40′
夏季计算参数	冬季计算参数
大气压力 948hPa	大气压力 963.7hPa
空调室外计算干球温度 31.8℃	空调室外计算干球温度 1℃

台制热量为 2800kW，提供 90℃/75℃ 的锅炉热水，通过板式换热器提供空调热水。

		续表
东经：104°01′	北纬：30°40′
夏季计算参数	冬季计算参数
空调室外计算湿球温度 26.4℃	空调室外计算相对湿度 83%
通风室外计算温度 28.5℃	通风室外计算温度 5.6℃
空调室外日平均温度 27.9℃	供暖室外日平均温度 2.7℃
室外平均风速 1.2m/s	室外平均风速 0.9m/s
最多风向 C，NNE	最多风向 C，NE

2. 室内设计参数（见表 2）

室内设计参数　　表 2

区域	夏季温湿度 （℃/%）	冬季温湿度 （℃/%）	新风量 （m³/人）	噪声 （NC）
购物通廊	25℃/65%	20℃/—	16	45
商铺	25℃/65%	20℃/—	20	45
餐饮	25℃/65%	20℃/—	25	45
影院	25℃/65%	20℃/—	15	45
办公	25℃/65%	20℃/—	30	40
大厅	25℃/65%	20℃/—	10	40

3. 冷热负荷（见表 3）

冷热负荷　　表 3

区域	冷负荷	热负荷
裙房商业	23483kW	8356kW
塔楼办公	8561kW	2710kW
项目综合	30278kW	11066kW

四、空调冷热源及设备选择

通过初投资、机房占用、运行能耗、维护管理，设备备用性等方面进行比较，确定该项目裙房商业及办公塔楼的空调冷源宜采用合设方案。电影院对运行时间以及物业管理的特殊要求，单独设置冷热源。

本项目可供选择的冷源方案众多，主要比选了"离心式水冷冷水机组"、"蓄冰系统"及"吸收式制冷机组"这三个方案。最后选择的是离心冷水机组作为本项目冷源。采用 4 台 2000RT 高压（10kV）及 2 台 600RT 低压（380V）离心式水冷冷水机组。提供 5.5℃/10.5℃ 的一次空调冷冻循环水。

通过对"锅炉单独供暖"及"锅炉与热泵联合供暖（热泵承担 25% 的热负荷）"两个方案的比较得出成都地区天然气供应丰富、价格低，且供热期短。最终采用 4 台燃气常压热水锅炉。单

五、空调系统形式

1. 空调水系统

制冷系统采用一次泵定流量二次泵变流量系统。一次泵与主机采用集管对应设置，二次泵设 3 个环路，分别为办公楼、商场东区、商场西区。每套系统分别设 4 台变频泵（3 用 1 备）。供热系统采用锅炉定流量末端变流量系统。锅炉设 5 台热水循环泵（4 用 1 备），板式换热器后各组系统分别设 3 台供暖热水循环泵（2 用 1 备）。

末端空调水系统采用四管制系统，以应对冬季大楼内区的制冷需求。办公塔楼部分空调水系统竖向分为 2 个空调区域。

2. 空调风系统

室内步行街、美食广场及溜冰场等大空间区域采用全空气系统，小租户区域新风系统集中处理，组合式空调器设于专门的空调机房，通过竖向井道将处理后的风送往各个区域。美食广场采用旋流风口顶送侧回的气流组织方式；博物馆下方高大空间采用喷口侧送的气流组织方式。

办公楼：采用变风量（VAV）系统，每层设 2 台空调器，内外分区，外区末端采用带热水盘管的串联式风机动力型变风量末端，内区采用单风道式变风量末端，吊顶回风。新风系统竖向设置成三个区，各区域的新风均经过转轮式热回收器将办公楼排风的冷量（热量）回收后再经过新风机组处理后，由井道送至各层。新风机、排风机和空调器均采用变频风机，以应对不同负荷的风量需求。

六、通风、防排烟及空调自控设计

1. 空调自控

冷源机房内各设备采用了机组群控技术，通过其"自学功能"，在运行中优化控制冷水机组、水泵、冷却塔运行台数以达到节能。水系统一次泵环路采用流量盈亏控制的方式。水系统二次泵环路采用压差控制的方式。水系统二次泵环路最不利环路供回水管设置压差传感器，根据负荷侧

的供回水压差变化，控制二次泵变频运行或停启。

2. 通风

地下室车库，非机动车库设机械送排风系统。设备用房设机械送排风系统。制冷站、锅炉房等设事故通风。餐饮租户厨房预留排油烟管道、补风管道及事故排风管道。油烟净化装置设置于租户内，在屋面设风机安装位置，以避免由于风道正压造成的油烟外溢。

3. 防排烟

根据消防性能化论证的要求，裙房的商铺及亚安全区通廊排烟量在规范的基础上放大20%，其余防排烟设施按规范要求设置。

七、心得与体会

商业综合体内各租区的商业价值较高，进行机房选址、系统方案比选中，经济比较一定不能忽略商业价值的影响，应反复权衡。

由于空调负荷的不确定性和各区域的瞬变性，在设备系统设置及设备选型上应增加调节能力。设计中应关注中庭区域热上浮，顶层温度过高的问题。

商业综合体内设置全面中央空调，能耗巨大，节能潜力也很大，需要设计师根据其使用特点在多种途径中寻找适用的节能措施。